LS Mathematik

Herausgegeben von
August Schmid, Tübingen
Wilhelm Schweizer, Tübingen

Geometrie Zwei

bearbeitet von
Michael Bürker, Metzingen
Günther Dopfer, Bruchsal
Wolf-Günter Felmy, Dußlingen
Wolfgang Hamernik, Balingen
Ulrich Hannig, Nürtingen
August Schmid, Tübingen
Wilhelm Schweizer, Tübingen
Ulrich Warnecke, Münster

Ernst Klett Schulbuchverlag
Stuttgart Düsseldorf Berlin Leipzig

Die Aufgaben jeder Lerneinheit sind nach steigendem Schwierigkeitsgrad geordnet.

Gedruckt auf Papier aus chlorfrei gebleichtem Zellstoff, säurefrei.

1. Auflage 1 13 12 11 10 9 | 1999 98 97 96 95

Alle Drucke dieser Auflage können im Unterricht nebeneinander benutzt werden, sie sind untereinander unverändert. Die letzte Zahl bezeichnet das Jahr des Druckes.

Redaktion: Verlagsredaktion Mathematik

Zeichnungen: Hungreder, Leinfelden
Umschlagsgestaltung: Hitz & Mahn, Stuttgart
Satz: SCS Schwarz Computersatz, Stuttgart
Druck: KLETT DRUCK H. S. GmbH, Korb

ISBN 3-12-730600-8

Inhalt

XV Die Gruppe der Ähnlichkeitsabbildungen

XVI Vektoren

XVII Flächeninhalt und Umfang des Kreises

XVIII Parallelprojektion des Raumes auf die Ebene

XIX Rauminhalt und Oberfläche von Körpern

XX Trigonometrie

XI Flächeninhalte von Vielecken

72 Flächeninhalte von Rechtecken

1 a) Welche der Flächen in Fig. 148.1 ist am größten (am kleinsten)?
b) Wieviel ganze 0,5-cm-Quadrate befinden sich auf einer Seite deines Heftes? Muß man zählen, oder gibt es eine einfachere Möglichkeit, ihre Anzahl zu bestimmen?

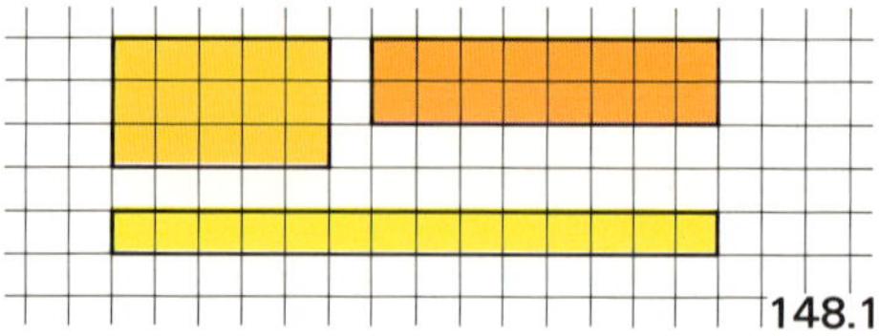

148.1

Um die Flächengrößen von Rechtecken zu vergleichen (Fig. 148.1), legen wir diese mit kongruenten Quadraten aus und zählen, wieviel Quadrate notwendig sind. Dabei müssen wir die Quadrate hinreichend klein wählen. Beim Rechteck in Fig. 148.2 sind die Seiten $\frac{9}{2}$ cm $= \frac{27}{6}$ cm und $\frac{7}{3}$ cm $= \frac{14}{6}$ cm lang; hier verwenden wir Quadrate mit der Seitenlänge $\frac{1}{6}$ cm. Das Rechteck besteht aus 14 Streifen mit je 27, also insgesamt $27 \cdot 14 = 378$ solchen Quadraten. – Ist ein Rechteck derart mit Quadraten ausgelegt, so nennt man die Flächengröße eines Quadrates **Flächeneinheit** (FE) und sagt z. B.: Das Rechteck hat den **Flächeninhalt** 378 FE.

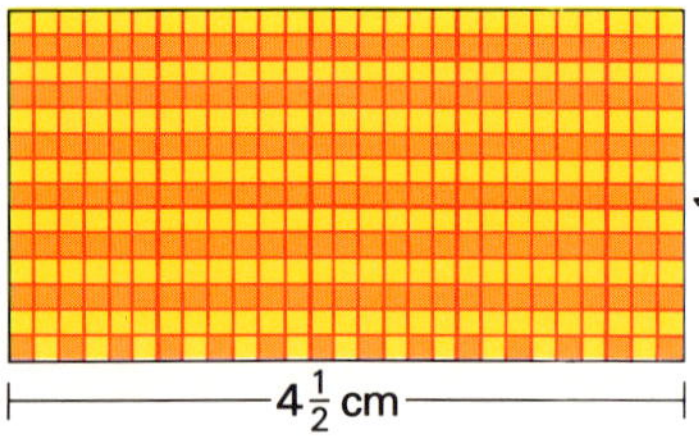

148.2

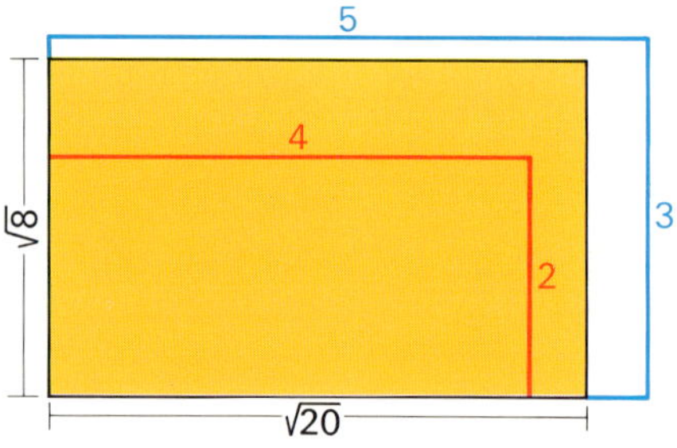

148.3

Nun können wir nachträglich den Flächeninhalt auch mit der Größe eines cm-Quadrates als Flächeneinheit angeben, sie heißt 1 Quadratzentimeter (1 cm²). Da in Fig. 148.2 ein cm-Quadrat aus $6 \cdot 6$ kleinen Quadraten besteht, ist die Rechtecksfläche $\frac{378}{36}$ cm² groß. Die Zahl $\frac{378}{36}$ ist offenbar das Produkt $\frac{27}{6} \cdot \frac{14}{6} = \frac{9}{2} \cdot \frac{7}{3}$ der Maßzahlen von Länge und Breite des Rechtecks.

Bei Rechtecken mit **rationalen** Maßzahlen für die Seiten gibt es stets Quadrate, mit denen man das Rechteck vollständig auslegen kann. Solche Seiten haben nämlich ein gemeinsames Maß (vgl. Algebra Zwei, S. 225). Sind die Maßzahlen jedoch **irrational** (Fig. 148.3), so gibt es kein gemeinsames Maß; eine vollständige Auslegung mit Quadraten ist dann – auch bei noch so kleinen Quadraten – nicht möglich. In Fig. 148.3 ist (wegen $\sqrt{8} = 2{,}828\ldots$ und $\sqrt{20} = 4{,}472\ldots$) die Rechtecksfläche

größer als	kleiner als;	die Differenz beträgt:
$2 \cdot 4$ cm²	$3 \cdot 5$ cm²	7 cm²
$2{,}8 \cdot 4{,}4$ cm²	$2{,}9 \cdot 4{,}5$ cm²	0,73 cm²
$2{,}82 \cdot 4{,}47$ cm²	$2{,}83 \cdot 4{,}48$ cm²	0,073 cm²
⋮	⋮	⋮

Die berechneten Differenzen zeigen, daß als Maßzahl des Flächeninhaltes auch jetzt nur das Produkt $\sqrt{8} \cdot \sqrt{20}$ in Frage kommt.

Satz: Haben die Seitenlängen eines **Rechtecks** (gemessen in derselben Längeneinheit) die Maßzahlen a und b, so hat der **Flächeninhalt** bezüglich der entsprechenden Flächeneinheit die Maßzahl

$$A = a \cdot b.$$

Beispiel:
Ein 0,8 km langes und 8,5 m breites gerades Straßenstück soll einen neuen Teerbelag erhalten. Die Kosten richten sich nach der Größe der zu teerenden Fläche. Um sie zu bestimmen, drücken wir zunächst die gegebenen Längen in der gleichen Einheit aus: Straßenlänge 800 m, Straßenbreite 8,5 m.
Nun gilt für die Maßzahlen: $A = 800 \cdot 8{,}5 = 6800$.
Ergebnis: Die zu teerende Fläche beträgt 6800 m^2.
Bemerkung: In $A = a \cdot b$ faßt man a, b, A oft auch als Variable für Längen bzw. Flächeninhalte (statt deren Maßzahlen) auf und schreibt z. B.

$$A = 800\ m \cdot 8{,}5\ m = 6800\ m^2.$$

Im Alltag verwendet man als Flächeneinheiten die Flächengröße von Quadraten, deren Seitenlängen die üblichen Längeneinheiten sind.

Übersicht über die Flächeneinheiten

1 mm^2
100 mm^2 = **1 cm^2** (Fig. 149.1)
100 cm^2 = **1 dm^2**
100 dm^2 = **1 m^2**
100 m^2 = **1 a** (Ar)
100 a = **1 ha** (Hektar)
100 ha = **1 km^2**

149.1

2 Gib als m^2 an: 15 a; 750 ha; 8500 dm^2; 45,2 a; 5,3 ha; 750 dm^2; $\frac{1}{2}$ a; $2\frac{1}{3}$ ha; $\frac{4}{5}$ km^2.

3 Welche Maßzahl hat der Flächeninhalt des Rechtecks von Fig. 149.2, wenn man die Größen der angegebenen Quadrate als Flächeneinheiten verwendet?

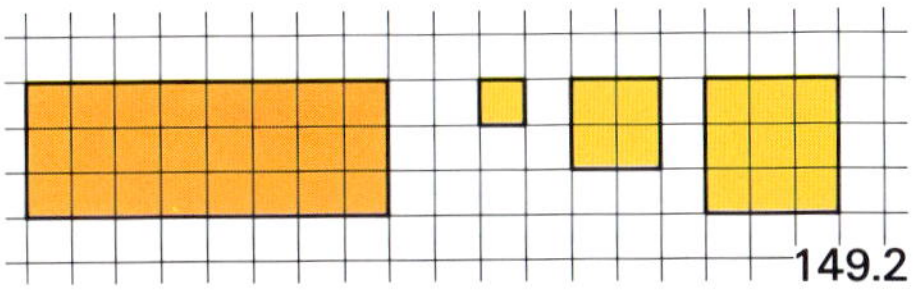
149.2

4 Ein Rechteck ist 4,3 dm lang und 7,5 cm breit. Das Rechteck wird in kongruente Quadrate unterteilt: Wie lang ist eine Quadratseite höchstens? Gib den Flächeninhalt an mit der Größe eines solchen Quadrates als Flächeneinheit. Gib den Flächeninhalt auch in cm^2 an.

5 Wieviel kostet der in der Zeitungsanzeige von Fig. 149.3 angebotene Bauplatz?

149.3

6 Gib die folgenden Längen in der nächstkleineren und in der nächstgrößeren Längeneinheit an. Beachte: 10 m = 1 dam (Dekameter); 100 m = 1 hm (Hektometer).
a) 30 m; 700 dm; 3000 cm; 5 cm; 17 dm; 43 m; 5,8 dm; 7,25 m; 0,04 cm; 0,005 dm
b) $\frac{3}{4}$ m; $\frac{2}{5}$ dm; $\frac{1}{2}$ m; $\frac{4}{5}$ cm; $\frac{1}{3}$ m; $\frac{2}{3}$ dm; $\frac{1}{6}$ m; $\frac{5}{6}$ dm; $2\frac{1}{2}$ cm; $5\frac{1}{3}$ dm; $\sqrt{2}$ cm; $2\sqrt{3}$ dm

7 Gib in der nächstkleineren und in der nächstgrößeren Flächeneinheit an:
a) 300 m^2; 800 a; 200 ha; 1500 dm^2, 900 cm^2; 15000 a; 53600 m^2; 1000000 dm^2
b) 170 a; 850 m^2; 1580 ha; 930 dm^2; 50 a; 20 ha; 10 dm^2; 70 cm^2; 110 m^2; 6 m^2
c) 168 m^2; 1218 dm^2; 2015 ha; 875 a; 316 cm^2, 2116 cm^2, 25 dm^2; 8 a; 4 cm^2; 7 m^2
d) 14,5 a; 0,4 ha; 1,35 m^2; 0,7 cm^2; 3,455 ha; 0,8 m^2; 0,006 dm^2; 0,1 m^2; 0,5 cm^2
e) $\frac{1}{2}$ m^2; $\frac{3}{4}$ ha; $\frac{1}{5}$ dm^2; $\frac{3}{4}$ cm^2; $\frac{4}{5}$ ha; $1\frac{1}{2}$ a; $2\frac{1}{4}$ m^2; $1\frac{7}{10}$ a; $3\frac{9}{10}$ ha; $1\frac{3}{5}$ m^2; $4\frac{3}{5}$ dm^2
f) $\frac{1}{3}$ m^2; $\frac{2}{3}$ ha; $1\frac{1}{3}$ dm^2; $\frac{1}{6}$ a; $1\frac{5}{6}$ cm^2; $\frac{5}{7}$ m^2; $2\frac{1}{3}$ ha; $6\frac{1}{4}$ a; $7\frac{3}{5}$ m^2; $2\frac{2}{3}$ dm^2
g) $\sqrt{2}$ cm^2; $\sqrt{3}$ m^2; $2\sqrt{5}$ dm^2; $\frac{1}{2}\sqrt{2}$ cm^2; $\frac{2}{3}\sqrt{10}$ m^2; $2{,}5\sqrt{6}$ cm^2; $3\sqrt{15}$ dm^2; $4\sqrt{8}$ m^2.

8 a) Ein rechteckiges Brett ist 2,4 m lang und 18 cm breit. Wie teuer ist das Brett bei einem Preis von 22 DM pro m^2?
b) Auf einer 60 cm breiten Tapetenrolle befinden sich 50 m Tapete. Wie groß ist die Fläche, die man damit tapezieren kann?

9 a) Für einen rechteckigen 1,30 m langen und 80 cm breiten Tisch soll ein Tischtuch genäht werden, das ringsum 20 cm überhängt. Wie groß ist die Fläche des Tischtuches?
b) Wie lang muß die Borte sein, mit der das Tischtuch eingesäumt wird?

10 Im folgenden sind a, b die Seitenlängen, A der Flächeninhalt, u der Umfang eines Rechtecks. Berechne jeweils die fehlenden Größen.

	a	b	A	u		a	b	A	u
a)	6,4 m	80 cm			b)	$2\frac{1}{3}$ km	45,2 m		
c)	17 m		10,2 a		d)		12,5 cm	5 dm^2	
e)		25,4 cm		78,8 cm	f)	62 cm			12,9 m
g)	$\sqrt{2}$ cm	$2\sqrt{2}$ cm			h)	$\sqrt{3}$ cm		27 cm^2	

11 Ein Architekt legt den Plan von Fig. 150.1 für eine Eigentumswohnung vor.
a) Berechne die Größe der einzelnen Räume; vernachlässige die Mauerstärken.
b) Welche Gesamtwohnfläche ergibt sich, wenn man für die Mauerstärken 5% abzieht?

12 An einer Straße liegen nebeneinander zwei rechteckige Gärten, deren Breiten 32 m und 22 m und deren Längen 63 m und 84 m betragen. Sie sollen zu einem rechteckigen Garten von 54 m Breite zusammengelegt werden. Wie lang ist der neue Garten?

13 Der rechteckige Boden einer Halle ist 25,50 m lang und 11,25 m breit. Er wird mit quadratischen Platten von 75 cm Seitenlänge belegt. Wieviel Platten sind nötig?

14 Um einen quadratischen, 1 a großen Teich soll ein überall gleich breiter Weg angelegt werden, dessen Fläche ebenso groß ist wie der Teich. Zeichne den Teich im Maßstab 1:200. Konstruiere den geplanten Weg. Entnimm der Zeichnung seine Breite.

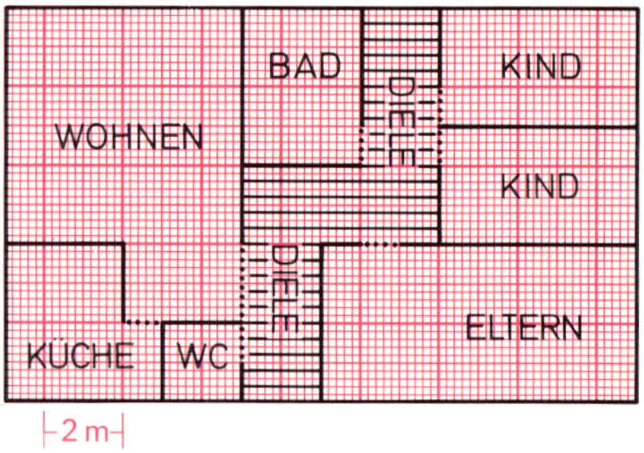

150.1

73 Flächeninhalte von Parallelogrammen und Dreiecken

1 Sind die drei Flächen in Fig. 151.1 gleich groß? Versuche, deine Meinung zu begründen. Wie hat man danach vorzugehen, um nachzuweisen, daß zwei Vielecke von verschiedener Gestalt gleich groß sind?

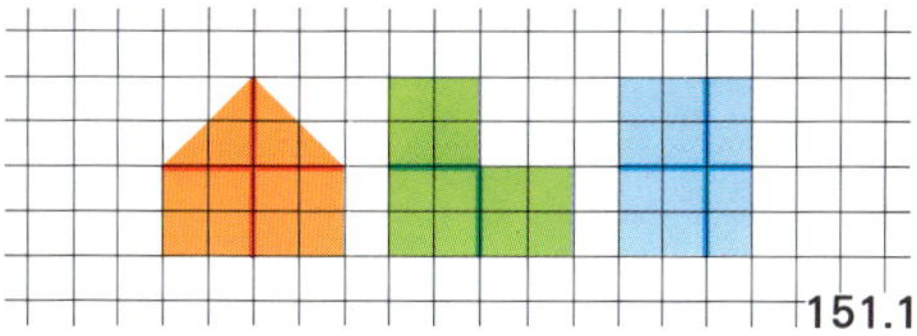

151.1

Parallelogramme, die keine Rechtecke sind, lassen sich nicht in Quadrate unterteilen. Wir brauchen deshalb eine neue, allgemeinere Methode, um ihren Flächeninhalt zu bestimmen.
Im folgenden gehen wir davon aus, daß zwei Vielecke den **gleichen Flächeninhalt** haben, wenn man sie
a) so zerlegen kann, daß die Teile paarweise kongruent sind (**zerlegungsgleiche** Vielecke; Fig. 151.2), oder
b) durch Hinzufügen von paarweise kongruenten Flächen zu kongruenten Vielecken ergänzen kann (**ergänzungsgleiche** Vielecke; Fig. 151.3).

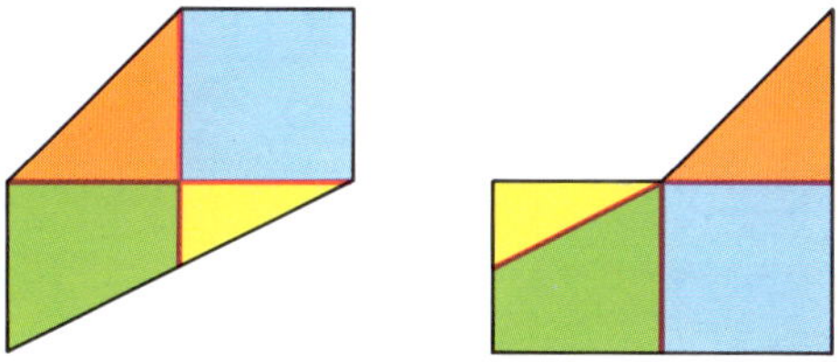

151.2

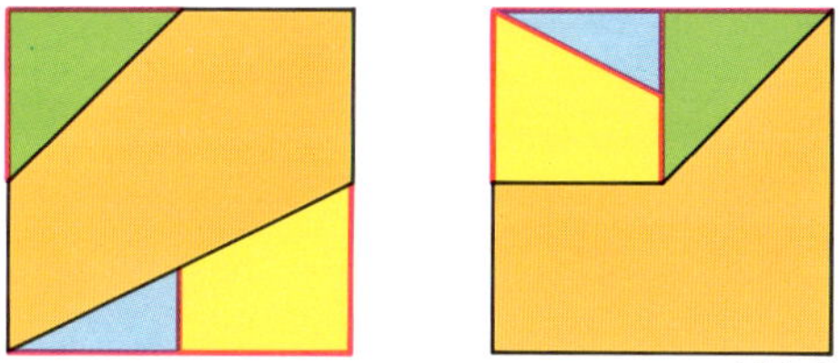

151.3

Um nun den Flächeninhalt eines Parallelogramms zu bestimmen, suchen wir ein Rechteck, das zu ihm zerlegungs- oder ergänzungsgleich ist. Dann berechnen wir den Flächeninhalt dieses Rechtecks.
Das Parallelogramm in Fig. 151.4 ist offenbar zu einem Rechteck mit gleicher Grundseite und Höhe zerlegungsgleich. In Fig. 151.5 läßt sich nicht ebenso leicht ein zerlegungsgleiches Rechteck angeben; man findet aber leicht ein ergänzungsgleiches.

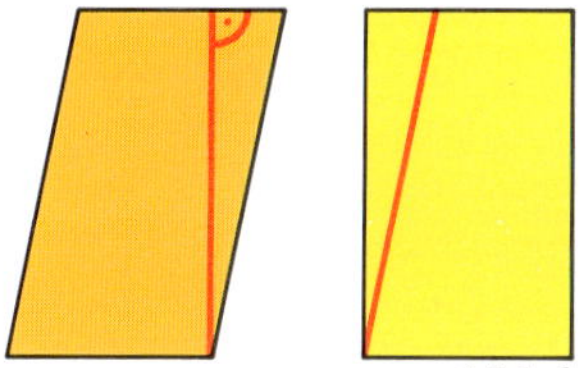

151.4

151.5

Ein Parallelogramm ist also stets flächengleich einem Rechteck, das mit ihm in einer Seite und der zu dieser gehörenden Höhe übereinstimmt. Dies zeigt:

Satz: Mißt man bei einem **Parallelogramm** die Längen einer Seite und der zugehörigen Höhe in der gleichen Längeneinheit, so gilt für den **Flächeninhalt**

$$\mathbf{A = a \cdot h_a = b \cdot h_b}.$$

Beispiel:
Beim Parallelogramm von Fig. 152.1 ist $a=3$ cm; $b=1{,}8$ cm; $h_a=1{,}5$ cm und $h_b=2{,}5$ cm. Danach ist

$$A=3\cdot 1{,}5\,\text{cm}^2 = 4{,}5\,\text{cm}^2 \quad \text{bzw.}$$
$$A=1{,}8\cdot 2{,}5\,\text{cm}^2 = 4{,}5\,\text{cm}^2.$$

Das Parallelogramm hat den Flächeninhalt $4{,}5\,\text{cm}^2$.

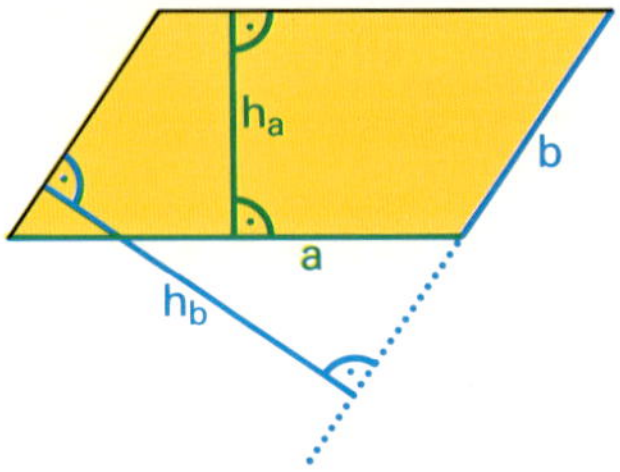

152.1

Offenbar kann jedes Dreieck als „halbes Parallelogramm" aufgefaßt werden (Fig. 152.2). Somit können wir nun auch den Dreiecksinhalt berechnen (Fig. 152.3).

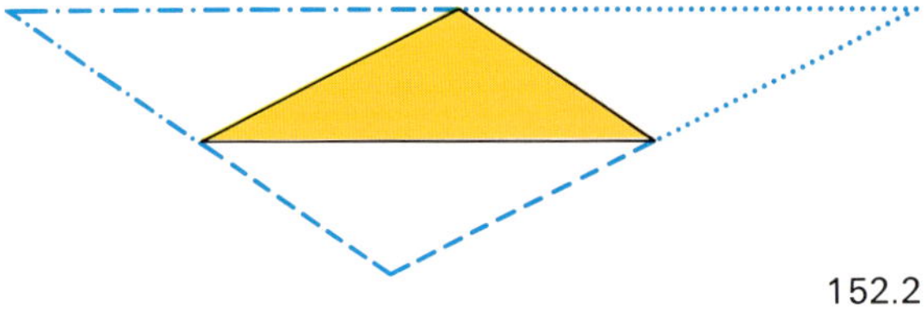
152.2

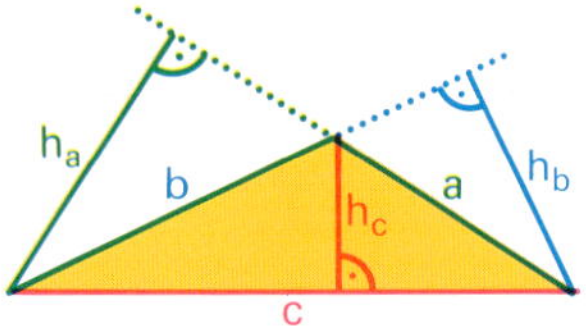

152.3

Satz: Mißt man bei einem **Dreieck** die Länge einer Seite und der zugehörigen Höhe in der gleichen Längeneinheit, so gilt für den **Flächeninhalt**

$$\mathbf{A=\tfrac{1}{2}\cdot a\cdot h_a=\tfrac{1}{2}\cdot b\cdot h_b=\tfrac{1}{2}\cdot c\cdot h_c.}$$

Beispiele:

a) Im Dreieck ABC von Fig. 152.3 ist $c=3{,}7$ cm und $h_c=1$ cm. Das Dreieck hat daher den Flächeninhalt $\frac{1}{2}\cdot 3{,}7\cdot 1\,\text{cm}^2$. Das (im Rahmen der Zeichengenauigkeit) gleiche Ergebnis erhalten wir, wenn wir a und h_a bzw. b und h_b messen und $\frac{1}{2}\cdot a\cdot h_a$ bzw. $\frac{1}{2}\cdot b\cdot h_b$ berechnen.

b) In einem rechtwinkligen Dreieck (Fig. 152.4) ist die zu einer Kathete gehörige Höhe die andere Kathete. In diesem Fall kann man also den Inhalt als halbes Produkt der Katheten berechnen.

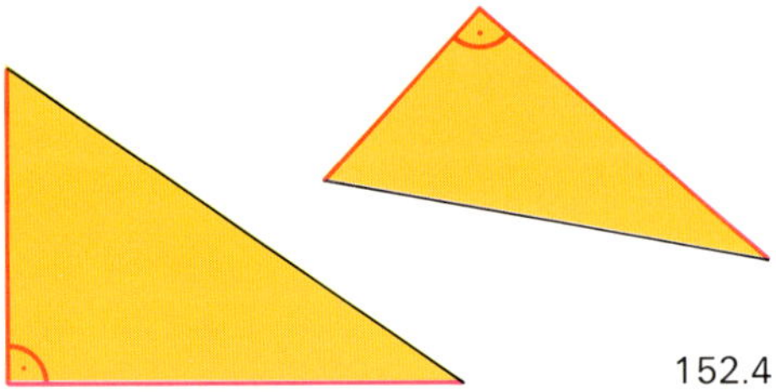
152.4

c) Das Dreieck in Fig. 152.5 ist durch die Koordinaten seiner Ecken gegeben. Für seinen Flächeninhalt gilt

$$A=\tfrac{1}{2}(5-1)\,(6-2)=8,$$

er beträgt also 8 FE.

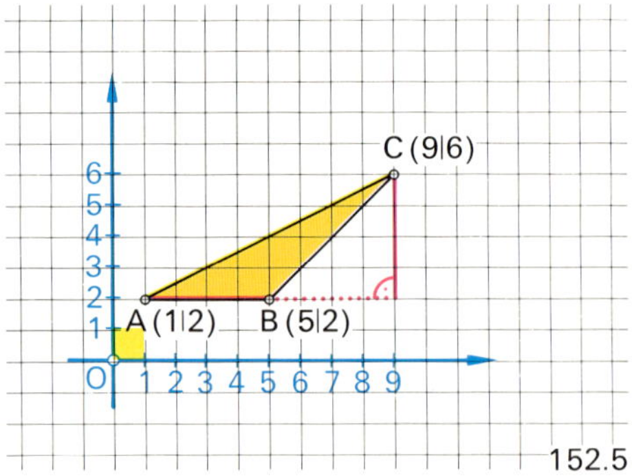

152.5

② a) Berechne den Flächeninhalt des Dreiecks mit den Ecken A(2|3), B(7|1), C(2|7).
b) Gib den Flächeninhalt in cm^2 an, wenn auf den Koordinatenachsen die Längeneinheit 0,5 cm beträgt.

3 Berechne den Flächeninhalt eines Parallelogramms mit:

a) $a = 7$ cm; $h_a = 4{,}5$ cm b) $b = 8{,}4$ dm; $h_b = 5$ cm
c) $a = 9{,}4$ m; $h_a = 45$ cm d) $b = 0{,}42$ m; $h_b = 5$ cm.

4 Konstruiere aus den angegebenen Stücken ein Parallelogramm. Berechne den Flächeninhalt des Parallelogramms. (Runde auf 1 Dezimale.)

a) $a = 7$ cm; $b = 3$ cm; $\alpha = 30°$ b) $c = 4{,}5$ cm; $d = 6{,}8$ cm; $\beta = 48°$
c) $b = 6{,}4$ cm; $c = 3{,}6$ cm; $\alpha = 67°$ d) $a = 5$ cm; $b = 3$ cm; $e = 4{,}4$ cm

5 Berechne den Flächeninhalt eines Dreiecks mit:

a) $a = 7{,}2$ cm; $h_a = 4{,}4$ cm b) $b = 23$ cm; $h_b = 86$ mm
c) $c = 24{,}5$ m; $h_c = 17{,}8$ m d) $a = 1{,}2$ dm; $h_a = 86$ cm.

6 Berechne den Flächeninhalt des Dreiecks PQR.

a) P (2|0), Q (7|0), R (3|7) b) P (3|2), Q (9|2), R (1|5)
c) P (3|1), Q (9|5), R (3|8) d) P (4|6), Q (7|1), R (8|6)

7 Zeichne das Dreieck PQR ein. Miß die Länge einer Seite und der dazugehörenden Höhe; berechne danach den Flächeninhalt.

a) P (0|0), Q (7|2), R (4|5) b) P (0|7), Q (8|0), R (3|11)
c) P (2|1), Q (10|3), R (5|4) d) P (0|0), Q (6|3), R (7|7)

8 Berechne den Flächeninhalt eines rechtwinkligen Dreiecks mit den Katheten a und b.

a) $a = 4{,}5$ cm; $b = 2{,}8$ cm b) $a = 8{,}5$ m; $b = 4{,}2$ dm
c) $a = 2{,}6$ dm; $b = 17$ cm d) $a = 117$ m; $b = 0{,}3$ km

9 In einem 6 cm^2 (21 dm^2) großen rechtwinkligen Dreieck ist eine Kathete 2,4 cm (42 cm) lang. Wie lang ist die andere Kathete?

10 a) In einem Parallelogramm ist $a = 6{,}3$ cm; $b = 4{,}2$ cm; $h_a = 3{,}6$ cm. Bestimme h_b rechnerisch und zeichnerisch.
b) In einem Dreieck ist $a = 5$ cm; $b = 4$ cm; $h_a = 3{,}6$ cm. Bestimme h_b rechnerisch und zeichnerisch.

11 a) Ein Parallelogramm wird durch seine Diagonale in vier Dreiecke zerlegt. Sind diese Dreiecke flächengleich? Begründe deine Antwort.
b) Zeichne ein Parallelogramm ABCD; teile es durch 3 (2) gerade Linien von A aus in 4 (3) flächengleiche Teile.

12 a) Beweise (rechnerisch): Wenn in einem Dreieck die Seite a doppelt (k-mal) so lang ist wie die Seite b, dann ist die Höhe h_a halb ($\frac{1}{k}$-mal) so lang wie die Höhe h_b.
b) Gilt Entsprechendes auch für die Seiten a und c (b und c)? Formuliere das Ergebnis in einem Satz. Überprüfe den Satz am Dreieck in Fig. 153.1.
c) In einem Dreieck ist $a < b$. Was folgt daraus für h_a und h_b?

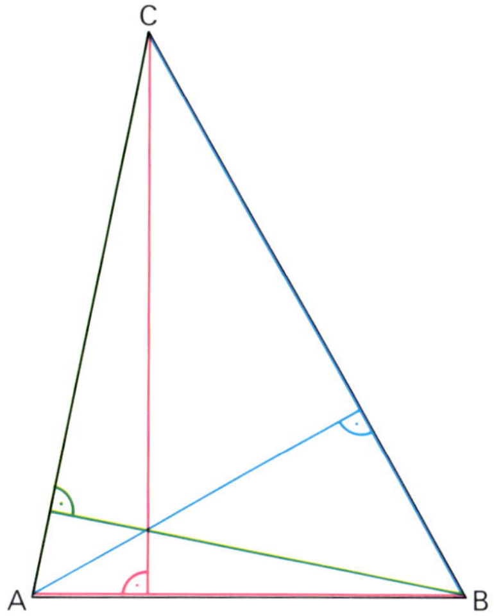

153.1

74 Flächenverwandlungen

① Das Dreieck ABC in Fig. 154.1 wird durch die Seitenhalbierende CM in zwei Teildreiecke zerlegt, die nicht kongruent sind. Wie kann man trotzdem sofort erkennen, daß diese beiden Teildreiecke den gleichen Flächeninhalt haben?

② Zeichne über einer Strecke AB zwei Parallelogramme ABCD und ABEF, die flächengleich sind, aber nicht kongruent.

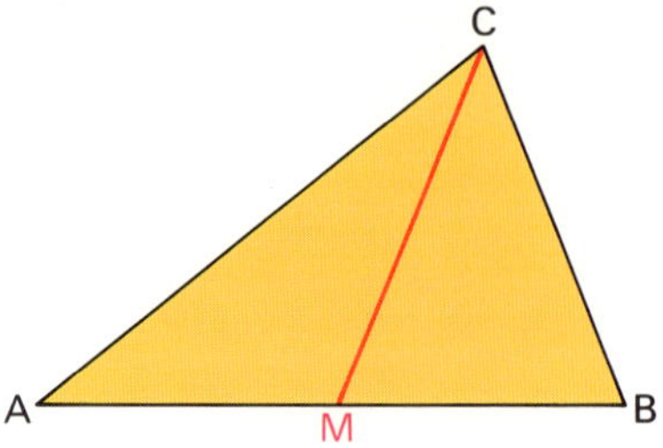

154.1

Die Formel $A = a \cdot h_a$ für den Flächeninhalt eines Parallelogramms zeigt nicht nur, wie man den Flächeninhalt eines gegebenen Parallelogramms berechnet. Sie zeigt auch, daß alle Parallelogramme mit demselben a und h_a den gleichen Flächeninhalt haben. Dadurch ergibt sich die Möglichkeit, flächengleiche Parallelogramme zu konstruieren, die nicht kongruent sind, bzw. ein Parallelogramm in ein flächengleiches zu „verwandeln" (Fig. 154.2). Entsprechendes gilt für Dreiecke (Fig. 154.3).

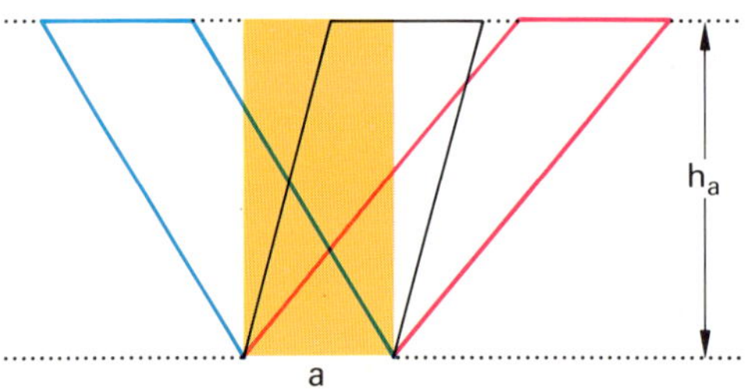

154.2

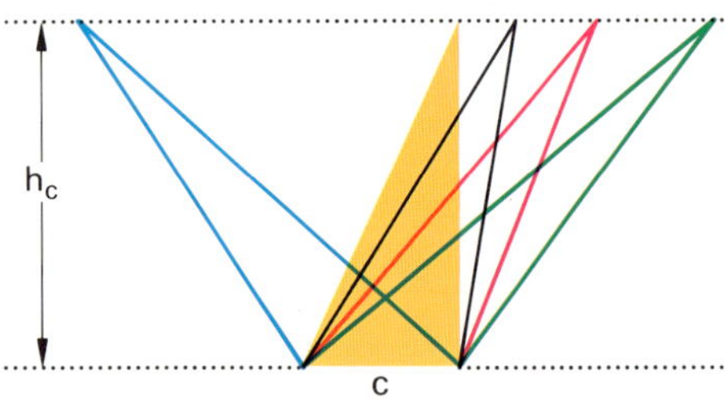

154.3

Satz: Parallelogramme bzw. **Dreiecke**, die in einer Seite und der dazugehörigen Höhe übereinstimmen, sind **flächengleich**.

Beispiel:
Wir verwandeln das Viereck ABCD von Fig. 154.4 in ein flächengleiches Dreieck. Dazu zeichnen wir die Parallele zu BD durch C. Nun sind die Dreiecke BCD und BC_1D flächengleich, denn sie stimmen in der Seite BD und der dazugehörenden Höhe überein. Also sind auch das Viereck ABCD und das Dreieck AC_1D flächengleich.

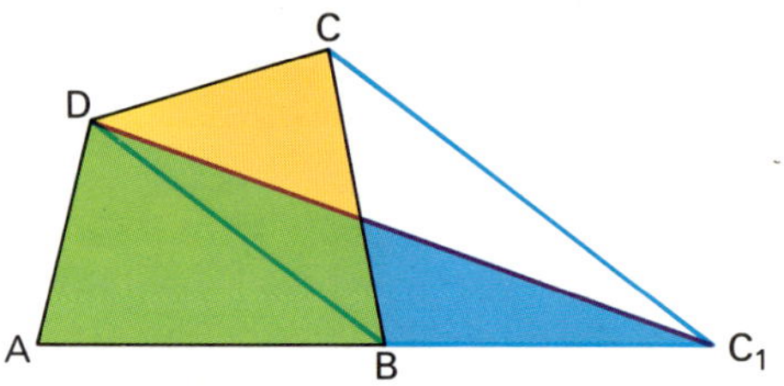

154.4

③ Verwandle das Viereck ABCD mit A (0|1), B (6|2), C (10|0), D (8|6) in ein flächengleiches Dreieck. Bestimme mit Hilfe dieses Dreiecks den Flächeninhalt des Vierecks ABCD.

4 Zeichne ein Parallelogramm ABCD mit $a = 4{,}5$ cm; $b = 3$ cm; $\alpha = 60°$. Verwandle das Parallelogramm in ein flächengleiches Parallelogramm A'B'C'D' mit:

a) $\alpha' = 50°$ und $a' = a$
b) $b' = 4$ cm und $a' = a$
c) $\alpha' = 120°$ und $a' = a$
d) $\beta' = 80°$ und $b' = b$.

5 Verwandle ein Dreieck mit $a = 4$ cm; $b = 5$ cm; $c = 4{,}5$ cm in ein inhaltsgleiches mit:

a) $\beta' = 35°$ und $c' = c$
b) $\beta' = 100°$ und $c' = c$
c) $a' = 4{,}8$ cm und $b' = b$
d) $c' = 6$ cm und $\alpha' = \alpha$
e) $a' = 3$ cm und $\beta' = \beta$
f) $b' = 6{,}5$ cm und $\gamma' = \gamma$.

6 a) Konstruiere ein Rechteck, das den gleichen Flächeninhalt hat wie ein Parallelogramm mit $a = 4$ cm; $b = 5$ cm; $\beta = 140°$.
b) Konstruiere ein Rechteck mit der Seite $a' = 6$ cm, das denselben Flächeninhalt hat wie das Parallelogramm in a).

7 a) Konstruiere ein gleichschenkliges Dreieck, das den gleichen Flächeninhalt hat wie ein Dreieck mit $a = 4$ cm; $b = 6$ cm; $c = 5{,}3$ cm.
b) Verwandle ein Parallelogramm mit $a = 5$ cm; $b = 3$ cm; $\alpha = 60°$ in eine flächengleiche Raute.

8 Konstruiere ein Rechteck, das den gleichen Flächeninhalt hat wie ein Dreieck mit $a = 7$ cm; $b = 8{,}3$ cm; $c = 7{,}7$ cm (mit $a = 8$ cm; $b = 11{,}5$ cm; $c = 5{,}4$ cm).

9 Zeichne ein Rechteck mit $a = 7$ cm und $b = 3$ cm. Konstruiere ein flächengleiches Rechteck mit $a' = 5$ cm. Entnimm der Zeichnung b'. Überprüfe das Ergebnis rechnerisch. Um wieviel cm ist das neue Rechteck kürzer (breiter) als das ursprüngliche? Vergleiche.

10 Verwandle ein Rechteck mit $a = 6$ cm und $b = 3$ cm in ein flächengleiches Parallelogramm mit $a' = 8$ cm und $\alpha' = 60°$.

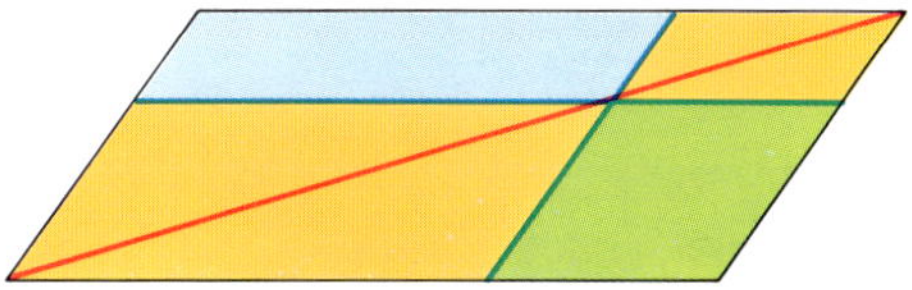

155.1

11 a) Beweise (Fig. 155.1): Zeichnet man in einem Parallelogramm durch einen Punkt einer Diagonalen die Parallelen zu den Seiten, so sind die beiden entstehenden Teilparallelogramme, durch welche die Diagonale nicht geht, flächengleich.
b) Verwandle mit Hilfe dieses Satzes ein Parallelogramm mit $a = 4$ cm; $b = 3$ cm und $\alpha = 50°$ in ein flächengleiches mit $b' = 5$ cm.

12 a) Zeichne einen Kreis k und zwei Punkte $A \in k$ und $B \in k$. Welches dem Kreis k einbeschriebene Dreieck ABC (Fig. 155.2) hat den größten Flächeninhalt? Konstruiere dieses Dreieck.
b) Welche von allen einem gegebenen Kreis einbeschriebenen Dreiecken haben den größtmöglichen Flächeninhalt? Begründe deine Antwort.

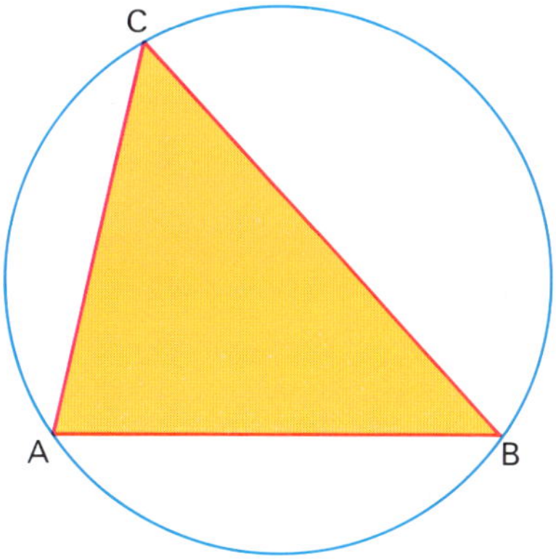

155.2

75 Flächeninhalte von Trapezen und beliebigen Vielecken

1 Fig. 156.1 zeigt den Lageplan eines Bauplatzes. Versuche, die Größe des Bauplatzes zu bestimmen. Wie teuer ist der Bauplatz, wenn 1 m^2 325 DM kostet?

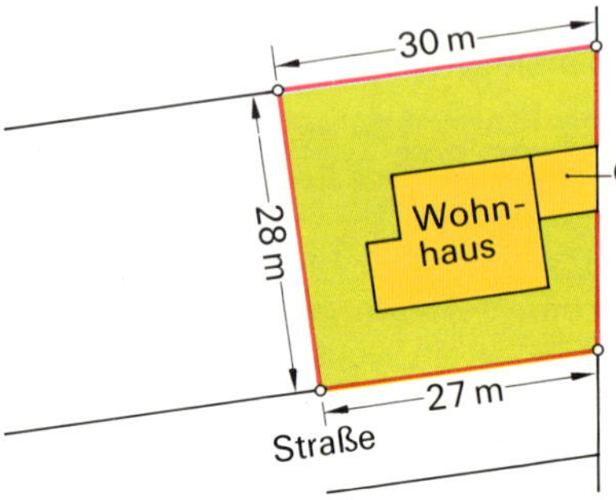

156.1

Bauplätze haben oft die Form von **Trapezen**, d.h. von Vierecken mit (mindestens) zwei parallelen Seiten (Fig. 156.1). Man nennt diese parallelen Seiten auch die Grundseiten, ihren Abstand die Höhe und die beiden anderen Seiten die Schenkel des Trapezes (Fig. 156.2).
Fig. 156.3 zeigt, wie man ein Trapez in ein flächengleiches Rechteck verwandeln kann; M_1 und M_2 sind die Mitten der Schenkel. Das Rechteck hat offenbar die Länge $\frac{1}{2}(a+c)$ und die Breite h.

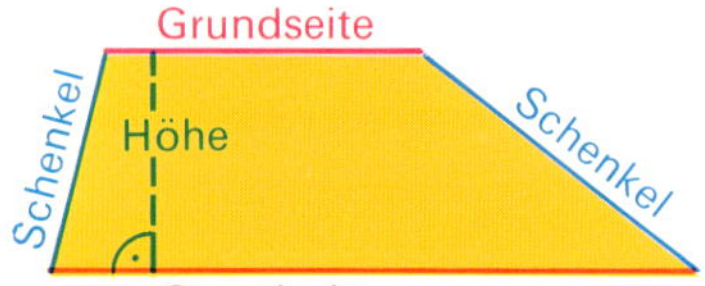

156.2

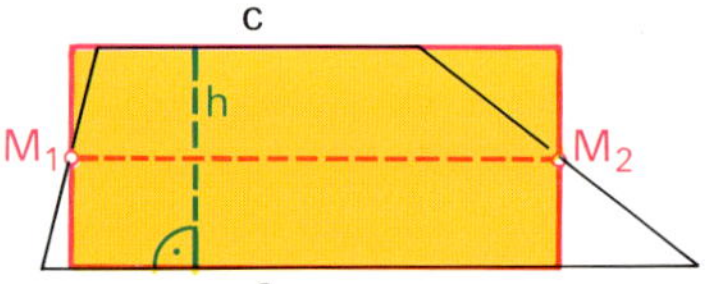

156.3

Satz: Mißt man die Grundseiten a und c sowie die Höhe h eines **Trapezes** in der gleichen Längeneinheit, so gilt für den **Flächeninhalt** des Trapezes

$$\mathbf{A = \tfrac{1}{2}(a+c) \cdot h}.$$

Beispiel:
Um den Flächeninhalt des Brettes in Fig. 156.4 zu ermitteln, messen wir die Längen der parallelen Seiten sowie die Breite des Brettes. Ist $\overline{AB} = 1{,}55$ m, $\overline{CD} = 1{,}25$ m und h = 35 cm, so folgt:
$A = \frac{1}{2}(1{,}55 + 1{,}25) \cdot 0{,}35\ m^2 = 0{,}49\ m^2$. Das Brett ist also knapp $\frac{1}{2}$ m^2 groß.

156.4

Um den Flächeninhalt eines **beliebigen Vielecks**, z.B. des Fünfecks in Fig. 156.5, zu ermitteln, zerlegen wir das Vieleck in Teildreiecke und addieren deren Flächeninhalte.

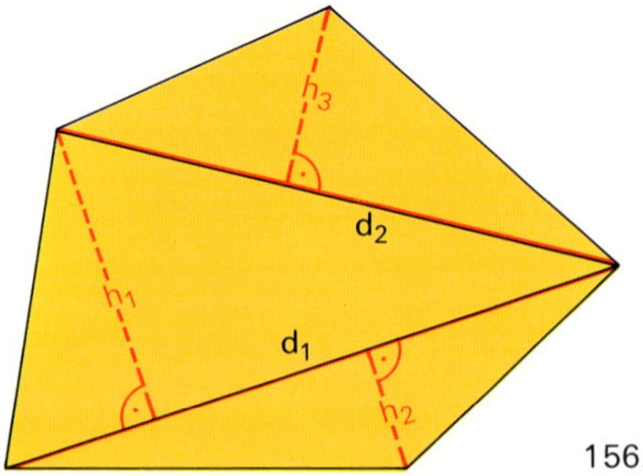

156.5

2 Miß in Fig. 156.5 die Längen d_1, d_2, h_1, h_2, h_3. Bestimme den Flächeninhalt des Fünfecks. Runde sinnvoll.

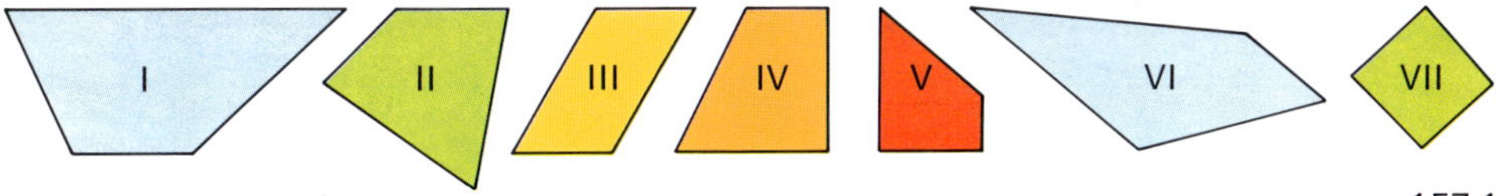

157.1

3 Welche der Vierecke in Fig. 157.1 sind Trapeze?

4 Berechne den Flächeninhalt eines Trapezes mit den folgenden Grundseiten a, c und der Höhe h.

a) a = 28 cm, c = 17 cm; h = 9 cm
b) a = 1,4 m; c = 2,5 m; h = 40 cm
c) a = 8,4 dm; c = 1,3 m; h = 25 cm
d) a = 0,6 km; c = 350 m; h = 84 m
e) a = 5,5 dm; c = 0,4 m; h = 15 cm
f) a = 0,64 m; c = 42 cm; h = 1,5 dm

5 Konstruiere aus den angegebenen Stükken ein Trapez (Fig. 157.2). Entnimm der Zeichnung die Längen der Grundseite und der Höhe und ermittle den Flächeninhalt des Trapezes. Runde sinnvoll.

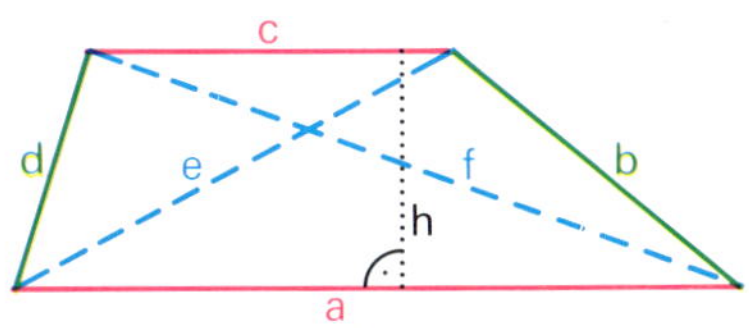

157.2

a) a = 7,3 cm; b = 4,3 cm; c = 3 cm; e = 5 cm
b) a = 2 cm; c = 7 cm; d = 3,8 cm; f = 4,8 cm
c) a = 4,5 cm; c = 2,2 cm; e = 7,5 cm; h = 3,3 cm
d) a = 8 cm; b = d = 4 cm; h = 3,1 cm

6 In einem Koordinatensystem ist ein Trapez gegeben durch die Koordinaten der Ecken.

a) A (2|3), B(13|3), C(6|7), D(3|7)
b) A(0|3), B(4|0), C(4|2), D(0|9)
c) A(−6|−1), B(2|−1), C(1|4), D(−2|4)
d) A(−3|−3), B(4|2), C(4|4), D(−3|6)

Berechne den Flächeninhalt des Trapezes. Gib den Flächeninhalt in cm^2 an, wenn die Längeneinheit auf den Koordinatenachsen 0,5 cm beträgt.

7 Ermittle den Flächeninhalt des Vierecks ABCD.

a) A(−5|−2), B(0|4), C(4|1), D(0|9)
b) A(3|2), B(12|2), C(11|8), D(4|9)
c) A(−3|−4), B(4|−2), C(6|3), D(−2|6)
d) A(−3|3), B(2|−5), C(4|2), D(8|7)

8 Welches der beiden Vielecke in Fig. 157.3 und 157.4 hat vermutlich den größeren Flächeninhalt? Berechne die Flächeninhalte; vergleiche.

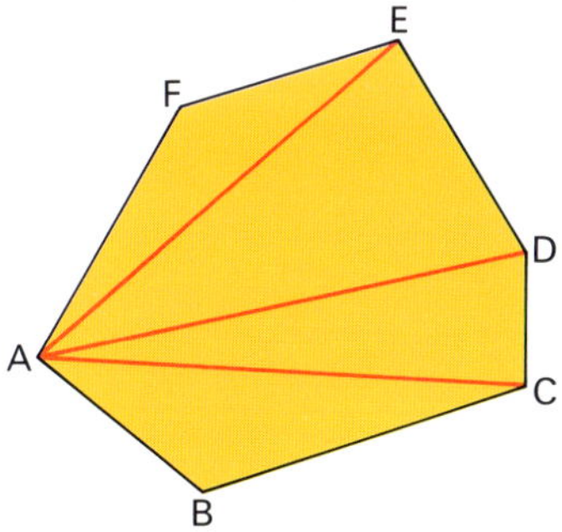

157.3

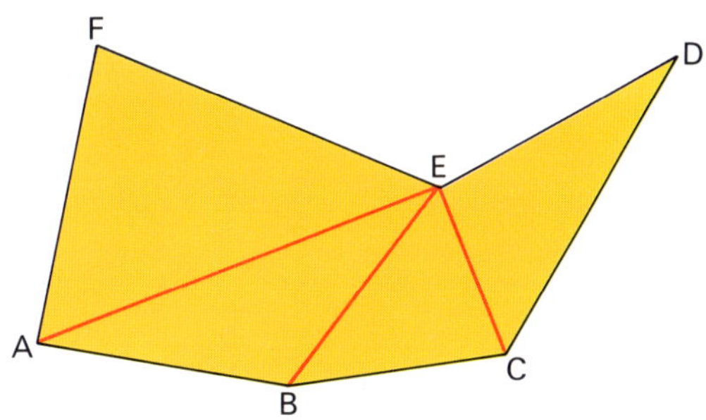

157.4

76 Vermischte Aufgaben

1 a) Gib in **m** an: 80 cm; 7 cm; 13 dm; 0,45 km; 0,64 dm; 4310 cm; 314 mm; 0,0005 km.
b) Gib in $\mathbf{m}^2$ an: 70 dm^2; 3 a; 415 cm^2; 0,8 ha; 340000 mm^2; 0,9 km^2; 0,003 ha.
c) Gib in **a** an: 756 m^2; 3,5 m^2; 50000 dm^2; $2\frac{1}{2}$ ha; 0,7 ha; 5,08 m^2; $\frac{1}{4}$ km^2.

2 Gib in der nächstkleineren und in der nächstgrößeren Einheit an:
a) 3 cm; 7 m^2; 5 cm; 0,46 dm^2; 0,05 cm^2; 15,8 dm; 360 a; 46800 ha; 5 dm; 0,8 cm
b) $3\frac{1}{2}$ a; $1\frac{3}{4}$ m; $15\frac{1}{2}$ dm^2; 840 cm^2; 7,9 dm; 0,65 m; 37200 a; 0,07 dm; 0,07 dm^2
c) $\frac{1}{2}$ cm^2; $2\frac{1}{3}$ m; $14\frac{1}{6}$ dm^2; $24\frac{1}{5}$ dm^2; $\frac{7}{30}$ m^2; $\frac{4}{15}$ dm^2; $\frac{7}{12}$ cm; $3\frac{1}{7}$ m^2; $1\frac{1}{4}$ a; $2\frac{3}{4}$ m^2
d) $\sqrt{3}$ dm; $\sqrt{3}$ dm^2; $3\sqrt{5}$ cm; $3\sqrt{5}$ cm^2; $\sqrt{6}$ dm^2; $\frac{1}{2}\sqrt{2}$ cm; $\frac{2}{3}\sqrt{3}$ cm^2; $(1+\sqrt{2})$ cm^2.

3 a) Gib in **m** an: 3 km; 730 km; 15 dm; 6014 dm; 450000 cm; 5360000 mm; 0,07 km.
b) Gib in $\mathbf{m}^2$ an: 7 ha; 0,2 ha; 3500 dm^2; 4500000 cm^2; 14 cm^2; 0,5 km^2; $1\frac{1}{2}$ ha.

4 a) Runde auf $\mathbf{m}^2$ und gib in $\mathbf{m}^2$ an: 7,432 a; 0,035 a; 0,04367 ha; 4715 dm^2; 0,00349 ha; $\frac{1}{3}$ a; $2\frac{2}{3}$ a; $5\frac{1}{6}$ ha; $2\frac{1}{9}$ a; $\sqrt{3}$ a; $\sqrt{2}$ ha.
b) Runde auf **a** und gib in **a** an: 2,05 a; $4\frac{1}{2}$ a; $5\frac{1}{3}$ a; 798 m^2; 3417 m^2; 1,715 ha; $1\frac{1}{3}$ ha; $2\frac{1}{6}$ km^2; $4\frac{1}{7}$ a; $4\frac{1}{7}$ ha; $100\sqrt{2}$ m^2; $10\sqrt{3}$ a; $10\sqrt{7}$ ha.

5 Ein Quader hat die Kantenlängen a, b, c; berechne seine Oberfläche (d.h., den Flächeninhalt seines Netzes).
a) a = 17 cm; b = 13 cm; c = 5 cm
b) a = 7 dm; b = 3,5 cm; c = 2 cm
c) a = 4 dm; b = 0,25 m; c = 24 mm
d) a = 4 m; b = 2,8 m; c = 40 cm

6 Ein Rechteck hat den Flächeninhalt A und die Länge a. Wie breit ist das Rechteck und welchen Umfang hat es?
a) A = 24 cm^2; a = 15 cm
b) A = 20 dm^2; a = 40 cm
c) A = 2 a; a = 30 m
d) A = $2\frac{1}{2}$ ha; a = 120 m
e) A = 0,45 m^2; a = 65 cm
f) A = 2 dm^2; a = $\sqrt{10}$ cm

7 Eine 1 ha große rechteckige Wiese ist 125 m lang. Wie breit ist sie? Wieviel m Zaun braucht man, um sie einzuzäunen?

8 Bei einer Flurbereinigung wird ein 45 m langer und 24 m breiter rechteckiger Acker gegen einen 36 m langen, ebenfalls rechteckigen Acker getauscht. Ermittle rechnerisch und zeichnerisch die Breite des neuen Ackers.

9 Bei einer Baulandumlegung wird ein 32 m langer und 20 m breiter rechteckiger Bauplatz im Wert von 84000 DM gegen einen anderen Bauplatz getauscht, der zum Preis von 140 DM je m^2 angeboten wird. Um wieviel m^2 ist der neue Platz größer bzw. kleiner als der bisherige?

10 Aus einer Spanplatte soll ein 12 dm^2 großes rechteckiges Stück ausgesägt werden, das 3mal so lang wie breit ist. Berechne seine Länge und seine Breite.

11 Verwandle ein Parallelogramm mit a = 5,4 cm; b = 3,6 cm; $\alpha = 72°$ in ein flächengleiches Parallelogramm mit a' = 6,8 cm; $\alpha' = 105°$ (mit a' = 4,8 cm; b' = 6,2 cm).

12 Verwandle ein Dreieck in ein flächengleiches Rechteck
a) mit gleicher Grundseite
b) mit gleicher Höhe.

13 In Fig. 159.1 hat man sich das gelbe Quadrat fest zu denken; das gleich große blaue Quadrat wird um M gedreht. Beweise: Die den beiden Quadraten gemeinsame Fläche ändert dabei zwar ihre Gestalt, aber nicht ihre Größe.

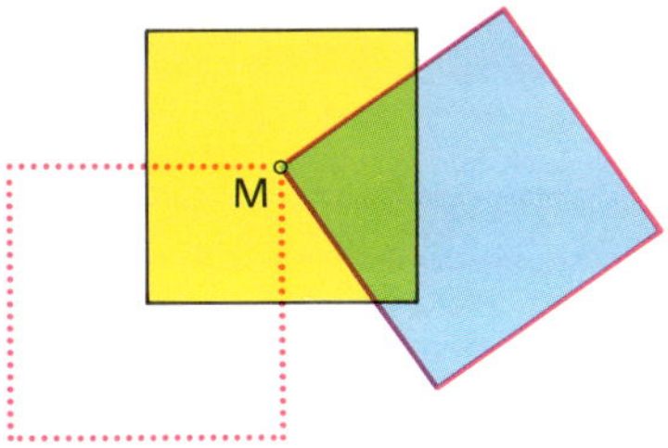

159.1

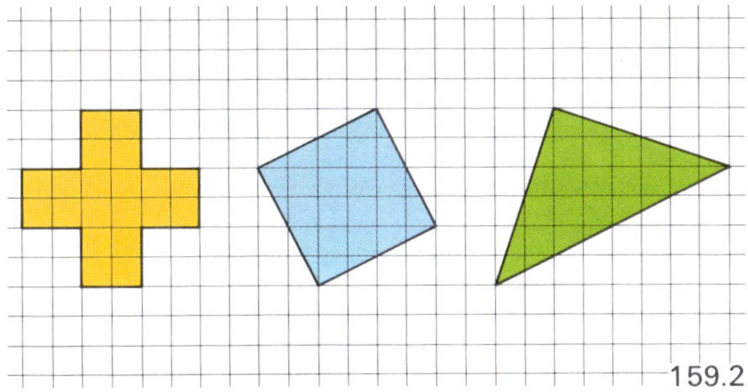
159.2

14 a) Zeichne ein Trapez ABCD mit den Grundseiten AB und CD. Konstruiere über AB zwei weitere, mit ABCD flächengleiche Trapeze.
b) Zeige: Trapeze, die in der „Mittellinie" M_1M_2 (Fig. 156.3) und der Höhe übereinstimmen, sind flächengleich. Zeichne zwei solche Trapeze.

15 a) Übertrage das Kreuz und das Quadrat von Fig. 159.2 ins Heft. Zeige, daß beide Flächen zerlegungsgleich sind (vgl. S. 151).
b) Übertrage das Quadrat und das Dreieck von Fig. 159.2 ins Heft. Zeige, daß auch diese beiden Flächen zerlegungsgleich sind.
c) Untersuche, ob auch das Kreuz und das Dreieck zerlegungsgleich sind.

16 a) Zeichne ein Parallelogramm ABCD. Konstruiere im Innern einen Punkt P, so daß PA, PB, PC und PD das Parallelogramm in vier flächengleiche Teile teilen.
b) Zeichne ein Parallelogramm und im Innern einen beliebigen Punkt P; ziehe PA, PB, PC und PD (Fig. 159.3). Beweise: Die Dreiecke PAB und PCD sind zusammen gleich groß wie die Dreiecke PBC und PDA.

17 Zeichne ein beliebiges Dreieck ABC. Konstruiere einen Punkt P im Innern, so daß PA, PB und PC das Dreieck in drei flächengleiche Teile teilen. Begründe die Konstruktion.

18 Vergleiche den Flächeninhalt eines beliebigen Dreiecks ABC mit dem Flächeninhalt des Dreiecks, das als Seitenlängen die Längen der Seitenhalbierenden von Dreieck ABC hat. (Anleitung, Fig. 159.4: Ziehe die Parallele zu s_c durch D und zu s_b durch A.)

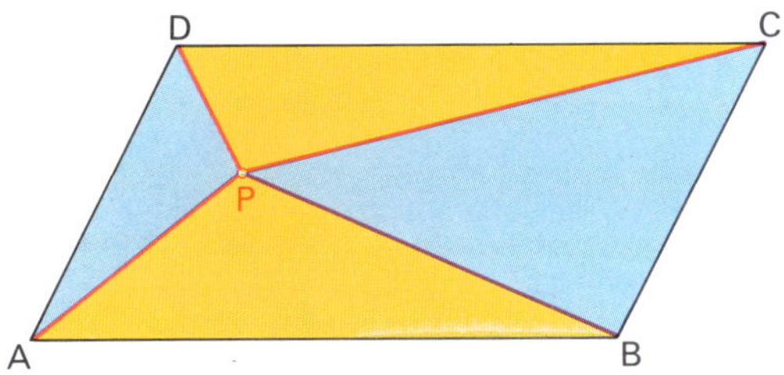

159.3

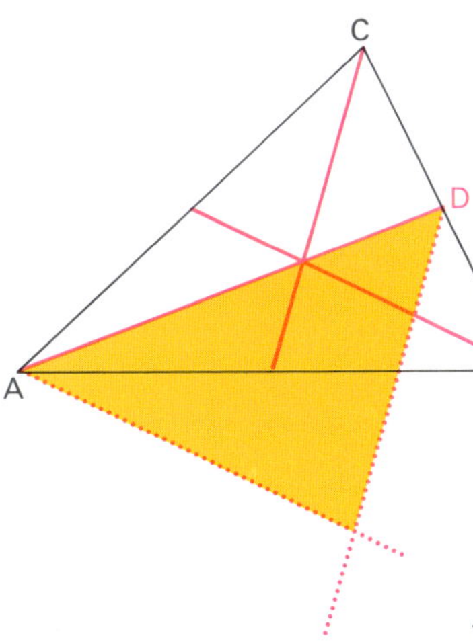

159.4

XII Satzgruppe des Pythagoras

77 Der Satz des Pythagoras[1]

① Kann man eine 3 cm dicke kreisförmige Tischplatte von 2,10 m Durchmesser durch eine Türöffnung transportieren, die nur 2 m hoch und 1 m breit ist?

160.1

Im Alltag steht man oft vor dem Problem, die Länge einer Strecke zu bestimmen, die nicht direkt gemessen werden kann. Fig. 160.1 zeigt ein Beispiel: Um einen Sendemast zu befestigen, werden Stahlseile in 50 m Höhe am Mast angebracht und in 40 m Entfernung vom Fuß des Mastes verankert. Wie kann man die Länge bestimmen, welche die Seile in gespanntem Zustand haben werden?
Mathematisch handelt es sich um folgendes **Problem**: In einem **rechtwinkligen** Dreieck kennt man die beiden Seiten, die den rechten Winkel einschließen (Katheten[2]); kann man daraus die Länge der dritten Seite (Hypotenuse[3]) **berechnen**?

Um das Problem zu vereinfachen, betrachten wir den **Sonderfall** eines rechtwinkligen Dreiecks, das überdies **gleichschenklig** ist. Solche Dreiecke entstehen, wenn man ein Quadrat durch seine Diagonalen in Dreiecke zerlegt (Fig. 160.2). Dabei ist das Ausgangsquadrat das Quadrat über der Hypotenuse eines solchen Dreiecks. Denkt man sich nun die anderen Dreiecke nach außen geklappt (Fig. 160.3), so erkennt man auch Quadrate über den Katheten. Noch mehr: Die Inhalte der Quadrate über den Katheten sind zusammen offenbar ebenso groß wie das Hypotenusenquadrat. Dies zeigt etwas Überraschendes: Während für die Maßzahlen a, b, c der Dreiecksseiten (gemessen in der gleichen Einheit) die Dreiecksungleichung

$$a+b>c$$

zutrifft, gilt für die **Quadrate** dieser Zahlen die **Gleichheitsbeziehung** (Fig. 160.4)

$$\mathbf{a^2+b^2=c^2}.$$

Sie ermöglicht es, c zu berechnen, wenn a (und damit auch b) gegeben ist.
Z. B. für $a=5$ ist $25+25=c^2$, also $c^2=50$ und $c=5\sqrt{2}\approx 7{,}07$.

160.2

160.3

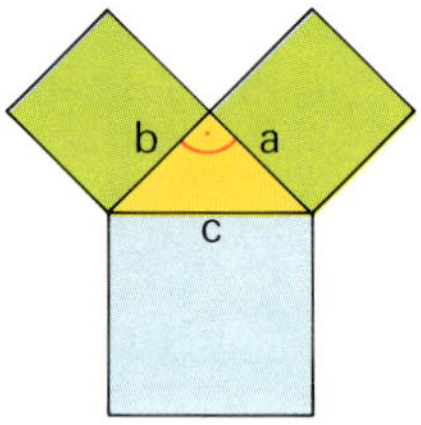

160.4

1. Vgl. S. 318
2. kathetos (griech.): die herabgelassene, d. h. orthogonale (Linie)
3. hypo (griech.): unter, teino (griech.): ich spanne

Wir untersuchen nun, ob die Gleichheit $a^2+b^2=c^2$ für rechtwinklige Dreiecke **allgemein** gilt, also auch für nicht gleichschenklige rechtwinklige Dreiecke. Fig. 161.1 zeigt, wie man die Kathetenquadrate eines solchen Dreiecks zu einem Quadrat mit den Seiten $a+b$ ergänzen kann; man braucht nur vier kongruente rechtwinklige Dreiecke hinzuzufügen. Fig. 161.2 zeigt das gleiche Quadrat mit einer anderen Anordnung dieser vier Dreiecke. Hier bilden die Hypotenusen ein Quadrat, weil $\alpha+\beta=90°$ ist. Durch Vergleich mit Fig. 161.1 erkennt man, daß es genau so groß ist wie die Inhalte der beiden Kathetenquadrate zusammen.

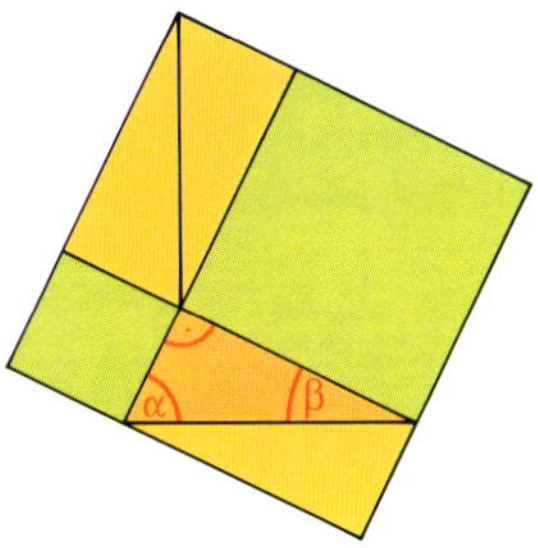

161.1

161.2

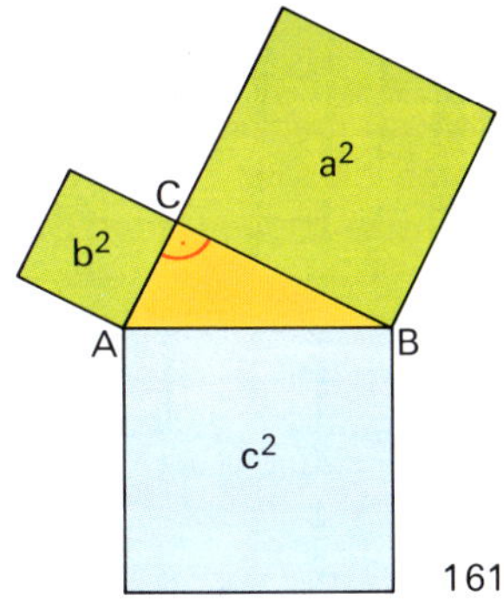

161.3

Satz des Pythagoras: In jedem **rechtwinkligen** Dreieck haben die Quadrate über den Katheten zusammen den gleichen Inhalt wie das Quadrat über der Hypotenuse (Fig. 161.3). – Anders ausgedrückt: Sind a und b die Maßzahlen der Katheten und ist c die Maßzahl der Hypotenuse (gemessen in der gleichen Längeneinheit), so gilt:

$$\mathbf{a^2+b^2=c^2}.$$

Beispiel:

Wir verwenden den Satz, um in einem rechtwinkligen Dreieck mit 12 cm und 5 cm langen Katheten die Hypotenuse zu berechnen. Es ist (Fig. 161.4)

$$12^2+5^2=c^2,$$

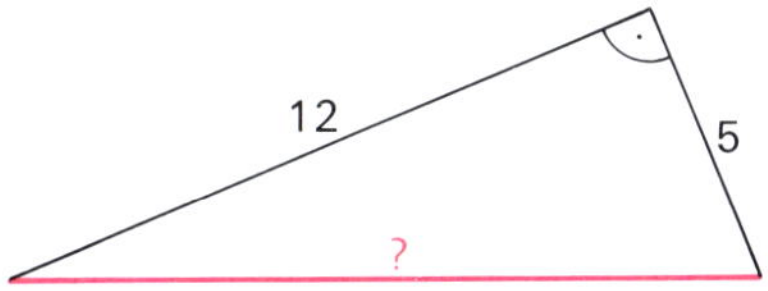

161.4

also $c^2=169$ und $c=\sqrt{169}=13$. Die Hypotenuse ist 13 cm lang.

Fig. 161.5/6 zeigen, daß bei nicht rechtwinkligen Dreiecken $a^2+b^2 \neq c^2$ ist. In Fig. 161.5 ist $\overline{AC}<\overline{AC^*}$ und $\overline{BC}<\overline{BC^*}$, also $a^2+b^2<c^2$; in Fig. 161.6 ist entsprechend $\overline{AC}>\overline{AC^*}$ und $\overline{BC}>\overline{BC^*}$, also $a^2+b^2>c^2$.

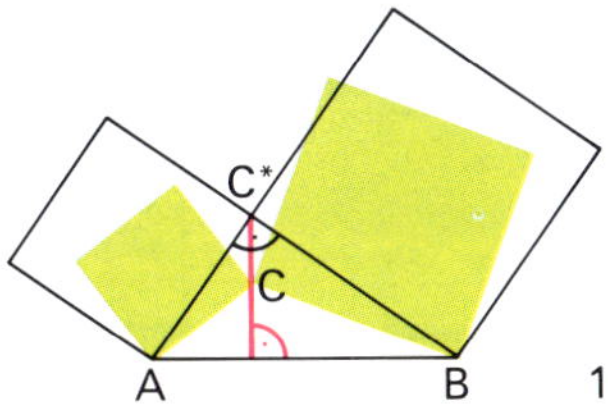

161.5

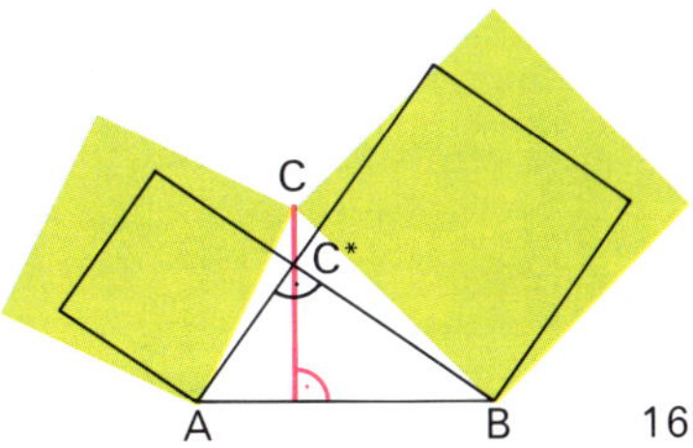

161.6

Kehrsatz (zum Satz des Pythagoras; Fig. 161.5/6):
Wenn in einem Dreieck $\mathbf{a}^2 + \mathbf{b}^2 = \mathbf{c}^2$ gilt,
dann hat das Dreieck bei C einen **rechten Winkel**.

Der Kehrsatz besagt, daß man auch ohne Winkelmessung allein anhand der Seitenlängen eines Dreiecks entscheiden kann, ob es rechtwinklig ist.

Beispiel:
Schon vor mehr als 3000 Jahren wurden in Ägypten bei der Landvermessung rechte Winkel von sogenannten Seilspannern wie in Fig. 162.1 hergestellt. An einem geschlossenen Seil sind in gleichen Abständen 12 Knoten angebracht. Wird das Seil wie in Fig. 162.1 gespannt, so ist das entstehende Dreieck wegen

$$3^2 + 4^2 = 5^2$$

bei C rechtwinklig.

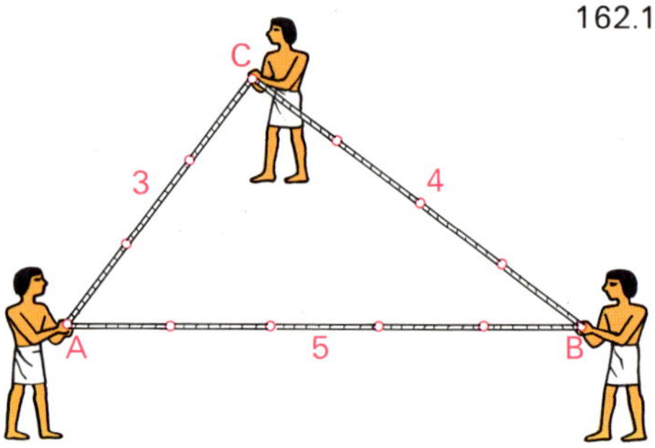

162.1

2 Berechne die Hypotenuse in einem rechtwinkligen Dreieck mit den Katheten a und b.
a) $a = 6$ cm; $b = 8$ cm
b) $a = 15$ m; $b = 8$ m
c) $a = 36$ cm; $b = 77$ cm
d) $a = 1{,}40$ m; $b = 51$ cm
e) $a = 20$ cm; $b = 3$ cm
f) $a = 4$ cm; $b = 6$ cm

3 Welche Aussage über die Seiten macht der Satz des Pythagoras bei den Dreiecken in Fig. 162.2? Notiere für jedes Dreieck eine Gleichung.

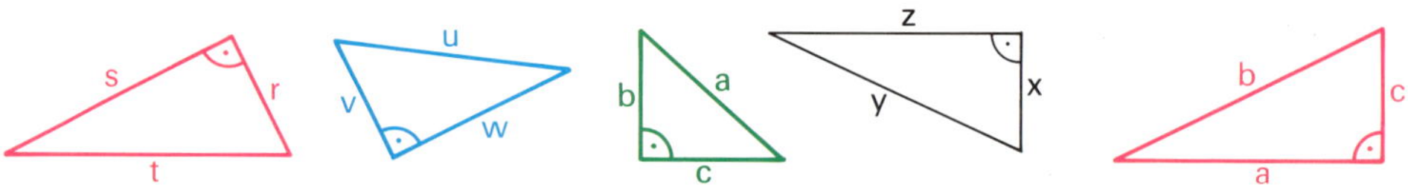

162.2

4 Berechne bei den rechtwinkligen Dreiecken in Fig. 162.3 die fehlende Seite.

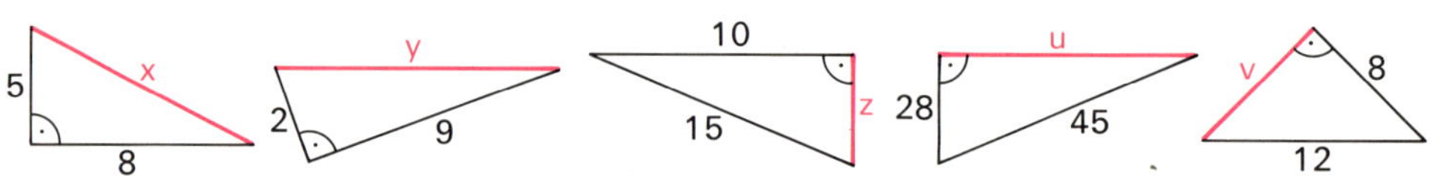

162.3

5 Berechne bei den folgenden rechtwinkligen Dreiecken die dritte Seite.

	a)	b)	c)	d)	e)	f)	g)	h)	i)
Kathete r	40	39	8	24		5	6	65	
Kathete s	9	80	12		35	4			10
Hypotenuse t				25	37		10	97	20

6 Prüfe durch Rechnung, ob ein Dreieck mit den Seiten $a = 28$ cm; $b = 45$ cm und $c = 53$ cm ($a = 48$ cm; $b = 2{,}86$ m; $c = 2{,}90$ m) rechtwinklig ist.

7 a) Ein gleichschenkliges Dreieck hat die Grundseite $c = 16$ cm (1,2 m) und die Höhe $h_c = 150$ cm (70 cm). Wie lang ist ein Schenkel dieses Dreiecks? Fertige eine Planfigur. Runde auf ganze cm.
b) In einem gleichschenkligen Dreieck mit der Grundseite c ist $a = 37$ cm (50 cm) und $h_c = 35$ cm (2,4 dm). Wie lang ist die Grundseite c?
c) Ein gleichschenkliges Dreieck hat die Grundseite $c = 18$ cm (3,2 m) und 12 cm (4 m) lange Schenkel. Berechne die Höhe h_c des Dreiecks.

8 Berechne die Flächeninhalte der folgenden gleichschenkligen Dreiecke.
a) $a = 13$ cm; $b = 13$ cm; $c = 10$ cm
b) $a = 6$ cm; $b = 5$ cm; $c = 5$ cm
c) $a = 3$ cm; $b = 4$ cm; $c = 3$ cm
d) $a = 4{,}8$ m; $b = 3{,}4$ m; $c = 3{,}4$ m

9 Ein gleichschenkliges Dreieck mit dem Flächeninhalt 27 dm^2 hat eine Grundseite c von 90 cm Länge. Berechne die Höhe h_c und die Schenkel des Dreiecks.

10 a) Wie lang ist die Diagonale in einem Rechteck mit den Seiten $a = 24$ cm und $b = 7$ cm?
b) Kann man eine 2,4 m lange und 1,85 m breite rechteckige Spanplatte durch eine 1,20 m breite und 1,40 m hohe rechteckige Fensteröffnung transportieren?
c) (Fig. 163.1) Wie weit ragt der 20 cm lange Strohhalm mindestens aus der Dose, wenn diese 11 cm hoch ist und einen Durchmesser von 6 cm hat?

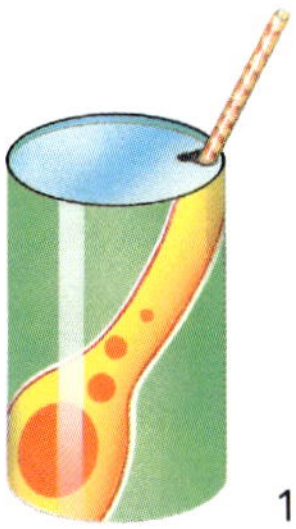
163.1

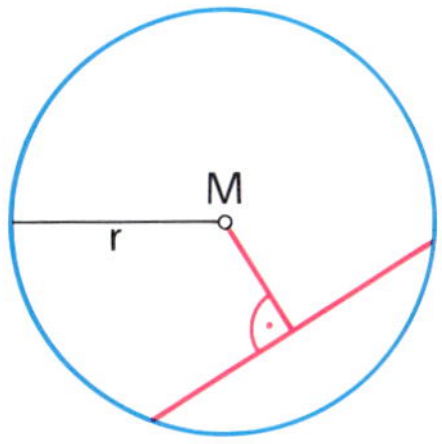

163.2

11 a) In einem Kreis mit dem Radius 10 cm (1,5 m) wird eine 12 cm (80 cm) lange Sehne gezogen (Fig. 163.2). Welchen Abstand hat die Sehne vom Mittelpunkt M des Kreises? Runde auf 2 Dezimalen.
b) Eine Gerade hat vom Mittelpunkt M eines Kreises mit dem Radius 25 cm (1,4 m) den Abstand 14 cm (60 cm). Wie lang ist die Sehne, die der Kreis aus der Geraden ausschneidet? Runde auf 2 Dezimalen.

12 Das Trapez in Fig. 163.3 ist gleichschenklig, d.h., es ist $\overline{AD} = \overline{BC}$.
a) Berechne die Länge eines Schenkels für $a = 18$ cm; $c = 6$ cm; $h_a = 8$ cm (für $a = 1{,}4$ m; $c = 70$ cm; $h_a = 5{,}4$ dm).
b) Berechne die Höhe h_a des Trapezes für $a = 30$ cm; $b = 15$ cm; $c = 12$ cm. Wie groß ist der Flächeninhalt dieses Trapezes?

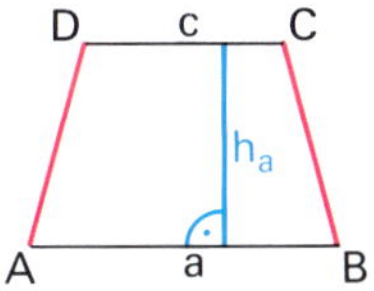

163.3

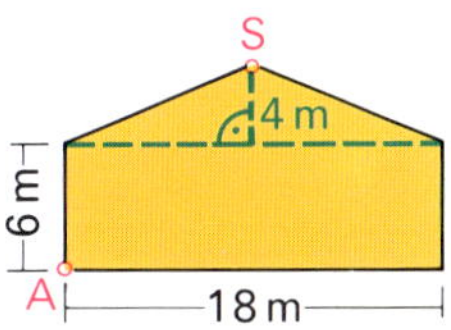

163.4

13 Berechne die Entfernung der Punkte A und S in Fig. 163.4. Runde sinnvoll.

14 In einem rechtwinkligen Dreieck mit einer 40 cm langen Hypotenuse ist eine Kathete doppelt (3mal) so lang wie die andere. Wie lang sind die beiden Katheten? (Runde auf 2 Dezimalen.)

15 Ein rechtwinkliges Dreieck hat die Katheten $a = 8$ cm und $b = 4$ cm.
a) Berechne den Flächeninhalt des Dreiecks und (mit seiner Hilfe) die Höhe h_c des Dreiecks.
b) Wie lang sind die beiden Abschnitte, in welche die Hypotenuse durch den Fußpunkt der Höhe h_c geteilt wird?

78 Weitere Anwendungen und Beweise

Längenberechnungen in der Ebene

① Ein Quadrat hat eine 6 cm lange Seite. Wie lang ist die Diagonale?

Ein Quadrat oder ein gleichseitiges Dreieck ist durch eine Seite bereits vollständig bestimmt. Dasselbe gilt für andere regelmäßige Vielecke. Mit dem Satz des Pythagoras lassen sich weitere Stücke der Figur (z. B. Diagonalen, Höhen) berechnen. Man sucht dazu rechtwinklige Teildreiecke, in denen die gesuchte Strecke als Seite auftritt.

Berechnung der **Diagonale eines Quadrates**, dessen Seite a gegeben ist:
In Fig. 164.1 ist $a^2 + a^2 = d^2$, also $d^2 = 2a^2$ und

$$d = a\sqrt{2}.$$

Um die **Höhe eines gleichseitigen Dreiecks** zu berechnen, dessen Seite a gegeben ist, betrachten wir Fig. 164.2:

Es ist $h^2 + \left(\frac{a}{2}\right)^2 = a^2$, also $h^2 = \frac{3}{4}a^2$ und

$$h = \frac{a}{2}\sqrt{3}.$$

Für den Flächeninhalt A des Dreiecks folgt daraus: $A = \frac{1}{2} \cdot a \cdot \frac{a}{2}\sqrt{3}$ oder

$$A = \frac{a^2}{4}\sqrt{3}.$$

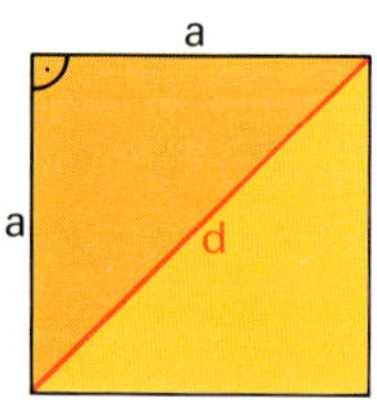

164.1

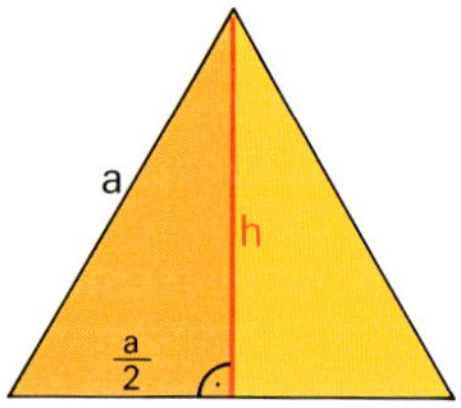

164.2

Satz 1: Ein **Quadrat** mit der Seite a hat die Diagonale

$$\mathbf{d = a\sqrt{2}}.$$

Im **gleichseitigen Dreieck** mit der Seite a, der Höhe h und dem Flächeninhalt A gilt:

$$\mathbf{h = \frac{a}{2}\sqrt{3}} \qquad \mathbf{A = \frac{a^2}{4}\sqrt{3}}.$$

② Berechne den Flächeninhalt eines regelmäßigen Sechsecks, das einem Kreis mit dem Radius 8 cm einbeschrieben ist. Runde auf 2 Dezimalen.

3 a) Berechne die Diagonale eines Quadrates mit der Seite 4 cm ($1\frac{1}{2}$ m; $\sqrt{2}$ dm).
b) Berechne die Höhe und den Flächeninhalt eines gleichseitigen Dreiecks mit der Seitenlänge 10 cm ($2\frac{1}{4}$ m; $2\sqrt{3}$ dm).

4 a) Wie lang ist die Seite eines Quadrates, dessen Diagonale 12 cm lang ist?
b) Welchen Umfang (Flächeninhalt) hat ein gleichseitiges Dreieck mit der Höhe 9 cm?

5 a) Welchen Flächeninhalt hat ein gleichseitiges Dreieck vom Umfang 1 m?
b) Welchen Umfang hat ein 1 m^2 großes gleichseitiges Dreieck?

6 a) Zeichne ein regelmäßiges Sechseck mit 3 cm langen Seiten.
b) Wie lang sind in diesem Sechseck die Diagonalen, welche eine Ecke überspringen?
c) Bestätige zeichnerisch und rechnerisch: Das einem Kreis einbeschriebene regelmäßige Sechseck hat doppelt so großen Flächeninhalt wie das diesem Kreis einbeschriebene gleichseitige Dreieck.

7 a) In Fig. 165.1 wurde einem Kreis (Radius r) ein regelmäßiges Sechseck umbeschrieben.
Welchen Umfang und welchen Flächeninhalt hat dieses Sechseck?
b) Um wieviel Prozent übertrifft der Umfang (Flächeninhalt) den Umfang (Flächeninhalt) des einbeschriebenen regelmäßigen Sechsecks?
Im Ergebnis tritt der Radius r des Kreises nicht mehr auf; was kann man daraus schließen?

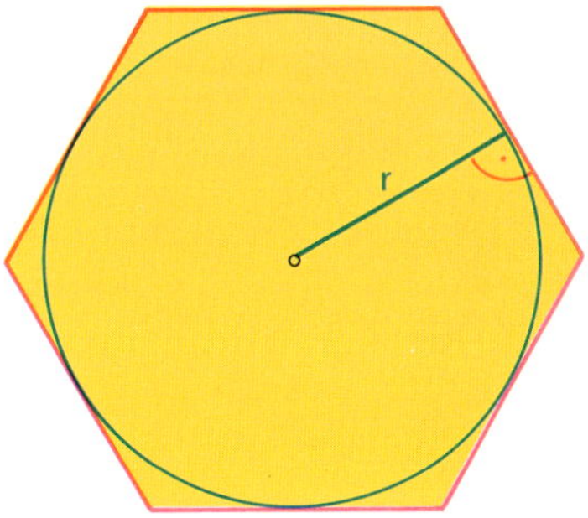

165.1

8 Einem Kreis mit gegebenem Radius r ist ein regelmäßiges Achteck einbeschrieben (Fig. 165.2).
Berechne den Flächeninhalt und den Umfang des Achtecks.

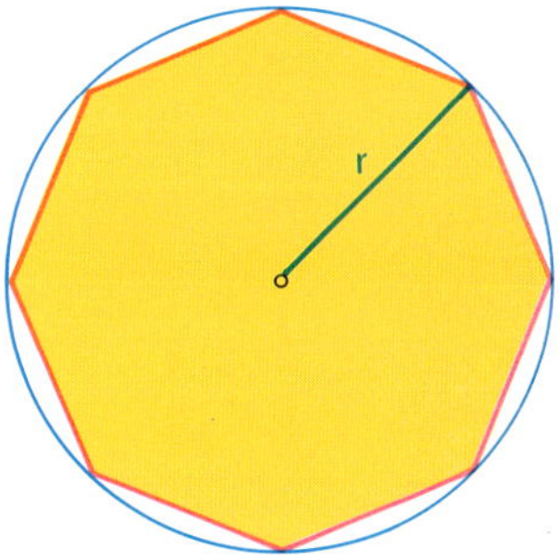

165.2

9 Zeichne zwei Kreise mit den Radien $r_1 = 4$ cm und $r_2 = 2$ cm, deren Mittelpunkte 5 cm voneinander entfernt sind. Konstruiere eine gemeinsame Tangente beider Kreise mit ihren Berührungspunkten B_1 und B_2. Berechne $\overline{B_1B_2}$.

10 Im folgenden sind zwei Punkte durch ihre Koordinaten gegeben. Zeichne ein Koordinatensystem und trage in a) bis c) die Punkte ein.
Bestimme den Abstand $\overline{PQ}$ zeichnerisch und rechnerisch (Fig. 165.3).
a) $P(2|1)$, $Q(5|5)$ b) $P(4|1)$, $Q(-2|9)$
c) $P(-3|-1)$, $Q(9|4)$ d) $P(x_1|y_1)$, $Q(x_2|y_2)$

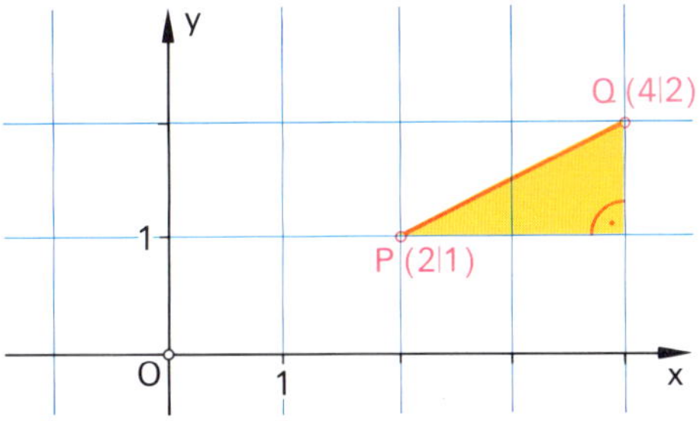

165.3

11 Der (ehemals) württembergischen Landvermessung liegt ein rechtwinkliges Koordinatensystem zugrunde, dessen Nullpunkt im Tübinger Schloß liegt. Die x-Achse zeigt nach Osten, die y-Achse nach Norden. Der Stiftskirchenturm Stuttgart (S), das Ulmer Münster (U) und der Hohenstaufen (H) haben die angegebenen Koordinaten (in m; auf 10 m gerundet).

	S	U	H
x	+ 9320	+69680	+48980
y	+28560	−13050	+25040

Berechne die Entfernungen $\overline{SU}$, $\overline{UH}$, $\overline{SH}$.

12 Wie hoch darf der Schrank in Fig. 165.4 höchstens sein, damit man ihn wie angegeben aufstellen kann?

165.4

13 **Längenberechnungen im Raum**
Kann man einen 1,20 m langen Stab auf dem Boden der Kiste in Fig. 166.1 unterbringen?

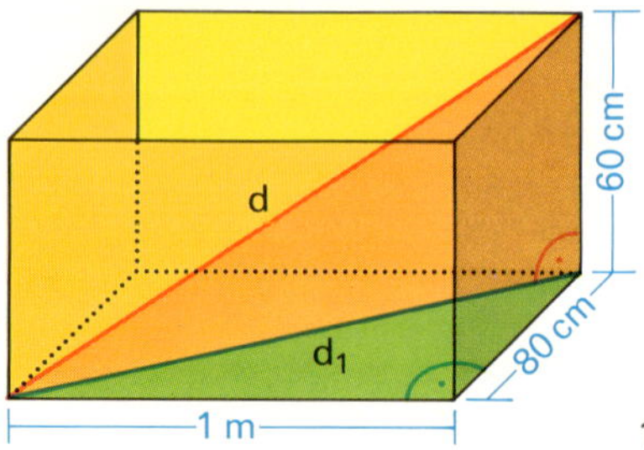

166.1

Als weiteres Beispiel für die Anwendung des Satzes des Pythagoras berechnen wir die **räumliche Diagonale eines Quaders**, dessen Länge a, Breite b und Höhe c bekannt sind. Zunächst berechnen wir die Diagonale d_1 der Grundfläche (Fig. 166.1), dann mit ihrer Hilfe die Raumdiagonale d. Es ist $d_1^2 = a^2 + b^2$ und $d^2 = d_1^2 + c^2$, also $d^2 = a^2 + b^2 + c^2$.

Satz 2: Ein **Quader** mit den Kanten a, b, c hat die Raumdiagonale

$$\mathbf{d = \sqrt{a^2 + b^2 + c^2}}.$$

Insbesondere hat ein **Würfel** mit der Kante a die Raumdiagonale

$$\mathbf{d = a\sqrt{3}}$$

Beispiel:

Für Fig. 166.1 gilt (in dm): $d = \sqrt{10^2 + 8^2 + 6^2} = 10\sqrt{2}$, also $d \approx 14{,}14$. In dieser Kiste ließe sich also ein (dünner) Stab von 1,40 m Länge noch unterbringen.

14 a) Berechne die Diagonale (die Kante) eines Würfels mit 8 cm langer Kante (Diagonale). Runde auf 2 Dezimalen.
b) Berechne die drei Flächendiagonalen und die Raumdiagonale eines Quaders mit den Kanten 10 cm, 5 cm und 2 cm. Runde auf 1 Dezimale.

15 Berechne die Raumdiagonale für die folgenden Quader. Bestimme in a) die Raumdiagonale auch zeichnerisch. (Anleitung, Fig. 166.1: Konstruiere zunächst d_1.)
a) $a = 3$ cm; $b = 4$ cm; $c = 12$ cm
b) $a = 12$ cm; $b = 16$ cm; $c = 21$ cm
c) $a = 5$ cm; $b = 12$ cm; $c = 84$ cm
d) $a = 1{,}2$ cm; $b = 70$ cm; $c = 25$ cm

16 Wie hoch ist ein 12 cm (16 cm) langer und 5 cm (12 cm) breiter Quader, dessen Raumdiagonale 85 cm (29 cm) lang ist?

17 a) Fig. 166.2 zeigt eine regelmäßige vierseitige Pyramide; ihre Grundfläche ist ein Quadrat. Berechne den Oberflächeninhalt (d.h. den Flächeninhalt des Netzes) einer solchen Pyramide mit der Grundkante $a = 12$ cm und der Seitenkante $s = 10$ cm.
b) Welchen Oberflächeninhalt hat eine solche Pyramide, wenn jede der acht Kanten 8 cm (a cm) lang ist?

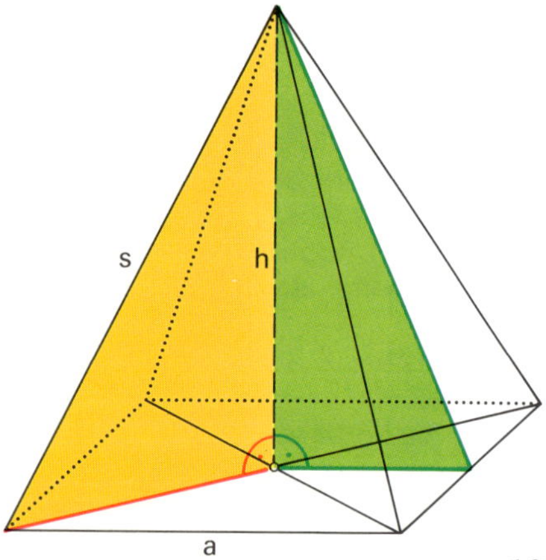

166.2

18 Eine regelmäßige vierseitige Pyramide hat die Grundkante a und die Höhe h.
a) Zeichne (wie in Fig. 166.2) ein Schrägbild für $a = 4$ cm und $h = 5$ cm.
b) Drücke die Länge s einer Seitenkante in a und h aus. Wie lang ist eine Seitenkante der gezeichneten Pyramide? (Runde auf 2 Dezimalen.)

167.1

19 Die größte ägyptische Pyramide, die Cheopspyramide (erbaut um 2600 v. Chr.; Fig. 167.1), ist eine regelmäßige vierseitige Pyramide. Ihre Grundkanten sind rund 230 m, ihre Seitenkanten rund 213 m lang. Wie hoch ist die Pyramide?

20 Im folgenden sind von den drei Längen a, s, h einer regelmäßigen vierseitigen Pyramide (Fig. 166.2) jeweils zwei gegeben. Berechne die dritte Länge sowie den Oberflächeninhalt der Pyramide. (Rechne zunächst allgemein; runde das Ergebnis auf 1 Dezimale.)

	a)	b)	c)
a	20 cm		24 cm
s	25 cm	18 cm	
h		10 cm	16 cm

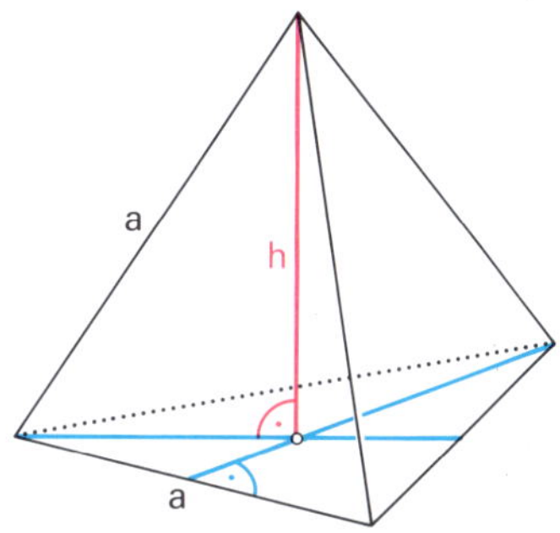

167.2

21 Eine regelmäßige dreiseitige Pyramide, deren Kanten alle gleich lang sind, heißt **Tetraeder**[1] (Fig. 167.2).
a) Berechne den Oberflächeninhalt eines Tetraeders mit der Kante a.
b) Wie hoch ist ein Tetraeder mit der Kante a? Wie hoch wird ein Tetraeder, dessen Kantenmodell aus einem 60 cm langen Stück Draht hergestellt wird?
c) Es soll ein 10 cm hohes Tetraeder hergestellt werden. Wie lang müssen die Kanten werden? (Verwende b).)

22 Wie hoch ist ein Tetraeder mit dem Oberflächeninhalt 1 m^2 (2 Dezimalen)?

Konstruktionen

23 In Fig. 167.3 ist das rote Quadrat doppelt, das grüne 4mal so groß wie das kleine.
a) Wie kann man das rote (grüne) Quadrat konstruieren, wenn das kleine gegeben ist? Wie hätte man danach vorzugehen, um ein Quadrat zu konstruieren, das 8mal so groß ist wie das kleine?

167.3

b) Kann man auch ein Quadrat konstruieren, das 3mal so groß ist wie das kleine, das also gleich groß ist wie die beiden kleinsten Quadrate zusammen? Wie hätte man vorzugehen, um ein 5mal (6mal; 7mal) so großes Quadrat zu konstruieren?

1. tettares (griech.): vier; hedra (griech.): Fläche

Mit dem Satz des Pythagoras lassen sich auch Quadrate konstruieren, deren Flächenmaßzahl $n \in \mathbb{N}$ keine Quadratzahl ist. Wir schreiben dazu n als Summe oder Differenz von Quadratzahlen, z. B. $13 = 9 + 4$ (Fig. 168.1) oder $21 = 25 - 4$ (Fig. 168.2).

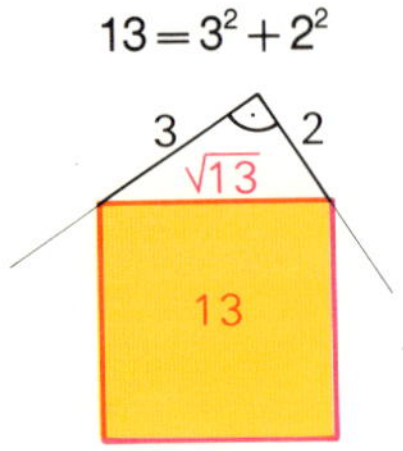

168.1

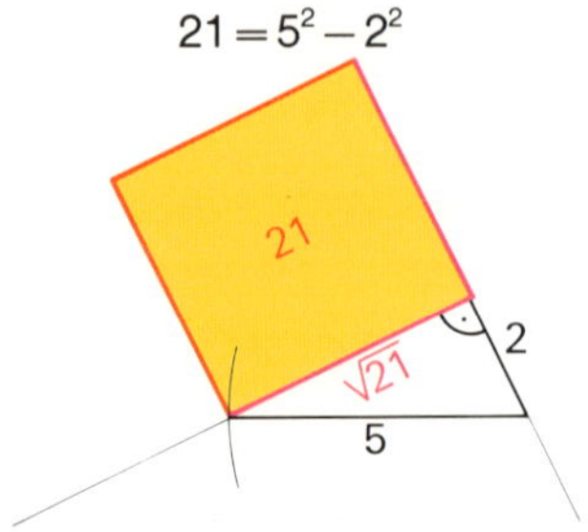

168.2

Konstruktion eines rechtwinkligen Dreiecks mit den Katheten 3 cm und 2 cm. Das Hypotenusenquadrat ist 13 cm^2 groß, die Hypotenuse $\sqrt{13}$ cm lang.

Konstruktion eines rechtwinkligen Dreiecks mit der Hypotenuse 5 cm und Kathete 2 cm. Das zweite Kathetenquadrat beträgt 21 cm^2, die Kathete $\sqrt{21}$ cm.

Fig. 168.3 zeigt, wie man derart nacheinander Strecken der Länge $\sqrt{2}$; $\sqrt{3}$; ... LE (Längeneinheit) konstruieren kann.

Satz 3: Bei vorgegebener Längeneinheit läßt sich mit Hilfe des Satzes des Pythagoras für jede Zahl $n \in \mathbb{N}$ eine **Strecke der Länge $\sqrt{n}$** LE konstruieren.

24 a) Konstruiere wie in Fig. 168.1 (wie in Fig. 168.2) ein 20 cm^2 großes Quadrat.
b) Konstruiere eine Strecke der Länge $\sqrt{10}$ cm ($\sqrt{11}$ cm; $\sqrt{24}$ cm; $\sqrt{27}$ cm).

25 Zeichne ein Quadrat; sein Flächeninhalt sei A. Konstruiere ein Quadrat der Fläche
a) 2A b) 3A c) 4A d) $\frac{1}{2}$A e) $1\frac{1}{2}$A.

26 Konstruiere ein Quadrat mit dem Flächeninhalt
a) 29 cm^2 b) 45 cm^2 c) 32 cm^2 d) 41 cm^2 e) 56 cm^2.

27 Konstruiere ein Quadrat mit dem Flächeninhalt
a) 43 cm^2 ($43 = 64 + 4 - 25$) b) 66 cm^2 ($66 = 81 + 49 - 64$)
c) 42 cm^2 d) 38 cm^2 e) 35 cm^2 f) 39 cm^2 g) 40 cm^2.

28 Konstruiere eine Strecke der Länge
a) $\sqrt{3}$ cm b) $\sqrt{6}$ cm c) $2\sqrt{2}$ cm
d) $(1 + \sqrt{2})$ cm e) $(\sqrt{2} + \sqrt{3})$ cm.

29 a) Ein Quader ist 5 cm lang, 3 cm breit und 2 cm hoch. Konstruiere die wahre Länge seiner räumlichen Diagonalen d (Fig. 166.1). Berechne d; vergleiche.
b) Konstruiere die wahre Länge der Höhe h eines Tetraeders mit der Kantenlänge 6 cm (Fig. 167.2).

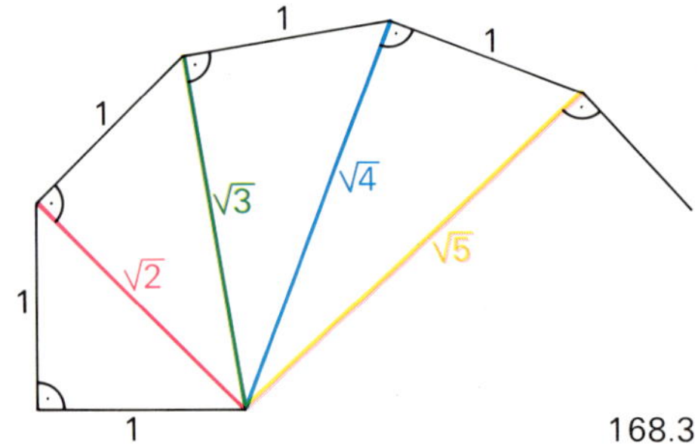

168.3

30 Bei den üblichen DIN-Formaten (z. B. DIN A4 bei Schreibmaschinenpapier) verhalten sich die Seiten wie $\sqrt{2}:1$ (lies: $\sqrt{2}$ zu 1; d. h., die längere Seite ist $\sqrt{2}$mal so lang wie die kürzere). Konstruiere ein Rechteck mit DIN-Format, dessen kürzere (längere) Seite 5 cm lang ist. Warum verwendet man das Seitenverhältnis $\sqrt{2}:1$ und nicht einfachere Verhältnisse wie z. B. 2:1 oder 3:2? (Vgl. Algebra Zwei, S. 236)

31 Ein Rechteck mit den Seiten a und b ($a > b$) hat eine besonders ansprechende Form, wenn $\frac{a}{b} = \frac{b}{a-b}$ gilt (Goldenes Rechteck; Fig. 169.1). Bei einem solchen Rechteck ist $b = \frac{a}{2}(\sqrt{5} - 1)$.

a) Fig. 169.2 zeigt, wie man die kürzere Seite b eines goldenen Rechtecks konstruieren kann, wenn die längere Seite a gegeben ist. Begründe die Konstruktion.
b) Konstruiere für $a = 5$ cm.

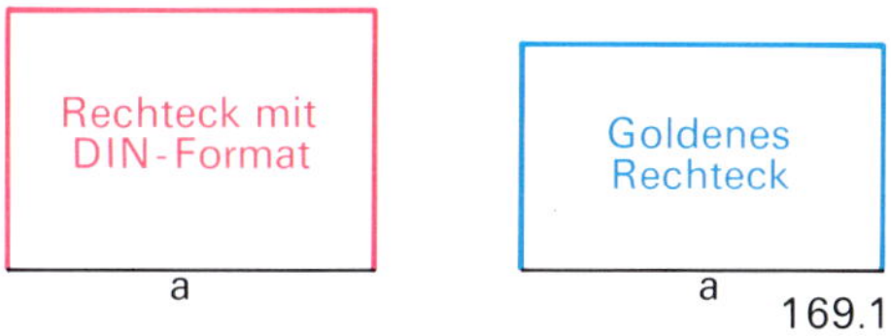

169.1

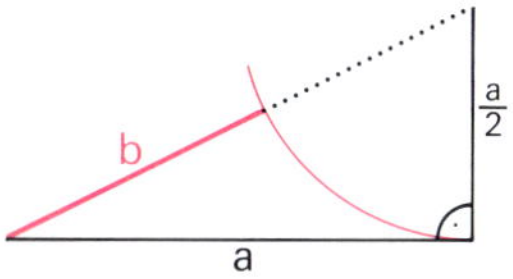

169.2

Beweise

Für den Satz des Pythagoras sind ca. 170 geometrische und 60 algebraische Beweise bekannt. Die meisten beruhen auf dem geometrischen oder rechnerischen Vergleich von Flächen. Ein Beweis, der keine Flächen verwendet, folgt auf S. 202.

32 Beweis durch Flächenverwandlung (indisch; Fig. 169.3):
a) Zeige: Die beiden Dreiecke 1 und 2 sind kongruent.
b) Das Dreieck 3 (4) entsteht aus dem Dreieck 1 (2) durch eine Drehung. Weshalb ist das grüne Viereck ein Quadrat? Vervollständige den Beweis.
Bemerkung: Der auf S. 161 dargestellte Beweis mittels Flächenergänzung ist ebenfalls indischen Ursprungs.

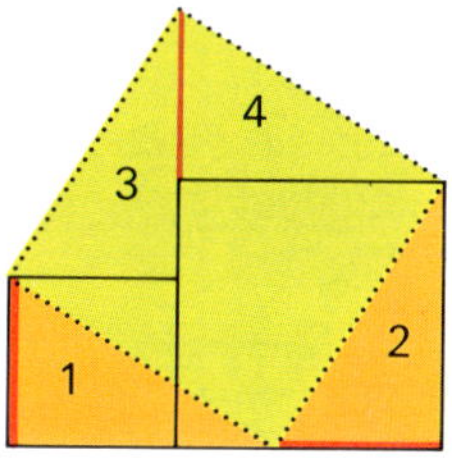

169.3

33 Beweis durch Flächenzerlegung (arabisch; Fig. 169.4, jede auftretende Strecke ist zu einer Quadratseite parallel): Zeige:
a) Die Dreiecke 1 sind kongruent.
b) Die Vierecke 2 sind kongruent.
c) Die Dreiecke 3 sind kongruent.
d) Die Dreiecke 4 sind kongruent.
e) Die drei Vierecke 5 sind kongruent.

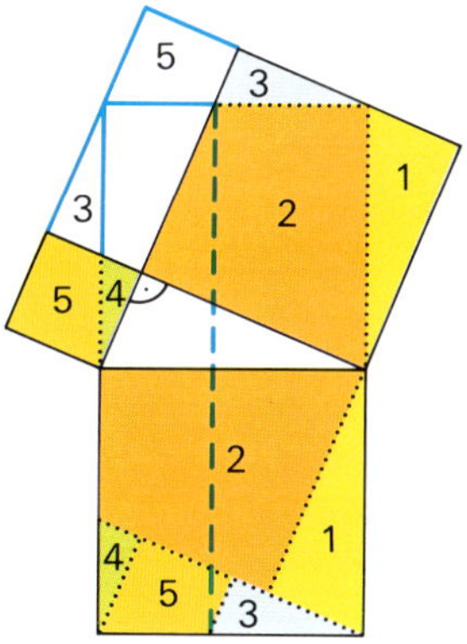

169.4

34 Beweis durch Flächenberechnung (Bhaskara[1], Fig. 170.1):
Drücke den Flächeninhalt des gegebenen Quadrates durch die Flächeninhalte der eingezeichneten Teilflächen aus. Vereinfache die sich ergebende Gleichung.

---

1. Indischer Mathematiker (12. Jh).

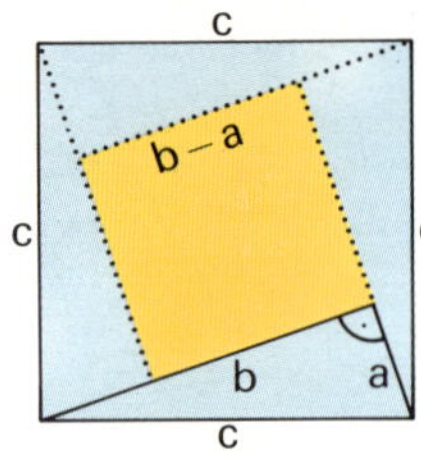

170.1

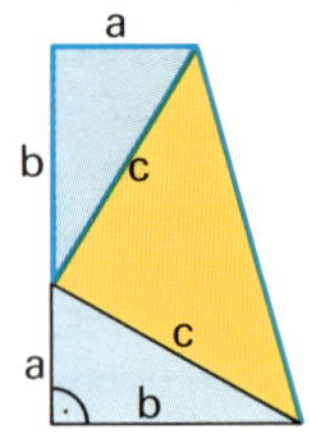

170.2

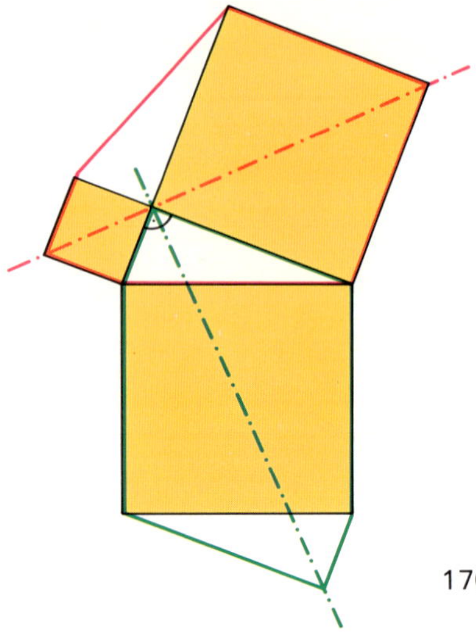
170.3

35 Beweis von GARFIELD[1] (Fig. 170.2):
a) Zeige, daß das Viereck in Fig. 170.2 ein Trapez ist.
b) Warum ist das gleichschenklige Teildreieck rechtwinklig?
c) Berechne den Flächeninhalt des Trapezes sowie die Flächeninhalte seiner drei Teildreiecke. Vereinfache die sich ergebende Gleichung.

36 Beweis von LEONARDO DA VINCI[2]:
In Fig. 170.3 ist die Pythagorasfigur durch zwei kongruente Dreiecke ergänzt.
a) Welche Symmetrieeigenschaft hat das rot umrandete (grün umrandete) Sechseck?
b) Zeige, daß man eine Hälfte des einen Sechsecks durch eine Drehung in eine Hälfte des anderen überführen kann. Was folgt daraus für die Flächeninhalte beider Sechsecke und die Flächeninhalte der drei Quadrate?

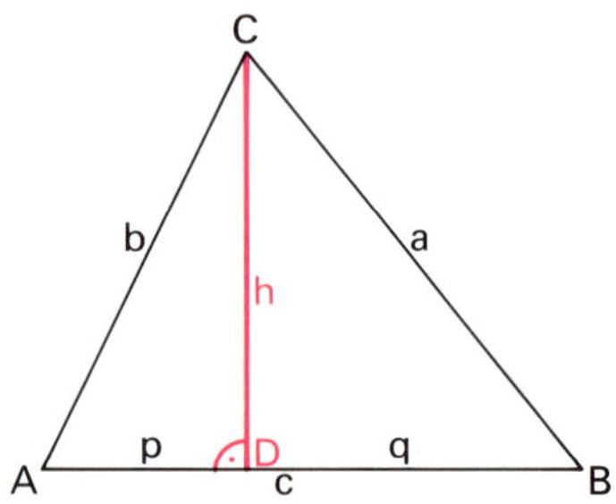

170.4

37 Zwei beliebige Quadrate lassen sich durch gerade Schnitte stets so in fünf Teile zerschneiden, daß man diese zu einem einzigen Quadrat zusammenfügen kann. Wie sind die Schnitte zu führen? (Anleitung: Vgl. Fig. 169.3)

38 Zeige: Im beliebigen Dreieck von Fig. 170.4 ist

$$p = \frac{b^2 + c^2 - a^2}{2c} \quad \text{und} \quad q = \frac{a^2 + c^2 - b^2}{2c}.$$

(Anleitung: Wende den Satz des Pythagoras auf die beiden Teildreiecke an; beachte $q = c - p$.)

39 a) Zeige: In Fig. 170.4 gilt: $h^2 = (b + p)\,(b - p)$. Verwende für p das Ergebnis von Aufgabe 38 und bringe es auf die Form $4c^2h^2 = [a^2 - (b - c)^2]\,[(b + c)^2 - a^2]$.
b) Setze $a + b + c = 2s$. Weise (mit Hilfe des Ergebnisses in a)) nach, daß für den Flächeninhalt des Dreiecks ABC gilt:

$$\mathbf{A_{\triangle ABC} = \sqrt{s(s-a)\,(s-b)\,(s-c)}}$$ **(Heronische[3] Formel)**.

c) Berechne den Flächeninhalt eines Dreiecks mit $a = 8$ cm; $b = 6$ cm; $c = 5$ cm.
d) Warum gibt es keine entsprechende Formel für den Flächeninhalt eines Vierecks?

1. (1831–1881) Präsident der USA
2. (1452–1519) ital. Maler, Bildhauer, Architekt
3. Nach HERON VON ALEXANDRIA, um 100 v. Chr.

40 In einem runden Korb mit dem Radius $r = 3$ dm (Fig. 171.1) stehen zwei Flaschen mit den Radien $r_1 = 2$ dm und $r_2 = 1$ dm. Um sie zu stützen, sollen zwei weitere gleiche Flaschen in den Korb gestellt werden.
Welchen Radius müssen diese Flaschen haben?
(Anleitung: Verwende die Heronische Formel für die Dreiecke STM und MRT.)

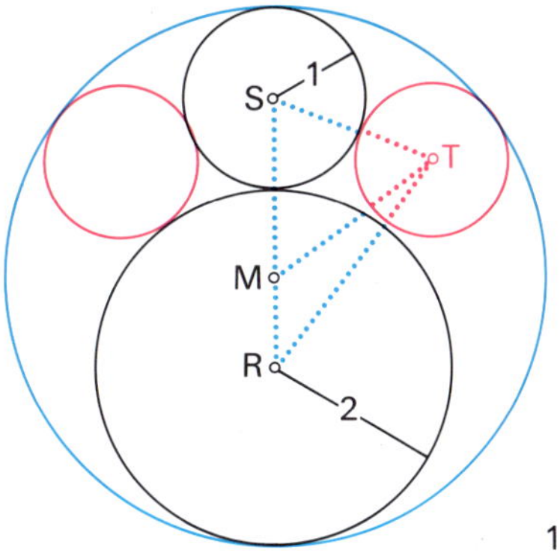

171.1

Aus alter Zeit

41 Aus der Arithmetik des Chinesen Ch'in Chiu-Shao (13. Jh. n. Chr.):
a) 5 Fuß vom Ufer eines Teiches entfernt ragt ein Schilfrohr einen Fuß über das Wasser empor. Zieht man seine Spitze an das Ufer, so berührt sie gerade den Wasserspiegel (Fig. 171.2). Wie tief ist der Teich?
b) Ein 10 Fuß hoher Bambus ist so geknickt, daß seine Spitze 3 Fuß vom unteren Ende des Bambus entfernt den Boden berührt.
Wie hoch liegt der Bruch?
(Fig. 171.3 stammt aus einem Rechenbuch des 15. Jhs.)

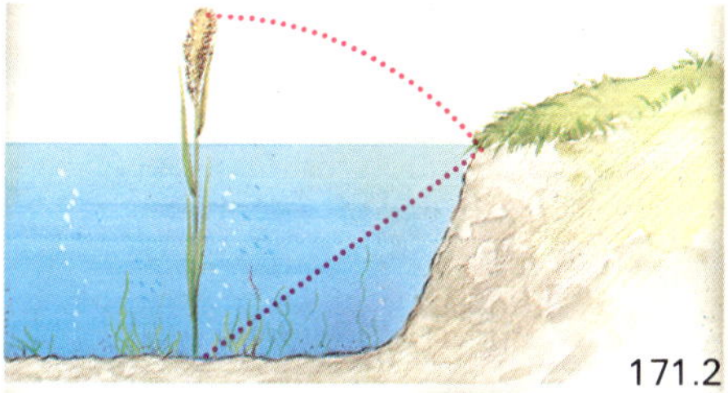

171.2

171.3

42 Aus der „Coß" des Christoff Rudolff (1553; vgl. Algebra Zwei, S. 363): Zwen Thurn stehen auff einer ebenen velde 60 eln von ein ander. Der ein ist 50 eln hoch der ander 40 eln hoch. Zwischen den zweyen Thurnen steht ein Brunne gleych weyt von den spitzen der zweyen Thurnen. Ist die frag wie fern steht der Brunne vnden von yedem Thurn (Fig. 171.4)?

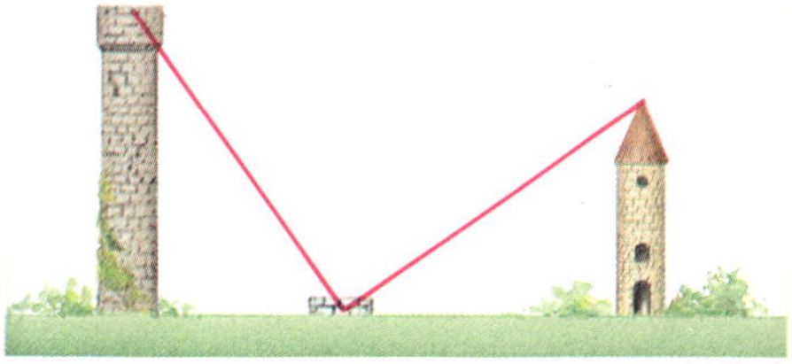

171.4

43 Bereits in einem altbabylonischen Text (um 2000 v. Chr.) findet sich das Problem der „angelehnten Leiter": Eine Leiter (Balken, Rohr) steht an einer Wand, die so hoch ist wie die Leiter; nun wird die Leiter von der Wand weggezogen. – In einem syrischen Text aus dem 4. Jh. v. Chr. heißt es dazu: Ein Rohr an einer Wand hochgerichtet. Wenn ich 3 Ellen herabgegangen bin, 9 Ellen läßt es (unten) frei. Was ist das Rohr, was die Wand?
(Fig. 171.5 stammt aus dem 15. Jh.)

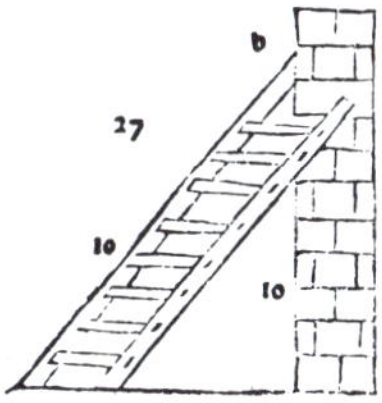

171.5

79 Der Kathetensatz

① Zeichne die Pythagorasfigur für ein gleichschenklig-rechtwinkliges Dreieck sowie die Symmetrieachse der Figur. Welche der vorhandenen Vierecke sind flächengleich?

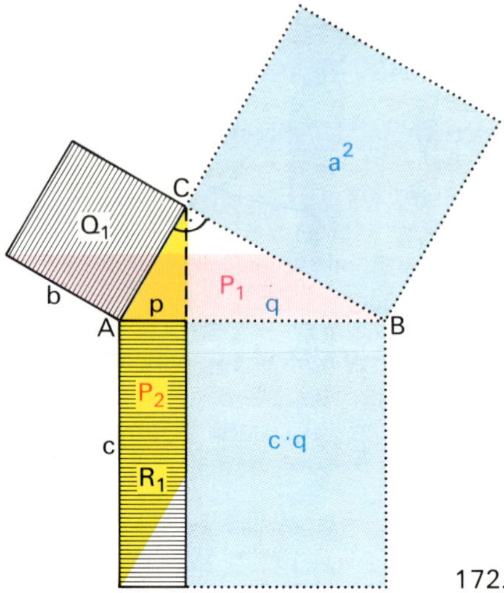

172.1

Nach dem Satz des Pythagoras sind bei rechtwinkligen Dreiecken die beiden Kathetenquadrate im Hypotenusenquadrat „enthalten". Frage: Kann man das Hypotenusenquadrat so zerschneiden, daß jede der beiden Teilflächen mit einem Kathetenquadrat flächengleich ist? Beim gleichschenklig-rechtwinkligen Dreieck gelingt dies durch Verlängerung der Höhe. Wir untersuchen nun, ob man bei anderen rechtwinkligen Dreiecken ebenso vorgehen kann.

In Fig. 172.1 ist (mit = für „flächengleich")
$Q_1 = P_1$, weil die Grundseite b und die Höhe übereinstimmen,
$P_1 = P_2$, weil P_2 durch eine Drehung aus P_1 hervorgeht,
$P_2 = R_1$, weil die Grundseite c und die Höhe übereinstimmen. Also ist $Q_1 = R_1$.

Kathetensatz: In einem rechtwinkligen Dreieck ist jedes Kathetenquadrat flächengleich dem Rechteck aus der Hypotenuse und dem anliegenden Hypotenusenabschnitt.

$\mathbf{a^2 = c \cdot q}$ $\qquad$ $\mathbf{b^2 = c \cdot p}$ $\qquad$ (Fig. 172.1)

Mit Hilfe des Kathetensatzes gelingt die Lösung einer bisher unlösbaren

Aufgabe: Ein gegebenes Rechteck soll in ein flächengleiches Quadrat verwandelt werden.

Fig. 172.2: Wir deuten die längere Rechteckseite als Hypotenuse, die kürzere als Hypotenusenabschnitt eines rechtwinkligen Dreiecks und konstruieren das Dreieck (Thaleskreis) sowie das dazugehörige Kathetenquadrat.

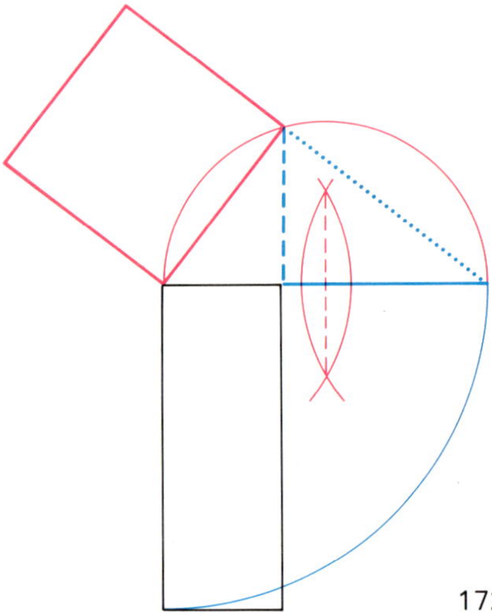

172.2

② a) Verwandle ein 4 cm langes und 1,5 cm breites Rechteck in ein flächengleiches Quadrat. Miß die Länge der Quadratseite.
b) Bestimme die Länge der Quadratseite rechnerisch; vergleiche mit dem Ergebnis der Konstruktion.

3 Verwandle ein Rechteck mit den Seiten a und b in ein flächengleiches Quadrat.

a) $a = 4{,}5$ cm $b = 2$ cm	b) $a = 6$ cm $b = 2{,}5$ cm	c) $a = 1{,}5$ cm $b = 5$ cm	d) $a = 3{,}4$ cm $b = 7$ cm

4 Konstruiere nach dem Kathetensatz ein Quadrat mit dem Flächeninhalt 12 cm^2 (10 cm^2; 7 cm^2). (Anleitung: Schreibe 12 als Produkt.)

5 Konstruiere ein Dreieck ABC mt $a = 6{,}4$ cm; $\beta = 60°$; $h_a = 5$ cm (mit $c = 7$ cm; $\alpha = 50°$; $h_c = 6{,}3$ cm). Verwandle das Dreieck in ein flächengleiches Quadrat. Wie lang ist eine Quadratseite?

6 Verwandle ein Quadrat mit der Seitenlänge 4,3 cm (3,5 cm) in ein 6 cm (5,5 cm) langes flächengleiches Rechteck

a) mit Hilfe des Kathetensatzes b) ohne Verwendung des Kathetensatzes.

7 Von den in Fig. 173.1 angegebenen Stücken eines rechtwinkligen Dreiecks sind im folgenden jeweils zwei gegeben. Berechne mit Hilfe des Satzes des Pythagoras und des Kathetensatzes die restlichen Stücke. Konstruiere die Dreiecke; vergleiche.

a) $c = 5$ cm $a = 4$ cm	b) $c = 10$ cm $b = 6$ cm
c) $a = 6$ cm $b = 2$ cm	d) $p = 2$ cm $q = 3$ cm
e) $p = 4$ cm $b = 6$ cm	f) $h = 5$ cm $b = 6$ cm

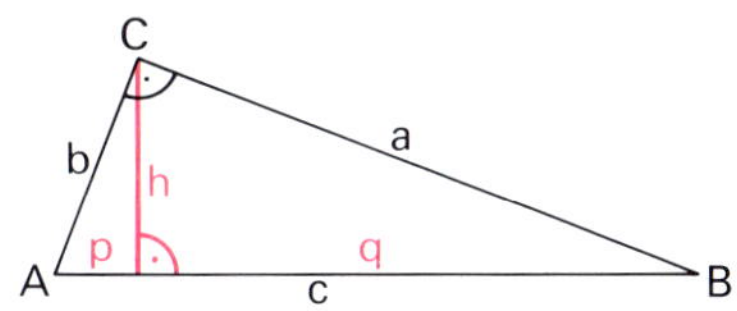

173.1

8 In einem Rechteck ABCD ist $\overline{AB} = 12$ cm und $\overline{BC} = 5$ cm. Berechne den Abstand der Ecken B und D von der Diagonale AC.

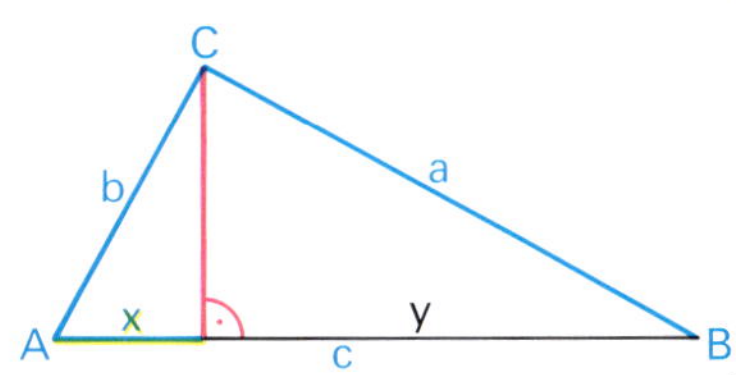

173.2

9 An einen Kreis mit $r = 4$ cm sind von einem Punkt P aus, der 6 cm vom Kreismittelpunkt entfernt ist, die Tangenten gelegt. Berechne den Abstand der beiden Berührpunkte B_1 und B_2.

10 Zeichne eine beliebige Strecke. Ihre Länge betrage a cm. Konstruiere mit Hilfe des Kathetensatzes eine Strecke der Länge $\frac{1}{a}$ cm.

11 a) Beweise (Fig. 173.2): Wenn in einem Dreieck $a^2 = y \cdot c$ und $b^2 = x \cdot c$ gilt, dann ist das Dreieck rechtwinklig.
b) Läßt sich die Orthogonalität der Seiten a und b auch dann nachweisen, wenn man nur weiß, daß $a^2 = y \cdot c$ gilt?

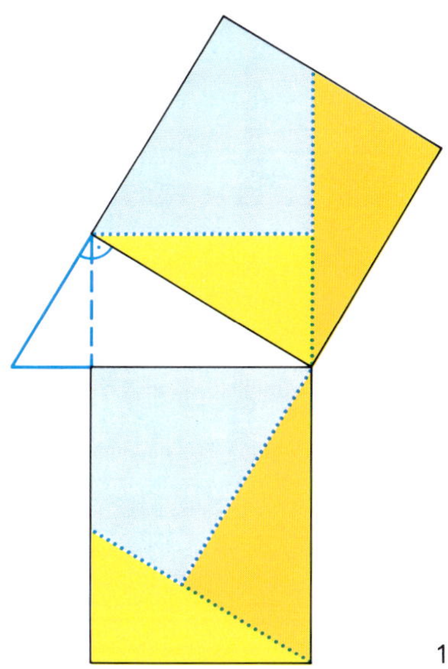
173.3

12 Fig. 173.3 zeigt, wie man den Kathetensatz durch Flächenzerlegung beweisen kann. (Jede der auftretenden Strecken ist zu einer Quadratseite parallel.) Zeige, daß gleich gefärbte Teilflächen kongruent sind. Gib für das andere Kathetenquadrat und das dazugehörige Rechteck auch eine Zerlegung an.

80 Der Höhensatz

1 Konstruiere ein rechtwinkliges Dreieck mit den Hypotenusenabschnitten $p=2$ cm und $q=8$ cm. Miß die Höhe des Dreiecks; vergleiche mit p und q. Wiederhole die Konstruktion mit $p=2{,}5$ cm und $q=3{,}6$ cm; miß wieder die Höhe und vergleiche mit p und q. Vermutung?

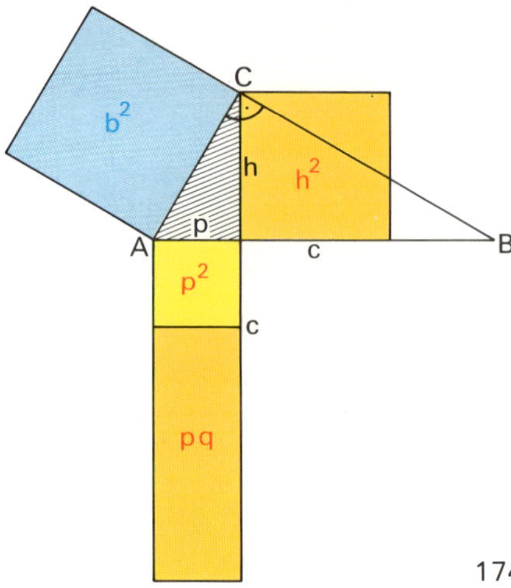

174.1

In Fig. 174.1 sind der Kathetensatz für das Dreieck ABC und der Satz des Pythagoras für das Teildreieck ADC zusammen dargestellt.

Es ist $h^2 = b^2 - p^2$,
wegen $b^2 = c \cdot p$
also $h^2 = c \cdot p - p^2$,
$= p \cdot (c - p)$
$= p \cdot q$.

Höhensatz: In jedem rechtwinkligen Dreieck ist das Quadrat über der Höhe flächengleich dem Rechteck aus den beiden Hypotenusenabschnitten (Fig. 174.2).

$$h^2 = p \cdot q$$

Aufgabe: Verwandle ein gegebenes Rechteck mit Hilfe des Höhensatzes in ein flächengleiches Quadrat.
Fig. 174.3: Wir deuten die Rechteckseiten als Hypotenusenabschnitte eines rechtwinkligen Dreiecks und konstruieren dieses Dreieck (Thaleskreis). Die Höhe des Dreiecks ist die gesuchte Quadratseite.
Bemerkung: Ein Rechteck läßt sich also nach dem Kathetensatz oder nach dem Höhensatz in ein flächengleiches Quadrat verwandeln. Die beiden Sätze heißen auch „Sätze des EUKLID[1]".

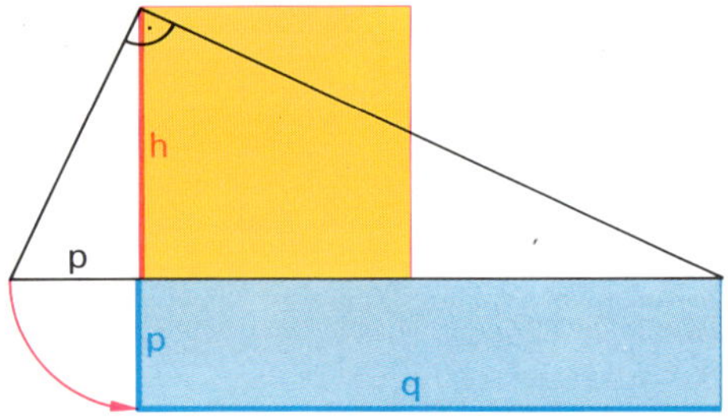

174.2

2 Verwandle ein 4,8 cm langes und 2,5 cm breites Rechteck in ein flächengleiches Quadrat nach dem
a) Höhensatz b) Kathetensatz.

3 Ein rechtwinkliges Dreieck hat die Hypotenusenabschnitte $p=2$ cm und $q=9$ cm. Berechne die Seiten des Dreiecks.

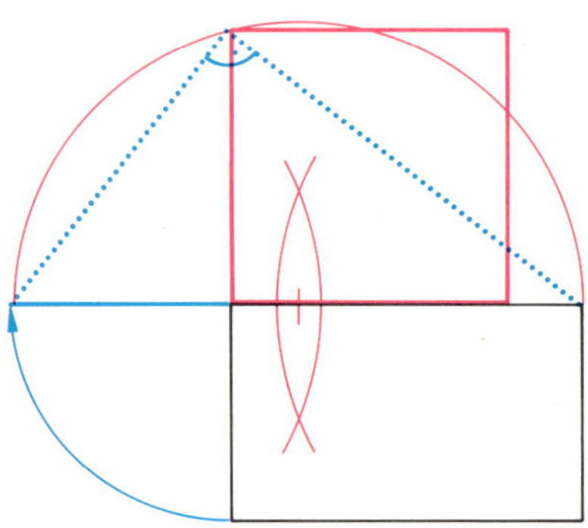
174.3

1. (um 300 v. Chr.) griech. Mathematiker

4 Konstruiere mit Hilfe des Höhensatzes ein Quadrat, das denselben Flächeninhalt hat wie ein Rechteck mit den folgenden Seiten a und b. Miß die Quadratseite.

a) $a = 5$ cm $b = 1{,}8$ cm	b) $a = 4{,}2$ cm $b = 2{,}8$ cm	c) $a = 2$ cm $b = 4{,}7$ cm	d) $a = 3{,}6$ cm $b = 4{,}4$ cm

5 Verwandle ein Rechteck mit den Seiten 6 cm und 3,5 cm in ein flächengleiches Quadrat nach dem Höhensatz (nach dem Kathetensatz).

6 Verwandle ein Quadrat mit der Seite $a = 5$ cm ($a = 3{,}4$ cm) nach dem Höhensatz in ein flächengleiches Rechteck, das 3 cm (2,5 cm) breit ist.

7 Wie groß ist der Flächeninhalt eines rechtwinkligen Dreiecks mit den Hypotenusenabschnitten $p = 4$ cm, $q = 2{,}5$ cm ($p = 3$ cm, $q = 6{,}8$ cm)?

8 In einem rechtwinkligen Dreieck sind von den Stücken in Fig. 173.1 die beiden folgenden gegeben. Berechne die restlichen Stücke sowie den Flächeninhalt.

a) $p = 3{,}2$ cm $q = 5$ cm	b) $h = 6$ cm $p = 4$ cm	c) $a = 8$ cm $h = 3$ cm	d) $q = 4$ cm $c = 7$ cm

9 Konstruiere ein Dreieck ABC mit $b = 5{,}4$ cm; $h_b = 4{,}8$ cm; $s_b = 5$ cm. Verwandle das Dreieck in ein flächengleiches Rechteck und dieses in ein flächengleiches Quadrat. Miß die Länge einer Quadratseite. Überprüfe das Meßergebnis rechnerisch.

10 a) Konstruiere ein rechtwinkliges Dreieck, dessen Höhe h doppelt so lang ist wie der Hypotenusenabschnitt p. Miß die beiden Hypotenusenabschnitte und vergleiche sie.
b) Zeige allgemein: Wenn in einem rechtwinkligen Dreieck mit den Hypotenusenabschnitten p und q und der Höhe h gilt: $h = k \cdot p$, dann ist $q = k^2 \cdot p$.

11 Gegeben seien zwei Strecken mit den Längen a und b. Konstruiere nach dem Höhensatz eine Strecke der Länge $\sqrt{ab}$.
Bemerkung: Ist $a < b$, so ist $a < \sqrt{ab} < b$ (warum?); man nennt $\sqrt{ab}$ das „geometrische Mittel" von a und b (im Unterschied zum „arithmetischen Mittel" $\frac{1}{2}(a+b)$).

12 Zeichne eine beliebige Strecke; ihre Länge sei a. Konstruiere nach dem Höhensatz eine Strecke der Länge $\frac{1}{a}$.

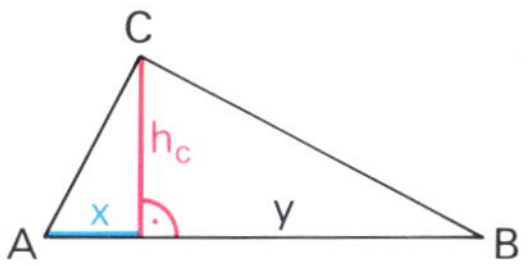

175.1

13 Beweise (Fig. 175.1): Wenn in einem Dreieck $h_c^2 = x \cdot y$ gilt, dann ist das Dreieck rechtwinklig.
(Kehrsatz zum Höhensatz).

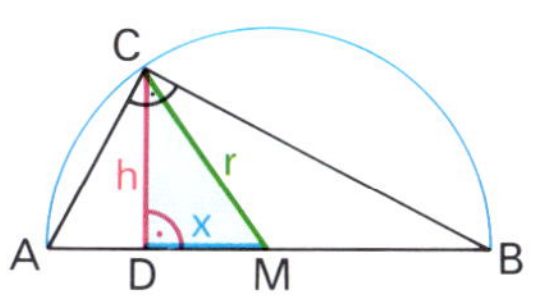

175.2

14 Hat ein Dreieck ABC bei C einen rechten Winkel, dann liegt C auf dem Halbkreis über AB (warum?). Wende den Satz des Pythagoras auf das Teildreieck MCD in Fig. 175.2 an und beweise damit den Höhensatz.

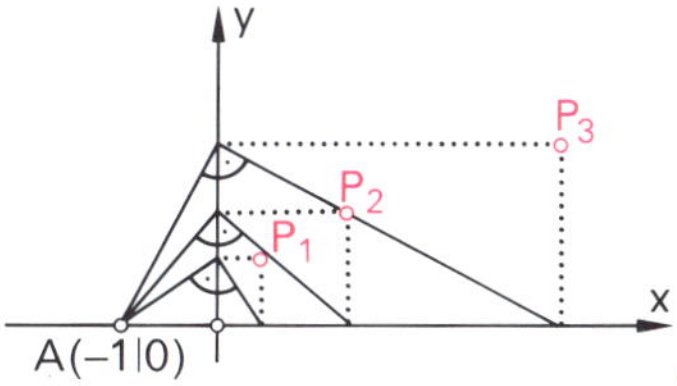

175.3

15 Erläutere wie die Punkte P_1, P_2, P_3 in Fig. 175.3 konstruiert wurden. Gib die Gleichung der Kurve an, auf der alle so konstruierbaren Punkte $P(x|y)$ mit $x > 0$ und $y > 0$ liegen.

81 Vermischte Aufgaben

Berechnungen

1 Von den in Fig. 176.1 angegebenen Stükken eines rechtwinkligen Dreiecks sind die beiden folgenden gegeben. Berechne die restlichen.

a) $p = 12$ cm, $q = 5$ cm
b) $p = 18$ cm, $q = 32$ cm
c) $p = 8$ cm, $h = 6$ cm
d) $p = 12$ dm, $h = 4$ dm
e) $c = 18$ km, $p = 8$ km
f) $a = 13$ cm, $h = 5$ cm
g) $b = 37$ cm, $p = 12$ cm
h) $c = 13$ cm, $q = 3{,}25$ cm

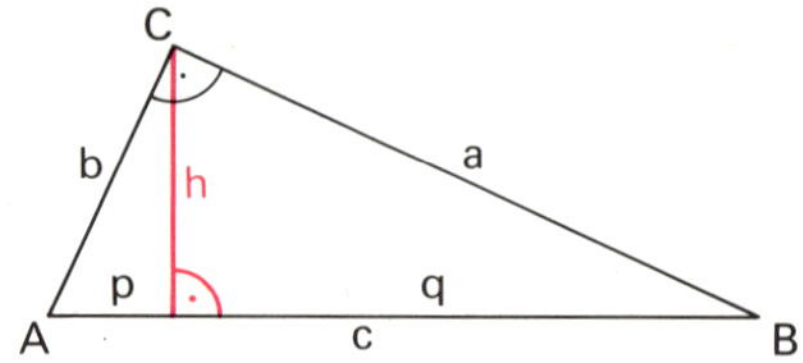

176.1

2 In einen Kreis mit dem Radius $r = 10$ cm (4 cm) wird eine 16 cm (3 cm) lange Sehne gelegt. Berechne den Abstand des Kreismittelpunktes von dieser Sehne.

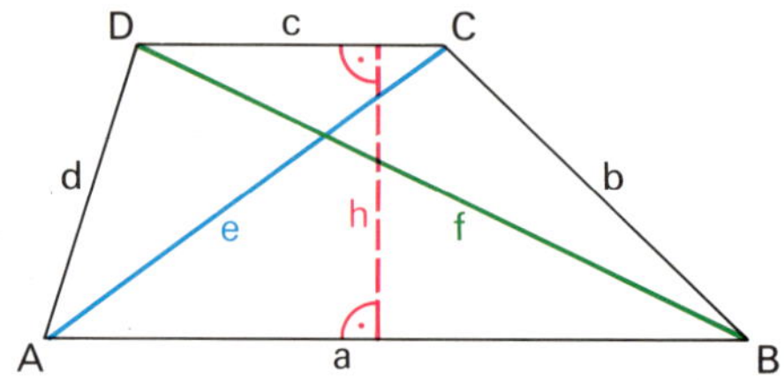

176.2

3 Ein Parallelogramm hat die Seiten $a = 10$ cm, $b = 6$ cm und die Höhe $h_a = 4$ cm ($a = 8$ cm; $b = 3$ cm; $h_a = 2$ cm). Berechne die Längen der Diagonalen e und f sowie den Flächeninhalt A des Parallelogramms. Konstruiere und vergleiche.

4 a) In einem Trapez (Fig. 176.2) ist $a = 10$ cm, $b = 5$ cm, $c = 4$ cm, $h = 3$ cm. Berechne die Länge der Seite d und der Diagonalen e und f sowie den Flächeninhalt A des Trapezes.
b) Berechne b, e, f und A für $a = 8{,}2$ cm; $c = 3{,}7$ cm; $d = 5{,}3$ cm; $h = 4$ cm. Runde auf 1 Dezimale.

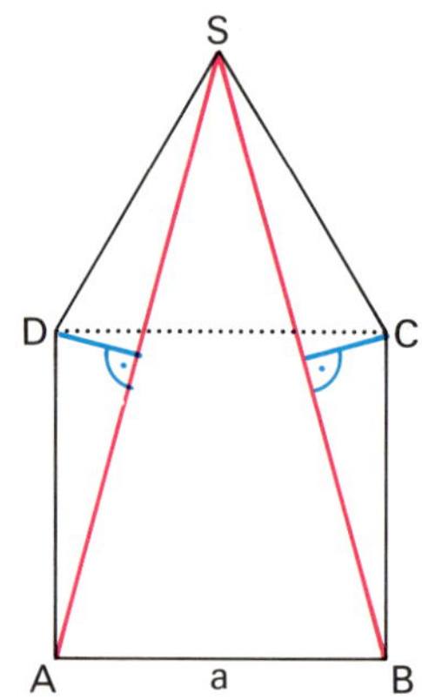

176.3

5 Das Fünfeck in Fig. 176.3 besteht aus einem Quadrat und einem gleichseitigen Dreieck mit der Seite a. Berechne den Abstand der Punkte A und S sowie den Abstand des Punktes D von AS.

6 Wie lang ist die gemeinsame Sehne zweier Kreise $k_1(M_1;r_1)$ und $k_2(M_2;r_2)$ mit $r_1 = 4$ cm (7 cm), $r_2 = 6$ cm (7 cm) und $\overline{M_1M_2} = 8$ cm (7 cm) (Fig. 176.4)?

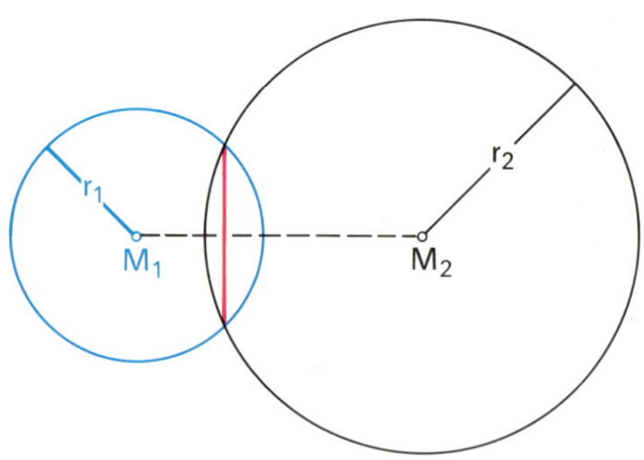

176.4

7 Ein gleichschenkliges Dreieck ABC hat die Grundseite $c = 16$ cm (12 cm) und die Schenkel $a = b = 10$ cm (8 cm). Berechne die Höhe h_c des Dreiecks.

8 Ein gleichschenkliges Dreieck ABC hat die Grundseite $c = 10$ cm (12 cm) und die Schenkel $a = b = 13$ cm (9 cm).
a) Ermittle die Höhen h_a und h_b durch Konstruktion.
b) Berechne h_a und h_b; vergleiche mit dem Ergebnis der Konstruktion.
(Anleitung: h_c teilt Δ ABC in zwei rechtwinklige Teildreiecke; berechne zunächst die Höhe eines dieser Teildreiecke mit Hilfe des Kathetensatzes und des Satzes des Pythagoras.)
c) Läßt sich h_a auch anders berechnen?

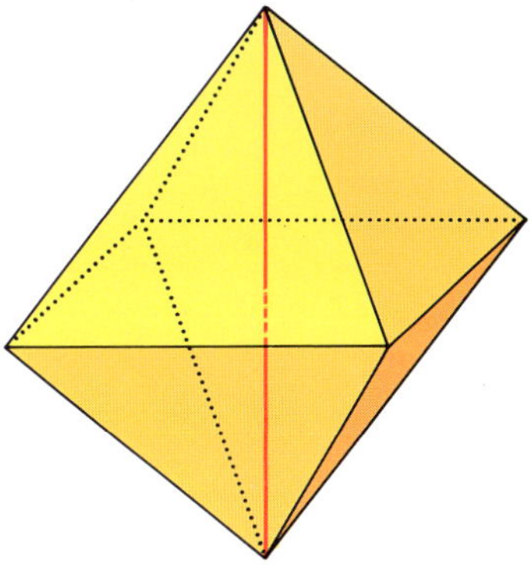
177.1

9 Fig. 177.1 zeigt einen regelmäßigen Achtflächner (Oktaeder); alle Kanten a dieses Körpers sind gleich lang.
a) Welchen Abstand haben gegenüberliegende Ecken dieses Körpers?
b) Wie groß ist die Oberfläche?
c) Wie ist die Kantenlänge a zu wählen, wenn gegenüberliegende Ecken den Abstand 10 cm haben sollen (1 Dezimale)?
d) Wie ist die Kantenlänge (auf mm gerundet) zu wählen, wenn die Oberfläche 1 m^2 (2 m^2) betragen soll?

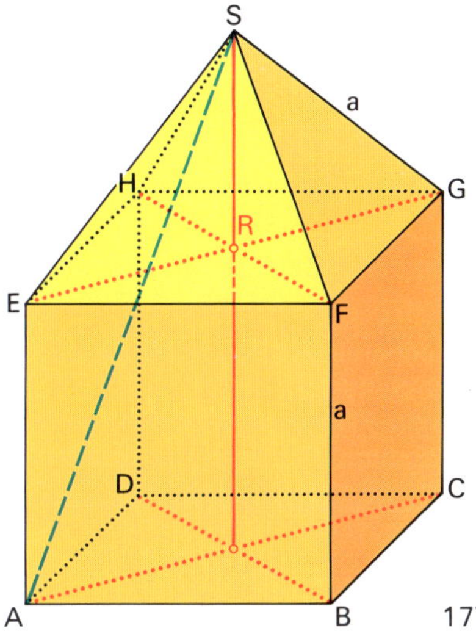

177.2

10 Der Körper in Fig. 177.2 besteht aus einem Würfel und einer aufgesetzten Pyramide; alle Kanten haben die gleiche Länge $a = 4$ cm.
a) Berechne die Höhe des Körpers.
b) Konstruiere das Dreieck ERS in wahrer Größe. Ermittle damit die Höhe des Körpers zeichnerisch; vergleiche mit dem Ergebnis in a).
c) Ermittle zeichnerisch die Entfernung der Punkte A und S.
Berechne $\overline{AS}$; vergleiche.
d) Wie groß ist die Oberfläche (d.h. der Flächeninhalt des Netzes) dieses Körpers?

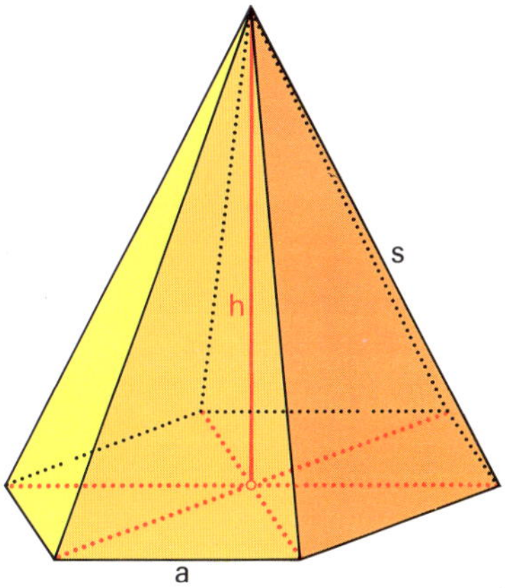

177.3

11 a) Bei einer regelmäßigen sechsseitigen Pyramide (Fig. 177.3) ist jede Grundkante $a = 4$ cm, jede Seitenkante $s = 10$ cm lang. Berechne die Höhe h und die Oberfläche O der Pyramide.
b) Berechne die Seitenkante s und die Oberfläche O einer regelmäßigen sechsseitigen Pyramide mit der Grundkante $a = 8$ cm und der Höhe $h = 15$ cm.

12 a) Beweise: Wenn sich zwei Kreise mit den Radien r_1 und r_2 und dem Mittelpunktsabstand $\overline{M_1M_2} = d$ orthogonal schneiden (Fig. 178.1), dann gilt für die Länge s der gemeinsamen Sehne:

$$\frac{s}{2} = \frac{r_1 r_2}{d}.$$

b) Deute die in der Gleichung

$$\frac{s}{2} d = r_1 r_2$$

auftretenden Produkte als Flächeninhalte in Fig. 178.1.

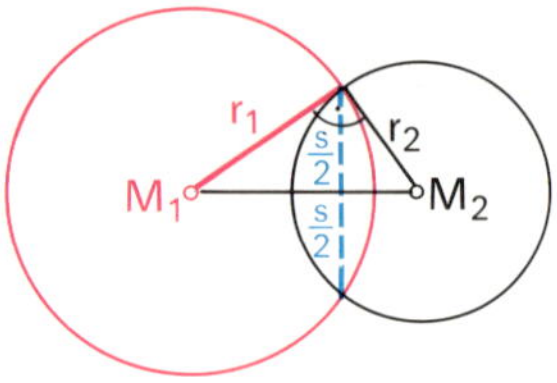

178.1

13 Gleich große Kugeln mit dem Radius r werden wie in Fig. 178.2 aufeinandergeschichtet, so daß sich benachbarte Kugeln berühren. Wie hoch ist der Stapel?

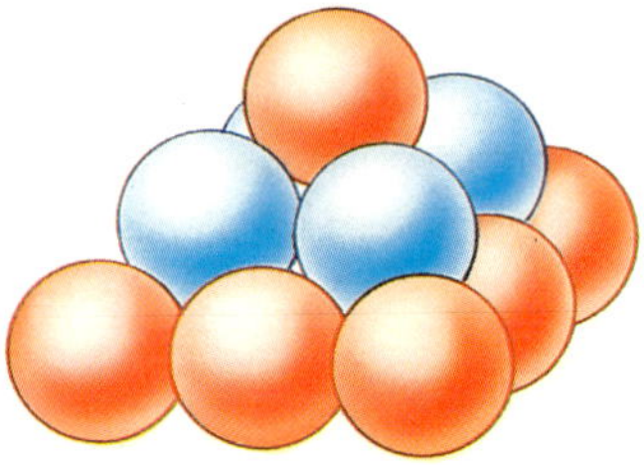
178.2

Konstruktionen

14 Konstruiere eine Strecke der Länge $\sqrt{5}$ cm ($\sqrt{10}$ cm; $\sqrt{15}$ cm; $\frac{3}{2}\sqrt{7}$ cm).

15 Gegeben sind drei Quadrate mit den Seiten a_1, a_2, a_3 ($a_1 < a_2 < a_3$). Konstruiere ein Quadrat mit dem Flächeninhalt
a) $a_2^2 - a_1^2$ b) $a_2^2 + a_3^2 - a_1^2$ c) $a_1^2 - a_2^2 + a_3^2$.

16 a) Zeichne ein Rechteck mit den Seiten $a = 3$ cm, $b = 2$ cm sowie ein zweites Rechteck mit den Seiten $c = 4$ cm, $d = 2{,}5$ cm. Konstruiere ein Quadrat, dessen Fläche gleich groß ist wie die Flächen der beiden Rechtecke zusammen.
b) Bestimme die Länge der Quadratseite durch Rechnung. Vergleiche.

17 Stelle die Oberfläche eines Würfels mit der Kantenlänge 2 cm in Form eines Quadrates dar.

Pythagoreische Dreiecke

Haben die Seitenlängen eines rechtwinkligen Dreiecks **ganze** Maßzahlen, so nennt man das Dreieck ein **pythagoreisches Dreieck** und die drei Maßzahlen ein **pythagoreisches Zahlentripel**.

18 Zeige, daß die folgenden Dreiecke pythagoreisch sind.

a	3	5	8	7	20	9	12	11	28	33	13	16	36	48	39	65
b	4	12	15	24	21	40	35	60	45	56	84	63	77	55	80	72
c	5	13	17	25	29	41	37	61	53	65	85	65	85	73	89	97

19 a) Zeige: Für beliebige Zahlen x und y gilt: $(x^2 - y^2)^2 + 4x^2y^2 = (x^2 + y^2)^2$.
b) Die in a) angegebene Gleichung läßt sich deuten als Satz des Pythagoras für ein rechtwinkliges Dreieck. Welche Seiten a, b, c hat das Dreieck?
c) Inwiefern ergibt sich aus b) die Möglichkeit, pythagoreische Dreiecke zu finden? Wie muß man dazu vorgehen? Gib fünf pythagoreische Zahlentripel an (die in Aufgabe 18 nicht angegeben sind). Wie viele pythagoreische Zahlentripel gibt es?

20 Wie viele pythagoreische Zahlentripel gibt es, die aus drei aufeinanderfolgenden natürlichen Zahlen bestehen?

21 Wie viele pythagoreische Zahlentripel (a; b; c) mit $a<b<c$ gibt es, bei welchen b das arithmetische Mittel von a und c ist? (Anleitung: Setze $b=a+d$ und $c=a+2d$.) Prüfe, ob solche Zahlentripel unter den in Aufgabe 18 angegebenen zu finden sind.

22 Zeichne die zu den Tripeln (3; 4; 5), (5; 12; 13), (8; 15; 17) gehörigen pythagoreischen Dreiecke (Längen in cm). Konstruiere für jedes Dreieck den Inkreis. Miß den Inkreisradius. Vermutung? Überprüfe anhand weiterer pythagoreischer Dreiecke; vgl. Aufgabe 23.

23 a) Beweise: In einem rechtwinkligen Dreieck gilt für den Inkreisradius (Fig. 179.1)

$$r=\frac{ab}{a+b+c}.$$

(Anleitung: Berechne den Flächeninhalt von △ ABC mit und ohne Verwendung von r.)

b) Beweise: In einem rechtwinkligen Dreieck ist

$$\frac{ab}{a+b+c}=\tfrac{1}{2}(a+b-c).$$

(Anleitung: Denke in Fig. 179.1 die 3 Berührradien eingezeichnet.)

c) Beweise, daß in einem pythagoreischen Dreieck $(a+b-c)$ stets eine gerade Zahl ist. (Anleitung: Quadriere.) Wie folgt daraus eine Bestätigung der Vermutung in Aufgabe 22? Formuliere einen Satz über den Inkreisradius in pythagoreischen Dreiecken bzw. über die Summe und das Produkt der drei Zahlen eines pythagoreischen Zahlentripels.

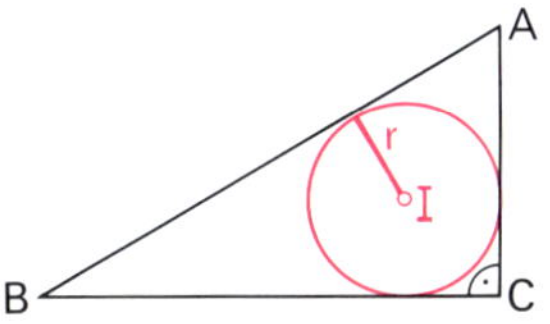

179.1

Verallgemeinerung des Satzes von Pythagoras[1]

24 In Fig. 179.2 sind über den Seiten eines spitzwinkligen Dreiecks Quadrate gezeichnet und diese durch Verlängerung der Höhen in Rechtecke zerlegt.

a) Vergleiche die gemeinsame Fläche von je zwei der drei Quadrate mit dem jeweils dritten Quadrat.

b) Zeige: In Fig. 179.2 sind gleich gefärbte Rechtecke flächengleich. (Anleitung: Beachte die eingezeichneten Hilfslinien.)

c) Was folgt aus b) für den Vergleich des Quadrates über einer Dreieckseite mit der gemeinsamen Fläche der Quadrate über den beiden anderen Dreieckseiten? Formuliere einen Satz. (Formulierungshilfe: In Fig. 179.3 nennt man A′B′ die „Projektion" der Strecke AB auf die Gerade g.)

d) Inwiefern handelt es sich bei dem formulierten Satz um eine Verallgemeinerung des Satzes des Pythagoras?

e) Untersuche, wie der formulierte Satz abzuändern ist, wenn γ ein stumpfer Winkel ist.

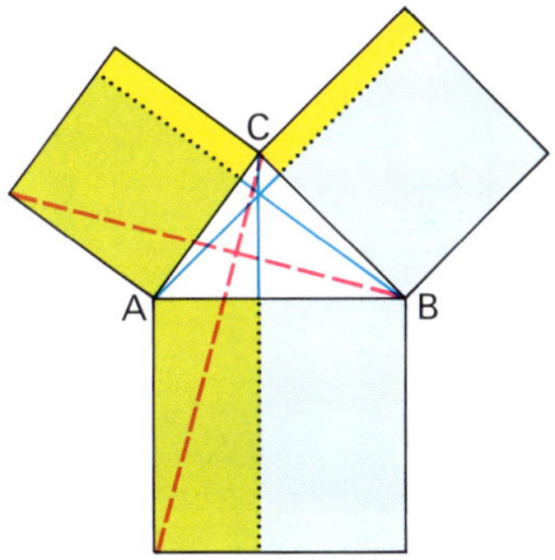

179.2

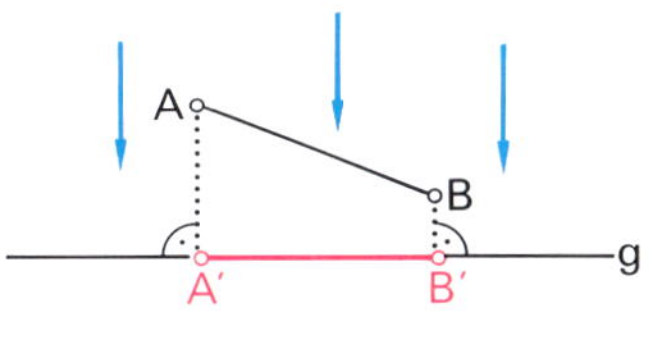

179.3

1. Eine weitere Verallgemeinerung folgt auf S. 203.

XIII Zentrische Streckungen

82 Definition. Winkeltreue

(1) Welche der beiden Personen in Fig. 180.1 ist größer? Überprüfe mit dem Geodreieck. Wie kann man die wirklichen Größen der beiden Personen vergleichen?

180.1

Beim Spiegeln, Verschieben oder Drehen (Kongruenzabbildungen) wird jede Figur auf eine deckungsgleiche Figur abgebildet; Streckenlängen und Winkelweiten ändern sich nicht.
Anders beim Vergrößern oder Verkleinern: dabei werden Streckenlängen geändert. Wir betrachten zunächst eine einfache Abbildung, bei der dies der Fall ist.

Definition: Eine Abbildung, die jedem Punkt P der Ebene einen Bildpunkt $\overline{P}$ zuordnet, heißt **zentrische Streckung** mit dem Streckzentrum S und dem Streckfaktor $k>0$, wenn gilt (Fig. 180.2/3):
a) $\overline{P}$ liegt auf der von S ausgehenden Halbgeraden durch P
b) $\overline{S\overline{P}}=k\cdot\overline{SP}$.

Für eine zentrische Streckung mit dem Streckzentrum S und dem Streckfaktor k schreiben wir das Zeichen $Z_{S;k}$. Fig. 180.2/3 veranschaulichen $Z_{S;2}$ und $Z_{S;\frac{1}{2}}$.

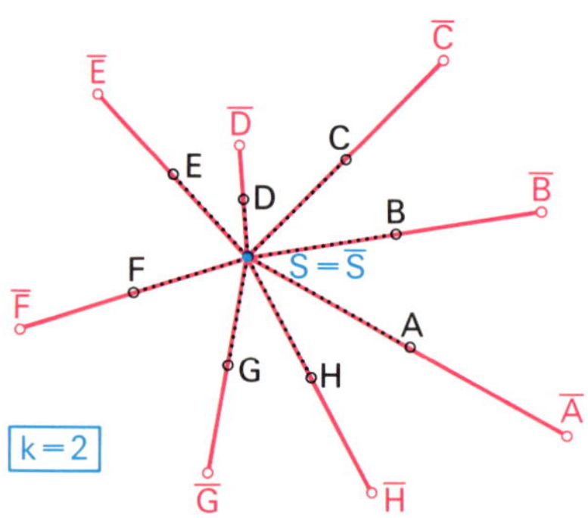

180.2

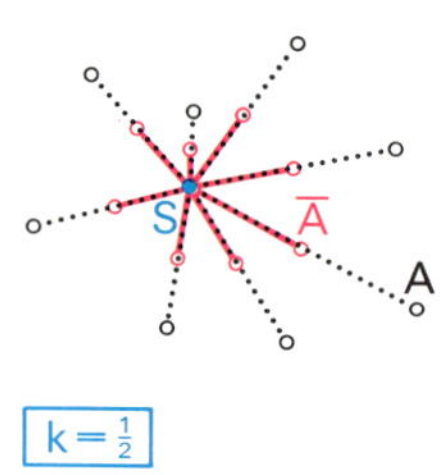

180.3

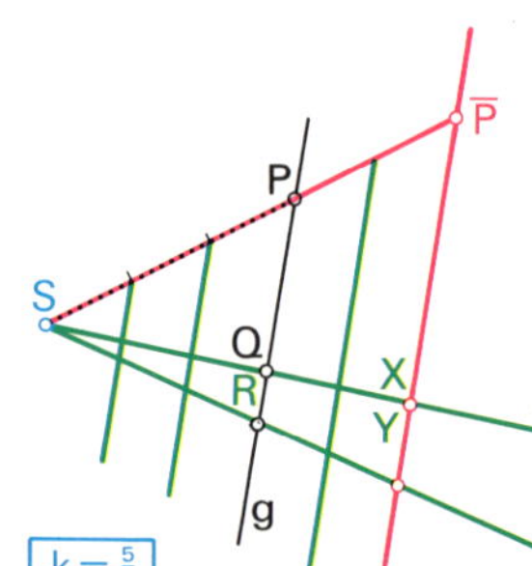

180.4

Bei der zentrischen Streckung in Fig. 180.4 ist $\overline{S\overline{P}}=\frac{5}{3}\cdot\overline{SP}$. Wenn man also $\overline{SP}$ in 3 gleiche Teile teilt und einen dieser Teile von S aus 5mal abträgt, so gelangt man nach $\overline{P}$. Die eingezeichneten Parallelen zu PQ (Streifenschar) lassen erkennen, daß auch $\overline{SX}=\frac{5}{3}\cdot\overline{SQ}$, $\overline{SY}=\frac{5}{3}\cdot\overline{SR}$ ist, usw. Dies zeigt, daß die Gerade g bei der zentrischen Streckung auf die Parallele zu g durch $\overline{P}$ abgebildet wird.

Entsprechend kann man bei jedem Streckfaktor der Form $\frac{p}{q}$ ($p,q \in \mathbb{N}$), d.h. bei jedem rationalen Streckfaktor, schließen. Dagegen kann man so nicht mehr schließen, wenn k irrational (z.B. $k=\sqrt{2}$) ist. In diesem Fall gibt es keine Teillänge (gemeinsames Maß; vgl. Algebra Zwei, S. 225), die sowohl in $\overline{SP}$ als auch in $\overline{\overline{S}\,\overline{P}}$ „aufgeht". Man kann jedoch beweisen (vgl. Aufgabe 9/10, S. 182), daß auch in diesem Fall gilt:

Satz 1: Bei einer zentrischen Streckung ist das **Bild einer Geraden** g eine zu g **parallele Gerade** $\overline{g}$.

Der Satz gilt auch für Geraden durch S. Diese gehen in sich über (Fixgeraden); jede Gerade ist zu sich parallel.

Aufgabe: Eine zentrische Streckung ist gegeben durch ihr Streckzentrum S sowie einen Punkt P und dessen Bildpunkt $\overline{P}$. Konstruiere das Bild eines gegebenen Dreiecks ABC.
Fig. 181.1: Zeichne von S aus Halbgeraden (Strahlen) durch A, B und C. Ziehe die Parallele zu PC durch $\overline{P}$, sie schneidet die Halbgerade durch C in $\overline{C}$. Ziehe die Parallelen zu AC und BC durch $\overline{C}$. Verbinde $\overline{A}$ und $\overline{B}$.

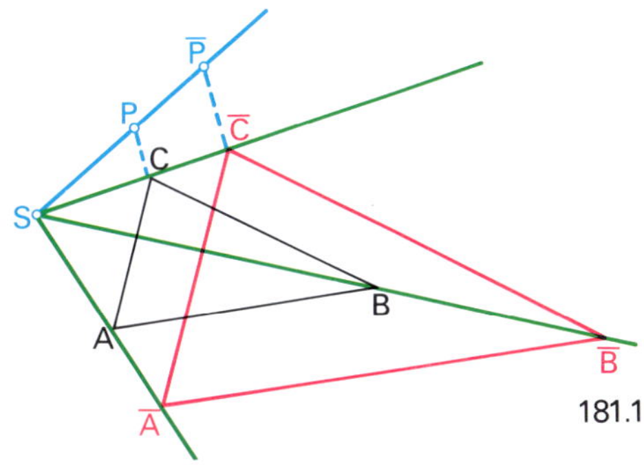

181.1

In Fig. 181.2 wird ein Winkel durch zentrische Streckung abgebildet. Da nach dem obigen Satz 1 entsprechende Schenkel parallel sind, folgt

$\alpha_1=\beta_1$ (Stufenwinkel
$\alpha_2=\beta_2$ an Parallelen), also
$\alpha_1+\alpha_2=\beta_1+\beta_2$.

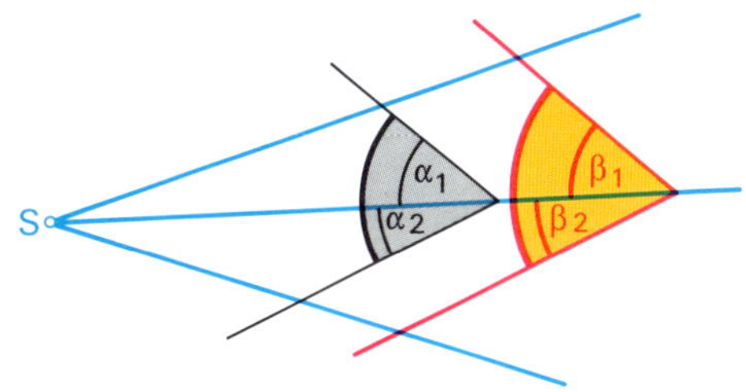

181.2

Dies zeigt: Winkelweiten werden bei einer zentrischen Streckung nicht geändert. Man drückt diese wichtige Eigenschaft zentrischer Streckungen auch so aus:

Satz 2: Zentrische Streckungen sind **winkel**(weiten)**treu**.

Beachte: Kongruenzabbildungen sind ebenfalls winkeltreu, außerdem auch noch längentreu. Zentrische Streckungen dagegen sind zwar winkeltreu, aber nicht längentreu.

② Zeichne das Viereck ABCD mit A(1|2), B(6|1), C(5|7), D(2|6); Längeneinheit 0,5 cm. Konstruiere das Bildviereck bei der zentrischen Streckung mit
a) S(0|5); k=2 b) S(3|3); k=2 c) S(15|3); $k=\frac{1}{2}$ d) S=A; $k=\frac{2}{3}$.

③ Ein Dreieck ABC werde durch eine zentrische Streckung $Z_{S;k}$ auf $\triangle \overline{A}\overline{B}\overline{C}$ abgebildet. Welche zentrische Streckung bildet umgekehrt $\triangle \overline{A}\overline{B}\overline{C}$ auf $\triangle ABC$ ab? Welchen Streckfaktor hat eine zentrische Streckung, die $\triangle ABC$ auf sich selbst abbildet?

4 a) Zeichne △ ABC mit $a=6$ cm; $b=5$ cm; $c=7$ cm. Konstruiere (jeweils neue Zeichnung) das Bild des Dreiecks bei der zentrischen Streckung $Z_{A;2}$ ($Z_{B;\frac{1}{2}}$; $Z_{C;1,5}$).

b) Zeichne △ ABC mit $a=7$ cm; $b=4$ cm; $c=9$ cm. Konstruiere das Bild des Dreiecks bei der zentrischen Streckung $Z_{A;\frac{4}{3}}$ ($Z_{B;\frac{8}{5}}$). (Anleitung: Zeichne wie in Fig. 181.1 zunächst Punkte P und $\overline{P}$ mit $\overline{AP}=3$ cm und $\overline{A\overline{P}}=4$ cm.)

c) Zeichne △ ABC mit $a=8$ cm; $b=6$ cm; $c=4$ cm. Konstruiere das Bild des Dreiecks bei der zentrischen Streckung $Z_{A;\sqrt{2}}$. (Anleitung: Konstruiere zunächst eine Strecke der Länge $\sqrt{2}$ LE; verfahre danach wie in b).)

5 Zeichne ein Viereck ABCD sowie den Schnittpunkt S der Diagonalen. Konstruiere das Bild des Vierecks bei der zentrischen Streckung $Z_{S;1,8}$ ($Z_{S;0,7}$).

6 Bei einer zentrischen Streckung $Z_{S;k}$ gilt für einen Punkt P und den Bildpunkt $\overline{P}$:
a) $\overline{SP}=4$ cm; $\overline{S\overline{P}}=6$ cm b) $\overline{SP}=6$ cm; $\overline{S\overline{P}}=2,4$ cm c) $\overline{SP}=2$ cm; $\overline{S\overline{P}}=\sqrt{8}$ cm.
Welchen Streckfaktor k hat die zentrische Streckung?

7 Zeichne zwei Punkte P und Q mit $\overline{PQ}=2$ cm. Konstruiere einen Punkt S, so daß bei der zentrischen Streckung $Z_{S;\frac{5}{3}}$ ($Z_{S;\sqrt{2}}$) gilt: $P \mapsto Q$.

8 a) Beweise: Wenn bei zwei nicht kongruenten Dreiecken entsprechende Seiten parallel sind (Fig. 182.1), dann gehen die Verbindungsgeraden entsprechender Ecken durch einen Punkt.

b) Formuliere und beweise einen entsprechenden Satz für den Fall, daß die beiden Dreiecke kongruent sind.

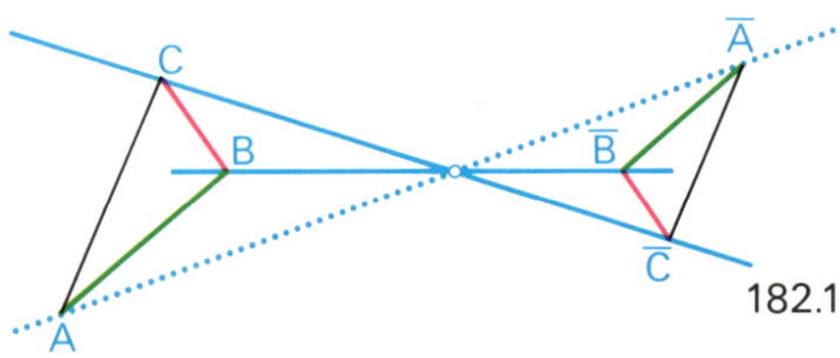

182.1

9 In Fig. 182.2 sei $\overline{S\overline{P}}=k\cdot\overline{SP}$ und $\overline{S\overline{Q}}=k\cdot\overline{SQ}$ mit demselben irrationalen Streckfaktor k. Außerdem sei h die Parallele zu g durch $\overline{P}$. Um Satz 1, S. 181 für diesen Fall zu beweisen, nehmen wir an, daß h die Verlängerung von SQ in einem von $\overline{Q}$ verschiedenen Punkt X schneidet.

a) Zeige: Unter den genannten Voraussetzungen gibt es eine zentrische Streckung von S aus mit rationalem Streckfaktor k^*, die Q auf einen Punkt zwischen X und $\overline{Q}$ abbildet (vgl. Fig. 180.4).

b) Zeige: Nach a) müßte sowohl $k^* < k$ als auch $k^* > k$ sein. Was folgt aus diesem Widerspruch?

c) Wie folgt aus b), daß bei der Streckung $Z_{S;k}$ jeder Punkt auf g in einen Punkt auf h übergeht?

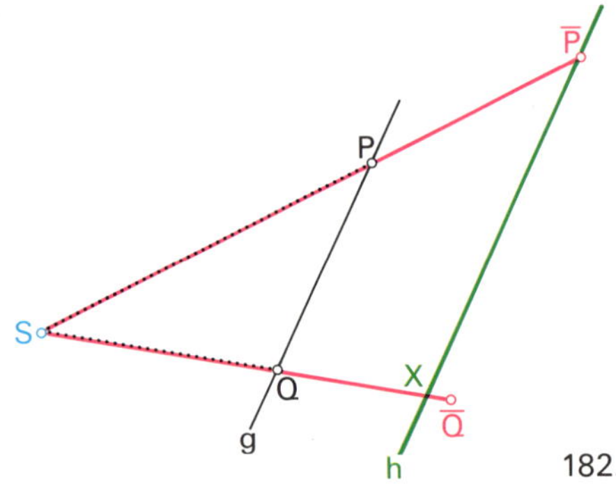

182.2

10 In Fig. 182.3 sei $\overline{S\overline{P}}=k\cdot\overline{SP}$; $\overline{S\overline{Q}}=k\cdot\overline{SQ}$.

a) Zeige: △ $SQ\overline{P}$ und △ $SP\overline{Q}$ (also auch △ $PQ\overline{P}$ und △ $PQ\overline{Q}$) sind flächengleich.

b) Wie folgt aus a), daß die zu PQ gehörenden Höhen von △ $PQ\overline{P}$ und △ $PQ\overline{Q}$ gleich sind? Was folgt daraus für $(\overline{P}\,\overline{Q})$?

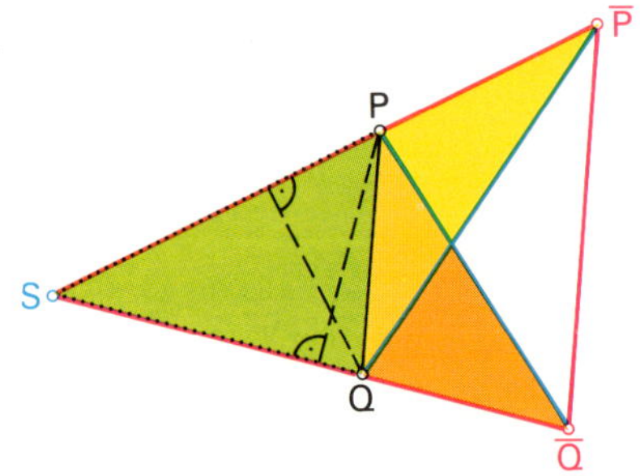

182.3

83 Der 1. Strahlensatz

Längenverhältnis zweier Strecken

① In Fig. 183.1 ist B das Bild von A bei einer zentrischen Streckung $Z_{S;k}$. Berechne k. Prüfe, ob dieselbe zentrische Streckung auch C in D überführt.

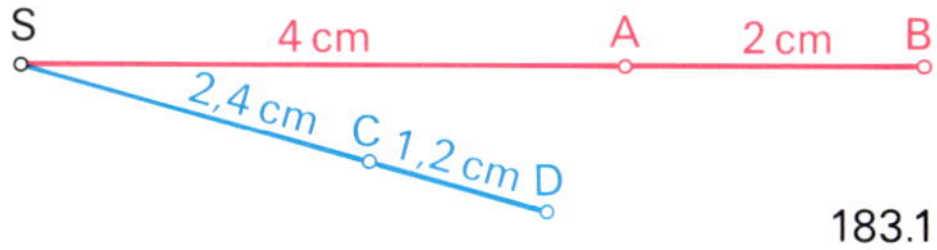

183.1

Bei einer zentrischen Streckung erhält man den Streckfaktor k, wenn man für einen beliebigen Punkt $P(\neq S)$ und seinen Bildpunkt $\overline{P}$ die Längen von SP und $S\overline{P}$ bestimmt und die Maßzahlen (bei gleicher Längeneinheit) dividiert. Der Quotient ist für alle Paare SP, $S\overline{P}$ gleich.

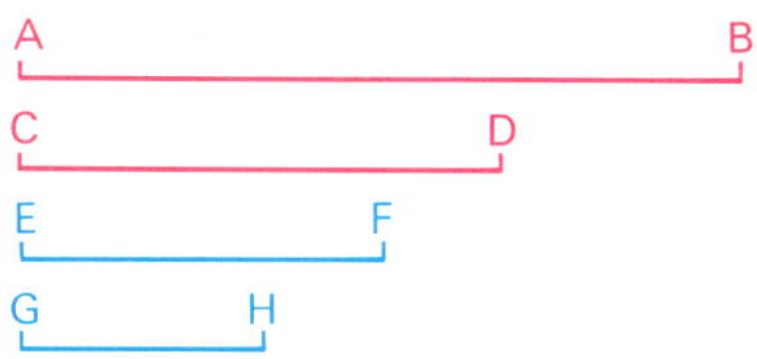

183.2

Definition: Das **Längenverhältnis** $\overline{AB}:\overline{CD}$ (lies AB zu CD) zweier Strecken AB und CD ist der **Quotient der Maßzahlen** von $\overline{AB}$ und $\overline{CD}$ (gleiche Längeneinheit).

Beispiel 1:

a) In Fig. 183.2 ist $\overline{AB}=4{,}8$ cm und $\overline{CD}=3{,}2$ cm, also $\overline{AB}:\overline{CD}=4{,}8:3{,}2=\frac{3}{2}$.

b) Ist $a=12$ cm und $b=3$ dm, so ist $a:b=12:30=\frac{2}{5}$.

Bemerkung: In Fig. 183.2 sagt man auch: $\overline{AB}$ und $\overline{CD}$ stehen im Verhältnis 3 zu 2 oder: $\overline{AB}$ und $\overline{CD}$ verhalten sich wie 3 zu 2. Statt $a:b$ schreibt man auch $\frac{a}{b}$.

② Bestimme in Fig. 183.2 die Längenverhältnisse $\overline{AB}:\overline{EF}$, $\overline{AB}:\overline{GH}$ und $\overline{GH}:\overline{CD}$.

3 Gegeben: $\overline{AB}=6$ cm; $\overline{CD}=5$ mm; $\overline{EF}=1{,}2$ dm. Bestimme:
a) $\overline{AB}:\overline{CD}$ b) $\overline{CD}:\overline{EF}$ c) $\overline{AB}:\overline{EF}$ d) $\overline{EF}:(\overline{AB}+\overline{CD})$.

4 Für drei Punkte P, Q, R auf einer Geraden (Q zwischen P und R) ist $\overline{PQ}=4$ cm; $\overline{QR}=3$ cm. Bestimme die Längenverhältnisse:
a) $\overline{PQ}:\overline{QR}$ b) $\overline{PQ}:\overline{PR}$ c) $\overline{QR}:\overline{PR}$ d) $\overline{QR}:(\overline{PQ}-\overline{QR})$.

5 Zeichne eine Strecke AB und eine Strecke CD, so daß gilt:
a) $\overline{AB}:\overline{CD}=\frac{4}{3}$ b) $\overline{AB}:\overline{CD}=1{,}4$ c) $\overline{CD}:\overline{AB}=5:3$ d) $\overline{CD}:\overline{AB}=\sqrt{2}:2$.

6 Drücke a als Vielfaches von b (b als Vielfaches von a) aus.
a) $a:b=3:2$ b) $a:b=5:4$ c) $a:b=\sqrt{2}:1$ d) $a:b=2{,}4$

7 Bestimme b zeichnerisch und rechnerisch.
a) $a:b=3:2$ und $a=4$ cm b) $b:a=5:7$ und $a=6$ cm

8 Gegeben: $a:b=3:2$ und $b:c=5:4$ ($x:y=3:4$ und $y:z=7:5$). Berechne $a:c$ ($z:x$).

9 In welchem Längenverhältnis steht
a) die Diagonale zur Seite eines Quadrats
b) die Höhe zur Seite eines gleichseitigen Dreiecks
c) die räumliche Diagonale zur Seite eines Würfels
d) die Länge zur Breite eines Rechtecks in DIN-Format (vgl. S. 169)?

10 Der 1. Strahlensatz

Fig. 184.1: Kann man dem Schatten des Leitungsmastes entnehmen, ob sich der untere Querträger in der Mitte des Mastes befindet? Kann man entnehmen, wie lang das Teilstück vom oberen Querträger bis zur Mastspitze ist? Ist dies möglich, wenn man weiß, wie hoch der Mast ist?

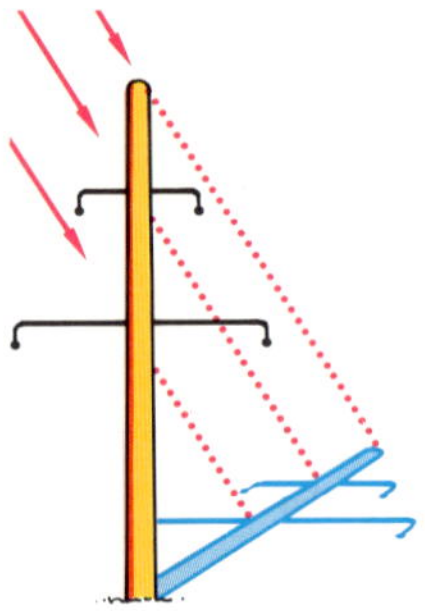
184.1

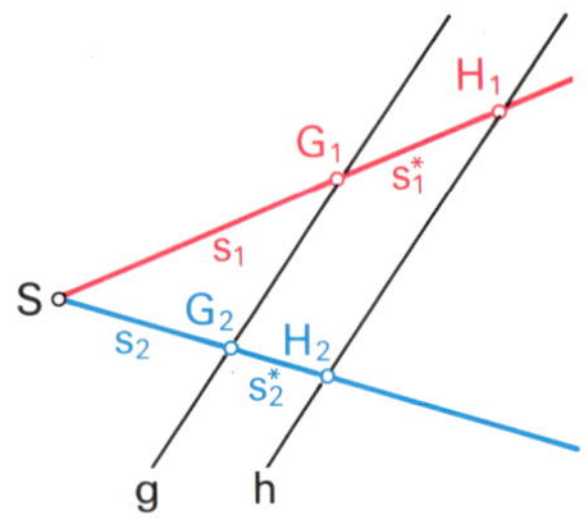

184.2

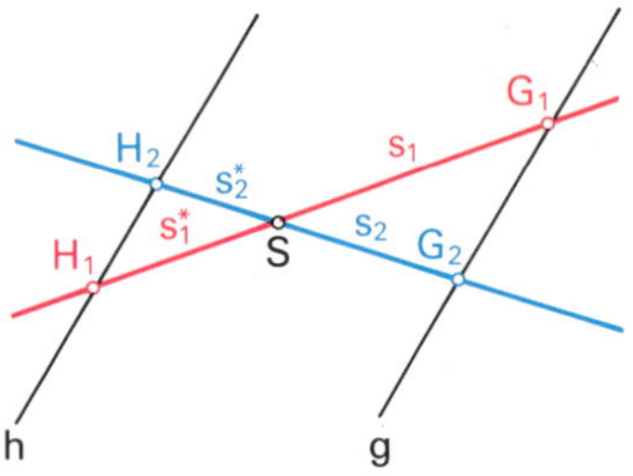

184.3

Im Satz 1 von S. 181 haben wir aus der Gleichheit von Längenverhältnissen bei der zentrischen Streckung auf die Parallelität einer Geraden g und ihrer Bildgeraden $\overline{g}$ geschlossen. Wir untersuchen nun, ob man auch umgekehrt schließen kann.

In Fig. 184.2 sei $g \parallel h$. Dann gibt es eine zentrische Streckung $Z_{S;k}$, die G_1 in H_1 und gleichzeitig g in h überführt. Daher muß auch H_2 das Bild von G_2 sein. Dies zeigt:

$$\frac{s_1 + s_1^*}{s_1} = \frac{s_2 + s_2^*}{s_2}, \text{ also } 1 + \frac{s_1^*}{s_1} = 1 + \frac{s_2^*}{s_2} \text{ oder } \frac{s_1^*}{s_1} = \frac{s_2^*}{s_2}.$$

Mit Hilfe einer Punktspiegelung an S erkennt man, daß dies auch in Fig. 184.3 gilt. Damit erhalten wir den folgenden Kehrsatz zum Satz 1 von S. 181:

Satz: (1. Strahlensatz; Fig. 184.2/3)
Werden zwei von einem Punkt ausgehende Strahlen von zwei Parallelen geschnitten, so verhalten sich die **Abschnitte auf dem einen Strahl** wie die entsprechenden **Abschnitte auf dem anderen**.

Beispiel 2:
In einem Dachgiebel mit den in Fig. 184.4 angegebenen Maßen soll in 2,10 m Höhe eine Decke eingezogen werden. Welches Maß x hat die schräge Wand in dem sich ergebenden Raum?

a) Rechnerische Lösung: Fig. 184.4 zeigt, wie durch die Decke in einer Giebelhälfte die „Strahlensatzfigur“ entsteht. Danach gilt:

$$\frac{x}{3{,}20} = \frac{2{,}10}{2{,}80}$$
$$x = \frac{2{,}10 \cdot 3{,}20}{2{,}80} = 2{,}40.$$

Die gesuchte Länge beträgt also 2,40 m.

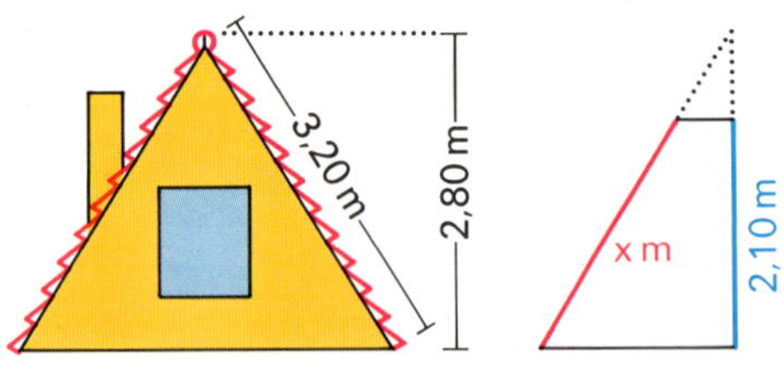

184.4

b) Zeichnerische Lösung (Fig. 185.1; Maßstab 1 : 100) : Zeichne zwei beliebige, von einem Punkt S ausgehende Strahlen. Trage auf einem Strahl von S aus 2,8 cm ab bis A_1, dann von A_1 aus 2,1 cm bis A_2 sowie auf dem anderen Strahl von S aus 3,2 cm bis B_1. Ziehe A_1B_1 und die Parallele durch A_2, sie schneidet den anderen Strahl in B_2. $\overline{B_1B_2}$ ist die gesuchte Länge (vgl. mit Fig. 184.4).

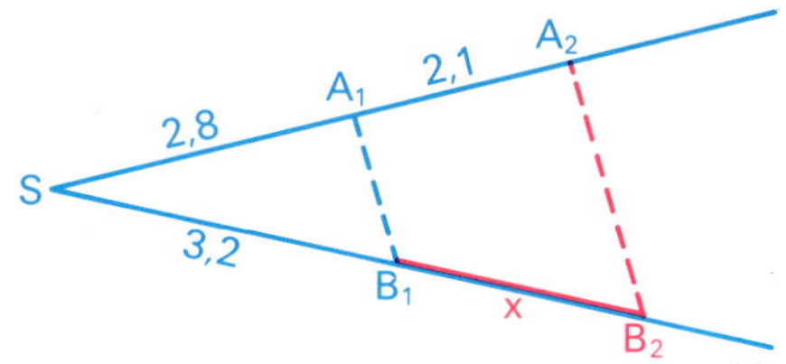

185.1

Aufgabe: Gegeben sind eine Strecke PQ sowie zwei Längen a, b (Fig. 185.2). PQ soll konstruktiv im Verhältnis a : b geteilt werden.
Lösung: Zeichne von P aus einen beliebigen Strahl. Trage auf ihm von P aus a ab bis A_1 und von A_1 aus b bis A_2. Ziehe A_2Q und die Parallele dazu durch A_1; sie schneidet PQ im gesuchten Teilpunkt T.

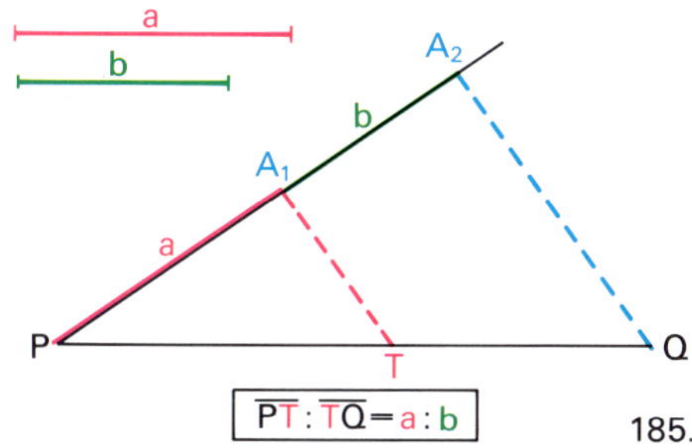

185.2

11 Zeichne eine Strecke PQ mit $\overline{PQ} = 5{,}6$ cm.
a) Teile PQ zeichnerisch auf zwei verschiedene Arten im Verhältnis 3 : 5 ($\sqrt{2}$: 1).
b) Berechne die Längen der Teilstücke.

12 Gib die folgenden Verhältnisse einfacher an. (Beispiel: 8 : 12 = 2 : 3)
a) 18 : 12 b) 10 : 15 c) 3,2 : 2,4 d) 5,6 : 4,2 e) $\frac{1}{3} : \frac{1}{4}$ f) 3 : 2,4

13 Bringe die folgenden Verhältnisse auf die Form x : 1.
a) 6 : 3 b) 6 : 4 c) 3 : 5 d) $2 : \frac{1}{3}$ e) $3 : \frac{2}{5}$ f) $2 : \frac{2}{3}$

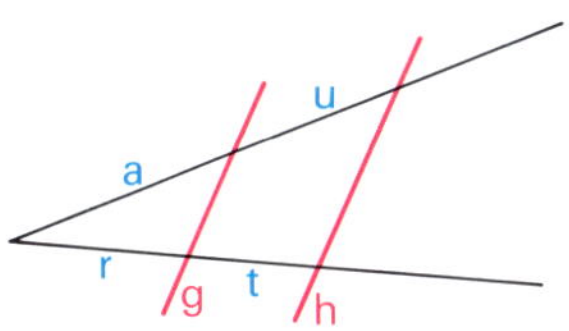

185.3

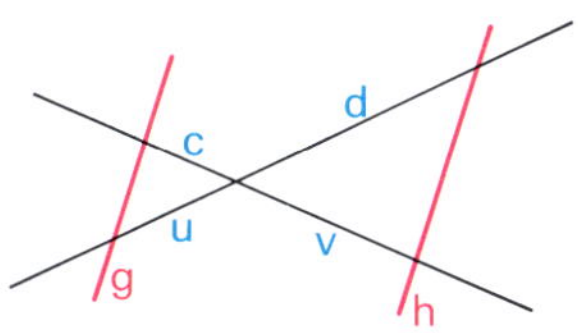

185.4

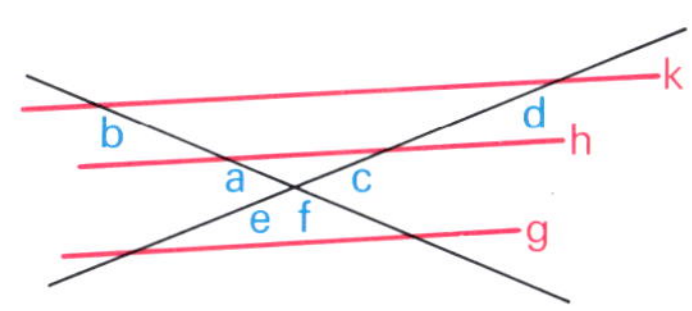

185.5

14 In Fig. 185.3/4/5 ist g ∥ h bzw. g ∥ h ∥ k. Welche Verhältnisgleichheiten gelten?

15 In Fig. 185.6/7/8 ist g ∥ h. Berechne x.

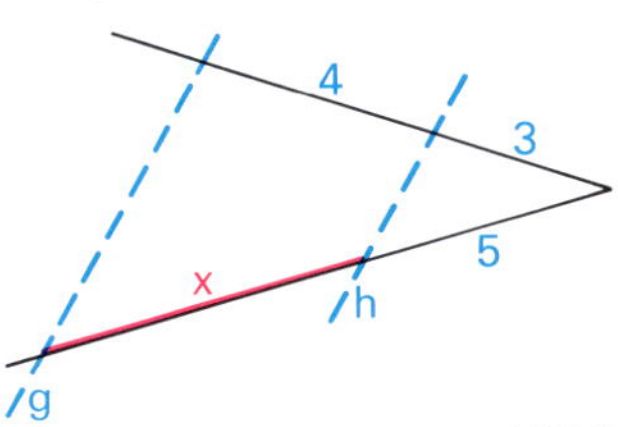

185.6

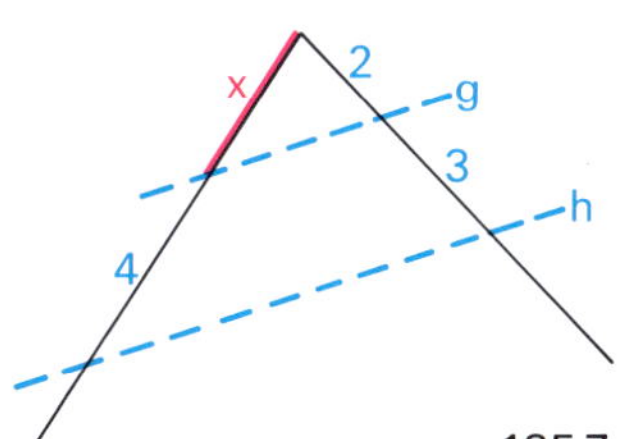

185.7

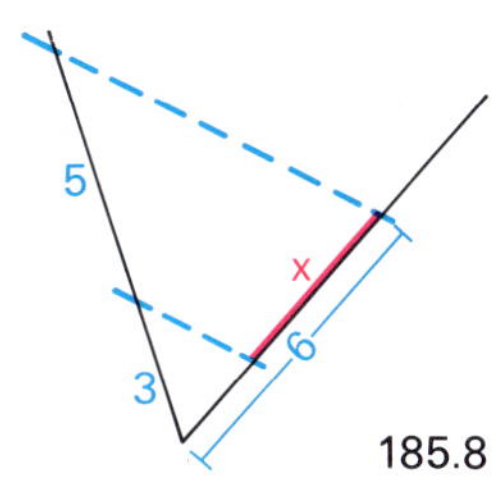

185.8

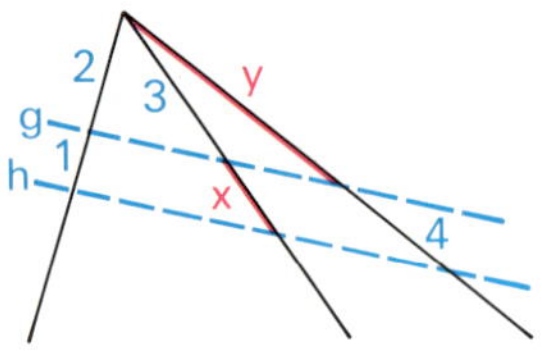

186.1

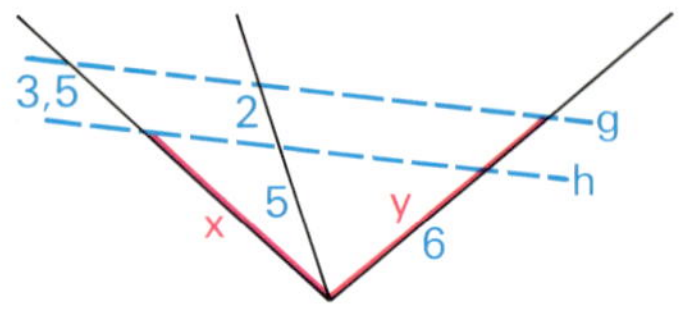

186.2

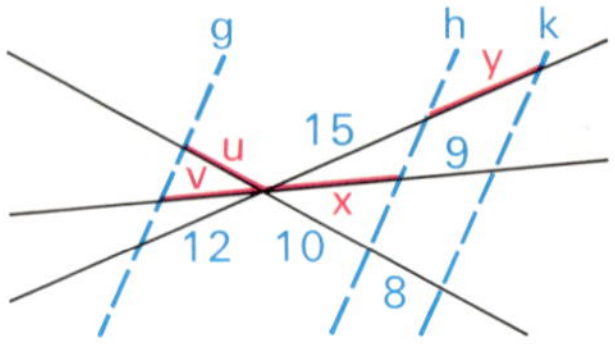

186.3

16 In Fig. 186.1/2/3 ist $g \parallel h$ bzw. $g \parallel h \parallel k$. Berechne x und y bzw. x, y, u und v.

17 Zeichne AB mit $\overline{AB} = 6$ cm. Teile AB zeichnerisch und rechnerisch im Verhältnis
a) $3:2$ b) $5:8$ c) $7:1$ d) $\sqrt{2}:1$ e) $2:\sqrt{2}$ f) $\sqrt{2}:\sqrt{3}$.

18 Teile eine gegebene Strecke zeichnerisch in 5 (7; 3) gleiche Teile.

19 a) Eine Strecke ist so geteilt, daß eine der Teilstrecken $\frac{2}{3}$ ($\frac{5}{8}$; $\frac{1}{3}$) der Gesamtstrecke ausmacht. In welchem Verhältnis ist die Strecke geteilt?
b) Eine Strecke der Länge s ist im Verhältnis $p:q$ ($z:r$) geteilt. Berechne die Längen der beiden Teilstrecken.

20 Bestimme zeichnerisch und rechnerisch x, so daß gilt: $a:b = c:x$.
a) $a = 5$ cm; $b = 3$ cm; $c = 4$ cm b) $a = 2{,}5$ cm; $b = 3{,}5$ cm; $c = 4$ cm.

21 Bestimme x zeichnerisch (rechnerisch) a) $3:x = 5:7$ b) $x:4 = 5:6$ c) $5{,}5:4 = x:2{,}6$.

22 Wenn für drei Längen a, b, c gilt: $a:b = 3:2$ und $b:c = 2:1$, so schreibt man dafür auch kürzer $a:b:c = 3:2:1$. Schreibe kürzer:
a) $a:b = 5:4$ und $b:c = 2:3$ b) $x:y = 3:7$ und $y:z = 5:6$.

23 Teile $\overline{PQ} = 10{,}8$ cm zeichnerisch und rechnerisch im Verhältnis $4:3:2$ ($2:7:3$).

24 Konstruiere ein Dreieck aus
a) $a + b = 9$ cm; $c = 5$ cm; $a:b = 3:2$ b) $a + b + c = 15$ cm; $a:b:c = 4:3:5$.

25 Rechtecke in DIN-Format haben das Seitenverhältnis $\sqrt{2}:1$. Konstruiere ein solches Rechteck mit dem Umfang 15 cm (20 cm).

26 Prüfe rechnerisch, welche der Geraden g, h, k in Fig. 186.4 parallel sind.

27 Wenn zwei Rechtecke mit den Seiten a, b bzw. a′, b′ den gleichen Flächeninhalt haben, so ist $a \cdot b = a' \cdot b'$. Daraus folgt für die Seiten $\frac{a}{a'} = \frac{b'}{b}$ oder $a:a' = b':b$.
Verwandle ein Rechteck mit $a = 6$ cm, $b = 2{,}5$ cm nach dem 1. Strahlensatz in ein flächengleiches mit $a' = 5$ cm.

28 Wie hoch ist ein Baum, der einen 25 m langen Schatten wirft, wenn gleichzeitig der Schatten eines 1,80 m großen Wanderers 1,50 m lang ist (Fig. 186.5)?

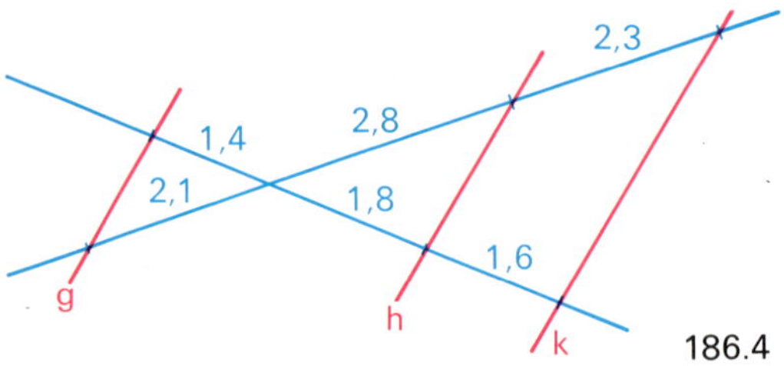

186.4

186.5

84 Der 2. Strahlensatz. Längenverhältnistreue

1 Bei den beiden Vielecken in Fig. 187.1 sind entsprechende Winkel jeweils gleich groß; trotzdem haben die Vielecke sehr verschiedenes Aussehen. Woran liegt das?

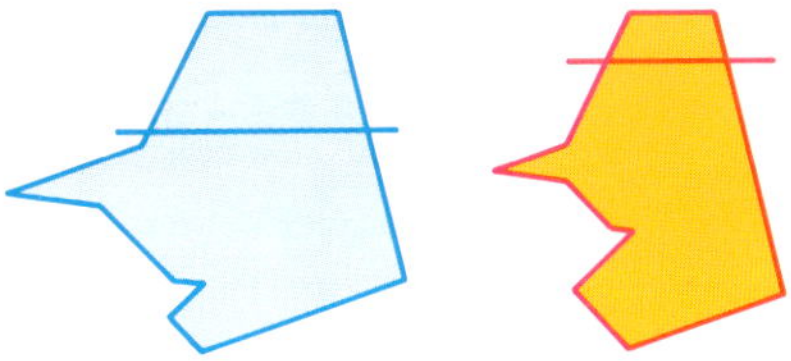
187.1

Werden die Punkte P und Q in Fig. 187.2 von S aus mit dem Streckfaktor k gestreckt, so ist

$$\overline{S\bar{P}} = k\cdot\overline{SP} \text{ und } \overline{S\bar{Q}} = k\cdot\overline{SQ},$$

also
$$\overline{\bar{P}\bar{Q}} = \overline{S\bar{Q}} - \overline{S\bar{P}}$$
$$= k\cdot(\overline{SQ} - \overline{SP})$$
$$= k\cdot\overline{PQ}.$$

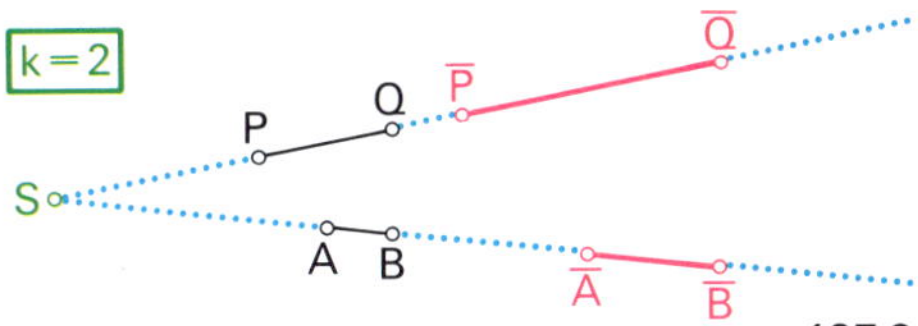

187.2

Die Strecke PQ wird also auf das k-fache ihrer Länge gestreckt. Wir untersuchen nun, ob dies auch für Strecken gilt, deren Verlängerung (wie in Fig. 187.3) nicht durch S geht.

Der 2. Strahlensatz

Fig. 187.3: Um $\overline{PA}$ und $\overline{\bar{P}\bar{A}}$ vergleichen zu können, übertragen wir PA durch eine Parallele zu SA durch P auf $\bar{P}\bar{A}$. Dadurch entsteht eine neue „Strahlensatzfigur" mit $\bar{P}$ als Streckzentrum. Nun zeigt der 1. Strahlensatz (vgl. auch Fig. 187.4):

$$\overline{\bar{P}\bar{A}} : \overline{PA} = \overline{\bar{P}\bar{A}} : \overline{P_1\bar{A}}$$
$$= \overline{S\bar{P}} : \overline{SP} = k.$$

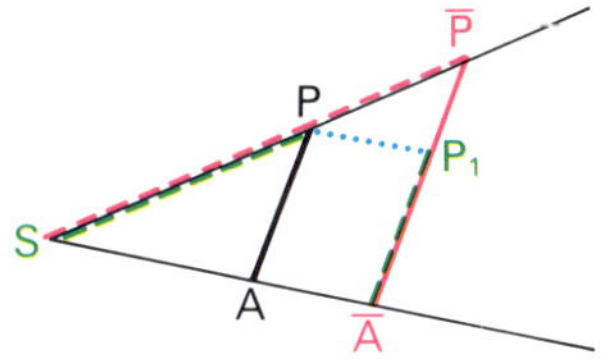

187.3

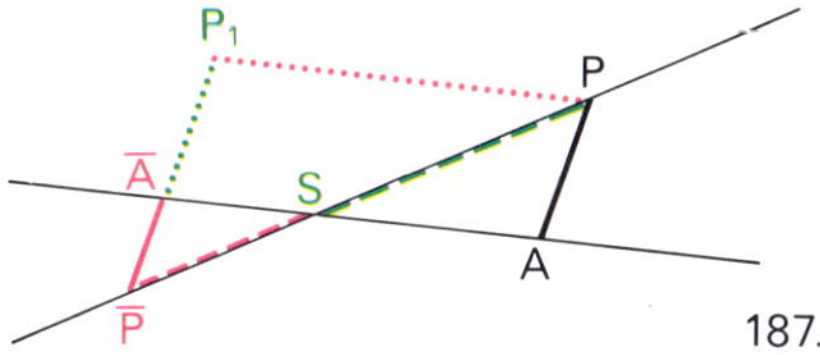

187.4

> **Satz 1:** (**2. Strahlensatz**; Fig. 187.5)
> Werden zwei von einem Punkt S ausgehende Strahlen von zwei Parallelen geschnitten, so verhalten sich die **Abschnitte auf den Parallelen** wie die **von S aus** gemessenen entsprechenden **Abschnitte auf jedem Strahl**.

Merke: Der 1. Strahlensatz handelt von den Abschnitten auf den Strahlen, der 2. Strahlensatz von den Abschnitten auf den Parallelen.

Beispiel 1:
In Fig. 187.5 ist a ∥ b und somit

$$\frac{a}{b} = \frac{x}{y} = \frac{s_1}{s_1 + s_2}.$$

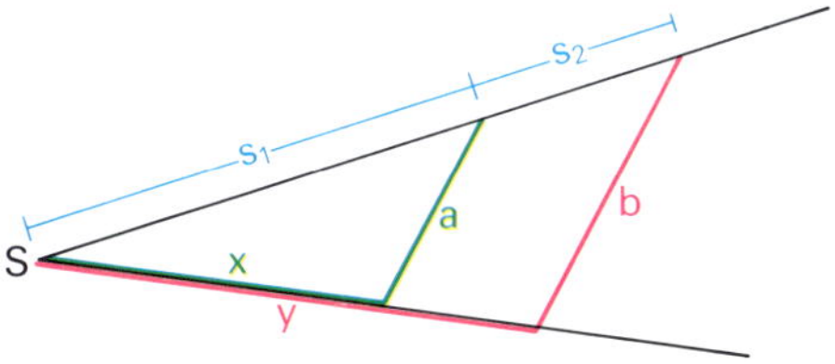

187.5

Beispiel 2:
Ist in Fig. 188.1 a ∥ b, so gilt:

$$\frac{a}{b} = \frac{x}{y} = \frac{u}{v}.$$

Beachte: Umgekehrt folgt allein aus

$$\frac{a}{b} = \frac{x}{y}$$

noch nicht, daß a ∥ b ist (Fig. 188.2); dies ist erst dann der Fall, wenn sowohl

$$\frac{a}{b} = \frac{x}{y} \text{ gilt als auch } \frac{a}{b} = \frac{u}{v}.$$

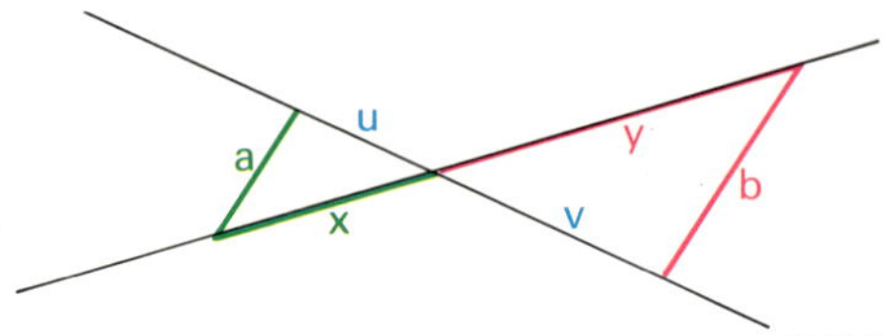

188.1

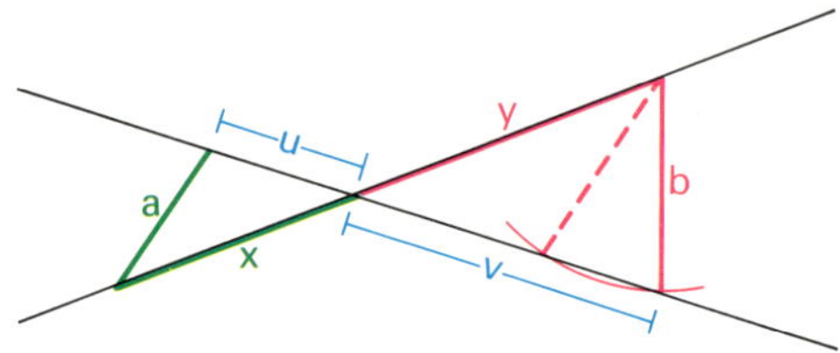

188.2

(2) a) Teile eine gegebene Strecke PQ nach dem 2. Strahlensatz im Verhältnis 2:5 (Fig. 188.1).
b) In Fig. 188.1 sei a = 1,5 cm; b = 2,2 cm; x = 3 cm; y = 4,4 cm; u = 3,5 cm; v = 5 cm. Prüfe rechnerisch, ob a ∥ b ist.

Längenverhältnistreue der zentrischen Streckung

(3) Ein Kreis wird zentrisch gestreckt (Fig. 188.3). Ist das Bild wieder ein Kreis? Begründe deine Meinung.

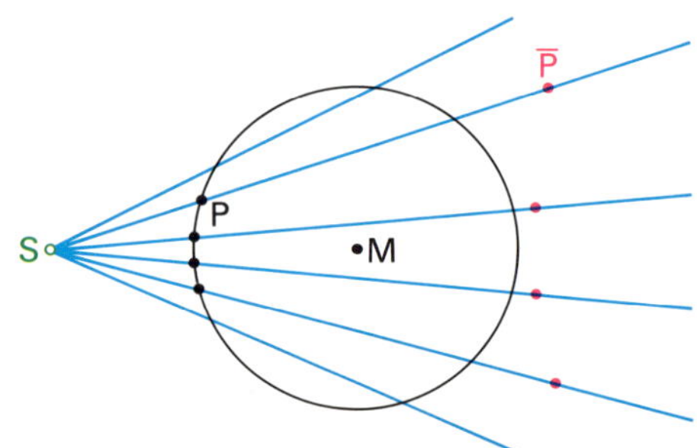

188.3

Da bei einer zentrischen Streckung $Z_{S;k}$ jede Strecke PQ auf eine zu PQ parallele Strecke $\overline{P}\,\overline{Q}$ abgebildet wird, besagt der 2. Strahlensatz:

$$\overline{\overline{P}\,\overline{Q}} : \overline{PQ} = \overline{S\overline{P}} : \overline{SP} = k$$

(Fig. 188.4). $\overline{PQ}$ wird also auf die k-fache Länge gestreckt. Anders ausgedrückt: Für alle Strecken ist das Verhältnis

$$\frac{\text{Länge der Bildstrecke}}{\text{Länge der Originalstrecke}}$$

gleich (nämlich k). Man nennt diese Eigenschaft die **Längenverhältnistreue** der zentrischen Streckungen. In Ergänzung zu Satz 2, S. 181 stellen wir fest:

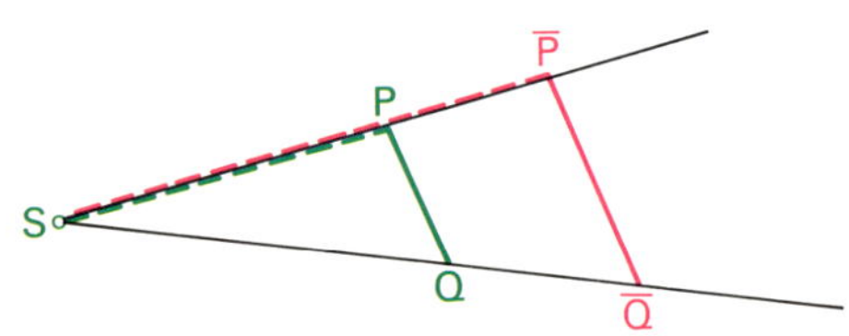

188.4

Satz 2: Zentrische Streckungen sind **winkeltreu** und **längenverhältnistreu**.

Beispiel 3:
Bei der zentrischen Streckung $Z_{Z;2}$ eines Dreiecks verdoppeln sich sowohl die Seiten als auch der Umfang, die Höhen, die Seitenhalbierenden usw.; dagegen bleiben die Winkel des Dreiecks unverändert.

(4) Ein rechtwinkliges Dreieck mit den Katheten a = 1,2 dm und b = 5 cm wird zentrisch gestreckt mit k = 2,5 ($k = \sqrt{2}$). Wie lang ist die Hypotenuse des Bilddreiecks?

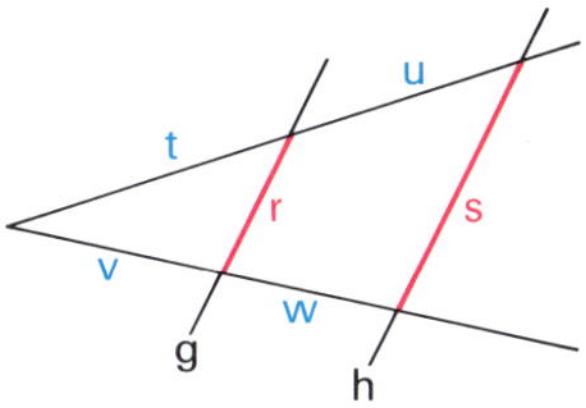

189.1

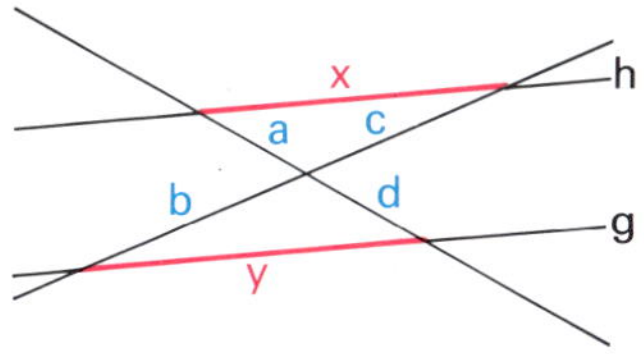

189.2

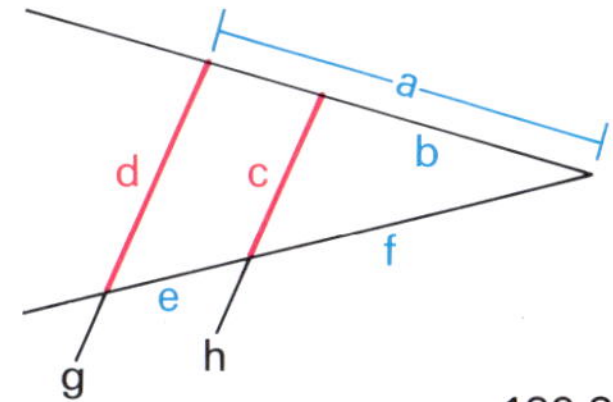

189.3

5 In Fig. 189.1/2/3 ist $g \parallel h$. Lies möglichst viele Verhältnisgleichheiten ab.

6 In Fig. 189.4/5/6 ist $g \parallel h$. Berechne x und y bzw. w, x, y und z (1 Dezimale).

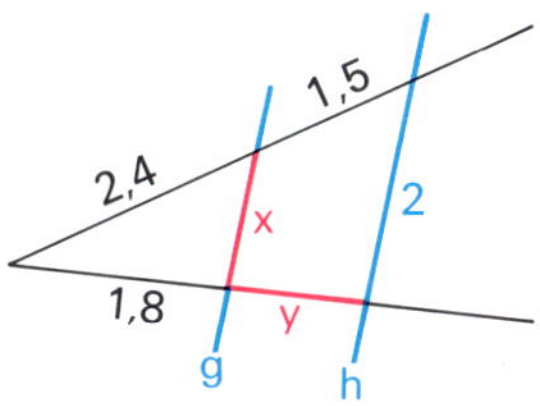

189.4

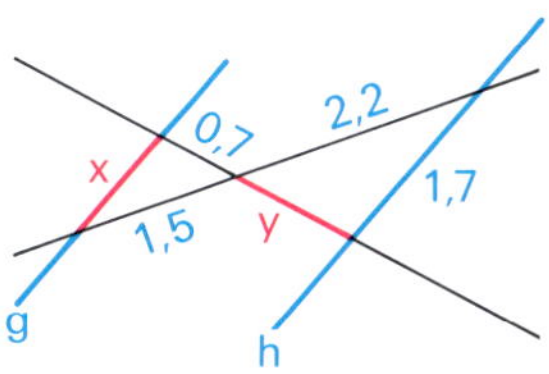

189.5

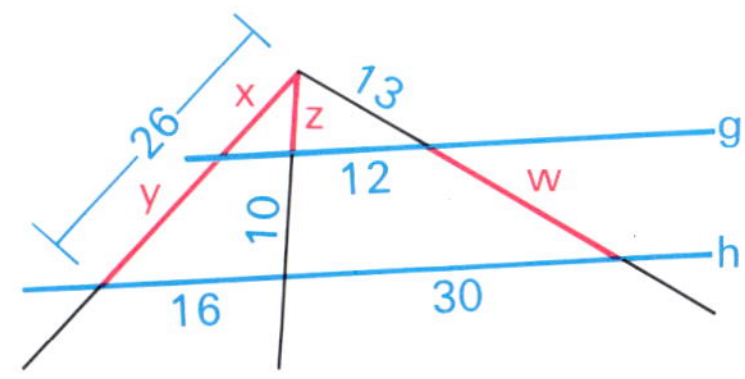

189.6

7 Teile $\overline{PQ} = 9$ cm nach dem 2. Strahlensatz im Verhältnis $5:7$ ($24:30$; $\sqrt{2}:3$).

8 Bestimme nach dem 2. Strahlensatz x, so daß gilt: $a:b = c:x$.
a) $a = 4$ cm; $b = 3$ cm; $c = 5$ cm
b) $a = 3{,}6$ cm; $b = 2{,}5$ cm; $c = 4{,}2$ cm

9 Fig. 189.7 zeigt, wie man die Breite eines Flusses ermitteln kann. Bestimme x zeichnerisch und rechnerisch für $a = 75$ m; $b = 55$ m; $c = 22$ m ($a = 90$ m; $b = 76{,}5$ m; $c = 16$ m).

10 Fig. 189.8 zeigt ein Gerät, das von Forstleuten verwendet wird, um Baumhöhen zu bestimmen. Ermittle zeichnerisch und rechnerisch die Baumhöhe für $a = 1{,}6$ m (Augenhöhe) und $b = 20$ cm (15 cm), $c = 24$ cm (14 cm), $e = 20$ m (15 m).

11 Mit einer „Meßlehre“ (Fig. 189.9) kann man die Durchmesser dünner Drähte bestimmen. Wie dick ist der Draht in Fig. 189.9, wenn der Einschnitt 5 cm tief und vorne 2 mm breit ist?

12 Eine Erbse von 6 mm Durchmesser verdeckt gerade den Vollmond, wenn man sie 66 cm vom Auge entfernt hält. Wie verhalten sich demnach Mond- und Erdradius, wenn die Mondentfernung 60 Erdradien beträgt?

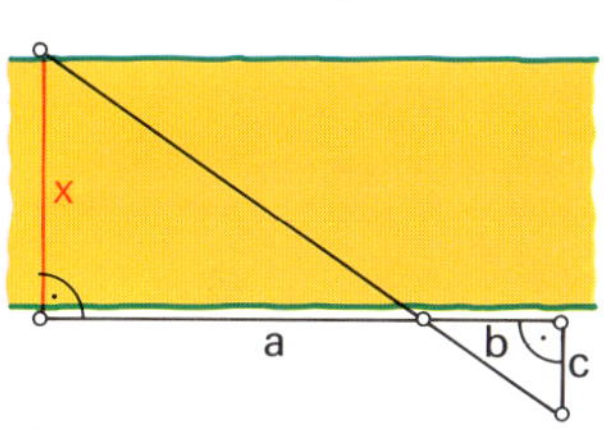

189.7

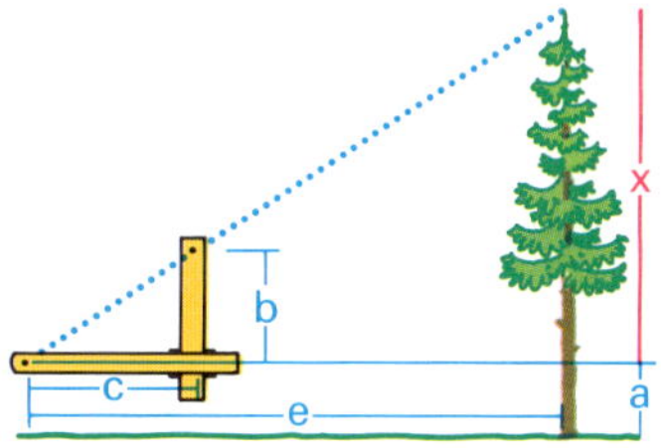

189.8

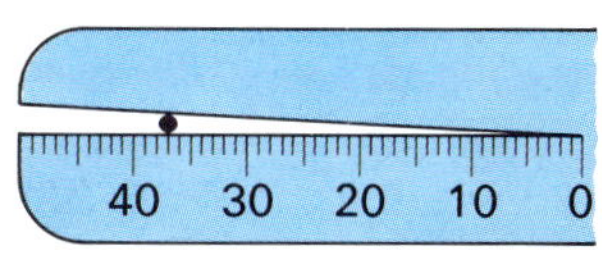

189.9

85 Anwendung der zentrischen Streckung bei Konstruktionen

1 Aus einem dreieckigen Stück Pappe (Fig. 190.1) soll ein Rechteck mit möglichst großer Fläche ausgeschnitten werden, das den vorhandenen rechten Winkel erhält und doppelt so lang wie breit ist. Wie findet man das Rechteck?
b) Kann man ein noch größeres Rechteck mit dem Seitenverhältnis 2 : 1 ausschneiden, wenn man parallel und orthogonal zur längsten Seite des Pappdreiecks schneidet?

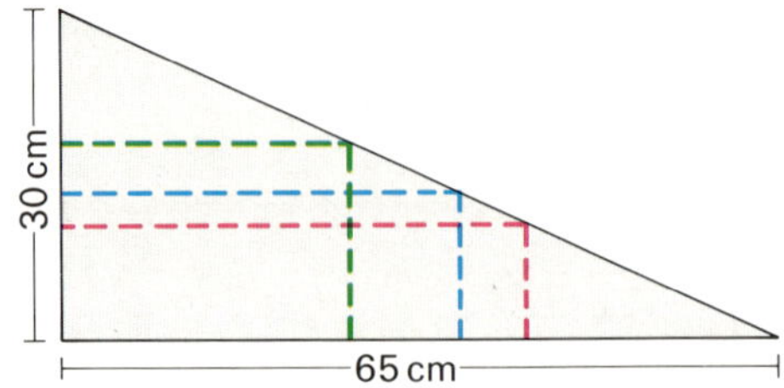

190.1

Die zentrische Streckung gibt uns die Möglichkeit, die Abmessungen einer Figur unter Beibehaltung von Längenverhältnissen und Winkelweiten zu ändern. Dieser Umstand ermöglicht die Lösung gewisser Konstruktionsaufgaben, die ohne zentrische Streckung nicht oder nur schwer lösbar sind.

Beispiel:
Einem Dreieck ABC (Fig. 190.2) soll ein Quadrat so einbeschrieben werden, daß
a) je eine Ecke auf AB bzw. AC liegt und außerdem
b) eine Quadratseite auf BC liegt.
Offenbar ist es schwierig, die Bedingungen a) und b) gleichzeitig zu erfüllen (Fig. 190.2). Dagegen ist es problemlos, zunächst nur a) zu erfüllen, und dies so, daß zwei Quadratseiten zu BC parallel sind (Fig. 190.3). Danach handelt es sich darum, das gezeichnete Quadrat so zu vergrößern bzw. zu verkleinern, daß die beiden Ecken auf AB bzw. AC verbleiben und eine Seite auf BC zu liegen kommt. Dies gelingt durch eine zentrische Streckung von A aus.

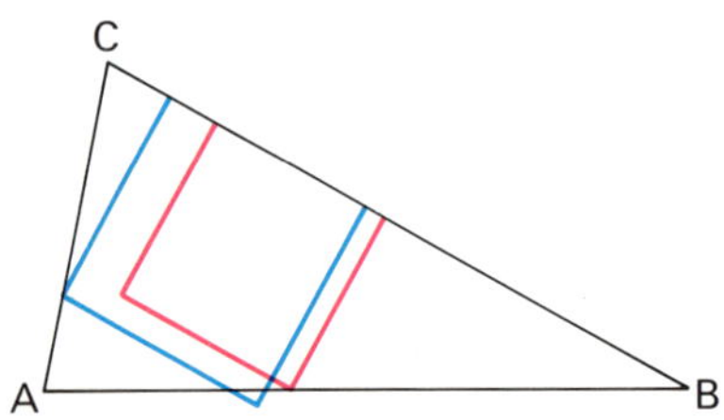

190.2

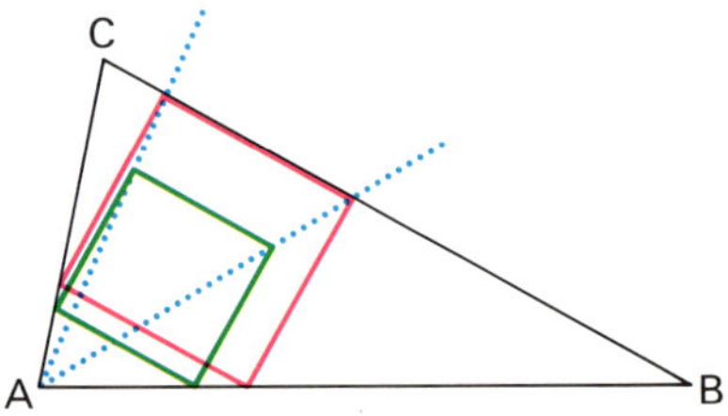

190.3

Konstruktionsaufgaben lassen sich oft lösen, indem man
a) zunächst eine Hilfsfigur konstruiert derart, daß in der Hilfsfigur und in der gesuchten Figur entsprechende Seiten parallel sind und dasselbe Längenverhältnis haben
b) danach die Hilfsfigur geeignet zentrisch streckt.

2 Einem Kreis mit $r = 4$ cm soll ein Rechteck einbeschrieben werden (d. h., die Ecken des Rechtecks sollen auf dem Kreis liegen), dessen Seiten sich wie 3 : 1 verhalten.

3 Zeichne das Dreieck ABC mit A (3|1), B (8|1), C (4|5) sowie die Gerade g durch P (2|7) und Q (10|4) (Längeneinheit 0,5 cm). Strecke △ ABC von S (0|3) aus, so daß

a) $\overline{C}$ auf g liegt

b) die Mitte von $\overline{B}\,\overline{C}$ auf g liegt

c) der Umkreismittelpunkt $\overline{M}$ von △ $\overline{A}\,\overline{B}\,\overline{C}$ auf g liegt.

4 Zeichne △ ABC mit a = 8 cm; b = 6,5 cm; c = 8,6 cm. Konstruiere das Bilddreieck $\overline{A}\,\overline{B}\,\overline{C}$ bei der zentrischen Streckung von A aus, für die $\overline{\overline{B}\,\overline{C}}$ = 6 cm ist. Welchen Streckfaktor k hat diese Streckung?

5 a) Zeige: Wenn in Fig. 191.1 die rot gezeichneten Strecken parallel sind, so gilt:

$$\frac{a}{x} = \frac{b}{y}.$$

b) Konstruiere ein Dreieck ABC aus a : b = 4 : 5; $\gamma = 80°$; $s_c = 4$ cm. (Anleitung: Konstruiere zunächst ein Dreieck A'B'C' mit a' = 4 cm; b' = 5 cm; $\gamma' = 80°$; strecke geeignet.)

c) Konstruiere △ ABC aus c : b = 2 : 1; $\alpha = 50°$; $s_a = 6$ cm.

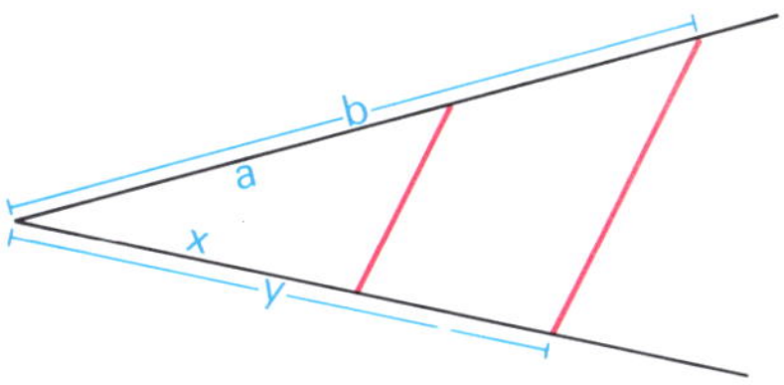

191.1

6 Konstruiere ein Rechteck mit der Diagonalen e = 5 cm (7 cm), dessen Seiten sich wie 3 : 2 (4 : 7) verhalten.

7 Konstruiere ein Dreieck ABC aus

a) a : b : c = 2 : 3 : 4; $s_c = 3$ cm

b) a : b : c = 3 : 5 : 7; $s_a = 5$ cm

c) a : b : c = 5 : 3 : 6; $h_c = 3$ cm

d) a : b : c = 4 : 6 : 5; $h_a = 3{,}5$ cm

e) $\beta = 53°$; $\gamma = 85°$; $s_a = 5$ cm

f) c : h_a = 5;3; $\gamma = 70°$; $s_c = 3{,}8$ cm.

8 Zeichne in einen Halbkreis (r = 4 cm)

a) ein Quadrat, so daß zwei Ecken auf dem Kreis liegen und eine Seite auf dem Durchmesser

b) ein Rechteck mit dem Seitenverhältnis 3 : 2, so daß zwei Ecken auf dem Kreis liegen und eine Seite auf dem Durchmesser (2 Lösungen).

9 Zeichne ein Dreieck ABC mt a = 5 cm; b = 7,5 cm; c = 6 cm. Dem Dreieck soll ein Rechteck mit dem Seitenverhältnis 7 : 4 einbeschrieben werden, so daß je eine Ecke auf AC und BC und eine Seite auf AB liegt.

10 Zeichne einen Kreis (r = 4 cm). Konstruiere ein Dreieck mit den Winkeln $\alpha = 80°$ und $\beta = 40°$, dessen Ecken auf dem Kreis liegen.

11 Konstruiere ein Dreieck ABC mit a : b : c = 3 : 5 : 6, dessen Seiten einen gegebenen Kreis (r = 2 cm) berühren.

12 Die Enden zweier 8 cm und 12 cm langer Stäbe, die senkrecht auf einer Tischplatte stehen, sind „über Kreuz“ mit Gummifäden verbunden (Fig. 191.2).

a) Wie hoch über der Tischplatte befindet sich der Kreuzungspunkt S der Gummifäden?

b) Wie muß man die Stäbe auf der Tischplatte verschieben, damit S seine Lage (seine Höhe über der Tischplatte) nicht ändert?

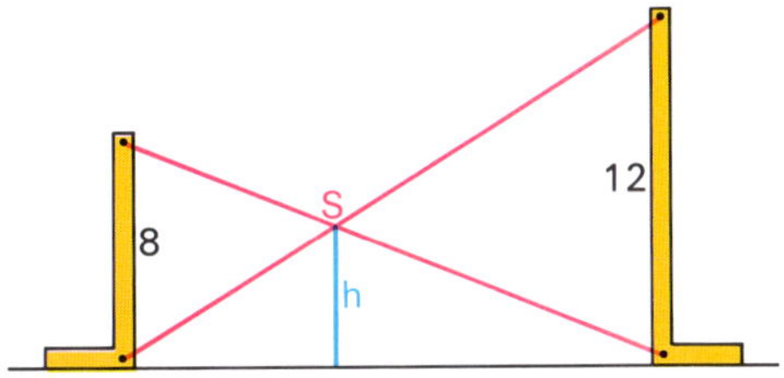

191.2

86 Flächeninhalte bei zentrischer Streckung

1 In Fig. 192.1 (Fig. 192.2) geht das große Quadrat aus dem kleinen durch eine zentrische Streckung hervor. Vergleiche die Flächeninhalte beider Quadrate. Läßt sich ein Zusammenhang mit dem Streckfaktor k der zentrischen Streckung erkennen?

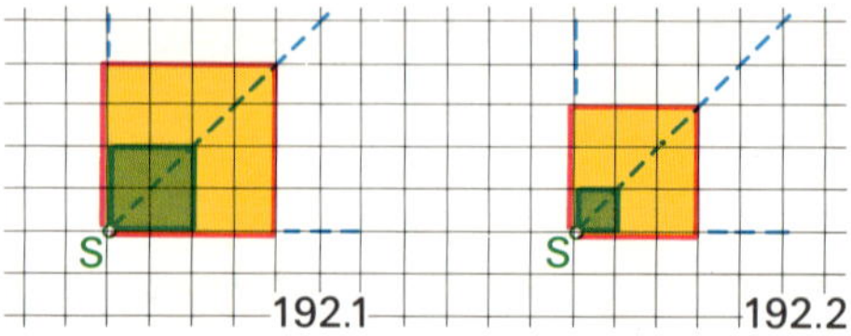

192.1 192.2

Ein Dreieck mit der Seite g und der dazugehörigen Höhe h_g hat den Flächeninhalt

$$A = \frac{1}{2} \cdot g \cdot h_g.$$

Wird das Dreieck zentrisch gestreckt mit dem Streckfaktor k, so wird das Bild $\overline{g}$ von g und das Bild $\overline{h_g}$ von h_g wieder orthogonal (Winkeltreue; Fig. 192.3), und es gilt (Längenverhältnistreue):

$$\overline{g} = k \cdot g \text{ und } \overline{h_g} = k \cdot h_g.$$

Somit ergibt sich für den Flächeninhalt $\overline{A}$ des Bilddreiecks:

$$\overline{A} = \frac{1}{2} \cdot \overline{g} \cdot \overline{h_g} = \frac{1}{2} \cdot k \cdot g \cdot k \cdot h_g = k^2 \cdot A.$$

Entsprechendes gilt bei allen Vielecken (Zerlegung in Dreiecke; Fig. 192.4).

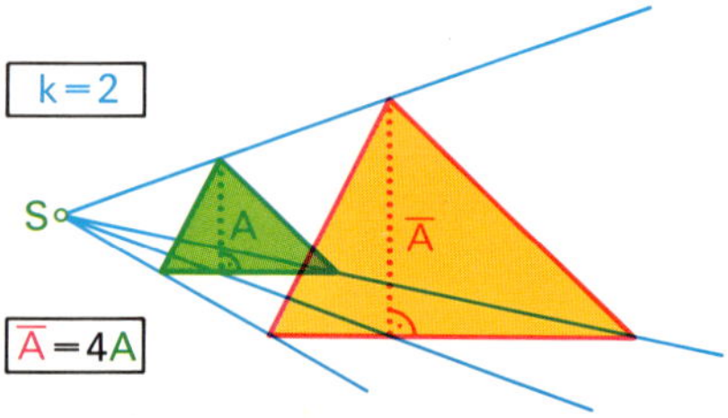

192.3

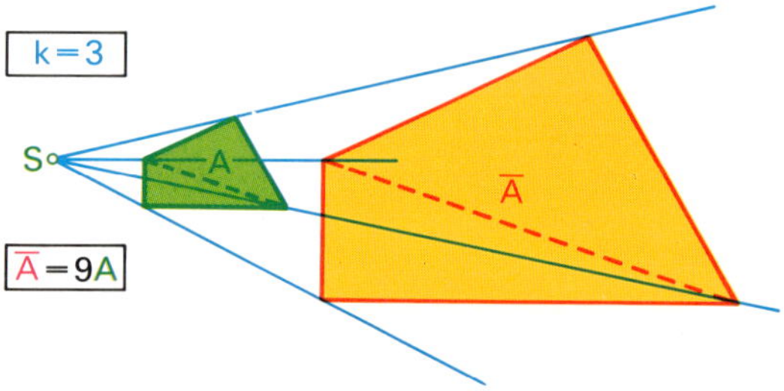

192.4

Satz: Wird ein Vieleck mit dem Flächeninhalt A durch eine zentrische Streckung mit dem Streckfaktor k abgebildet, so gilt für den Flächeninhalt $\overline{A}$ des Bildvielecks

$$\overline{\mathbf{A}} = \mathbf{k}^2 \cdot \mathbf{A}.$$

Beachte: Bei einer zentrischen Strekkung $Z_{S;k}$ multipliziert sich der Umfang eines Vielecks mit k, der Flächeninhalt dagegen mit k^2.

Beispiel:
Soll ein Vieleck so gestreckt werden, daß sich sein Umfang verdoppelt, so ist k=2 zu wählen; der Flächeninhalt vervierfacht sich. Soll sich der Flächeninhalt verdoppeln, so ist $k=\sqrt{2}$ zu wählen (Fig. 192.5).

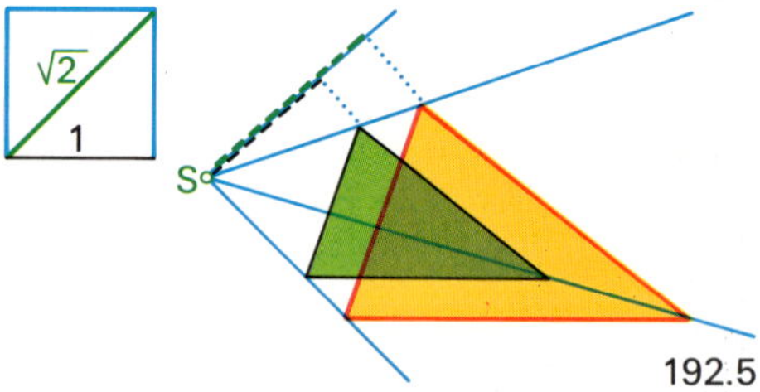

192.5

2 Strecke ein beliebiges Viereck, so daß sich sein Flächeninhalt verdreifacht.

3 Wie ändert sich der Umfang (Flächeninhalt) eines Vielecks bei einer zentrischen Streckung $Z_{S;k}$ mit $k=5$ ($\frac{1}{2}$; $\frac{3}{4}$; 0,6; $\sqrt{2}$; $2\sqrt{3}$)?

4 Bei einer zentrischen Streckung wird $\triangle ABC$ mit $a=6$ cm; $b=5$ cm; $c=4$ cm ($a=5{,}7$ cm; $b=4{,}2$ cm; $c=3{,}6$ cm) auf $\triangle \overline{A}\overline{B}\overline{C}$ mit $\overline{a}=8$ cm ($\overline{a}=3{,}8$ cm) abgebildet.
a) Welchen Umfang hat das Bilddreieck?
b) Wie verhalten sich die Flächeninhalte der beiden Dreiecke?

5 Bei einer zentrischen Streckung wird das Dreieck ABC mit $a=7$ cm; $b=5$ cm; $h_a=4{,}5$ cm auf ein Dreieck $\overline{A}\overline{B}\overline{C}$ mit $\overline{b}=4$ cm abgebildet. Berechne auf zwei verschiedene Arten den Flächeninhalt des Bilddreiecks $\overline{A}\overline{B}\overline{C}$.

6 Ein Dreieck ABC mit $c=4$ cm; $\alpha=60°$; $h_c=3$ cm wird auf ein Dreieck $\overline{A}\overline{B}\overline{C}$ mit dem Flächeninhalt 13,5 cm^2 abgebildet. Wie groß sind $\overline{c}$, $\overline{\alpha}$, und $\overline{h_c}$ im Bilddreieck?

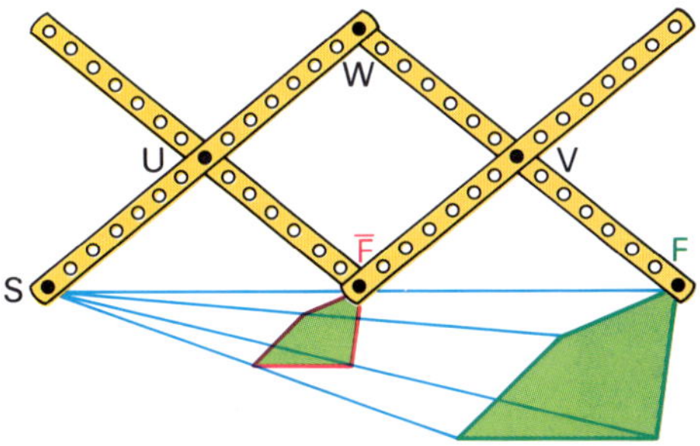

193.1

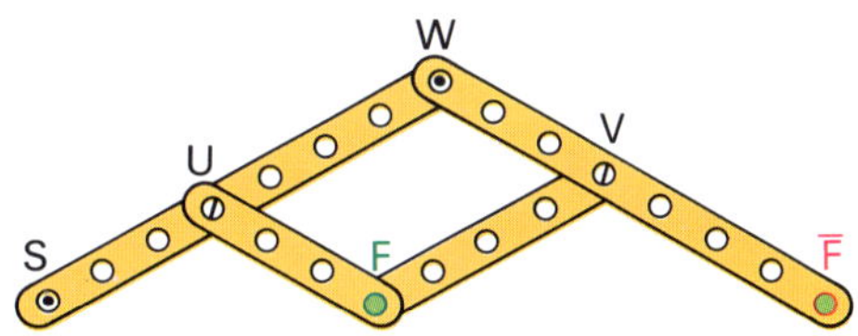

193.2

7 Fig. 193.1 zeigt ein Gerät („Storchschnabel"), mit dem man Zeichnungen vergrößern oder verkleinern kann. Der Punkt S ist fest, der Fahrstift F befindet sich auf dem abzubildenden Punkt, der Zeichenstift $\overline{F}$ markiert den Bildpunkt. In U, V, W, $\overline{F}$ befinden sich Gelenke.
a) Warum liegen S, $\overline{F}$, F auf einer Geraden? Warum ist das Verhältnis $\overline{SF}:\overline{S\overline{F}}$ für alle Punkte F gleich? Wie ändern sich Streckenlängen (Winkelweiten; Flächeninhalte) beim Verkleinern mit dem Gerät in Fig. 193.1?
b) Mit welchem Streckfaktor k arbeitet der Storchschnabel in Fig. 193.2? Wie läßt sich k durch Versetzen der Schrauben in U und V ändern? Gib die möglichen Streckfaktoren auf 1 Dezimale an. Stelle ein Modell eines solchen Gerätes her.

8 Um Versuchsanordnungen besser sichtbar zu machen, verwendet man oft den Schattenwurf (Fig. 193.3).
a) Wo muß man die Lichtquelle aufstellen, um einen 15 cm (8 cm; 25 cm) hohen Gegenstand, der 2,5 m (3,6 m; 4,5 m) von der Wand entfernt ist, so abzubilden, daß das Bild 90 cm (60 cm; 1,2 m) hoch ist?
b) Wo muß man die Lichtquelle aufstellen, damit ein parallel zur Wand verlaufendes, 3,4 cm langes und 2,2 cm breites Rechteck (Dia), das 3,5 m von der Wand entfernt ist, auf ein 1 m^2 großes Rechteck abgebildet wird?

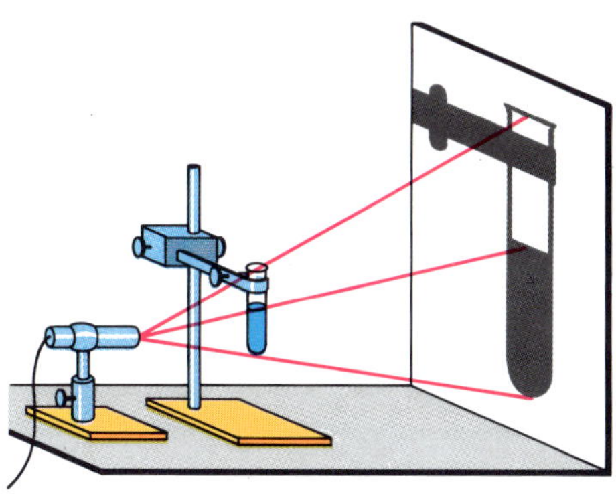
193.3

87 Vermischte Aufgaben

Konstruktionen

1 Ein Dreieck ABC mit $a = 3$ cm; $b = 6$ cm; $c = 5{,}5$ cm soll durch eine zentrische Streckung so abgebildet werden, daß im Bilddreieck $\overline{h_c} = 4$ cm beträgt.

2 Teile $\overline{PQ} = 9{,}2$ cm, so daß
a) sich der größere Abschnitt zu $\overline{PQ}$ verhält wie 5 : 7
b) sich die beiden Abschnitte um 2 cm unterscheiden.
In welchem Verhältnis wurde $\overline{PQ}$ jeweils geteilt?

3 Zeichne eine Strecke AB. Bestimme auf AB einen Punkt X und auf der Verlängerung von AB einen Punkt Y, so daß sich deren Entfernungen von A und B wie 7 : 3 (5 : 1; 5 : 4; 3 : 2) verhalten (Fig. 194.1).
Bemerkung: Man nennt X einen inneren, Y einen äußeren Teilpunkt von AB. Ist $\overline{AX} : \overline{XB} = \overline{AY} : \overline{YB}$, so sagt man, AB sei durch X und Y innen und außen im gleichen Verhältnis oder **harmonisch**[1] geteilt. Die Punkte A, B, X, Y heißen dann harmonische Punkte.

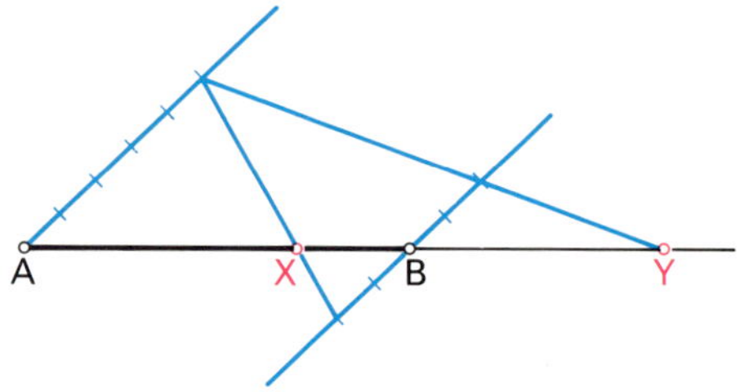

194.1

4 a) Gegeben ist eine Strecke AB und ein Punkt X auf AB. Konstruiere den vierten harmonischen Punkt zu A, B und X.
b) Wie bewegt sich bei vier harmonischen Punkten A, B, X, Y der Punkt Y, wenn A und B fest bleiben und X gegen A (gegen B; gegen die Mitte von AB) rückt?

5 Konstruiere durch einen gegebenen Punkt S eine Gerade, deren Abstände von zwei gegebenen Punkten A und B sich verhalten wie 5 : 2.

6 Zeichne einen spitzen Winkel mit dem Scheitel S und einen (nicht auf einem Schenkel gelegenen) Punkt P des Winkels. Konstruiere eine Gerade durch P, welche die Schenkel in A und B so schneidet, daß
a) $\overline{SA} : \overline{SB} = 3 : 4$ b) $\overline{AP} : \overline{BP} = 3 : 5$.

7 Konstruiere durch einen gegebenen Punkt P eine Gerade, die durch den unzugänglichen Schnittpunkt von zwei gegebenen Geraden g und h geht.

8 Zwei Geraden g und h schneiden sich in S. Bestimme einen Punkt P, der von S die Entfernung $e = 4$ cm hat und dessen Abstände von g und h sich wie 1 : 2 verhalten. Wie viele solche Punkte gibt es?

9 Zeichne ein Dreieck ABC mit $a = 5$ cm; $b = 8$ cm; $c = 9$ cm. Bestimme in dem Dreieck einen Punkt, dessen Abstände von a, b, c sich wie 2 : 3 : 4 verhalten (Anleitung: Vgl. Aufgabe 8).

10 Konstruiere in einem Dreieck ABC eine Parallele (XY) zu AB mit $X \in AC$ und $Y \in BC$, so daß $\overline{XY} = \overline{YB}$ ($\overline{AX} = \frac{1}{2} \cdot \overline{CY}$). Begründe die Konstruktion.

11 Zeichne $\triangle$ ABC mit $a = 4{,}5$ cm; $b = 3$ cm; $c = 6$ cm. Konstruiere ein Dreieck, das die gleichen Winkel hat wie $\triangle$ ABC, aber den dreifachen Flächeninhalt.

---

1. harmonikos (griech.): übereinstimmend

Berechnungen

12 Ein Dreieck ABC mit $a = 6$ cm; $b = 7{,}5$ cm wird von einer Parallelen zu AB geschnitten, die von AB den Abstand $\frac{2}{3} \cdot h_c$ hat. Berechne die Abschnitte, in welche a und b geteilt werden.

13 a) Eine regelmäßige vierseitige Pyramide (Fig. 195.1) mit der Grundkante $a = 6$ cm und der Höhe $h = 8$ cm wird im Abstand $d = 3{,}6$ cm von einer Ebene parallel zur Grundfläche geschnitten. Wie groß ist die Schnittfläche? Wie lang sind die Abschnitte, in welche die Seitenkanten geteilt werden?
b) Ändert sich die Größe der Schnittfläche, wenn es sich um eine schiefe Pyramide handelt (Fig. 195.2)?

14 Welche Maßzahlen haben die Längen a, b, c, d in Fig. 195.3 (Fig. 195.4) bei der angegebenen Längeneinheit?

15 Berechne bei dem Fachwerkträger in Fig. 195.5 die Längen der einzelnen Stäbe (Maße in m).

16 In einem Dreieck ABC schneidet eine Parallele zu AB die Seiten a und b in Punkten X bzw. Y, so daß $\overline{AY} = \overline{CX}$. In welchem Verhältnis teilt diese Parallele die Höhe h_c? Welches Verhältnis ergibt sich für $a = 2$ cm; $b = 4$ cm ($a = b = 3$ cm; $a = 8$ cm und $b = 2$ cm)?
Zeichne ein Dreieck; konstruiere die Parallele aufgrund des rechnerischen Ergebnisses.

17 a) Ein Dreieck wird durch eine Mittelparallele in ein Dreieck und ein Viereck zerlegt. Wie verhalten sich deren Flächeninhalte?
b) Ein Dreieck ABC aus Pappe soll durch einen Schnitt parallel zu AB in 2 (3) flächengleiche Teile zerlegt werden (Fig. 195.6). Wie müssen sich die (von C aus gemessenen) Abschnitte verhalten, in welche die Höhe h_c zu teilen ist?
c) Zeichne ein Dreieck ABC; halbiere das Dreieck wie in Fig. 195.6 durch eine Parallele zu AB aufgrund des Ergebnisses der Rechnung in b).

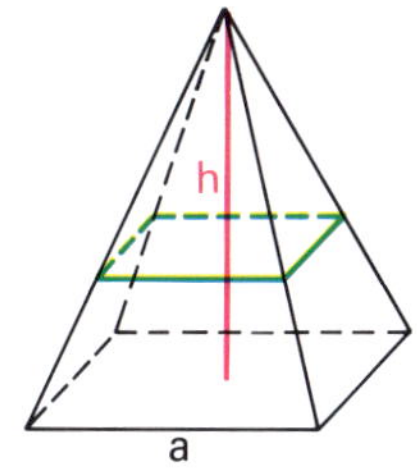

195.1

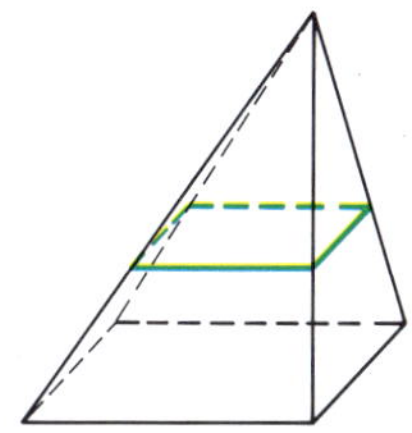
195.2

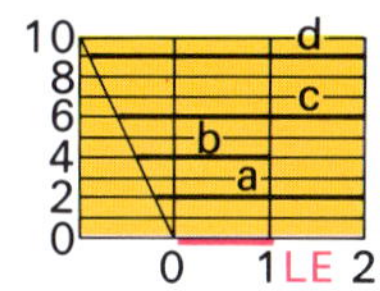

195.3

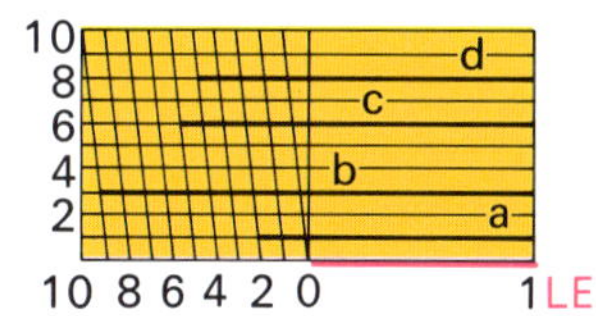

195.4

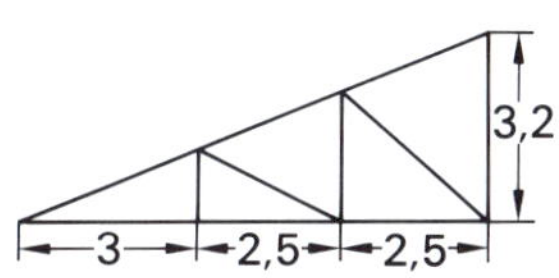

195.5

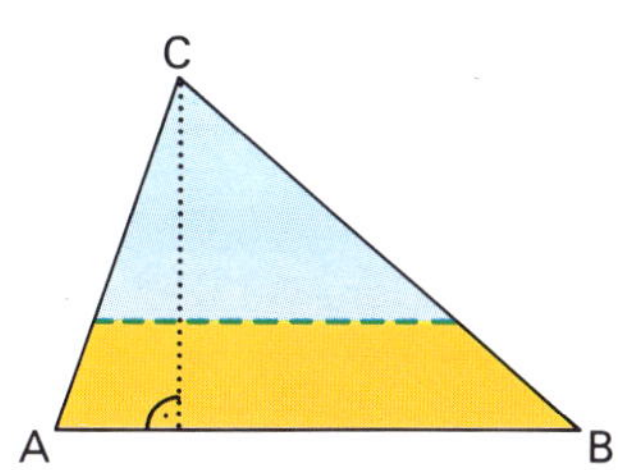

195.6

Beweise

18 a) In einem Trapez teilen sich die Diagonalen im Verhältnis der Grundseiten.
b) In einem Trapez mit den Grundseiten a und c ($a > c$) hat die Verbindungsstrecke der Diagonalenmitten die Länge $\frac{1}{2}(a - c)$.

19 Sind in Fig. 196.1 die Geraden g und h parallel, so gilt: $a : b = c : d$.

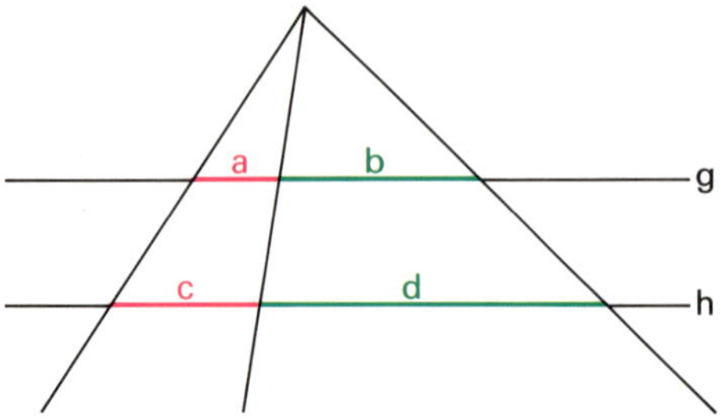

196.1

20 Verbindet man in einem beliebigen Viereck jeweils benachbarte Seitenmitten, entsteht ein Parallelogramm. Wie verhält sich der Flächeninhalt des Vierecks zum Flächeninhalt des Parallelogramms?

21 Fig. 196.2: In einem Dreieck ABC teilt die Strecke von A durch die Mitte von s_b zur Gegenseite die Seite a im Verhältnis $1:2$ und wird selbst von s_b im Verhältnis $3:1$ geteilt.

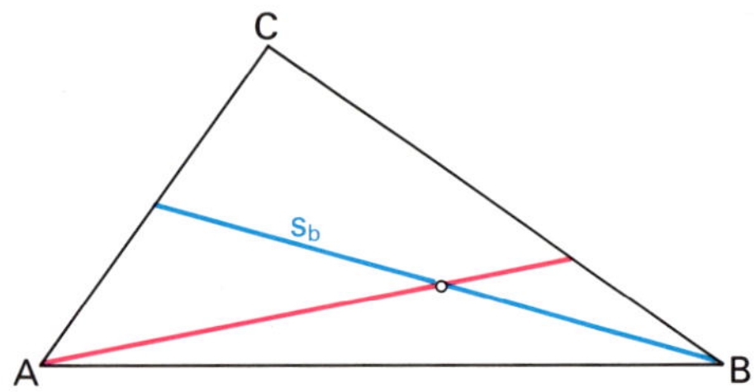

196.2

22 Zieht man durch den Schwerpunkt eines Dreiecks eine Gerade g, so gibt es immer eine Ecke des Dreiecks, deren Abstand von g gleich der Summe der Abstände der anderen Dreiecksecken von g ist.

23 Satz von MENELAOS[1]: In Fig. 196.3 ist g eine beliebige Gerade, welche die Seiten des Dreiecks ABC oder deren Verlängerung schneidet und durch keine Dreiecksecke geht. Dann gilt (mit den Bezeichnungen in Fig. 196.3):

$$\frac{a_1}{a_2} \cdot \frac{b_1}{b_2} \cdot \frac{c_1}{c_2} = 1.$$

(Anleitung: Betrachte die Lote von den Dreiecksecken auf g; verwende den 2. Strahlensatz.)

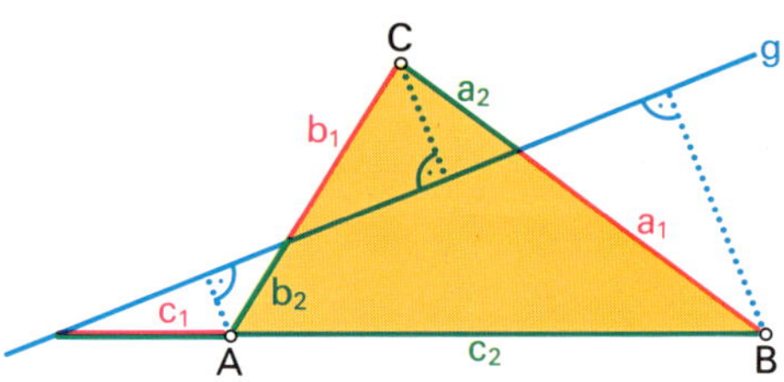

196.3

24 Satz von CEVA[2]: Verbindet man in einem △ ABC jede Ecke so mit einem Punkt der Gegenseite, daß die Verbindungsstrecken durch einen Punkt P gehen, dann gilt (mit den Bezeichnungen in Fig. 196.4):

$$\frac{a_1}{a_2} \cdot \frac{b_1}{b_2} \cdot \frac{c_1}{c_2} = 1.$$

(Anleitung: Wende den Satz des MENELAOS auf △ ADC mit den Geraden (FP) und auf △ DBC mit den Geraden (PE) an.

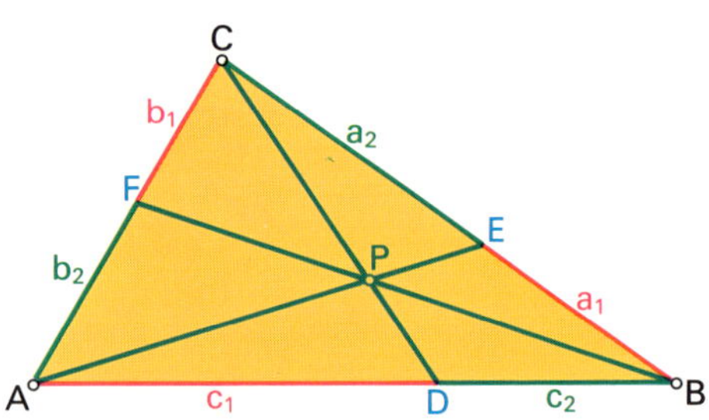

196.4

1. MENELAOS (um 100 n. Chr.): griechischer Mathematiker
2. G. CEVA (1647–1734): italienischer Mathematiker

Weitere Anwendungen

25 Fig. 197.1 deutet an, wie man die Länge einer unzugänglichen Strecke (z. B. Entfernung zweier Orte an einem See) bestimmen kann. Welche Längen sind zu messen? Wie ergibt sich daraus die gesuchte Länge x? Rechne ein Beispiel.

26 Ein Meßkeil (Fig. 197.2) hat Katheten von 10 cm und 1 cm Länge. Erläutere seine Verwendung zur Messung der lichten Weite einer engen Öffnung. Welche Genauigkeit wird damit erreicht?

27 Fig. 197.3 zeigt ein Gerät, mit dem man Vergrößerungen herstellen kann. Wie wird es gehandhabt? Warum liegen S, F und $\overline{F}$ auf einer Geraden? In welchem Verhältnis vergrößert das Gerät?

28 Um die Höhe h eines Turmes (Baumes, usw.) zu bestimmen, liest man an einem mit gestrecktem Arm senkrecht gehaltenen Maßstab seine scheinbare Höhe h' ab und mißt die Armlänge a sowie die Entfernung e des Turmes vom Auge.
Berechne h für
a) $a = 60$ cm; $e = 75$ m; $h' = 17{,}5$ cm
b) $a = 70$ cm; $e = 65$ m; $h' = 15{,}4$ cm.

29 Um im Gelände Entfernungen zu schätzen, benutzt man oft den sogenannten „Daumensprung" (Fig. 197.4): Bei ausgestrecktem Arm wird der linke Rand des Daumens mit dem linken und dem rechten Auge anvisiert und die entstehende „Sprungstrecke" s im Gelände verfolgt. Sind die Länge s, der Augenabstand a und die Armlänge l bekannt, so läßt sich die Entfernung der Sprungstrecke vom Beobachter berechnen. Rechne für $s = 20$ m; $a = 7$ cm; $l = 70$ cm.

30 Fig. 197.5 zeigt den Strahlengang bei einer Linsenabbildung. Dabei ist a die Gegenstandsweite, b die Bildweite, f die Brennweite, g die Gegenstandsgröße, h die Bildgröße.
a) Welche Beziehung besteht zwischen a, b, g und h?
b) Leite die „Linsengleichung" her:

$$\frac{1}{a} + \frac{1}{b} = \frac{1}{f}.$$

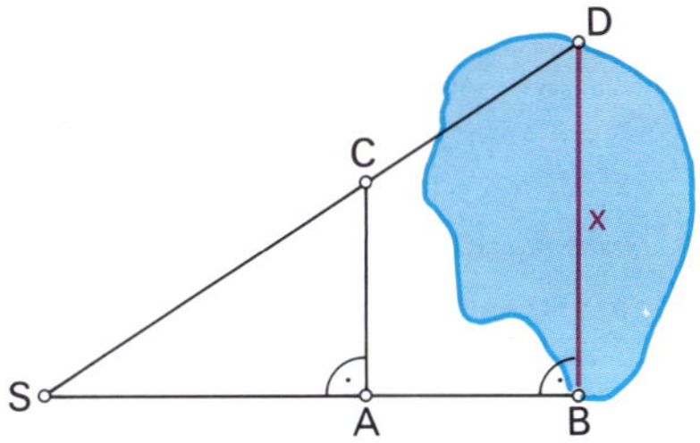

197.1

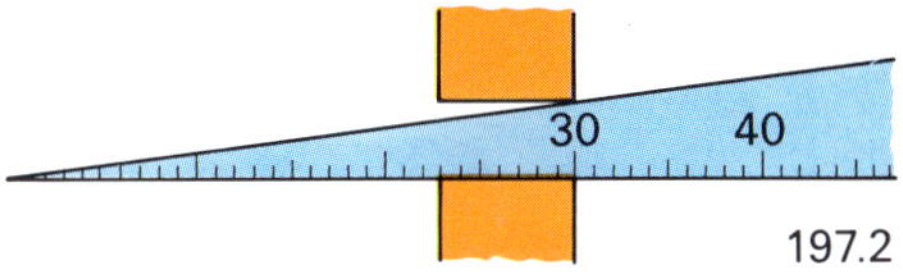

197.2

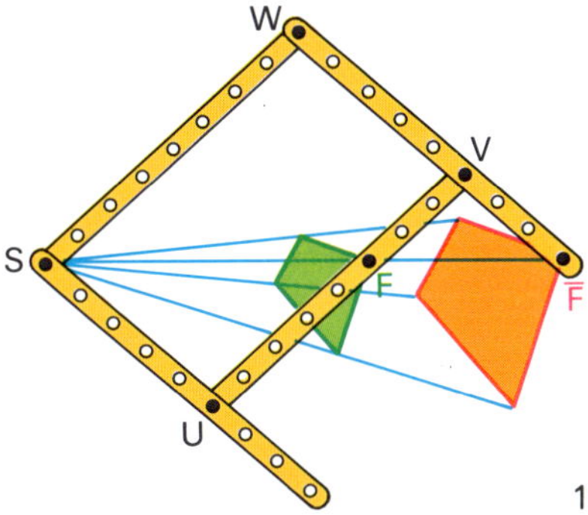

197.3

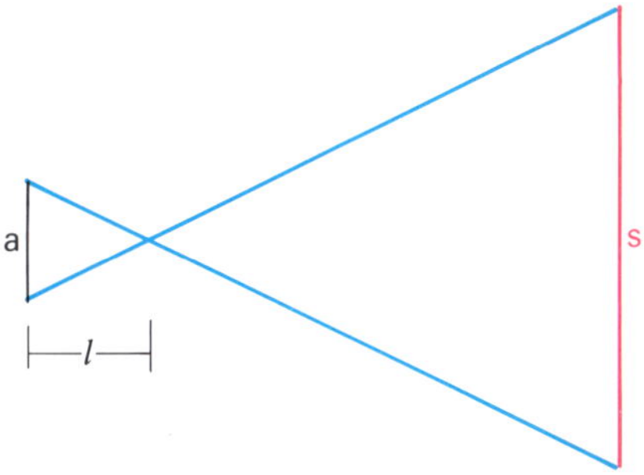

197.4

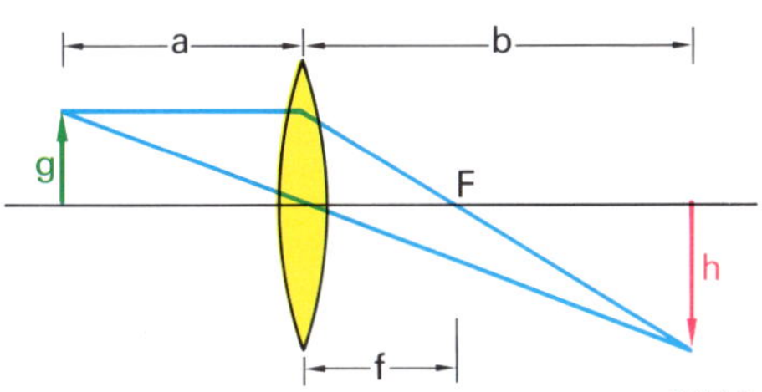

197.5

XIV Ähnliche Figuren

88 Ähnlichkeit

1 Ist Fig. 198.2 durch Vergrößerung von Fig. 198.1 entstanden? Versuche, deine Meinung zu begründen.

198.1

198.2

Bei einer zentrischen Streckung haben die Originalfigur F und ihr Bild $\overline{F}$ dieselbe „Form"; man sagt deshalb: F und $\overline{F}$ sind **ähnlich** (Fig. 198.3). Außerdem befinden sich F und $\overline{F}$ in besonderer Lage zueinander; entsprechende Strecken sind parallel.
Bei den Vierecken F und G in Fig. 198.3 sind entsprechende Strecken nicht parallel. Weil jedoch $G \cong \overline{F}$ ist, nennt man F und G ebenfalls ähnliche Vierecke.

Definition: Figuren F und G nennt man **ähnlich** (in Zeichen: $\mathbf{F \sim G}$)[1], wenn man F durch eine zentrische Streckung so vergrößern (verkleinern) kann, daß die Vergrößerung (Verkleinerung) von F zu G kongruent ist.

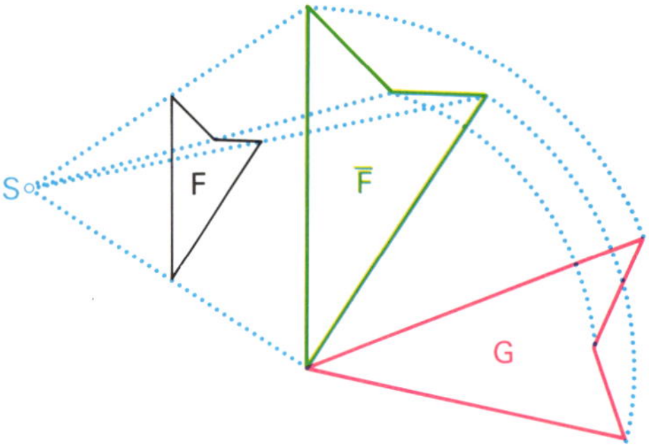

198.3

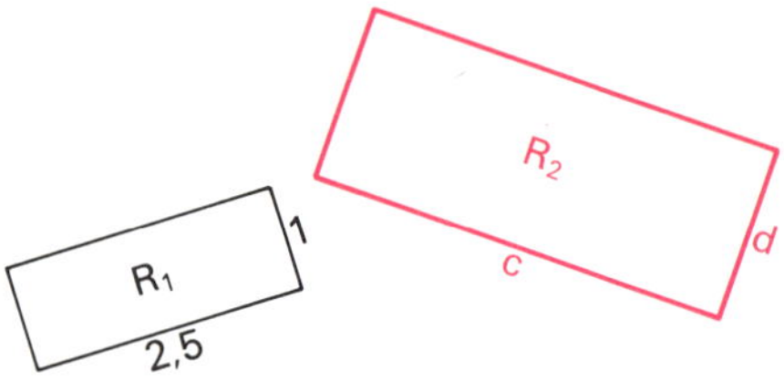

198.4

Beispiel 1:
Damit ein Rechteck R_1 mit den Seiten $a = 2{,}5$ cm; $b = 1$ cm und ein Rechteck R_2 mit den Seiten c, d ähnlich sind, muß gelten (Fig. 198.4):

$$\frac{c}{2{,}5} = \frac{d}{1} \quad \text{oder} \quad \frac{c}{d} = \frac{2{,}5}{1}.$$

Ist z. B. $c = 4$ cm, so muß $d = \frac{4}{2{,}5}$ cm $= 1{,}6$ cm lang sein, denn wenn man nun das Rechteck R_1 mit dem Streckfaktor $k = 1{,}6$ streckt, so hat das Bildrechteck $\overline{R_1}$ die Seiten

$$1{,}6 \cdot a = 4 \text{ cm und } 1{,}6 \cdot b = 1{,}6 \text{ cm};$$

es ist also $\overline{R_1} \cong R_2$.
Beachte: Nach der Definition sind kongruente Figuren stets ähnlich ($k = 1$).

1. ~ : ursprünglich ein liegendes s, von similis (lat.): ähnlich

Aus den Eigenschaften der zentrischen Streckung folgt:

Satz: In **ähnlichen Figuren** haben entsprechende **Winkel** die gleiche Weite, entsprechende Strecken das gleiche **Längenverhältnis**.
Sind Vielecke F, G ähnlich, und sind die Seiten von G k-mal so lang wie die Seiten von F, so ist der **Flächeninhalt** von G k^2-mal so groß wie der Flächeninhalt von F.

Bemerkung: Ist $G \sim F$, und sind Strecken in G k-mal so lang wie die entsprechenden Strecken in F, so sagt man auch: G ist zu F ähnlich mit dem **Ähnlichkeitsmaßstab** k (vgl. den Maßstab bei Landkarten).

Beispiel 2:
In Fig. 199.1 ist G zu F ähnlich mit dem Maßstab 1,5; entsprechende Winkel sind gleich groß, und es ist

$$\frac{e}{a}=\frac{f}{b}=\frac{g}{c}=\frac{h}{d}=1{,}5.$$

Daher gilt für die Flächeninhalte

$$A_G = 2{,}25 \cdot A_F.$$

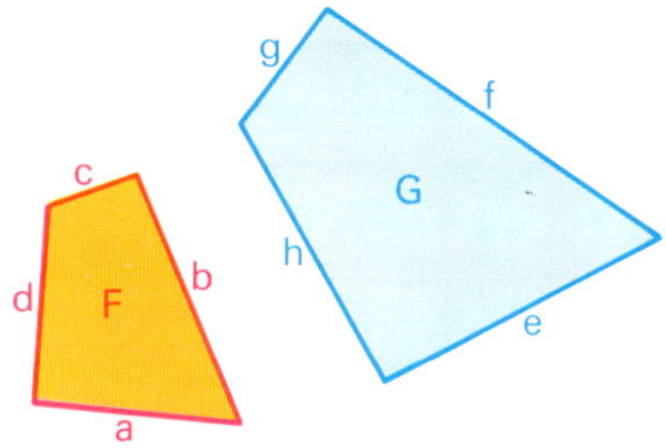

199.1

② Ein Grundstück erscheint auf einer Landkarte (Maßstab 1 : 10000) als 3 cm langes und 8 mm breites Rechteck. Berechne die Seiten und den Flächeninhalt des Grundstücks.

3 Zeichne ein Rechteck R_1 mit $a=4$ cm; $b=1{,}5$ cm. Konstruiere ein ähnliches (nicht kongruentes) Viereck R_2, so daß entsprechende Seiten von R_1 und R_2 nicht parallel sind. (Anleitung: Führe zuerst eine zentrische Streckung, dann eine Kongruenzabbildung aus.)

4 Zeichne ein Viereck ABCD mit $a=4{,}6$ cm; $b=3{,}1$ cm; $c=3{,}4$ cm; $d=2{,}8$ cm; $\alpha=74°$. Konstruiere ein ähnliches (nicht kongruentes) Viereck, so daß entsprechende Seiten beider Vierecke nicht parallel sind und beide Vierecke
a) denselben b) verschiedenen Umlaufsinn haben. (Anleitung: Führe zunächst eine zentrische Streckung, danach eine geeignete Kongruenzabbildung aus.)

5 a) In zwei ähnlichen Vielecken entsprechen sich die Seiten $a=9$ cm (12 cm) und $a'=14{,}4$ cm (7,5 cm). Wie groß ist der Flächeninhalt A′ (A) des einen Vielecks, wenn $A=36\ \text{cm}^2$ ($A'=80\ \text{cm}^2$) beträgt?
b) Zwei ähnliche Vielecke haben die Flächeninhalte $A=50\ \text{cm}^2$ und $A'=72\ \text{cm}^2$. Der Umfang des ersten Vielecks beträgt $u=48$ cm. Berechne u′.

6 Über den Seiten des Dreiecks ABC mit $a=2$ cm; $b=4$ cm; $c=5$ cm werden nach außen gleichseitige Dreiecke errichtet. Wie verhalten sich die Umfänge (Höhen; Flächeninhalte) dieser Dreiecke?

7 a) Zeichne in ein Koordinatensystem (LE = 0,5 cm) die Dreiecke ABC mit A(0|0), B(8|2), C(5|6) und PQR mit P(8|0), Q(18|0), R(12|16). Miß die Seiten und die Winkel; vergleiche sie im Hinblick auf eine eventuelle Ähnlichkeit der Dreiecke.
b) Berechne die Seiten beider Dreiecke mit Hilfe des Satzes des Pythagoras. Sind die beiden Dreiecke ähnlich?

89 Ähnliche Dreiecke

1 Zeichne zwei Vierecke, die in entsprechenden Innenwinkeln jeweils übereinstimmen, jedoch nicht ähnlich sind.

Wenn zwei Vielecke in entsprechenden Innenwinkeln übereinstimmen, dann brauchen sie im Verhältnis entsprechender Seiten nicht ebenfalls übereinzustimmen. Solche Vielecke müssen also nicht ähnlich sein (vgl. Fig. 187.1). Wir zeigen nun, daß Dreiecke darin eine Ausnahme machen (Fig. 200.1).

Voraussetzung: $\alpha = \alpha'$; $\beta = \beta'$; $\gamma = \gamma'$
Behauptung: $\triangle ABC \sim \triangle A'B'C'$
Beweis: Es sei $\overline{AB_1} = c'$ und $\overline{AC_1} = b'$.
Dann ist $\triangle AB_1C_1 \cong \triangle A'B'C'$ (nach dem Kongruenzsatz sws) und $B_1C_1 \parallel BC$. Also gibt es eine zentrische Streckung $Z_{A;k}$, die $\triangle ABC$ auf $\triangle AB_1C_1$ abbildet. Nach der Definition von S. 198 ist daher

$$\triangle ABC \sim \triangle A'B'C'.$$

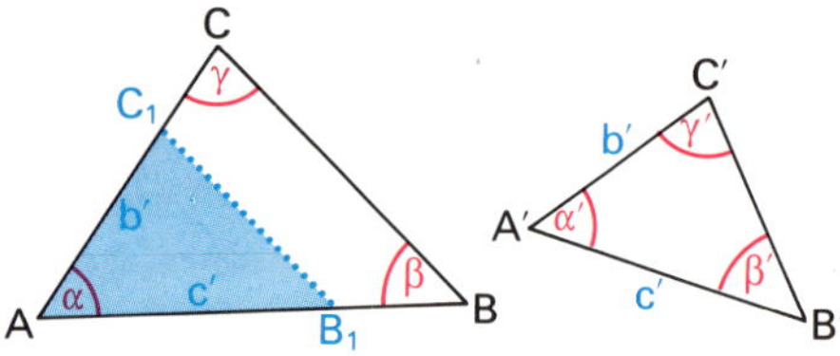

200.1

Entsprechend kann man bei der Voraussetzung $a' : a = b' : b = c' : c = k$ schließen.
In diesem Fall bildet die zentrische Streckung $Z_{A;k}$ das Dreieck ABC auf ein Dreieck ab, das (nach dem Kongruenzsatz sss) zu $\triangle A'B'C'$ kongruent ist. Dies zeigt:

Satz 1: Wenn bei zwei Dreiecken entsprechende **Winkel** gleich weit sind, dann haben entsprechende Seiten das gleiche **Längenverhältnis**.

Satz 2: (Kehrsatz) Wenn bei zwei Dreiecken entsprechende Seiten das gleiche **Längenverhältnis** haben, dann sind entsprechende **Winkel** gleich weit.

Beachte: Die beiden Sätze ermöglichen, aus der Gleichheit von Winkeln auf die Gleichheit von Streckenverhältnissen zu schließen – und umgekehrt.

Beispiel:
In Fig. 200.2 wurde durch den Berührungspunkt B zweier Kreise eine beliebige Sekante gezogen. Die beiden eingezeichneten Dreiecke stimmen in entsprechenden Winkeln überein (warum?). Daraus können wir nach Satz 1 schließen: Die ausgeschnittenen Sehnen s und s′ verhalten sich wie die Durchmesser der beiden Kreise; das Verhältnis $s : s'$ ist daher für alle Sekanten durch B gleich.

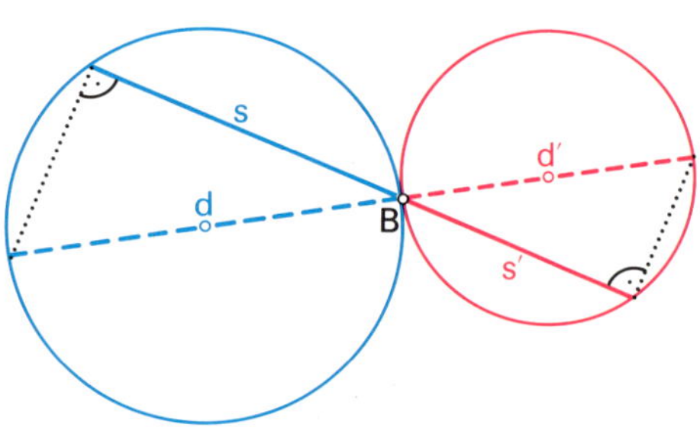

200.2

2 a) In Fig. 200.2 sei $d = 3$ cm; $d' = 2{,}4$ cm und $s = 2$ cm. Berechne s'.
b) Inwiefern ist Satz 2 eine Verallgemeinerung des Kongruenzsatzes sss?

3 Zeichne ein Dreieck ABC mit $a=6$ cm; $b=4$ cm; $c=7$ cm. Konstruiere über der Seite AC ein ähnliches Dreieck ACD, so daß der Seite AB (der Seite BC) im Dreieck ABC die Seite AC im Dreieck ACD entspricht. In welchem Maßstab ist △ ACD zu △ ABC ähnlich? Wie verhalten sich die Flächeninhalte der beiden Dreiecke?

4 Zeichne in einem Koordinatensystem (LE=0,5 cm) das Viereck ABCD mit A(0|0), B(8|0), C(5|3), D(6|6) sowie die Strecke PQ mit P(8|2), Q(16|–1). Konstruiere über PQ ein Viereck, das zum Viereck ABCD ähnlich ist.

5 Gegeben ist ein (nicht gleichschenkliges) Dreieck ABC. Konstruiere ein ähnliches Dreieck A′B′C′, dessen Flächeninhalt sich zu dem von △ABC wie 9:4 (2:1) verhält.

6 a) Zeichne ein beliebiges Dreieck ABC und ein dazu im Maßstab 3:2 ähnliches Dreieck A′B′C′ mit entgegengesetztem Umlaufsinn.
b) Markiere im Innern von △ABC einen beliebigen Punkt P. Bestimme im Innern von △ A′B′C′ den P entsprechenden Punkt P′.

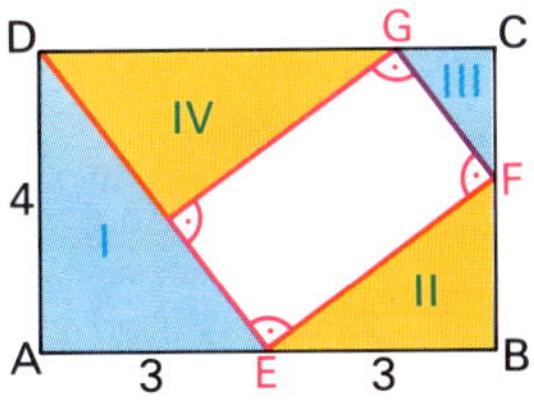

201.1

7 Fig. 201.1: a) Zeige, daß die vier Teildreiecke I bis IV ähnlich sind.
b) Berechne die Abschnitte, in welche BC und CD durch die Punkte F bzw. G geteilt werden.
c) Gib den Ähnlichkeitsmaßstab der Dreiecke I bis IV in Form einer „Verhältniskette" w:x:y:z (mit natürlichen Zahlen w, x, y, z) an.

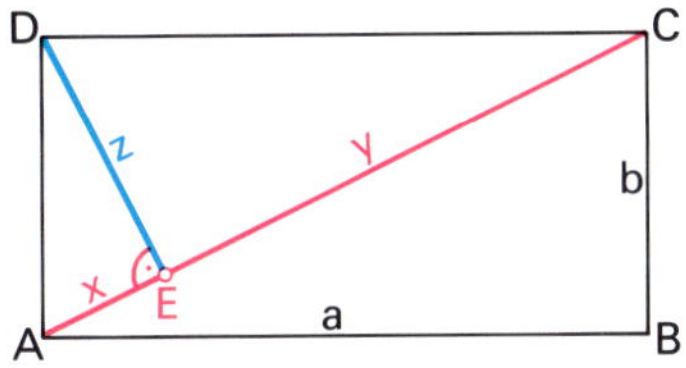

201.2

8 a) Zeige, daß das Rechteck ABCD in Fig. 201.2 in drei ähnliche Dreiecke zerlegt ist.
b) Berechne x, y, und z für $a=4$ cm; $b=3$ cm.
c) Beweise: In einem Rechteck ABCD teilt das Lot von D auf die Diagonale AC die Diagonale im Verhältnis $b^2:a^2$. (Vgl. mit dem Ergebnis in Teilaufgabe b).)
d) Bei welchen Rechtecken teilt das Lot von einer Ecke auf die Diagonale diese im Verhältnis 1:2? (Vgl. S. 169, Aufgabe 30; überprüfe mit einem Blatt deines Heftes.)

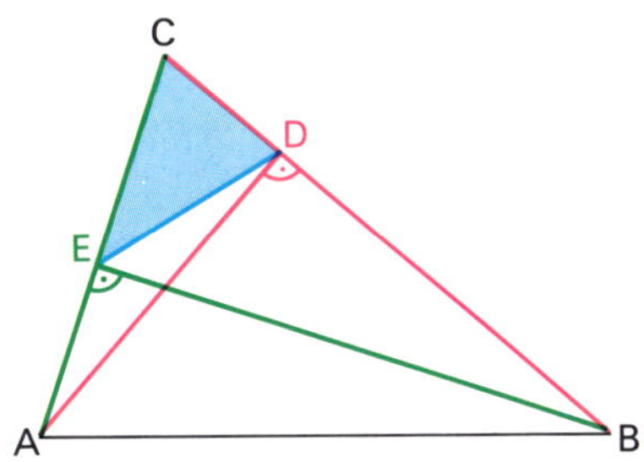

201.3

9 a) Beweise: Wenn zwei Dreiecke ABC und A′B′C′ im Verhältnis zweier Seiten und dem eingeschlossenen Winkel übereinstimmen (z. B. $c':b'=c:b$; $\alpha'=\alpha$), dann sind sie ähnlich. (Anleitung: Aus $c':b'=c:b$ folgt $c':c=b':b$; führe eine geeignete zentrische Streckung durch.)
b) Verwende a), um zu zeigen (Fig. 201.3): Von jedem Dreieck wird durch die geradlinige Verbindung zweier Höhenfußpunkte ein Dreieck abgeschnitten, das zum Ausgangsdreieck ähnlich ist. (Anleitung: In Fig. 201.3 ist △ADC ~ △BEC.) Was folgt daraus für die Winkel des abgeschnittenen Dreiecks?
c) Zeichne ein (spitzwinkliges) Dreieck ABC, seine drei Höhen sowie das von den Höhenfußpunkten gebildete Dreieck DEF. Zeige mit Hilfe des Ergebnisses in b), daß die Höhen h_a, h_b, h_c die Innenwinkel des Dreiecks DEF halbieren.

90 Ähnlichkeitsbeziehungen am rechtwinkligen Dreieck

1 Ein rechtwinkliges Dreieck hat einen Winkel von 35°, ein anderes rechtwinkliges Dreieck einen Winkel von 55°. Sind die beiden Dreiecke ähnlich?

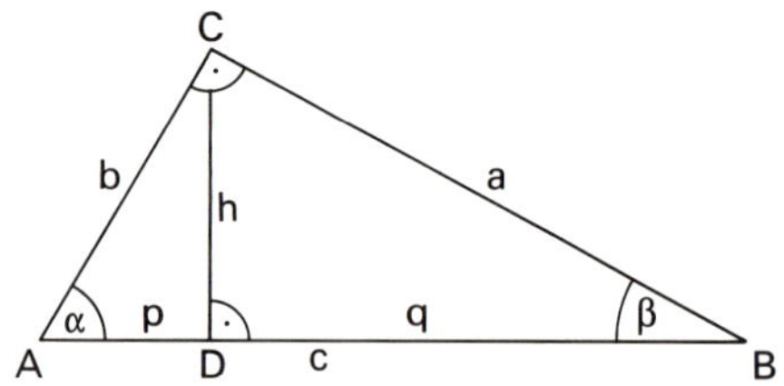

202.1

Ein rechtwinkliges Dreieck (Fig. 202.1) wird durch die Höhe h in zwei rechtwinklige Teildreiecke zerlegt. Diese Teildreiecke und das Ausgangsdreieck stimmen in den entsprechenden Winkeln überein (Fig. 202.2), sind also ähnlich. Daraus folgt durch Vergleich der Dreiecke

I und II: $\frac{b}{c} = \frac{p}{b}$

I und III: $\frac{a}{c} = \frac{q}{a}$

II und III: $\frac{h}{p} = \frac{q}{h}$.

Umformen dieser Gleichungen ergibt:

$$b^2 = p \cdot c$$
$$a^2 = q \cdot c$$
$$h^2 = p \cdot q.$$

Das sind die Aussagen des Katheten- und des Höhensatzes (vgl. S. 172 und 174). Schließlich folgt durch seitenweises Addieren der beiden ersten Gleichungen

$$a^2 + b^2 = (p + q) \cdot c$$
$$a^2 + b^2 = c^2,$$

also der Satz des Pythagoras (vgl. S. 161).

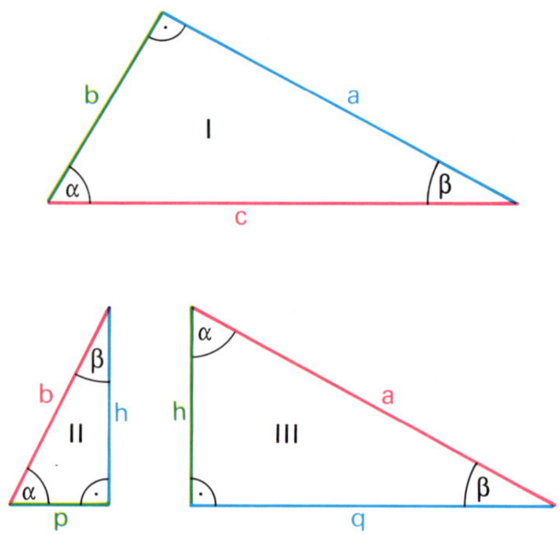

202.2

In Kapitel XII wurde sowohl der Satz des Pythagoras als auch der Katheten- und der Höhensatz durch Vergleichen von Flächeninhalten begründet. Die obigen Überlegungen zeigen:

Die für rechtwinklige Dreiecke gültigen Sätze (Fig. 202.1)

$a^2 = q \cdot c$; $b^2 = p \cdot c$	$h^2 = p \cdot q$	$a^2 + b^2 = c^2$
(Kathetensatz)	**(Höhensatz)**	**(Satz des Pythagoras)**

lassen sich auch (ohne Verwendung von Flächeninhalten) durch Betrachtung der Längenverhältnisse in ähnlichen Dreiecken beweisen.

Bei der üblichen Veranschaulichung des Satzes des Pythagoras (Fig. 203.1) werden über den Seiten eines rechtwinkligen Dreiecks Quadrate gezeichnet, also ähnliche Figuren. Wir untersuchen nun, ob ein entsprechender Satz auch dann gilt, wenn man anstelle der Quadrate andere ähnliche Vielecke zeichnet (Fig. 203.2). Da sich deren Flächeninhalte A_1, A_2, A_3 wie die Quadrate entsprechender Seiten verhalten (vgl. S. 199), gilt in Fig. 203.2:

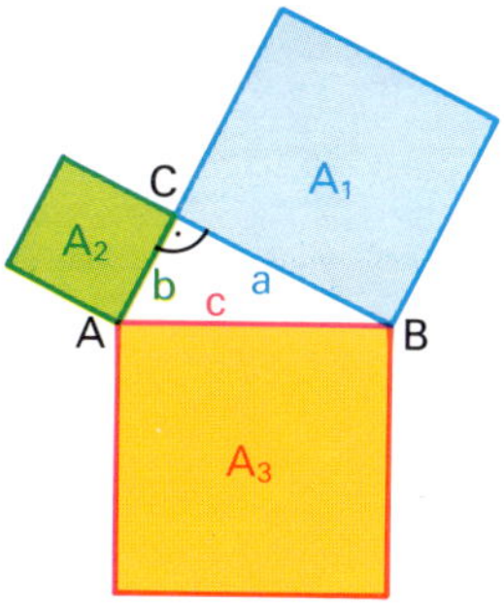

203.1

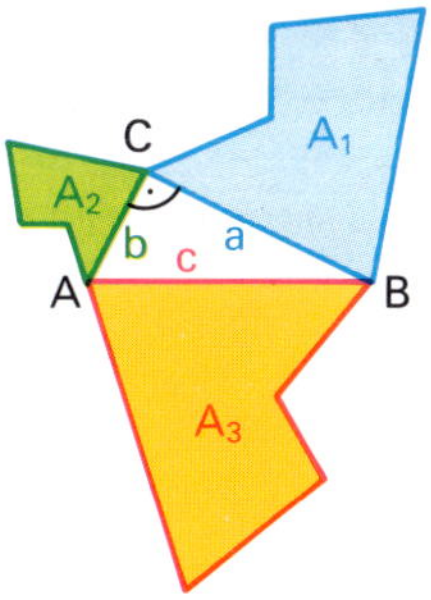

203.2

$\frac{A_1}{A_3} = \frac{a^2}{c^2}$ und $\frac{A_2}{A_3} = \frac{b^2}{c^2}$ also $\frac{A_1 + A_2}{A_3} = \frac{a^2 + b^2}{c^2}$.

Da nach dem Satz des Pythagoras $a^2 + b^2 = c^2$ ist, folgt $(A_1 + A_2) : A_3 = 1$ oder

$$A_1 + A_2 = A_3.$$

Satz: (Verallgemeinerung des Satzes von Pythagoras; Fig. 203.2).
Zeichnet man über den Seiten eines rechtwinkligen Dreiecks **ähnliche** Vielecke, dann haben die beiden Vielecke über den Katheten zusammen den gleichen Flächeninhalt wie das Vieleck über der Hypotenuse.

(2) Zeichne zwei gleichseitige Dreiecke mit den Seiten 2 cm bzw. 3 cm. Konstruiere ein weiteres gleichseitiges Dreieck, dessen Fläche gleich groß ist wie die der beiden Dreiecke zusammen.

3 Zeichne zwei regelmäßige Sechsecke mit den Seiten 1 cm bzw. 2 cm. Konstruiere ein weiteres regelmäßiges Sechseck, dessen Fläche gleich groß ist wie die Flächen beider Sechsecke zusammen. Berechne die Seitenlänge dieses Sechsecks (vgl. S. 164).

4 Zeichne zwei regelmäßige Sechsecke mit demselben Mittelpunkt M und den Seiten 2 cm bzw. 3 cm. Schraffiere die zwischen den Rändern der Sechsecke liegende Fläche. Konstruiere ein drittes regelmäßiges Sechseck, das denselben Flächeninhalt hat wie die schraffierte Fläche.

5 In Fig. 203.3 sind die Rechtecke I, II so gezeichnet, daß der Schnittpunkt E auf (CD) liegt. Das Rechteck III hat die Breite $\overline{DF} = \overline{EC}$.
a) Zeige, daß die Rechtecke I, II, III ähnlich sind. Was folgt daraus für die drei Flächeninhalte A_I, A_{II}, A_{III}?
b) Weise ohne Verwendung der Ähnlichkeit nach, daß $A_I + A_{II} = A_{III}$ ist.

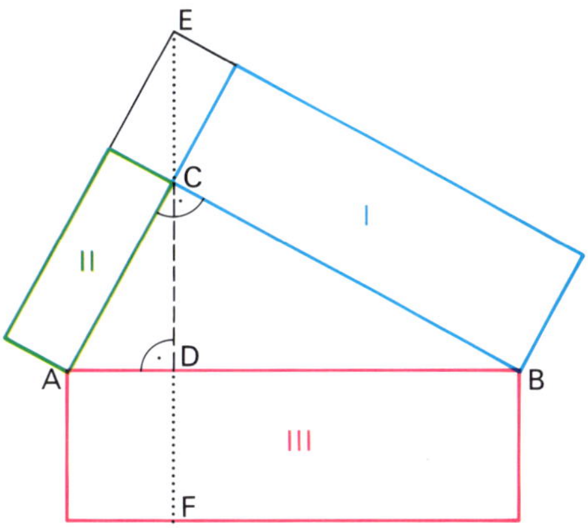

203.3

91 Ähnlichkeitsbeziehungen am beliebigen Dreieck

Ein Satz über die Höhen

(1) Zeichne ein beliebiges Dreieck; trage die drei Höhen ein. Vergleiche die Längen der Höhen mit den Längen der dazugehörenden Seiten. Vermutung? Überprüfe mit einem weiteren Dreieck.

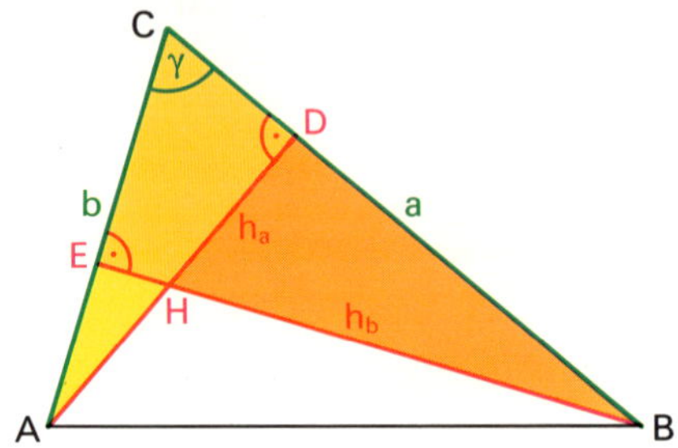

204.1

In Fig. 204.1 haben die rechtwinkligen Dreiecke ADC und BCE den Winkel γ gemeinsam; es ist also $\triangle ADC \sim \triangle BCE$.
Daraus folgt $h_a : h_b = b : a$ oder

$$h_a : h_b = \tfrac{1}{a} : \tfrac{1}{b}.$$

Entsprechendes gilt für die Höhen h_b und h_c (vgl. Aufgabe 6).

Satz 1: Die Dreieckshöhen verhalten sich umgekehrt wie die zugehörigen Seiten:

$$\mathbf{h_a : h_b : h_c = \tfrac{1}{a} : \tfrac{1}{b} : \tfrac{1}{c}} \quad \text{bzw.} \quad \mathbf{a : b : c = \tfrac{1}{h_a} : \tfrac{1}{h_b} : \tfrac{1}{h_c}}.$$

Aufgabe: Konstruiere ein Dreieck mit den Höhen $h_a = 6$ cm; $h_b = 4$ cm; $h_c = 3$ cm.
Nach Satz 1 gilt

$$a : b : c = \tfrac{1}{6} : \tfrac{1}{4} : \tfrac{1}{3}$$
$$= \tfrac{2}{12} : \tfrac{3}{12} : \tfrac{4}{12}$$
$$= 2 : 3 : 4.$$

Das Dreieck A'B'C' mit $a' = 2$ cm; $b' = 3$ cm; $c' = 4$ cm (Fig. 204.2) ist also zum gesuchten Dreieck ähnlich. $Z_{C';k}$ mit $k = h_c : h_c'$ liefert das Dreieck ABC.

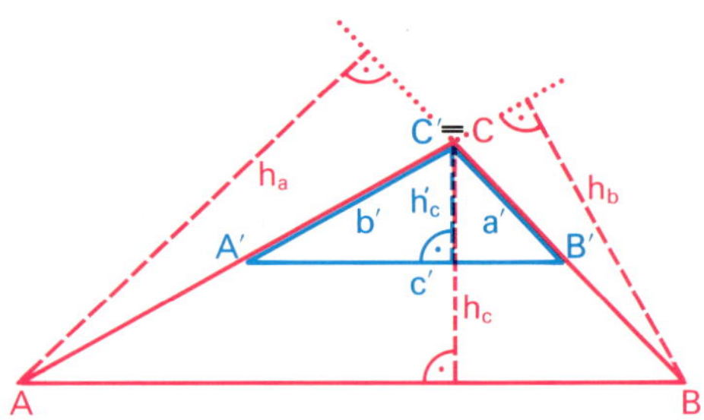

204.2

(2) Wie verhalten sich die Höhen in einem Dreieck mit $a = 5$ cm; $b = 3$ cm; $c = 6$ cm?

3 Wie verhalten sich die Seiten eines Dreiecks mit
a) $h_a = 2$ cm; $h_b = 3$ cm; $h_c = 2{,}5$ cm b) $h_a = 1{,}6$ cm; $h_b = 2{,}4$ cm; $h_c = 1{,}2$ cm?

4 Konstruiere ein Dreieck aus
a) $h_a = 1{,}5$ cm; $h_b = 3$ cm; $h_c = 2{,}5$ cm b) $h_a = 2{,}4$ cm; $h_b = 3$ cm; $h_c = 1{,}8$ cm.

5 Konstruiere ein Dreieck aus $a = 4$ cm; $b = 3{,}2$ cm; $h_b = 2{,}5$ cm ($a = 3{,}2$ cm; $b = 5{,}3$ cm; $h_b = 2{,}8$ cm). Berechne h_a; vergleiche mit dem Ergebnis der Konstruktion.

6 a) Beweise $h_b : h_c = c : b$ mittels ähnlicher Dreiecke.
b) Zeige, daß Satz 1 auch für stumpfwinklige Dreiecke gilt.

7 Zeichne ein beliebiges Dreieck mit den drei Höhen. Miß die Abschnitte, in welche der Höhenschnittpunkt H die Höhen teilt. Multipliziere die beiden Abschnitte jeder Höhe. Vermutung? Beweise die Vermutung. (Anleitung: Betrachte $\triangle AHE$ und $\triangle BDH$ in Fig. 204.1.)

Ein Satz über die Winkelhalbierenden

8 Zeichne ein Dreieck ABC mit $a = 4$ cm; $b = 6,$ cm; $c = 8$ cm. Die Winkelhalbierende von β teilt die Gegenseite b in zwei Abschnitte b_1 und b_2. Miß b_1 und b_2; vgl. mit den Seiten a und c. Vermutung? Überprüfe mit der Winkelhalbierenden von γ.

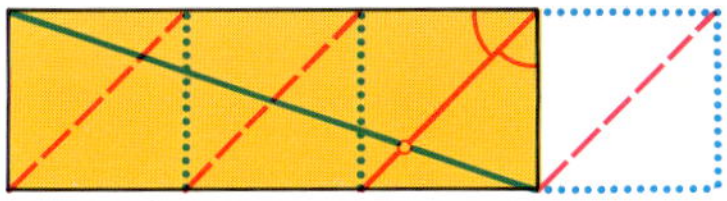

205.1

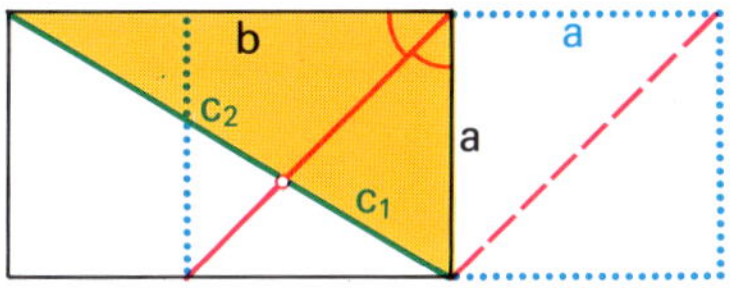

205.2

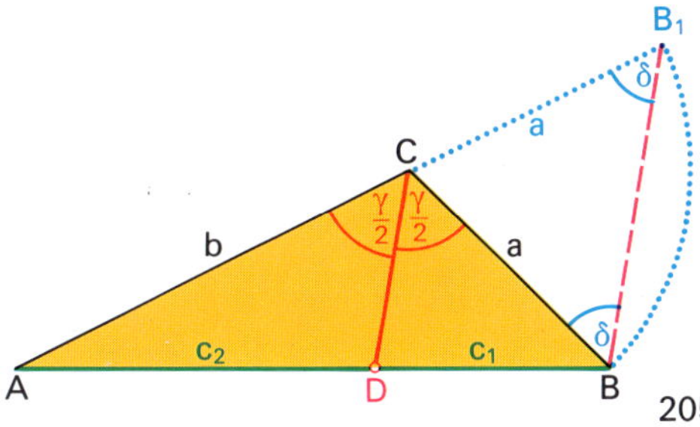

205.3

Das Rechteck in Fig. 205.1 ist 3mal so lang wie breit. Die eingezeichnete Streifenschar läßt erkennen, daß die Halbierende eines rechten Winkels die Diagonale im Verhältnis 3 : 1 teilt. Entsprechendes gilt offenbar immer, wenn die Länge des Rechtecks ein ganzzahliges Vielfaches der Breite ist.
Beim Rechteck in Fig. 205.2 ist dies nicht der Fall. Der 1. Strahlensatz zeigt jedoch, daß auch hier $a : b = c_1 : c_2$ ist.
Wir können dieses Ergebnis auch so ausdrücken: In einem rechtwinkligen Dreieck teilt die Halbierende des rechten Winkels die Hypotenuse im Verhältnis der Katheten. Wir untersuchen, ob Entsprechendes auch bei nicht-rechtwinkligen Dreiecken gilt.

In Fig. 205.3 ist $\gamma = 2\delta$ bzw. $\frac{1}{2}\gamma = \delta$ (Satz vom Außenwinkel)
und daher $DC \parallel BB_1$ (gleiche Stufenwinkel).
Also sind die Voraussetzungen des 1. Strahlensatzes erfüllt; er liefert

$$\mathbf{a : b = c_1 : c_2}.$$

Satz 2: In einem Dreieck teilt jede **Winkelhalbierende** die Gegenseite im Verhältnis der anliegenden Seiten.

Beispiel 1:
Ein Dreieck ABC habe die Seiten $a = 4$ cm; $b = 6$ cm; $c = 8$ cm. Wir berechnen die durch die Winkelhalbierenden entstehenden Abschnitte der Seiten.

Fig. 205.4: $c_1 : c_2 = b : a = 3 : 2$

$$\frac{c_1}{8 - c_1} = \frac{3}{2}$$

$$2c_1 = 24 - 3c_1$$

$$c_1 = 4{,}8;\; c_2 = 3{,}2.$$

Die beiden Abschnitte der Seite c sind also 4,8 cm und 3,2 cm lang.
Entsprechend ergibt sich

$$a_1 = 2\tfrac{2}{7}\text{ cm};\quad a_2 = 1\tfrac{5}{7}\text{ cm}$$
$$b_1 = 2\text{ cm};\quad b_2 = 4\text{ cm}.$$

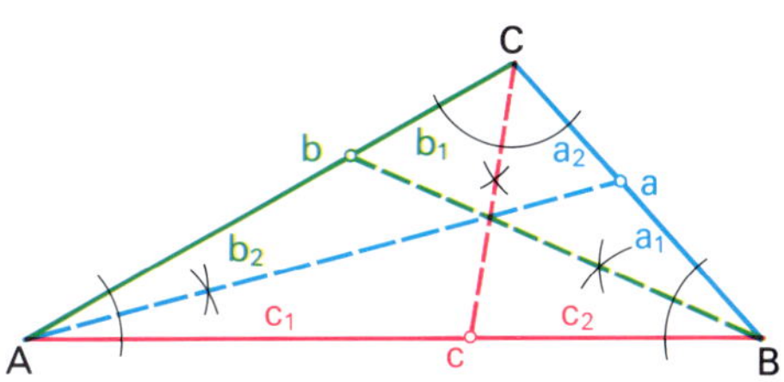

205.4

9 Rechne wie in Beispiel 1 für $a = 5$ cm; $b = 3$ cm; $c = 7$ cm. Zeichne und vergleiche.

Fig. 206.1 zeigt, wie man üblicherweise vorgeht, um die Seite AB eines Dreiecks ABC im Verhältnis b : a zu teilen (vgl. Fig. 194.1). Nach dem 2. Strahlensatz ist

$\overline{AT} : \overline{TB} = b : a$, ebenso ist auch
$\overline{AT^*} : \overline{T^*B} = b : a$.

(T teilt AB „innen", T* teilt AB „außen" im Verhältnis b : a.)
Wegen $\overline{EB} = \overline{BC} = \overline{BF} = a$
ist $CT \perp CT^*$ (Satz des Thales für △ EFC).
△ TT*C ist also rechtwinklig, somit liegt C auf dem Halbkreis über TT*. Da T und T* allein durch A, B und das Verhältnis b : a bestimmt sind, folgt:

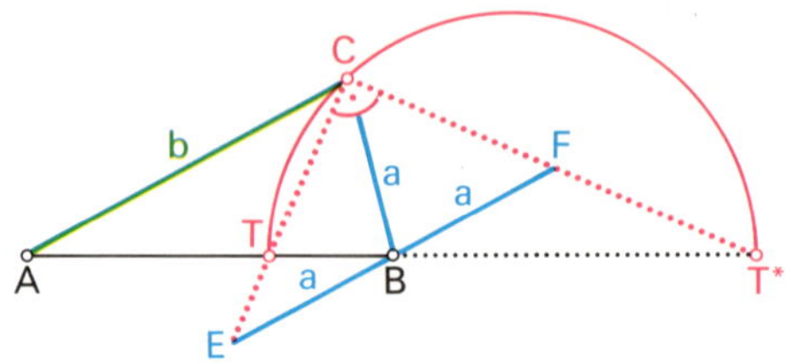

206.1

Satz 3: Alle Punkte C der Ebene, deren Abstände von zwei gegebenen Punkten A, B **das gleiche Abstandsverhältnis** b : a haben, liegen auf einem Kreis (**Kreis des Apollonius**[1]; Fig. 206.2). Man findet diesen Kreis durch Teilung der Strecke AB innen und außen im Verhältnis b : a.

Beispiel 2:
Gegeben sind Punkte A, B mit $\overline{AB} = 4$ cm (Fig. 206.2). Wo liegen alle Punkte, die von A doppelt so weit entfernt sind wie von B? Um den „geometrischen Ort" der gesuchten Punkte zu finden, teilen wir AB innen und außen im Verhältnis 2 : 1 und zeichnen über der Strecke TT* der Teilpunkte den Kreis des Apollonius. Alle Punkte dieses Kreises (und nur sie) sind von A doppelt so weit entfernt wie von B.

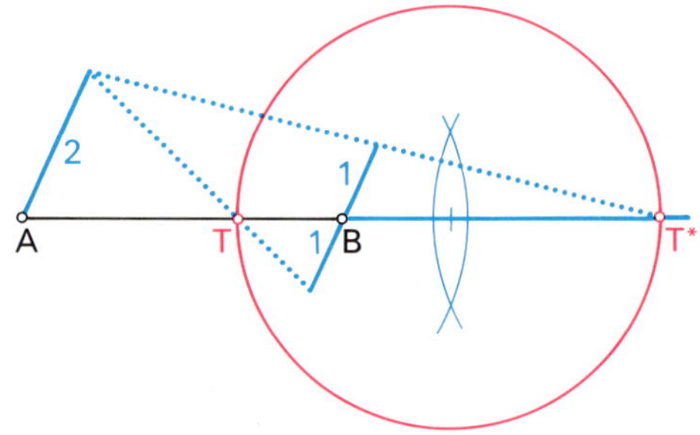

206.2

(10) Zeichne Punkte P,Q mit $\overline{PQ} = 5$ cm. Konstruiere den geometrischen Ort aller Punkte, die von Q dreimal so weit entfernt sind wie von P.

11 Zeichne zwei Punkte A, B mit $\overline{AB} = 4$ cm. Konstruiere die Apolloniuskreise für (Fig. 206.1) b : a = 5 : 3 (5 : 2; 5 : 1). Wo liegen alle Punkte C mit b : a = 1 : 1?

12 Gegeben ist eine Strecke PQ mit $\overline{PQ} = 4$ cm. Bestimme alle Punkte R, die von P dreimal so weit wie von Q und außerdem von der Geraden (PQ) 1 cm entfernt sind. Wie viele solche Punkte gibt es?

13 Konstruiere ein Dreieck ABC aus
a) $c = 7{,}2$ cm; $a : b = 7 : 2$; $s_c = 4$ cm b) $c = 4{,}8$ cm; $a : b = 5{,}3$; $h_c = 3{,}5$ cm.

14 Zeige: In Fig. 206.1 halbiert CT* den Außenwinkel des Dreiecks ABC.

1. APOLLONIUS von Pergae (um 200 v. Chr.): griech. Mathematiker und Astronom

15 In einem Dreieck ABC (Fig. 207.1) teilt die Winkelhalbierende w_α die Seite a im Verhältnis $a_1 : a_2 = 4 : 3$; die Winkelhalbierende w_γ teilt die Seite c im Verhältnis $c_1 : c_2 = 1 : 2$.

a) In welchem Verhältnis a : b : c stehen die drei Seiten des Dreiecks? Wie teilt w_β die Seite b?
b) Berechne a, b und c, wenn das Dreieck den Umfang u = 19,5 cm hat. Zeichne das Dreieck. Wie lang sind in diesem Dreieck die Abschnitte a_1, a_2, b_1, b_2, c_1, c_2?

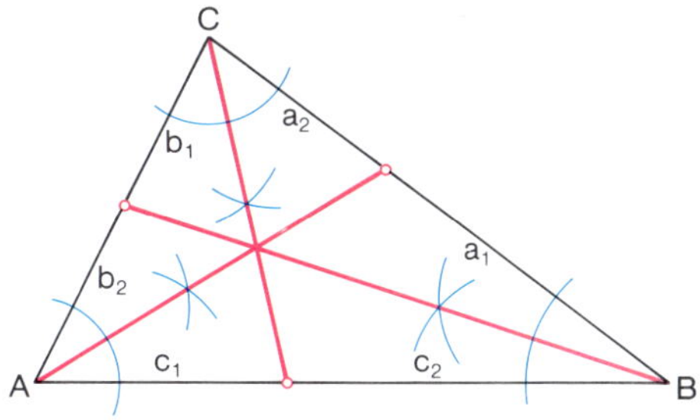

207.1

16 Zeichne einen Winkel mit seiner Winkelhalbierenden; markiere auf der Winkelhalbierenden einen Punkt P.
Konstruiere (auf zwei verschiedene Arten) eine Gerade durch P, so daß P ihren Abschnitt zwischen den Schenkeln im Verhältnis 2 : 1 (5 : 3) teilt.

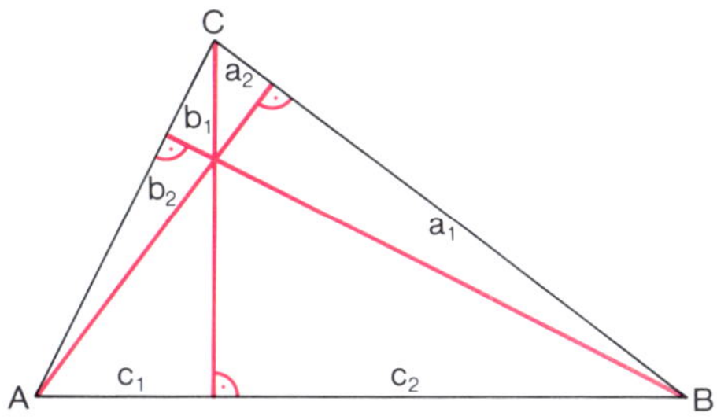

207.2

17 Drücke den Flächeninhalt eines Dreiecks auf zwei verschiedene Arten aus, indem du einmal die Seite a, dann die Seite b als Grundseite wählst. Welcher Satz ergibt sich auf diese Weise?

18 a) Gegeben ist eine Strecke AB und ein Punkt T* auf der Verlängerung von AB. Bestimme einen Punkt $T \in AB$, so daß $\overline{AT} : \overline{TB} = \overline{AT^*} : \overline{T^*B}$ ist.
b) Zeige, daß B und A die Strecke TT* innen und außen im gleichen Verhältnis teilen. Prüfe an einem Beispiel, ob T die Strecke AB im gleichen Verhältnis teilt wie B die Strecke TT*.

19 Zeichne drei Punkte A, B, C mit $\overline{AB} = 4$ cm; $\overline{BC} = 5$ cm; $\overline{AC} = 6$ cm. Bestimme einen Punkt P, dessen Abstände von A, B, C sich wie 2 : 1 : 3 verhalten.

20 a) Zeige, daß in Fig. 207.1 gilt: $\frac{a_1}{a_2} \cdot \frac{b_1}{b_2} \cdot \frac{c_1}{c_2} = 1$.
b) Weise nach: Die in a) angegebene Beziehung gilt auch in Fig. 207.2, wenn a_1, a_2, b_1, b_2, c_1, c_2 die dort angegebene Bedeutung haben. (Anleitung: Suche ähnliche Teildreiecke; beachte Satz 1 von S. 204.)
Bemerkung: Fig. 207.1/2 sind Sonderfälle des Satzes von CEVA (vgl. S. 196).

21 Zeichne Punkte P, Q mit $\overline{PQ} = 5$ cm. Wo liegen alle Punkte der Ebene, die
a) von P höchstens 2mal so weit entfernt sind wie von Q
b) von P mindestens 3mal so weit entfernt sind wie von Q
c) von P mindestens 2mal und höchstens 3mal so weit entfernt sind wie von Q?

22 a) Konstruiere ein Dreieck aus $h_c = 4$ cm; $w_\gamma = 4{,}5$ cm und a : b = 2 : 1...
(Anleitung: Konstruiere aus h_c und w_γ ein Teildreieck, danach den zweiten Schnittpunkt T* des Apolloniuskreises mit (AB); im weiteren vgl. Fig. 206.1)
b) Konstruiere ein Dreieck aus $h_a = 3{,}5$ cm; $w_\alpha = 4$ cm; b : c = 5 : 2.

92 Ähnlichkeitsbeziehungen am Kreis

(1) Zeichne einen Kreis mit $r = 2{,}5$ cm sowie einen Punkt P, der vom Mittelpunkt 1,5 cm entfernt ist. Ziehe den Durchmesser und die zu ihm orthogonale Sehne durch P. Miß die Abschnitte, in die P den Durchmesser bzw. die Sehne teilt. Vergleiche.

In Fig. 208.1 sind durch einen Punkt P im Innern eines Kreises zwei Sehnen AA_1 und BB_1 gezeichnet. Die beiden Dreiecke APB_1 und A_1PB stimmen in den Scheitelwinkeln überein. Da α und β Umfangswinkel auf demselben Bogen über AB sind, ist nach dem Umfangswinkelsatz

$$\alpha = \beta.$$

Also ist $\Delta\, APB_1 \sim \Delta\, A_1PB$. Daraus folgt

$$\overline{PA_1} : \overline{PB_1} = \overline{PB} : \overline{PA} \quad \text{oder}$$
$$\overline{PA_1} \cdot \overline{PA} = \overline{PB_1} \cdot \overline{PB}.$$

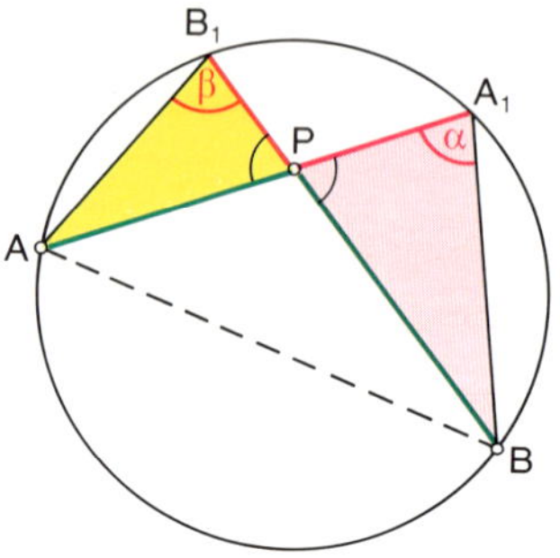

208.1

Satz 1: (Sehnensatz)
Zieht man durch einen Punkt P im Innern eines Kreises Sehnen, so sind die **Produkte** beider Sehnenabschnitte **bei allen Sehnen gleich**.

Wir wählen nun den Punkt P außerhalb des Kreises (Fig. 208.2) und ziehen zwei Sekanten PA_1 und PB_1. Ein Vergleich mit Fig. 208.1 zeigt:

$$\gamma = \delta.$$

Also ist $\Delta\, PA_1B \sim \Delta\, PAB_1$ und daher

$$\overline{PA_1} : \overline{PB_1} = \overline{PB} : \overline{PA} \quad \text{oder}$$
$$\overline{PA_1} \cdot \overline{PA} = \overline{PB_1} \cdot \overline{PB}.$$

Wie beim Sehnensatz sind auch jetzt die Produkte der Abschnitte von P bis zum Kreis für alle Sekanten gleich.
Die Tangente von P an den Kreis kann man auffassen als Sekante, deren Schnittpunkte mit dem Kreis zusammenfallen ($B = B_1$). Dies zeigt, daß das bei allen Sekanten konstante Produkt gleich dem Quadrat des Tangentenabschnittes $\overline{PT}$ ist.

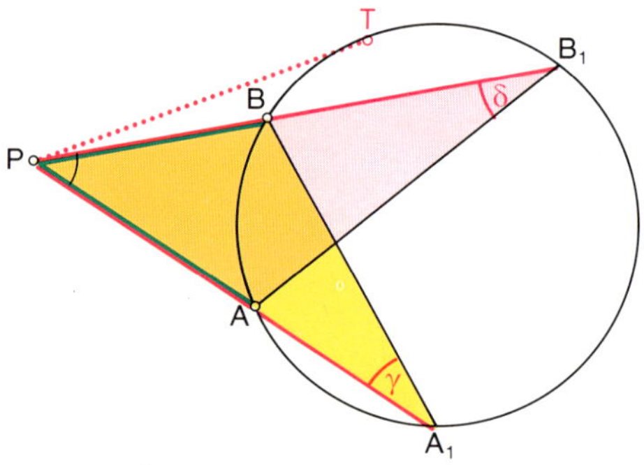

208.2

Satz 2: (Sekantensatz)
Zieht man von einem Punkt P außerhalb eines Kreises aus Sekanten, so sind die **Produkte** der Sekantenabschnitte von P bis zum Kreis **bei allen Sekanten gleich**.
Sonderfall: Das Produkt der Sekantenabschnitte von P bis zum Kreis ist gleich dem Quadrat des Tangentenabschnittes von P bis zum Berührpunkt (Tangentensatz).

Beispiel:
Ein gegebenes Rechteck mit den Seiten a und b (Fig. 209.1) soll in ein flächengleiches Quadrat verwandelt werden. In einen beliebigen Kreis legen wir eine Sehne der Länge $a+b$, verbinden den Teilpunkt P mit M und konstruieren die zu MP orthogonale Sehne durch P. Nach dem Sehnensatz ist c die gesuchte Quadratseite.

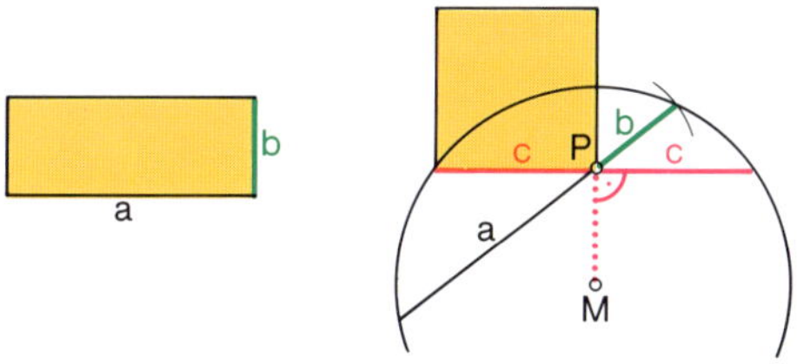

209.1

② Verwandle ein Rechteck mit $a=6$ cm und $b=2{,}5$ cm nach dem Tangentensatz in ein flächengleiches Quadrat.

3 Verwandle ein Quadrat mit der Seite $c=5$ cm ($c=3{,}6$ cm) in ein flächengleiches Rechteck mit der Seite $a=6$ cm ($a=2{,}7$ cm)
a) nach dem Sehnensatz
b) nach dem Tangentensatz.
Kontrolliere das Ergebnis der Konstruktion durch Rechnung.

4 Verwandle ein Rechteck mit den Seiten $a=6$ cm; $b=2{,}5$ cm ($a=4{,}5$ cm; $b=3$ cm) nach dem Sekantensatz in ein flächengleiches Rechteck mit der Seite $a'=5$ cm ($a'=6$ cm). Kontrolliere das Ergebnis der Konstruktion durch Rechnung.

5 Verwandle das Quadrat mit der Seite $a=3{,}6$ cm ($a=3$ cm) in ein flächengleiches Rechteck mit den Seiten a′ und b′, wenn
a) deren Summe $s=9$ cm ($s=6{,}5$ cm)
b) deren Differenz $d=2{,}1$ cm ($d=3{,}2$ cm) beträgt. Zeichne und rechne.

6 a) Zeichne in einen Kreis einen Durchmesser sowie eine zu ihm orthogonale Sehne. Zeige, daß der Sehnensatz in diesem Fall die Aussage des Höhensatzes liefert.
b) Zeichne Fig. 208.2 für den Fall $B=B_1=T$. Zeige, daß dann der Tangentensatz die Aussage des Kathetensatzes liefert, wenn A_1 auf der Geraden liegt, die T mit dem Kreismittelpunkt verbindet.

7 a) Zeige: Von einem Punkt P aus, der h km über dem Meere liegt, sieht man ungefähr $a=\sqrt{2rh}$ km weit ($r=6370$ km, Erdradius). (Anleitung: Nimm die Erde als Kugel an, denke dir von P aus die Tangenten an sie gelegt.)
b) Wie weit sieht man auf der Spitze des Eiffelturmes (300 m) (auf dem Vesuv (1300 m); im Flugzeug (6000 m); im Stratosphärenballon (22 km))?
c) In welcher Höhe beträgt die Sichtweite 50 km (100 km; 200 km)?

8 a) Gegeben sind zwei Punkte P, Q und eine Gerade g. Konstruiere einen Kreis, der durch P und Q geht und g berührt.
(Anleitung: Verwende den Tangentensatz.)
b) Die Vorderfront eines Gebäudes wird von einer vorbeiführenden Straße aus fotografiert (Fig. 209.2). Wie ist der Standpunkt zu wählen, damit der Sehwinkel möglichst groß wird? (Anleitung: Verwende Teilaufgabe a).)

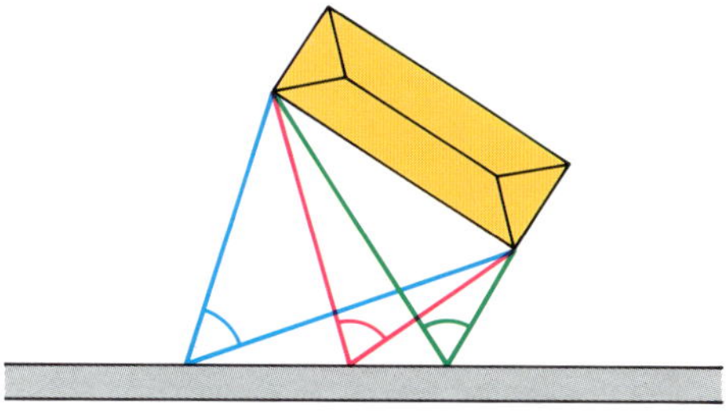

209.2

93 Vermischte Aufgaben

1 Zeichne ein Dreieck ABC mit $a=5{,}3$ cm; $b=3{,}2$ cm; $c=5{,}8$ cm sowie einen Kreis k(M;4 cm). Konstruiere ein zu Dreieck ABC ähnliches Dreieck, das den Kreis k als Umkreis hat.

2 Gegeben sind zwei sich schneidende Geraden g und h sowie ein Punkt P, der nicht auf g oder h liegt. Welcher Punkt von g ist von P gleich weit entfernt wie von h? Konstruiere.

3 Verwandle ein Rechteck mit den Seiten $a=6$ cm; $b=1{,}5$ cm in ein flächengleiches Rechteck, dessen Seiten sich wie 2:1 (3:2) verhalten.

4 Gegeben ist ein Kreis und ein Punkt P außerhalb. Durch P soll eine Sekante gelegt werden, so daß sich die auf ihr ausgeschnittene Sehne zum Abschnitt von P bis zum Kreis wie 2:1 verhält.

5 Konstruiere ein rechtwinkliges Dreieck, bei dem eine Kathete doppelt so lang ist wie die andere. Miß die Abschnitte, in welche die Hypotenuse durch die Höhe geteilt wird; vergleiche. In welchem Verhältnis stehen die Hypotenusenabschnitte eines solchen Dreiecks?

6 Zieht man an einen Kreis zwei parallele Tangenten, so gilt für jede weitere Tangente: Der Abschnitt zwischen den Parallelen wird vom Berührpunkt so geteilt, daß das Produkt beider Abschnitte dem Quadrat des Kreisradius gleich ist. Beweis?

7 a) In Fig. 210.1 ist $AA' \parallel TT' \parallel BB'$. Berechne jeweils $\overline{TT'}$ für $\overline{AT}:\overline{TB}=2:1$ und für $\overline{AT}:\overline{TB}=3:2$. (Anleitung: Ziehe die Parallele zu A'B' durch A.)
b) Zeige allgemein: Teilt T die Strecke AB im Verhältnis $\overline{AT}:\overline{TB}=p:q$, so gilt:

$$\overline{TT'}=\frac{q}{p+q}\overline{AA'}+\frac{p}{p+q}\overline{BB'}.$$

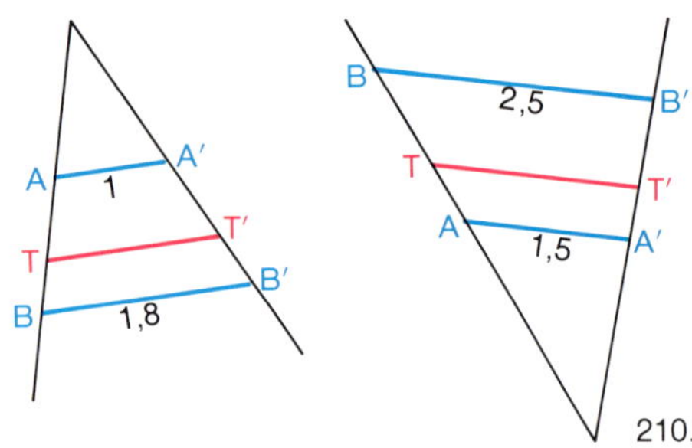

210.1

8 In Fig. 210.2 ist M die Mitte der Rechtecksseite. Welchen Bruchteil der gesamten Rechtecksfläche macht die gefärbte Fläche aus?

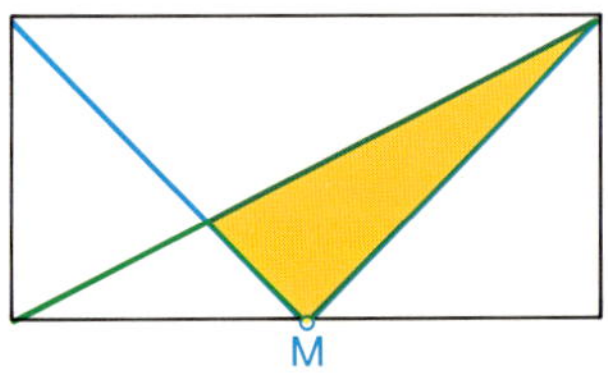

210.2

9 Konstruiere ein Dreieck aus
a) $b:c=3:4$; $\alpha=73°$; $h_a=5{,}5$ cm
b) $q:c=2:3$; $\beta=30°$; $h_b=5$ cm.

10 In einem rechtwinkligen Dreieck (Fig. 210.3) teilt die Halbierende des rechten Winkels die Hypotenuse, so daß die beiden Abschnitte 15 cm und 20 cm lang sind. Welchen Flächeninhalt hat das Dreieck?

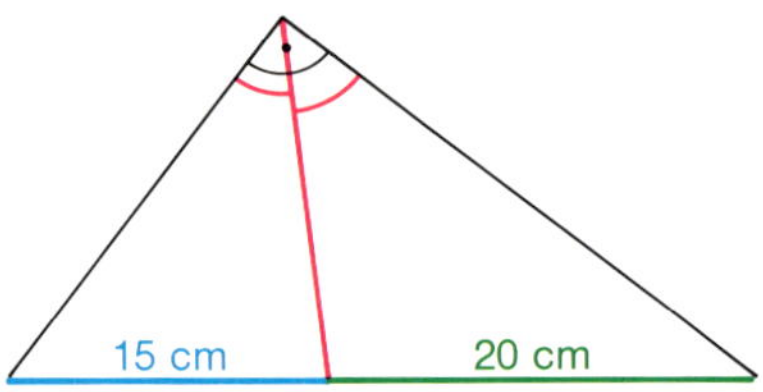

210.3

11 Auf einem Kreis sind zwei Punkte A und B gegeben. Gesucht ist ein Punkt P auf dem Kreis, dessen Abstände von A und B sich wie 3:1 (5:2) verhalten.

12 a) Zeige: Wenn zwei Kreise $k(A;r_1)$ und $k(B;r_2)$ von einem Punkt P aus unter dem gleichen Sehwinkel α erscheinen (Fig. 211.1), so gilt: $\overline{PA}:\overline{PB} = r_1 : r_2$.
b) Zeichne zwei Punkte A, B im Abstand von 5 cm. Wo liegen alle Punkte P, von denen aus k(A; 2 cm) und k(B;1 cm) unter dem gleichen Sehwinkel erscheinen? Für welchen Punkt ist der Sehwinkel am größten (am kleinsten)?

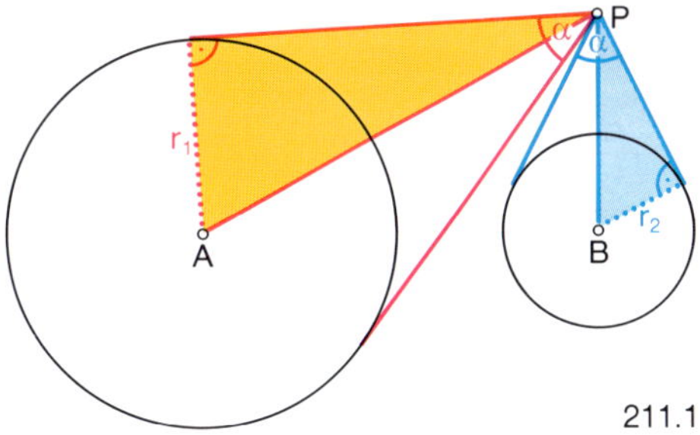

211.1

13 Zeichne 3 Kreise k(A;3 cm), k(B;1,5 cm) und k(C;1 cm) mit $\overline{AB} = 8$ cm; $\overline{BC} = 5{,}6$ cm; $\overline{AC} = 7{,}6$ cm. Konstruiere einen Punkt, von dem aus die drei Kreise unter dem gleichen Sehwinkel erscheinen. Wie viele solche Punkte gibt es?

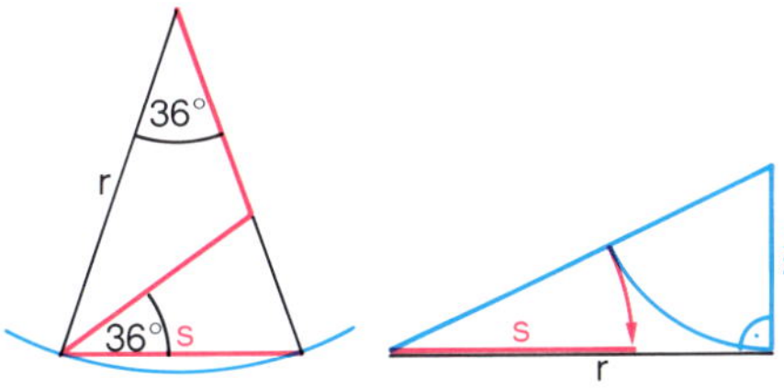

211.2

14 Zwei runde Säulen mit 2 m bzw. 1 m Durchmesser haben den (lichten) Abstand 7 m.
a) Von welchem Standpunkt aus erscheinen einem Betrachter beide Säulen gleich „dick"?
b) Von welchem Standpunkt aus erblickt er beide Säulen unter dem Sehwinkel 10°?

15 a) Beweise: Für die Seite s des regelmäßigen Zehnecks mit dem Umkreisradius r gilt:

$$s = \frac{r}{2}(\sqrt{5} - 1).$$

(Anleitung: Suche in Fig. 211.2 ähnliche Dreiecke; stelle eine Verhältnisgleichung auf.)
b) Fig. 211.2 zeigt auch, wie man bei gegebenem Umkreisradius r die Seite s des regelmäßigen Zehnecks konstruieren kann. Begründe die Konstruktion. Konstruiere ein regelmäßiges Zehneck mit r = 5 cm.
Bemerkung: Wird eine Strecke so geteilt, daß sich die ganze Strecke zum größeren Abschnitt verhält wie dieser zum Rest, so sagt man, die Strecke sei „nach dem goldenen Schnitt" oder sie sei „stetig" geteilt (vgl. S. 169, Aufgabe 31).

16 a) Konstruiere ein regelmäßiges Fünfeck mit dem Umkreisradius r = 4 cm sowie das von seinen Diagonalen gebildete Sternfünfeck (Pentagramm; Fig. 211.3). Zeige, daß sich zwei Diagonalen des ursprünglichen Fünfecks nach dem goldenen Schnitt teilen.
b) Fig. 211.4 zeigt ein Pentagramm-Band. Was fällt auf, wenn man seinen Rand verfolgt?

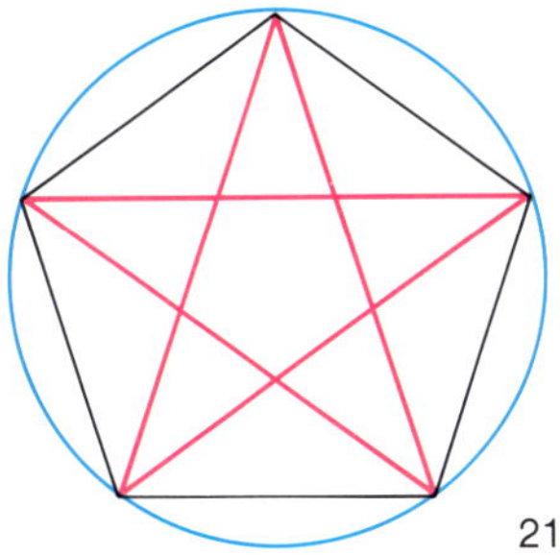
211.3

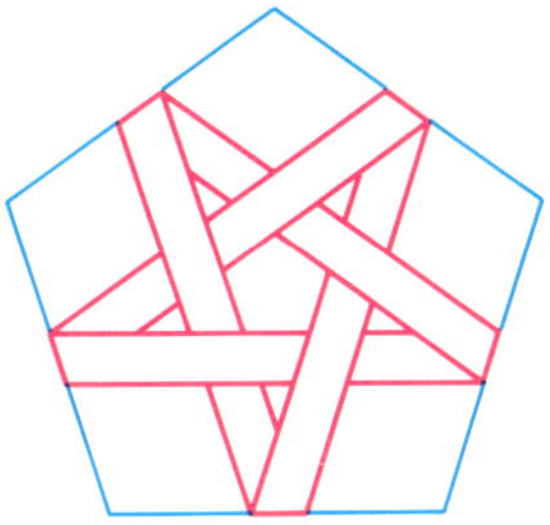
211.4

XV Die Gruppe der Ähnlichkeitsabbildungen

94 Ähnlichkeitsabbildungen

1 a) Wie entsteht in Fig. 212.1 (Fig. 212.2) das Dreieck $\overline{A}\overline{B}\overline{C}$ aus dem Dreieck ABC?
b) Zeichne Δ ABC mit $A(-4|0)$, $B(-1|1)$, $C(-2|2)$. Welches $\Delta\, A'B'C'$ entsteht, wenn man Δ ABC an der y-Achse spiegelt? Welches $\Delta\, \overline{A}\overline{B}\overline{C}$ entsteht, wenn man danach $\Delta\, A'B'C'$ von B aus mit $k=3$ streckt? Worin stimmen $\Delta\, A'B'C'$ und $\Delta\, \overline{A}\overline{B}\overline{C}$ (Δ ABC und $\Delta\, \overline{A}\overline{B}\overline{C}$) überein?

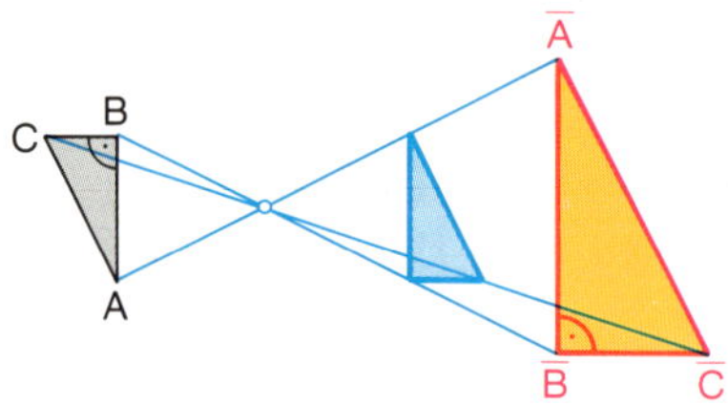

212.1

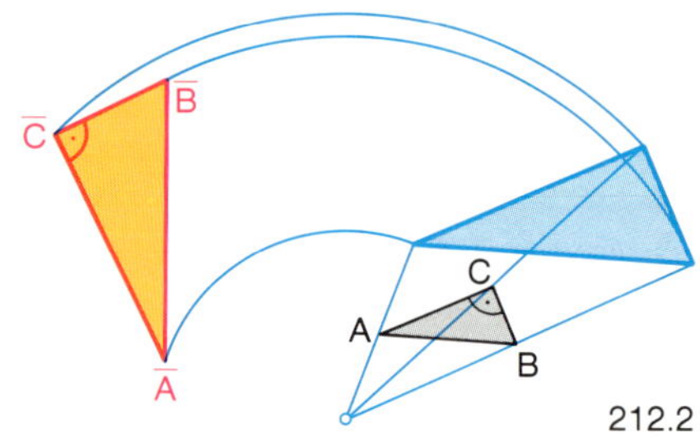

212.2

Wenn man zentrische Streckungen und Kongruenzabbildungen hintereinander ausführt (verkettet), so entsteht eine Gesamtabbildung, die
a) jeden Winkel auf einen gleich großen Winkel abbildet (Winkeltreue), und
b) Strecken im gleichen Verhältnis verlängert bzw. verkürzt (Längenverhältnistreue).

Definition: Eine Verkettung von zentrischen Streckungen und Kongruenzabbildungen heißt **Ähnlichkeitsabbildung**; je nachdem, ob sie den Umlaufsinn beibehält (Fig. 212.1/2) oder ändert (Fig. 212.3), heißt sie **gleichsinnig** oder **ungleichsinnig**.

Beispiel 1:
In Fig. 212.3 wird Δ ABC gestreckt, dann das Bild an g gespiegelt. $S_g \circ Z_{S;2}$ ist eine ungleichsinnige Ähnlichkeitsabbildung, die Δ ABC auf $\Delta\, \overline{A}\overline{B}\overline{C}$ abbildet. Wird umgekehrt Δ ABC zuerst an g gespiegelt, dann von S aus gestreckt, so wird Δ ABC nicht auf $\Delta\, \overline{A}\overline{B}\overline{C}$ abgebildet; es ist $Z_{S;2} \circ S_g \neq S_g \circ Z_{S;2}$.

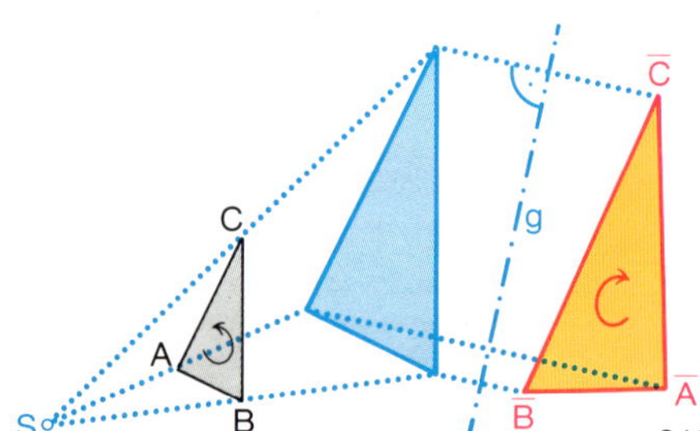

212.3

Wir überlegen, ob es in Fig. 212.3 noch eine andere Ähnlichkeitsabbildung gibt, für die $A \mapsto \overline{A}$; $B \mapsto \overline{B}$; $C \mapsto \overline{C}$ gilt.
Fig. 212.4 zeigt: Ist P ein beliebiger Punkt, so ist sein Bildpunkt $\overline{P}$ durch die Bedingung $\overline{\alpha}=\alpha$ und $\overline{\overline{A}\overline{P}}=2\cdot\overline{AP}$ eindeutig bestimmt. Wie bei Kongruenzabbildungen gilt also auch bei Ähnlichkeitsabbildungen:

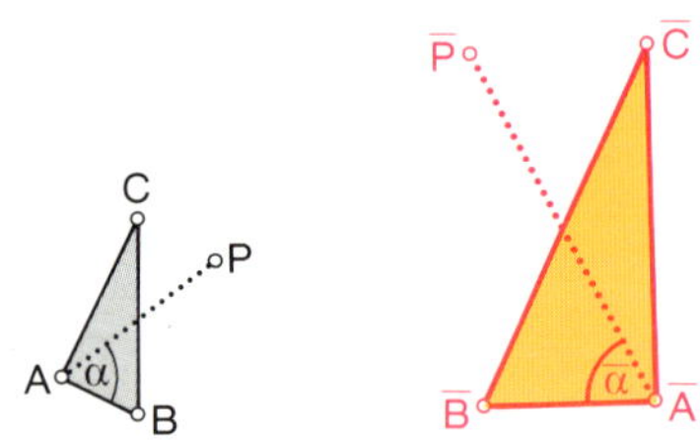

212.4

Satz: Sind A, B, C und $\overline{A}$, $\overline{B}$, $\overline{C}$ die Ecken zweier Dreiecke, so gibt es höchstens **eine** Ähnlichkeitsabbildung mit $A \mapsto \overline{A}$, $B \mapsto \overline{B}$, $C \mapsto \overline{C}$.

Beispiel 2:

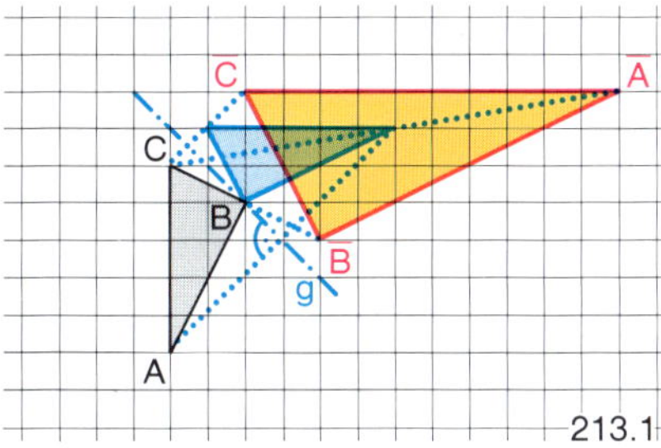

213.1

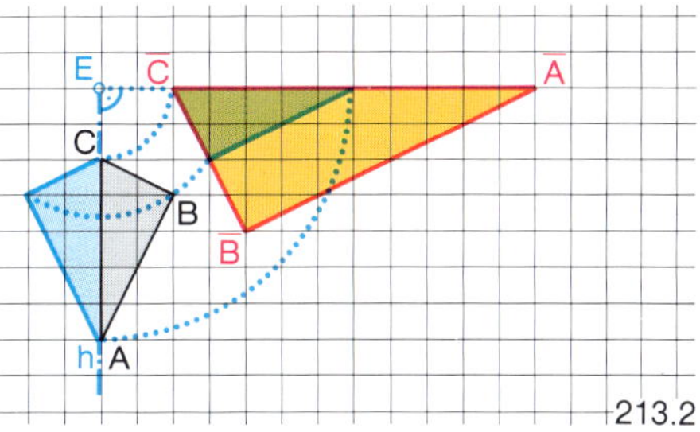

213.2

Um Δ ABC auf $\Delta\, \overline{A}\,\overline{B}\,\overline{C}$ abzubilden, wurde in Fig. 213.1 zuerst an g gespiegelt, danach vom Punkt C aus mit $k=2$ gestreckt; Fig. 213.2 erst an h gespiegelt, dann um E gedreht, danach von $\overline{C}$ aus gestreckt. Der obige Satz besagt: Diese unterschiedlichen Verfahrensweisen führen, wenn man sie auf irgend einen Punkt P anwendet, zum gleichen Bildpunkt $\overline{P}$. Es ist also:

$$Z_{C;2} \circ S_g = Z_{\overline{C};2} \circ D_{E;90°} \circ S_h.$$

② Übertrage die Geraden g, h sowie die Punkte C, $\overline{C}$, E gemäß ihrer Lage in Fig. 213.1/2 ins Heft. Wähle einen beliebigen weiteren Punkt P. Bilde P nach der Vorschrift $Z_{C;2} \circ S_g$ ab. Bilde (in der gleichen Zeichnung) P nach der Vorschrift $Z_{\overline{C};2} \circ D_{E;90°} \circ S_h$ ab.

3 Zeichne ein Dreieck ABC mit $a=4$ cm; $b=2$ cm; $c=5$ cm. Konstruiere (jeweils in einer neuen Zeichnung) das Bilddreieck $\overline{A}\,\overline{B}\,\overline{C}$ bei der Ähnlichkeitsabbildung
a) $Z_{B;0,5} \circ S_{(BC)}$ b) $Z_{B;0,5} \circ S_{(AC)}$ c) $S_{(AC)} \circ Z_{B;0,5}$ d) $Z_{B;0,5} \circ D_{A;90°}$.
Prüfe, ob die Ähnlichkeitsabbildung den Umlaufsinn ändert.

4 Zeichne in ein Koordinatensystem (LE = 0,5 cm) das Viereck ABCD mit A(0|0), B(10|0), C(7|5), D(1|3). Konstruiere das Bildviereck bei der Abbildung $D_{E;90°} \circ Z_{E;0,5} \circ S_{(BC)}$ für E(20|3). Wie verhält sich der Flächeninhalt des Bildvierecks zum Flächeninhalt des Vierecks ABCD? Bestimme beide Flächeninhalte.

5 Zeichne in ein Koordinatensystem (LE = 0,5 cm) das Dreieck ABC mit A(0|6), B(4|8), C(0|8) und das Dreieck $\overline{A}\,\overline{B}\,\overline{C}$ mit $\overline{A}$(4|0), $\overline{B}$(8|8), $\overline{C}$(8|0). Gib die Ähnlichkeitsabbildung, welche Δ ABC auf $\Delta\, \overline{A}\,\overline{B}\,\overline{C}$ abbildet, an als Verkettung
a) einer zentrischen Streckung, einer Drehung und einer Geradenspiegelung
b) einer zentrischen Streckung, einer Verschiebung und einer Geradenspiegelung
c) einer zentrischen Streckung und einer Geradenspiegelung.

6 Gib zwei verschiedene Ähnlichkeitsabbildungen an, welche die Strecke BC in Fig. 213.3 so abbilden, daß $B \mapsto B$ und $C \mapsto A$ gilt. Begründe, daß es sich um verschiedene Abbildungen handelt.

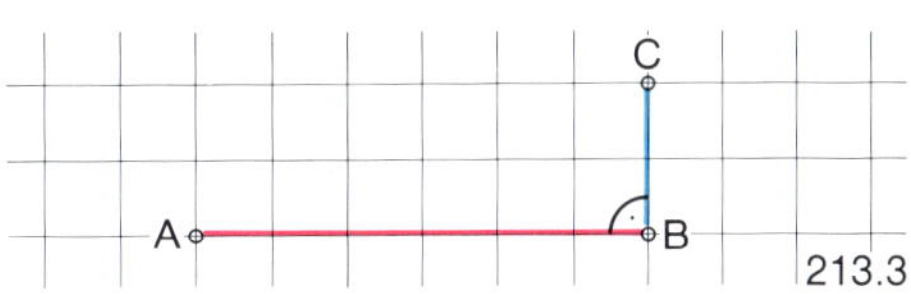

213.3

95 Verketten zentrischer Streckungen

Verketten von Streckungen mit gleichem Zentrum

1 Fig. 214.1 zeigt Masten einer Straßenbeleuchtung. Sie sind in Wirklichkeit gleich hoch und in gleichen Abständen gesetzt. Auf dem Bild hat jeder Mast nur $\frac{2}{3}$ der Höhe des vorangehenden. Wie verhalten sich die Abstände der Masten in Fig. 214.1?

214.1

In Fig. 214.2 führt die zentrische Streckung $Z_{S;2}$ von Δ ABC zu Δ A′B′C′, danach die Streckung $Z_{S;1,5}$ von Δ A′B′C′ zu $\Delta\,\bar{A}\bar{B}\bar{C}$. Dabei ist

$$\overline{SC'} = 2\cdot\overline{SC} \quad \text{und} \quad \overline{S\bar{C}} = 1{,}5\cdot\overline{SC'},$$

also $$\overline{S\bar{C}} = 1{,}5\cdot(2\cdot\overline{SC}) = 3\cdot\overline{SC}.$$

Entsprechendes gilt für A und B. Also bildet $Z_{S;3}$ Δ ABC auf $\Delta\,\bar{A}\bar{B}\bar{C}$ ab. Nach dem Satz von S. 213 ist daher

$$Z_{S;1,5} \circ Z_{S;2} = Z_{S;3}.$$

Ebenso ergibt sich, daß auch

$$Z_{S;2} \circ Z_{S;1,5} = Z_{S;3}$$

ist; die geänderte Reihenfolge beim Verketten führt zur selben Gesamtabbildung.

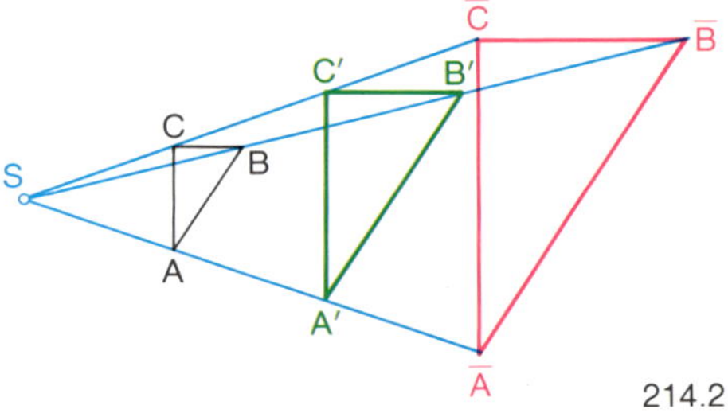

214.2

Satz 1: Die Verkettung zweier zentrischen Streckungen mit gleichem Zentrum S und den Streckfaktoren k_1, k_2 ist eine Streckung von S aus mit dem Streckfaktor $\mathbf{k_1 \cdot k_2}$.

$$\mathbf{Z_{S;k_2} \circ Z_{S;k_1} = Z_{S;k_1\cdot k_2}}$$

Beispiele:

a) Auf Δ ABC mit $a = 6$ cm; $b = 5$ cm; $c = 4$ cm wird erst die zentrische Streckung $Z_{S;1,5}$, danach auf das Bilddreieck die Streckung $Z_{S;0,8}$ angewendet. Die Verkettung ist (wegen $1{,}5\cdot 0{,}8 = 1{,}2$) die zentrische Streckung $Z_{S;1,2}$. Sie bildet Δ ABC auf ein Dreieck ab mit den Seiten 7,2 cm; 6 cm; 4,8 cm.

b) Im Sonderfall $k_1 = k$, $k_2 = 1:k$ liefert der obige Satz: $Z_{S;k_2} \circ Z_{S;k_1} = Z_{S;1}$. Diese Abbildung läßt jeden Punkt fest (**identische Abbildung**; kurz: id); wir fassen sie ebenfalls als zentrische Streckung auf. Die zentrische Streckung $Z_{S;1:k}$ macht die Streckung $Z_{S;k}$ „rückgängig"; man nennt sie die **Umkehrabbildung** von $Z_{S;k}$.

2 a) Welche Streckung bildet in Fig. 214.2 $\Delta\,\bar{A}\bar{B}\bar{C}$ auf Δ ABC (auf Δ A′B′C′) ab?
b) Welche Streckung ist die Umkehrabbildung von $Z_{S;0,4}$ (von $Z_{A;2} \circ Z_{A;0,6}$)?

3 Konstruiere möglichst einfach das Bild von Δ ABC bei der Abbildung $Z_{B;0,8} \circ Z_{B;2,5}$.

4 a) Zeige, daß es sich bei den Abbildungen $(Z_{S;2} \circ Z_{S;3}) \circ Z_{S;4}$ und $Z_{S;2} \circ (Z_{S;3} \circ Z_{S;4})$ um dieselbe Abbildung handelt. Darf man also die Klammern weglassen?
b) Darf man bei $(Z_{S;2} \circ Z_{S;3}) \circ Z_{S;4}$ die Reihenfolge der Streckungen ändern?

5 Bei welchen der folgenden Verkettungen handelt es sich um dieselbe Abbildung?

a) $Z_{S;2} \circ Z_{S;0,3} \circ Z_{S;1,6}$ b) $Z_{S;2} \circ Z_{S;1,5} \circ Z_{S;0,8}$ c) $Z_{S;0,8} \circ Z_{S;3} \circ Z_{S;0,4}$

d) $Z_{S;1,2} \circ Z_{S;2}$ e) $Z_{S;8} \circ Z_{S;0,2} \circ Z_{S;1,5}$ f) $Z_{S;0,4} \circ Z_{S;0,4} \circ Z_{S;6}$

6 Welche Abbildung muß man nach $Z_{S;0,6}$ ausführen, um als Verkettung die Streckung $Z_{S;1,5}$ (die Streckung $Z_{S;0,4}$) zu erhalten?

7 a) Zeichne den Punkt $S(1|0)$ und AB mit $A(3|0)$, $B(3|1,5)$ (LE = 0,5 cm). Konstruiere $\overline{A}\,\overline{B}$ bei der zentrischen Streckung $Z_{S;2}$. Wende auf $\overline{A}\,\overline{B}$ dieselbe Abbildung an, usw. Wie oft muß man abbilden, bis die Bildstrecke länger ist als 10 cm (1 m)?

b) Wie oft muß man $Z_{S;0,8}$ ausführen, bis die Bildstrecke kürzer ist als 5 mm?

Verketten von Streckungen mit verschiedenen Zentren

8 Zeichne drei Kreise mit $r_1 = 2$ cm; $r_2 = 1$ cm; $r_3 = 0,5$ cm. Lege an je zwei von ihnen die gemeinsamen (äußeren) Tangenten und markiere ihren Schnittpunkt. Was fällt an der Lage der drei Schnittpunkte auf?

Wir untersuchen nun, ob die Verkettung von zwei zentrischen Streckungen $Z_{S_1;k_1}$ und $Z_{S_2;k_2}$ auch dann eine zentrische Streckung ist, wenn $S_1 \neq S_2$ ist.
Wird Δ ABC von der Abbildung $Z_{S_2;k_2} \circ Z_{S_1;k_1}$ auf $\Delta\, \overline{A}\,\overline{B}\,\overline{C}$ abgebildet, so gilt aufgrund der Eigenschaften von zentrischen Streckungen:

$\overline{\overline{A}\,\overline{B}} = k_1k_2 \cdot \overline{AB}$; $\overline{\overline{B}\,\overline{C}} = k_1k_2 \cdot \overline{BC}$; $\overline{\overline{A}\,\overline{C}} = k_1k_2 \cdot \overline{AC}$

$\overline{A}\,\overline{B} \parallel AB$; $\overline{B}\,\overline{C} \parallel BC$; $\overline{A}\,\overline{C} \parallel AC$.

Im weiteren müssen wir nun zwei Fälle unterscheiden.

1. Fall (Fig. 215.1): $k_1 \cdot k_2 \neq 1$
Da entsprechende Seiten unterschiedliche Längen haben, gibt es in Δ ABC und $\Delta\, \overline{A}\,\overline{B}\,\overline{C}$ mindestens ein Paar entsprechender Seiten, z. B. AB und $\overline{A}\,\overline{B}$, die nicht auf derselben Geraden liegen. Daher schneiden sich $(A\overline{A})$ und $(B\overline{B})$ in einem Punkt S. Für die Streckung $Z_{S;k_1k_2}$ gilt nicht nur $A \mapsto \overline{A}$, $B \mapsto \overline{B}$, sondern auch $C \mapsto \overline{C}$, weil $AC \parallel \overline{A}\,\overline{C}$ und $\overline{\overline{A}\,\overline{C}} = k_1k_2 \cdot \overline{AC}$. Nach dem Satz von S. 213 ist daher $Z_{S_2;k_2} \circ Z_{S_1;k_1} = Z_{S;k_1k_2}$.

2. Fall (Fig. 215.2): $k_1 \cdot k_2 = 1$
Jetzt sind Δ ABC und $\Delta\, \overline{A}\,\overline{B}\,\overline{C}$ gleichsinnig kongruent und entsprechende Seiten parallel. Bei der Verschiebung $\overrightarrow{A\overline{A}}$ gilt $A \mapsto \overline{A}$; $B \mapsto \overline{B}$; $C \mapsto \overline{C}$. Somit ist $Z_{S_2;k_2} \circ Z_{S_1;k_1} = \overrightarrow{A\overline{A}}$.
Die Gerade (S_1S_2) ist Fixgerade von $Z_{S_1;k_1}$ und von $Z_{S_2;k_2}$, also auch der Verkettung. Daher muß (S_1S_2) im 1. Fall durch S gehen und im 2. Fall zu $A\overline{A}$ parallel sein.

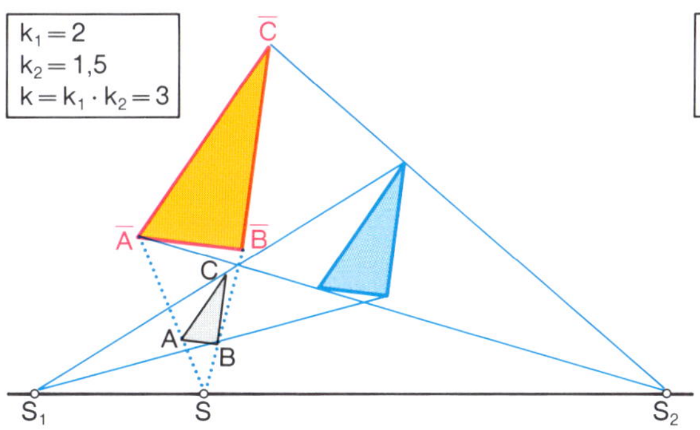

215.1

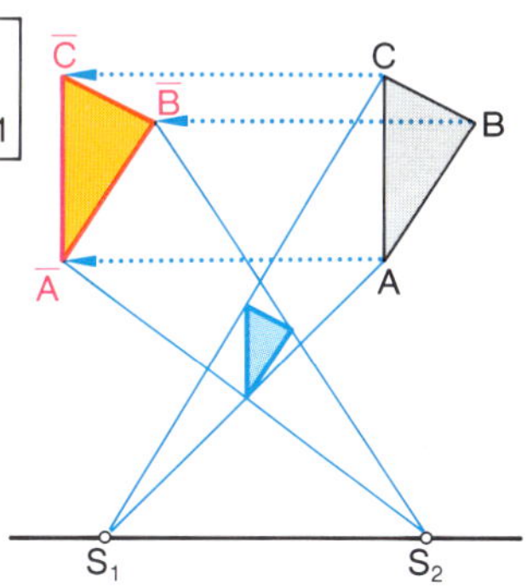

215.2

Satz 2: Die **Verkettung zweier zentrischer Streckungen** $Z_{S_1;k_1}$ und $Z_{S_2;k_2}$ ist für **$k_1 \cdot k_2 \neq 1$** eine **zentrische Streckung** $Z_{S;k}$ mit $k = k_1 \cdot k_2$ und $S \in (S_1S_2)$ (Fig. 215.1), **$k_1 \cdot k_2 = 1$** eine **Verschiebung** in Richtung (S_1S_2) (Fig. 215.2).

(9) Markiere zwei Punkte S_1 und S_2. Konstruiere das Streckzentrum S der zentrischen Streckung $Z_{S_2;2} \circ Z_{S_1;3}$. (Anleitung: Bilde einen geeignet gewählten Punkt P ab.)

10 Zeichne Δ ABC mit $a = 4{,}5$ cm; $b = 2$ cm; $c = 5$ cm. Konstruiere das Bild bei
a) $Z_{B;2} \circ Z_{A;1,5}$ b) $Z_{B;0,5} \circ Z_{C;3}$ c) $Z_{A;0,8} \circ Z_{C;2}$ d) $Z_{A;0,5} \circ Z_{B;2}$.
(Anleitung: Fertige jeweils eine neue Zeichnung an; bestimme für die Verkettung zunächst das Streckzentrum und den Streckfaktor bzw. einen Verschiebungspfeil.)

11 a) Zeichne das Viereck ABCD mit A (2|2), B (8|2), C (6|5), D (3|4) (LE = 0,5 cm) sowie $S_1(0|4)$ und $S_2(2|0)$. Konstruiere das Bild A′B′C′D′ des Vierecks ABCD bei $Z_{S_1;2}$; dann das Bild $\bar{A}\bar{B}\bar{C}\bar{D}$ des Vierecks A′B′C′D′ bei $Z_{S_2;1,5}$. Trage den Punkt S ein, für den gilt: $Z_{S;k} = Z_{S_2;1,5} \circ Z_{S_1;2}$; gib k an.
b) Konstruiere (in einer neuen Zeichnung) das Bild $A_1B_1C_1D_1$ bei der Abbildung $Z_{S_2;1,5}$. Trage das Zentrum S* der Streckung $Z_{S_1;2} \circ Z_{S_2;1,5}$ ein.
c) Sind die Verkettungen in a), b) dieselbe Abbildung? Darf man also beim Verketten die Reihenfolge ändern?

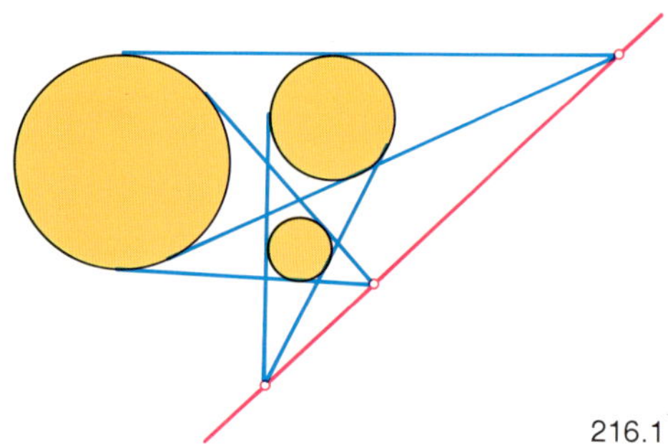

216.1

12 a) Zeige: Zieht man an je zwei von drei nicht kongruenten Kreisen die gemeinsamen äußeren Tangenten (Fig. 216.1) und bestimmt ihren Schnittpunkt, so liegen die drei Schnittpunkte auf einer Geraden (Satz von MONGE[1]; vgl. Aufg. 8).
b) Welchen Satz erhält man, wenn zwei der drei Kreise kongruent sind?

13 a) Verlängere die Seiten AB, BC und CA von Δ ABC jeweils um sich selbst bis S_1, S_2 und S_3 (Fig. 216.2). Zeige:
$\overline{AA_1} = \frac{1}{3} \cdot \overline{AB}$; $\overline{BB_1} = \frac{1}{3} \cdot \overline{BC}$; $\overline{CC_1} = \frac{1}{3} \cdot \overline{CA}$.
(Anleitung: Ermittle das Bild von A bei $Z_{S_2;2} \circ Z_{S_3;2}$; wende Satz 2 an.)
b) In welchem Verhältnis teilen A_1, B_1 und C_1 die Seiten von $\Delta\, S_1S_2S_3$?
c) Was ergibt sich aus b), wenn man A_1A auf AB, B_1B auf BC, C_1C auf CA abträgt und jeweils den Endpunkt mit der gegenüberliegenden Ecke von Δ ABC verbindet?

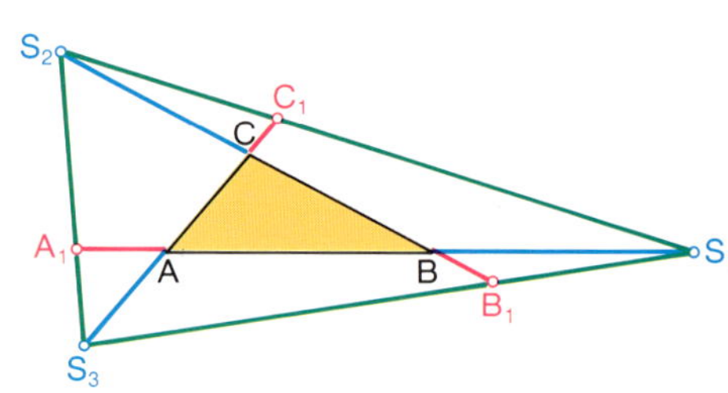

216.2

1. G. MONGE (1746–1818), franz. Mathematiker und Staatsmann

96 Drehstreckungen

1 Zeichne ein Dreieck ABC und einen Punkt S außerhalb. Konstruiere zuerst das Bilddreieck A′B′C′ bei der zentrischen Streckung $Z_{S;2}$, danach das Bilddreieck $\overline{A}\,\overline{B}\,\overline{C}$ von Δ A′B′C′ bei der Drehung $D_{S;90°}$. Worin stimmen Δ ABC und $\Delta\, \overline{A}\,\overline{B}\,\overline{C}$ überein?
Erhält man ein anderes $\Delta\, \overline{A}\,\overline{B}\,\overline{C}$, wenn man zuerst die Drehung $D_{S;90°}$ und danach die zentrische Streckung $Z_{S;2}$ ausführt?

Bildet man ein Dreieck ABC durch eine Verkettung von zentrischen Streckungen ab, so liegt das Bilddreieck $\overline{A}\,\overline{B}\,\overline{C}$ stets so, daß entsprechende Seiten beider Dreiecke parallel sind. Im folgenden untersuchen wir Ähnlichkeitsabbildungen, bei denen dies i. allg. nicht der Fall ist.

Definition: Die Verkettung einer zentrischen Streckung $Z_{S;k}$ und einer Drehung $D_{S;\alpha}$, bei der das Streckzentrum auch das Drehzentrum ist, heißt **Drehstreckung**.

Beispiel 1:
In Fig. 217.1 wurde erst von S aus mit $k=2$ gestreckt, dann um S mit $\alpha=50°$ gedreht. $\Delta\, \overline{A}\,\overline{B}\,\overline{C}$ ist das Bild von Δ ABC bei $D_{S;50°} \circ Z_{S;2}$. Ändert man beim Verketten die Reihenfolge, so erhält man offenbar dieselbe Abbildung; es ist also

$$Z_{S;2} \circ D_{S;50°} = D_{S;50°} \circ Z_{S;2}.$$

Bemerkung: Zentrische Streckungen und Drehungen kann man als besondere Drehstreckungen ($\alpha=0°$; $k=1$) auffassen.

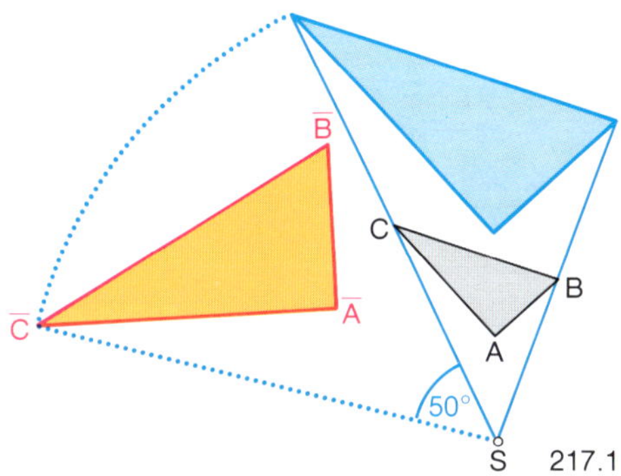

217.1

Eine Drehstreckung bildet jedes Dreieck auf ein gleichsinnig ähnliches Dreieck ab. Wir gehen nun umgekehrt davon aus, daß zwei gleichsinnig ähnliche Dreiecke ABC und $\overline{A}\,\overline{B}\,\overline{C}$ gegeben sind und versuchen, Δ ABC auf $\Delta\, \overline{A}\,\overline{B}\,\overline{C}$ abzubilden. Falls entsprechende Seiten beider Dreiecke parallel sind, ist dies durch eine Verschiebung oder eine zentrische Streckung möglich (Fig. 217.2).
Sind entsprechende Seiten nicht parallel (Fig. 217.3), so können wir jedenfalls durch eine zentrische Streckung Δ ABC zunächst passend vergrößern (verkleinern) und danach das Bilddreieck durch eine Drehung in $\Delta\, \overline{A}\,\overline{B}\,\overline{C}$ überführen. Kann man die zentrische Streckung und die Drehung so wählen, daß das Streckzentrum gleichzeitig Drehzentrum, die Abbildung also eine Drehstreckung ist?

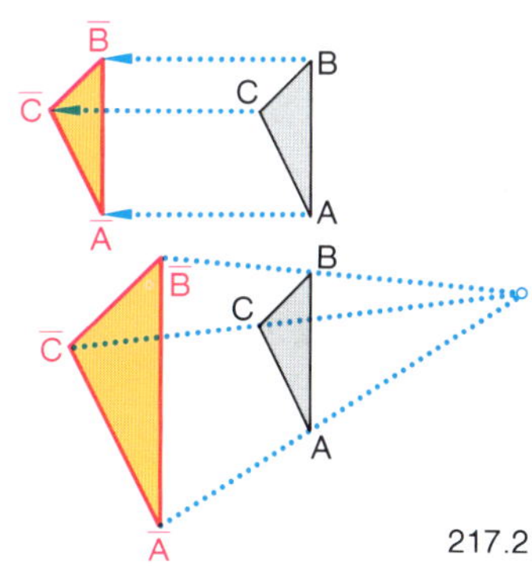

217.2

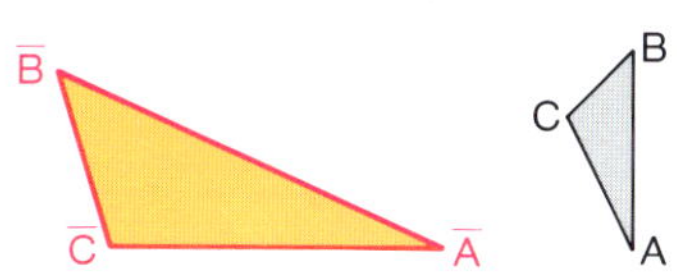

217.3

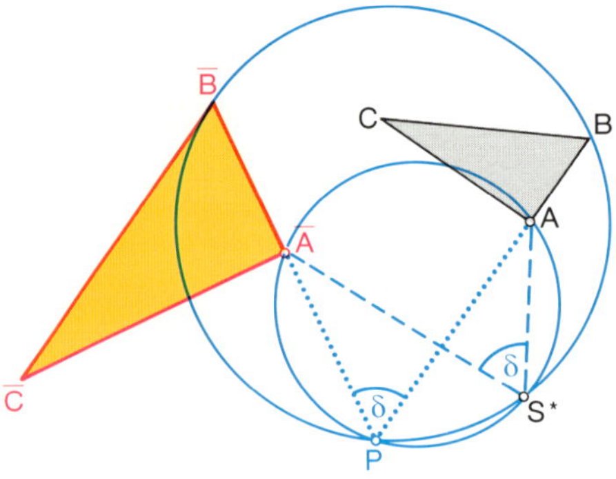

218.1

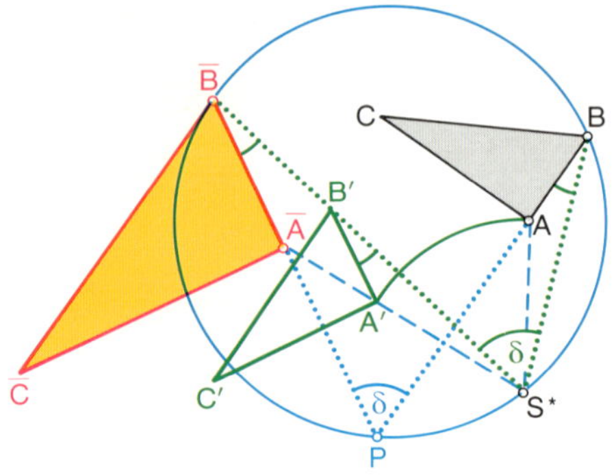

218.2

Nach Voraussetzung schneiden sich (AB) und ($\overline{A}\,\overline{B}$) in einem Punkt P unter einem Winkel δ (Fig. 218.1). Wir suchen zunächst die Drehzentren S von Drehungen $D_{S;\delta}$ mit $(SA) \mapsto (S\overline{A})$. Nach dem Satz vom Umfangswinkel (Fig. 218.1) liegen sie auf einem Kreis durch die vorhandenen Punkte A, $\overline{A}$, P. Von diesen Drehungen interessieren diejenigen, für die auch $(SB) \mapsto (S\overline{B})$ gilt; deren Zentren liegen auf einem Kreis durch B, $\overline{B}$, P. Ist $S^* \neq P$ (für $S^* = P$ vgl. Aufg. 9) Schnittpunkt beider Kreise, so gilt: $D_{S^*;\delta}$ oder $D_{S^*;\delta+180°}$ bildet Δ ABC auf ein Δ A′B′C′ so ab, daß A und A′ auf derselben Halbgeraden von S* aus liegen. Für diese Drehung ist $A'B' \parallel \overline{A}\,\overline{B}$ (Fig. 218.2: gleiche Umfangswinkel bei B und $\overline{B}$, gleiche Stufenwinkel bei $\overline{B}$ und B′). Daher sind in Δ A′B′C′ und $\Delta\ \overline{A}\,\overline{B}\,\overline{C}$ entsprechende Seiten parallel, somit $\Delta\ \overline{A}\,\overline{B}\,\overline{C}$ Bild von Δ A′B′C′ bei einer Streckung von S* aus.

Satz: Jede **gleichsinnige Ähnlichkeitsabbildung** ist eine **Drehstreckung** oder eine **Verschiebung**.

Der Satz vermittelt eine einfache Vorstellung, wie eine gleichsinnige Ähnlichkeitsabbildung auf die Menge aller Punkte der Ebene wirkt. Er ist eine Verallgemeinerung des Satzes: Jede gleichsinnige Kongruenzabbildung ist eine Drehung oder Verschiebung.

Aufgabe: Gegeben sind zwei Strecken AB und $\overline{A}\,\overline{B}$, die weder gleich lang noch parallel sind (Fig. 218.3). Konstruiere das Zentrum S der Drehstreckung, die $\overline{A}$ auf A und B auf $\overline{B}$ abbildet.

Wir bestimmen den Schnittpunkt P von (AB) und ($\overline{A}\,\overline{B}$). Dann konstruieren wir den Umkreis von Δ A$\overline{A}$P und den Umkreis von Δ B$\overline{B}$P. Der von P verschiedene Schnittpunkt beider Kreise ist das Zentrum S.

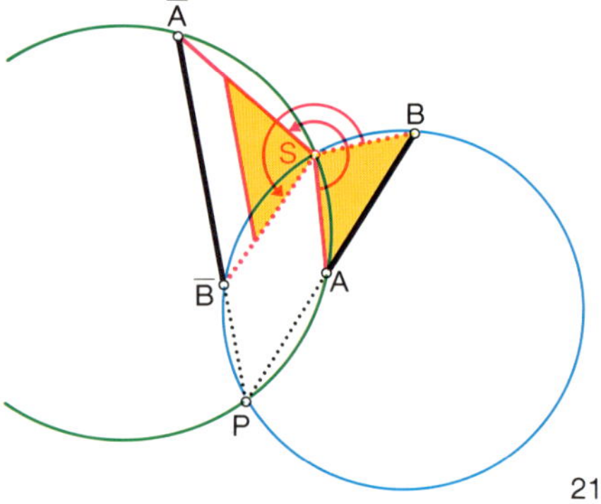

218.3

2 Trage in ein Koordinatensystem die Punkte A(2|4), B(6|6), $\overline{A}$(8|2), $\overline{B}$(8|4) ein (LE = 1 cm). Konstruiere das Zentrum S der Drehstreckung mit $A \mapsto \overline{A}$ und $B \mapsto \overline{B}$ sowie das Bild der Strecke AB bei der beteiligten Drehung.

3 Zeichne Δ ABC mit $a = 4{,}2$ cm; $b = 4{,}7$ cm; $c = 3$ cm ($a = 7$ cm; $b = 4{,}7$ cm; $c = 8{,}5$ cm). Konstruiere das Bild des Δ ABC bei der Drehstreckung, die A festläßt und B in C überführt. Entnimm der Zeichnung Drehmaß und Streckfaktor der Drehstreckung.

4 Zeichne ein Viereck ABCD mit $a = 4$ cm; $b = 2{,}3$ cm; $c = 2$ cm; $d = 2$ cm; $\alpha = 60°$. Konstruiere das Bildviereck bei der Drehstreckung mit dem Zentrum A, dem Drehmaß 70° und dem Streckfaktor 2 (mit dem Schnittpunkt E der Diagonalen als Zentrum, dem Drehmaß 40° und $k = 1{,}5$).

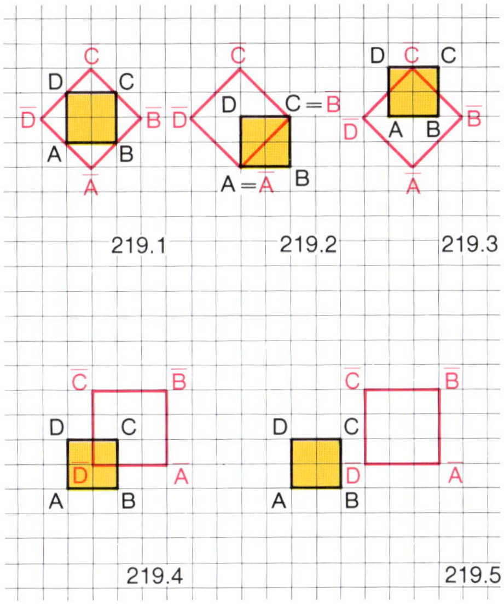

219.1 219.2 219.3

219.4 219.5

5 Gib in Fig. 219.1/2/3 das Zentrum, das Drehmaß und den Streckfaktor der Drehstreckung an, für die $A \mapsto \overline{A}$, $B \mapsto \overline{B}$, $C \mapsto \overline{C}$, $D \mapsto \overline{D}$ gilt.

6 Übertrage Fig. 219.4/5 in doppelter Größe ins Heft. Konstruiere jeweils das Zentrum der Drehstreckung, für die $A \mapsto \overline{A}$, $B \mapsto \overline{B}$, $C \mapsto \overline{C}$, $D \mapsto \overline{D}$ gilt.

7 Zeichne Δ ABC mit A(2|2), B(5|2), C(3|3) (LE = 1 cm) sowie U(2|−2) und V(7|0).
a) Konstruiere das Bilddreieck $\overline{A}\overline{B}\overline{C}$ bei der Abbildung $D_{V;90°} \circ Z_{U;2}$.
b) Konstruiere (in derselben Zeichnung) das Zentrum S der Drehstreckung, die Δ ABC auf $\Delta\, \overline{A}\overline{B}\overline{C}$ abbildet. Gib die Koordinaten von S an.

8 a) Begründe: Jede gleichsinnige Ähnlichkeitsabbildung, die keine Verschiebung ist, hat einen Fixpunkt.
b) Konstruiere (LE = 0,5 cm) den Fixpunkt der Ähnlichkeitsabbildung, die Δ ABC mit A(6|8), B(12|8), C(6|11) auf $\Delta\, \overline{A}\overline{B}\overline{C}$ mit $\overline{A}$(4|1), $\overline{B}$(12|5), $\overline{C}$(2|5) (mit $\overline{A}$(14|0), $\overline{B}$(14|8), $\overline{C}$(10|0)) abbildet.

9 a) Wie liegen die beiden Kreise in Fig. 218.1, wenn S* mit P zusammenfällt? Welcher Punkt ist dann Zentrum der Drehstreckung?
b) Konstruiere (LE = 0,5 cm) das Zentrum der Drehstreckung mit $A(10|0) \mapsto \overline{A}(6|0)$; $B(10|6) \mapsto \overline{B}(0|6)$; $C(8|2) \mapsto \overline{C}(2|0)$.

10 Fig. 219.6 zeigt Quadrate über den Seiten eines rechtwinkligen Dreiecks.
a) Zeige: Man kann Δ DBC durch eine Drehstreckung in Δ DCA überführen. Bestimme das Zentrum und das Drehmaß.
b) Wie folgt aus a), daß $HD \perp DF$ und $GD \perp DE$ ist?
c) Zeichne über den Katheten BC und CA eines rechtwinkligen Dreiecks nach außen gleichseitige Dreiecke BFC und CGA. Ist $GD \perp DF$? Untersuche, ob Entsprechendes auch gilt, wenn die Dreiecke nicht gleichseitig, aber ähnlich sind.

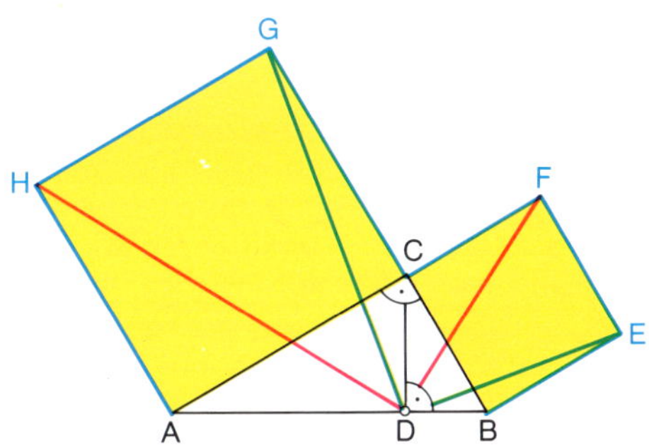

219.6

97 Klappstreckungen

① Fig. 220.1 zeigt 5 Ansteckplaketten, denen jeweils ein Buchstabe aufgeprägt ist. Bei welchen Plaketten handelt es sich um denselben Buchstaben? Läßt sich auch zweifelsfrei erkennen, um welchen Buchstaben es sich handelt?

220.1

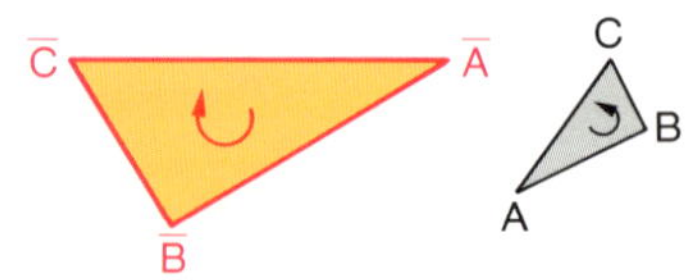

220.2

Die Dreiecke in Fig. 220.2 sind gegensinnig ähnlich. Eine Ähnlichkeitsabbildung, die Δ ABC auf Δ $\bar{A}\bar{B}\bar{C}$ abbildet, kann also weder eine Drehstreckung noch eine Verschiebung sein.
Eine besonders einfache ungleichsinnige Ähnlichkeitsabbildung zeigt Fig. 220.3: Erst wird an g gespiegelt, danach von einem Punkt $P \in g$ aus gestreckt. Die Abbildung $Z_{P;2} \circ S_g$ bildet Δ ABC auf Δ $\bar{A}\bar{B}\bar{C}$ ab. Ebenso die Abbildung $S_g \circ Z_{P;2}$; es ist:

$$Z_{P;2} \circ S_g = S_g \circ Z_{P;2}.$$

Beachte: Ist $P \notin g$, so gilt dies nicht.

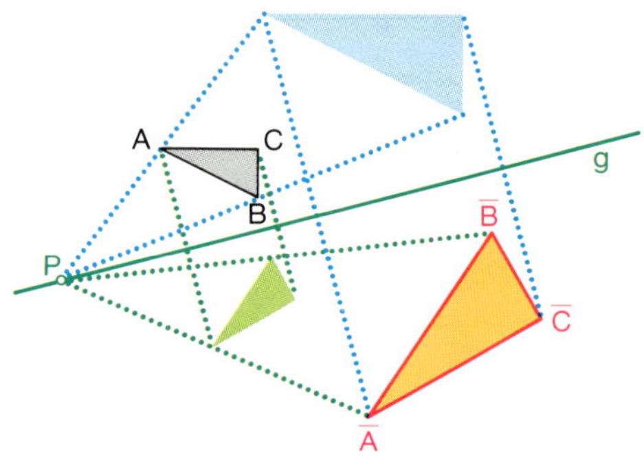

220.3

Definition: Die Verkettung einer Geradenspiegelung an g und einer zentrischen Streckung, deren Streckzentrum auf g liegt, heißt **Klappstreckung**.

In Fig. 220.4 geht Δ ABC durch eine Klappstreckung in Δ $\bar{A}\bar{B}\bar{C}$ über. Dabei gilt:

$$\mathbf{\overline{B'C'} : \overline{\bar{B}\bar{C}}} = \overline{PB'} : \overline{P\bar{B}} = \overline{B'U} : \overline{\bar{B}V} = \overline{BU} : \overline{\bar{B}V} = \mathbf{\overline{BW} : \overline{W\bar{B}}}.$$

Die Spiegelgerade g teilt also die Verbindungen entsprechender Dreiecksecken im Verhältnis entsprechender Seiten.

Aufgabe: Gegeben sind zwei gegensinnig ähnliche (nicht kongruente) Dreiecke ABC und $\bar{A}\bar{B}\bar{C}$. Gesucht ist die Spiegelachse g und das Streckzentrum P einer Klappstreckung, die Δ ABC auf Δ $\bar{A}\bar{B}\bar{C}$ abbildet (Fig. 220.4).
Wir teilen z. B. $\overline{A\bar{A}}$ und $\overline{B\bar{B}}$ im Verhältnis $\overline{AB} : \overline{\bar{A}\bar{B}}$; die Verbindungsgerade der Teilpunkte ist g. Dann konstruieren wir z. B. das Spiegelbild B′ von B bez. g; der Schnittpunkt von $(B'\bar{B})$ mit g ist das Streckzentrum P. Begründung: In Fig. 220.4 sind die gelben Vierecke ähnlich, entsprechende Seiten parallel; die Verbindungsgeraden entsprechender Ecken schneiden sich daher in einem Punkt.

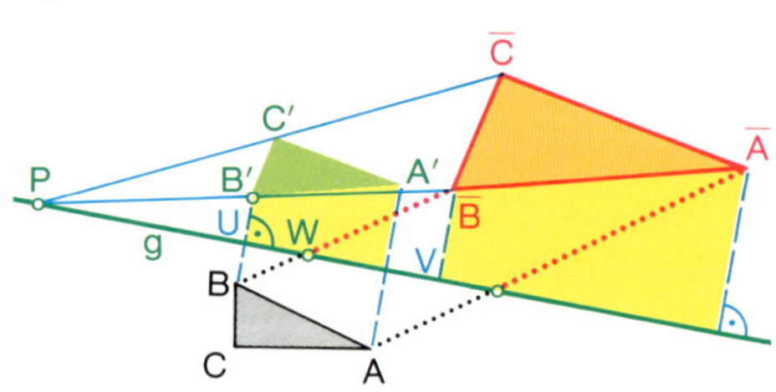

220.4

Im Sonderfall $\triangle ABC \cong \triangle \overline{A}\overline{B}\overline{C}$ werden $A\overline{A}$, $B\overline{B}$, $C\overline{C}$ durch g halbiert und $A'\overline{A}$, $B'\overline{B}$, $C'\overline{C}$ sind zu g parallel. Hier wird $\triangle ABC$ durch eine Schubspiegelung auf $\triangle \overline{A}\overline{B}\overline{C}$ abgebildet.

Satz: Jede **ungleichsinnige Ähnlichkeitsabbildung** ist eine **Klappstreckung** oder eine **Schubspiegelung**.

Merke: Jede Ähnlichkeitsabbildung, die keine Kongruenzabbildung ist, ist entweder eine Drehstreckung oder eine Klappstreckung.

② Zeichne in einem Koordinatensystem (LE = 0,5 cm) die Dreiecke ABC mit A(0|0), B(2|3), C(0|3) und $\overline{A}\overline{B}\overline{C}$ mit $\overline{A}$(16|12), $\overline{B}$(14|2), $\overline{C}$(10|6). Konstruiere die Spiegelgerade g und das Streckzentrum P der Klappstreckung, die $\triangle ABC$ auf $\triangle \overline{A}\overline{B}\overline{C}$ abbildet.

3 Zeichne $\triangle ABC$ mit $a = 2$ cm; $b = 4$ cm; $c = 3$ cm. Konstruiere das Bild des Dreiecks bei der Klappstreckung mit (BC) als Spiegelgerade, B als Streckzentrum und $k = 2$.

4 Zeichne ein Viereck ABCD mit $a = 4$ cm; $b = 3$ cm; $c = 2$ cm; $d = 2{,}7$ cm; $\alpha = 70°$. Konstruiere das Bild des Vierecks bei der Klappstreckung mit (BD) als Spiegelgerade, dem Schnittpunkt der Diagonalen als Streckzentrum und $k = 2$ als Streckfaktor.

5 Zeichne $\triangle ABC$ und $\triangle \overline{A}\overline{B}\overline{C}$ (LE = 0,5 cm). Konstruiere die Spiegelgerade g und das Streckzentrum P der Klappstreckung, die $\triangle ABC$ auf $\triangle \overline{A}\overline{B}\overline{C}$ abbildet.

a) A(0|0), B(2|0), C(2|4), $\overline{A}$(10|8), $\overline{B}$(10|5), $\overline{C}$(4|5)
b) A(0|0), B(5|0), C(1|4), $\overline{A}$(14|7), $\overline{B}$(14|−3), $\overline{C}$(6|5)
c) A(−6|0), B(0|−2), C(0|0), $\overline{A}$(9|3), $\overline{B}$(0|0), $\overline{C}$(0|3)

6 a) Zeichne ein Viereck ABCD mit $a = 5$ cm; $b = 4$ cm; $c = 3$ cm; $d = 1{,}5$ cm; $\alpha = 70°$. Konstruiere das Bildviereck bei der Schubspiegelung mit (AB) als Spiegelgerade und $\overrightarrow{AB}$ als Verschiebung (mit (BD) als Spiegelgerade und $\overrightarrow{DB}$ als Verschiebung).
b) Zeichne $\triangle ABC$ mit A(0|12), B(6|9), C(6|12) und $\triangle \overline{A}\overline{B}\overline{C}$ mit $\overline{A}$(2|6), $\overline{B}$(5|0), $\overline{C}$(2|0) (mit $\overline{A}$(10|10), $\overline{B}$(7|16), $\overline{C}$(10|16)) (LE = 0,5 cm). Konstruiere die Spiegelgerade der Schubspiegelung, die $\triangle ABC$ auf $\triangle \overline{A}\overline{B}\overline{C}$ abbildet. Gib einen Verschiebungspfeil an.

7 a) Zeichne ein rechtwinkliges $\triangle ABC$ mit $a = 5$ cm; $b = 7$ cm und der Höhe CD. Welche der drei vorhandenen Dreiecke sind gleichsinnig (ungleichsinnig) ähnlich?
b) Bestimme die Ähnlichkeitsabbildung, die $\triangle BCD$ auf $\triangle ADC$ abbildet.
c) Bestimme die Ähnlichkeitsabbildung, die $\triangle ABC$ auf $\triangle ADC$ abbildet. (Vgl. Satz 2 von S. 205).

8 Zwei Landkarten, die dasselbe Gebiet in verschiedenen Maßstäben zeigen (Fig. 221.1), werden beliebig aufeinandergelegt. Wie viele Punkte gibt es höchstens (mindestens), die in beiden Karten genau übereinanderliegen? Was ändert sich, wenn man sich die Landkarten allseitig unbegrenzt fortgesetzt denkt?

221.1

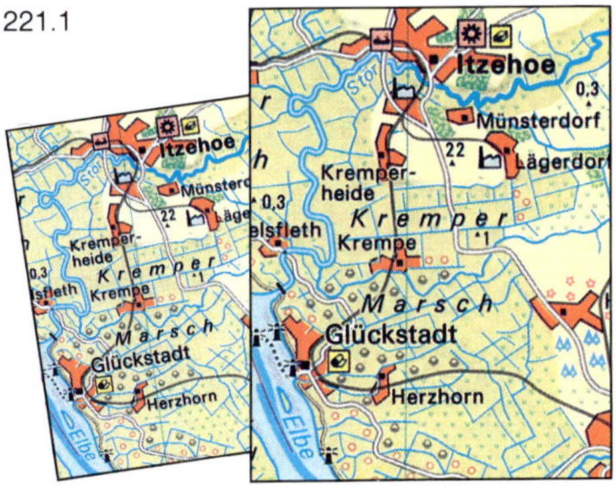

98 Übersicht über die Ähnlichkeitsabbildungen

(1) Zwei gleichsinnige (ungleichsinnige) Ähnlichkeitsabbildungen, die denselben Punkt F (Fixpunkt) als einzigen Punkt festlassen, werden verkettet. Ist die Verkettung eine gleichsinnige oder eine ungleichsinnige Ähnlichkeitsabbildung? Hat sie ebenfalls F als Fixpunkt? Kann es sich bei der Verkettung um eine Drehstreckung (Klappstreckung; Verschiebung; Schubspiegelung) handeln?

Nach den bisherigen Ergebnissen läßt sich jede Verkettung von zentrischen Streckungen und Kongruenzabbildungen auf eine Drehstreckung oder eine Klappstreckung zurückführen (sofern sie keine Kongruenzabbildung ist). Das folgende Beispiel zeigt, wie man vorgeht.

Dabei ist zu beachten: Bei einer gegebenen Verkettung (z. B. der Verkettung $Z_{B;2} \circ \overrightarrow{CD} \circ Z_{A;3}$ im folgenden Beispiel) darf man nach Belieben Klammern setzen oder weglassen, dagegen darf man die Reihenfolge der verketteten Abbildungen i. allg. nicht ändern; das Verketten ist assoziativ, jedoch nicht kommutativ.

Beispiel:
Wir untersuchen die Ähnlichkeitsabbildung

$$Z_{B;2} \circ \overrightarrow{CD} \circ Z_{A;3}$$

mit den Punkten A, B und der Verschiebung $\overrightarrow{CD}$ aus Fig. 222.1.
Die Abbildung $\overrightarrow{CD} \circ Z_{A;3}$ ist eine gleichsinnige Ähnlichkeitsabbildung, keine Kongruenzabbildung. Sie bildet jedes Dreieck so ab, daß entsprechende Seiten parallel sind (warum?). Die Abbildung $\overrightarrow{CD} \circ Z_{A;3}$ ist also eine zentrische Streckung $Z_{R;3}$. Die gegebene Abbildung läßt sich damit in der Form

$$Z_{B;2} \circ Z_{R;3}$$

schreiben. Auch diese Abbildung ist keine Kongruenzabbildung, sondern (nach Satz 2, S. 216) eine zentrische Streckung

$$Z_{S;6}.$$

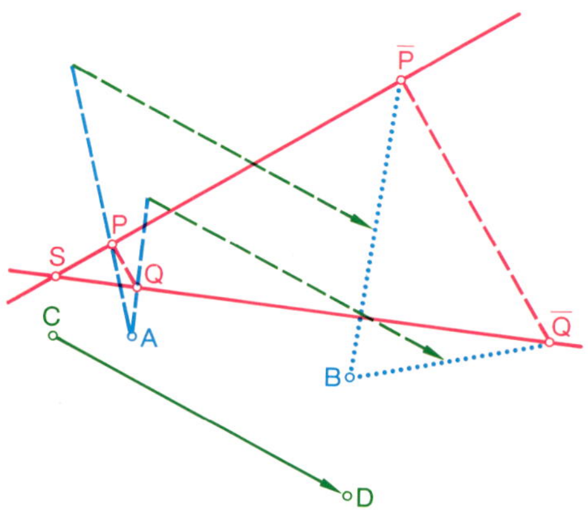

222.1

Um das Streckzentrum S zu finden, bilden wir zwei Punkte P und Q gemäß der Vorschrift $Z_{B;2} \circ \overrightarrow{CD} \circ Z_{A;3}$ ab (Fig. 222.1); der Schnittpunkt von $(P\overline{P})$ und $(Q\overline{Q})$ ist das gesuchte Streckzentrum S. Damit haben wir eine einfache Vorstellung gewonnen, wie die Ähnlichkeitsabbildung $Z_{B;2} \circ \overrightarrow{CD} \circ Z_{A;3}$ auf die Punkte der Ebene wirkt.

Das Beispiel zeigt: Beim Vereinfachen von Verkettungen ist wichtig zu wissen, daß z. B. die Verkettung einer zentrischen Streckung ($k \neq 1$) und einer Verschiebung eine zentrische Streckung ist, oder daß die Verkettung zweier zentrischer Streckungen ($k_1k_2 \neq 1$) eine zentrische Streckung ist, usw. Dabei kann die Übersicht in Fig. 223.1 eine Hilfe sein. Die rote Umrandung deutet an: Wenn man zwei Abbildungen der betreffenden Art verkettet, erhält man eine Abbildung der gleichen Art (z. B. ergibt sich beim Verketten von zwei gleichsinnigen Ähnlichkeitsabbildungen wieder eine gleichsinnige Ähnlichkeitsabbildung; bei ungleichsinnigen Ähnlichkeitsabbildungen gilt Entsprechendes nicht).

Eine Menge von Ähnlichkeitsabbildungen mit dieser Eigenschaft nennt man auch eine **Gruppe von Ähnlichkeitsabbildungen**.

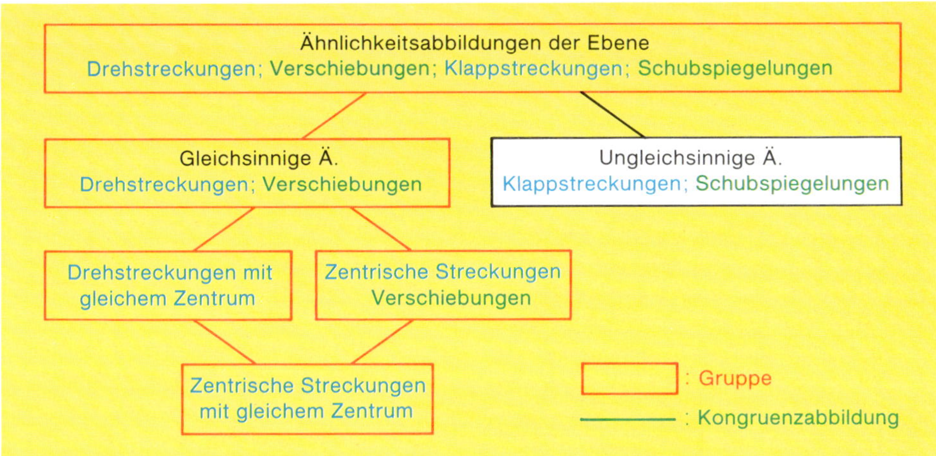

223.1

(2) Handelt es sich bei der Abbildung $Z_{B;2} \circ Z_{A;3} \circ \overrightarrow{CD}$ (A, B, C, D aus Fig. 222.1) um dieselbe Abbildung wie in Fig. 222.1? (Anleitung: Wähle P, Q geeignet.)

3 In einem Koordinatensystem (LE = 1 cm) sind die Punkte A(0|0), B(2|1), C(3|0), D(1|0) gegeben. Um welche Art von Ähnlichkeitsabbildungen handelt es sich bei der folgenden Verkettung? Ermittle die Bestimmungsstücke der Abbildung (z. B. Näherungswerte für die Koordinaten des Streckzentrums und den Streckfaktor).
a) $Z_{A;2} \circ \overrightarrow{BC}$ b) $\overrightarrow{BC} \circ Z_{A;2}$ c) $Z_{A;3} \circ Z_{B;0,5} \circ Z_{C;2}$ d) $Z_{A;0,8} \circ Z_{C;2} \circ Z_{B;3}$
e) $Z_{A;1,5} \circ \overrightarrow{CD} \circ \overrightarrow{AB}$ f) $\overrightarrow{DC} \circ Z_{B;2} \circ \overrightarrow{BA}$ g) $Z_{A;0,5} \circ Z_{B;2} \circ Z_{C;0,4} \circ Z_{D;2,5}$

4 Verfahre wie in Aufgabe 3. ($S_{(AB)}$: Geradenspiegelung an (AB) aus Aufgabe 3.)
a) $Z_{C;2} \circ S_{(AB)}$ b) $S_{(AB)} \circ Z_{C;2}$ c) $Z_{A;2} \circ S_{(BC)}$ d) $S_{(AC)} \circ Z_{B;3}$
Kontrolliere jeweils die Konstruktion, indem du das Bild eines beliebig gewählten Punktes auf zwei verschiedene Arten ermittelst.

5 Verfahre wie in Aufgabe 3. ($D_{B;\alpha}$: Drehung um den Punkt B aus Aufgabe 3.)
a) $Z_{A;2} \circ D_{B;90°}$ b) $Z_{C;2} \circ D_{A;90°}$ c) $D_{B;90°} \circ Z_{A;2}$ d) $D_{A;60°} \circ Z_{B;3}$

6 In einem Koordinatensystem (LE = 1 cm) sind die Punkte A(2|1), B(4|2), C(3|3) gegeben. Untersuche die Ähnlichkeitsabbildung $Z_{A;3} \circ \overrightarrow{CB} \circ Z_{C;0,5} \circ D_{A;90°} \circ S_{(AB)}$.

7 Bilden die folgenden Mengen von Ähnlichkeitsabbildungen eine Gruppe?
a) Alle Klappstreckungen mit derselben Geraden g als Spiegelgerade.
b) Alle Ähnlichkeitsabbildungen (alle zentrischen Streckungen), die eine gegebene Gerade g auf sich abbilden (d. h., g als Fixgerade haben).

8 a) Eine Ähnlichkeitsabbildung hat zwei gegebene Punkte P, Q als Fixpunkte. Was folgt daraus für diese Abbildung?
b) Eine Ähnlichkeitsabbildung hat eine gegebene Gerade als einzige Fixgerade. Was folgt daraus für diese Abbildung?

99 Vermischte Aufgaben

1 Zeichne ein Dreieck ABC mit $a=4{,}5$ cm; $b=3$ cm; $c=4{,}3$ cm ($a=6$ cm; $b=3{,}5$ cm; $c=3$ cm). Konstruiere sein Bild bei $Z_{A;0,5} \circ Z_{B;4}$ (bei $Z_{C;1,5} \circ Z_{B;3}$).

2 Zeichne in einem Koordinatensystem (LE = 0,5 cm) das Viereck ABCD mit A(0|0), B(8|2), C(4|2), D(3|5) sowie die Punkte P(0|3) und Q(9|−1). Konstruiere möglichst einfach das Bild des Vierecks ABCD bei der Abbildung $Z_{Q;1,5} \circ Z_{P;2}$.

3 Beschreibe die Ähnlichkeitsabbildung, die in Fig. 224.1/2 Δ ABC auf Δ BDE abbildet.

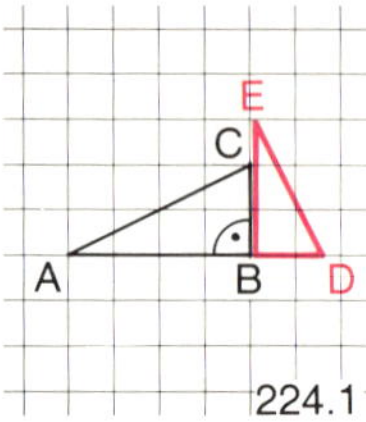

224.1

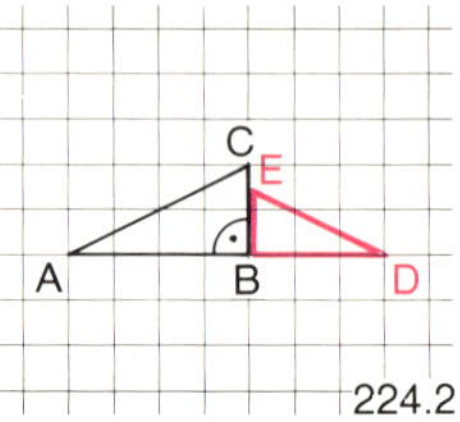

224.2

4 Bestimme für die gleichseitigen Dreiecke in Fig. 224.3 jeweils die Ähnlichkeitsabbildung, die Δ ABC auf $\Delta\, \overline{A}\,\overline{B}\,\overline{C}$ so abbildet, daß $A \mapsto \overline{A}$; $B \mapsto \overline{B}$; $C \mapsto \overline{C}$ gilt. Wie viele Ähnlichkeitsabbildungen gibt es, die Δ ABC auf $\Delta\, \overline{A}\,\overline{B}\,\overline{C}$ abbilden?

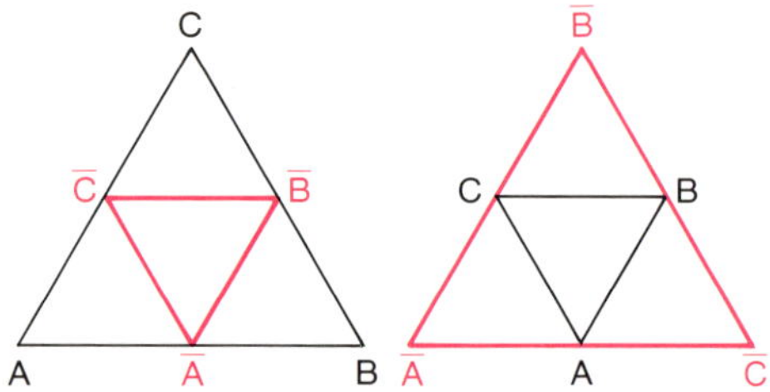

224.3

5 Vereinfache die folgenden Abbildungen, wenn P ein Punkt auf der Geraden g ist.

a) $(Z_{P;2} \circ S_g) \circ (Z_{P;3} \circ S_g)$
b) $Z_{P;0,4} \circ (S_g \circ Z_{P;2}) \circ S_g$
c) $(Z_{P;2} \circ D_{P;30°}) \circ (D_{P;20°} \circ Z_{P;3})$
d) $Z_{P;2} \circ D_{P;90°} \circ Z_{P;0,6}$
e) $S_g \circ Z_{P;2} \circ D_{P;90°} \circ S_g$

6 Zwei Geraden g, h schneiden sich in P unter einem Winkel von 30° (Fig. 224.4). Beschreibe die folgenden Abbildungen.

a) $Z_{P;2} \circ S_g \circ Z_{P;3} \circ S_h$
b) $Z_{P;0,4} \circ S_g \circ S_h \circ Z_{P;2} \circ S_g$
c) $Z_{P;2} \circ D_{P;60°} \circ S_g$
d) $S_h \circ Z_{P;2} \circ S_g \circ D_{P;60°}$

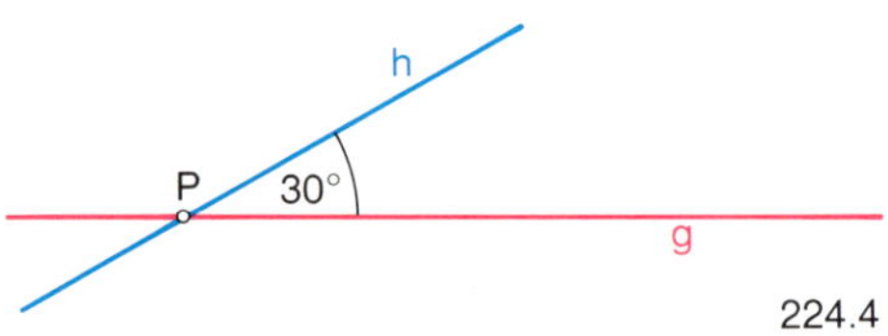

224.4

7 Zeichne Δ ABC; C_1 (A_1; B_1) sei die Mitte von AB (BC; CA) und S der Schwerpunkt des Dreiecks. Gib die Umkehrabbildungen der folgenden Abbildungen an.

a) $Z_{B;2} \circ Z_{A;1,5}$ b) $Z_{C;2} \circ Z_{B;1,5}$
c) $Z_{C;0,5} \circ Z_{B_1;3}$ d) $Z_{B_1;2} \circ Z_{C;0,5}$
e) $Z_{S;0,5} \circ Z_{B;2}$ f) $Z_{C_1;2} \circ Z_{A;0,5}$

8 Zeichne ein Viereck ABCD. Verlängere AB; BC; CD; DA jeweils um sich selbst bis S_1; S_2; S_3; S_4 (Fig. 224.5). Bestimme die Schnittpunkte A_1, B_1, C_1, D_1 von (AC) und (BD) mit den Seiten des Vierecks $S_1S_2S_3S_4$.

a) Zeige: $\overline{A_1A} = \overline{C_1C} = \frac{1}{3} \cdot \overline{AC}$; $\overline{B_1B} = \overline{D_1D} = \frac{1}{3} \cdot \overline{BD}$. (Anl.: Vgl. S. 216, Aufg. 13.)
b) Wie teilen die Punkte A_1, B_1, C_1, D_1 die Seiten des Vierecks $S_1S_2S_3S_4$?

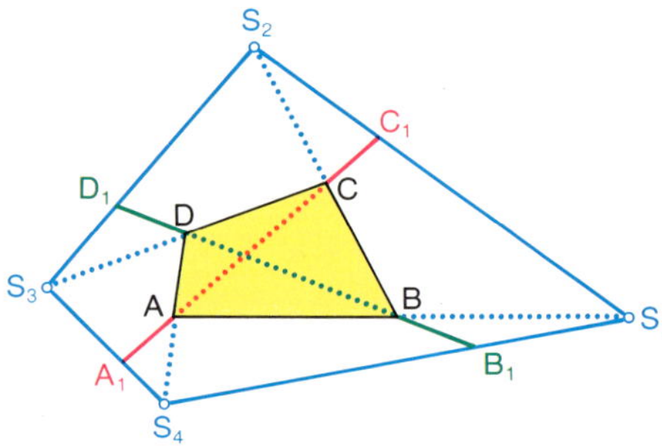

224.5

9 a) Beweise: Bei den Quadraten in Fig. 225.1 schneiden sich (CC′) und (DD′) auf (AB). (Anleitung: Bilde eines der Quadrate durch zwei zentrische Streckungen auf das andere ab.)
b) Welche Folgerung ergibt sich für die Lage der Quadrate wie in Fig. 225.2?

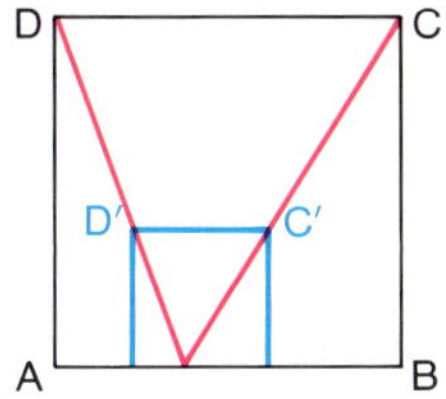

225.1

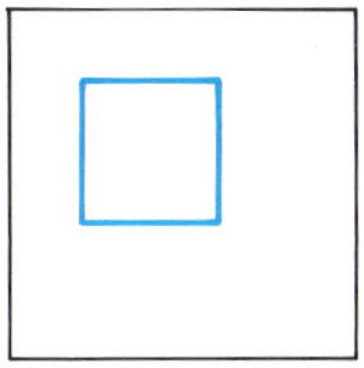
225.2

10 a) Das Dreieck ABC in Fig. 225.3 ist gleichschenklig. Zeige: $\Delta\, ABC \sim \Delta\, ABD$.
b) Bestimme die gleichsinnige Ähnlichkeitsabbildung, die Δ ABD auf Δ ABC abbildet. (Anleitung: Zur Ermittlung des Streckfaktors vgl. S. 211, Aufgabe 15.) Welche Folgerung ergibt sich für die Weite von ∢ EDF in Fig. 225.4, wenn $GD \parallel AB$ und E die Mitte von GC ist?
c) Bestimme die ungleichsinnige Ähnlichkeitsabbildung, die Δ ABD auf Δ ABC abbildet. Welcher Punkt E* wird bei dieser Abbildung auf den Punkt E abgebildet? Welche Folgerung ergibt sich für ∢ GBE* und ∢ EBG?

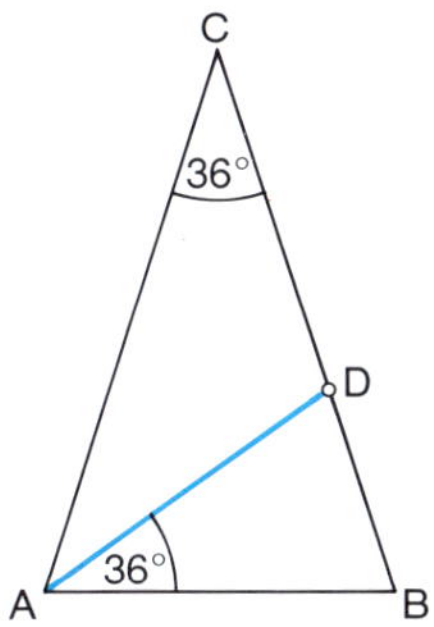

225.3

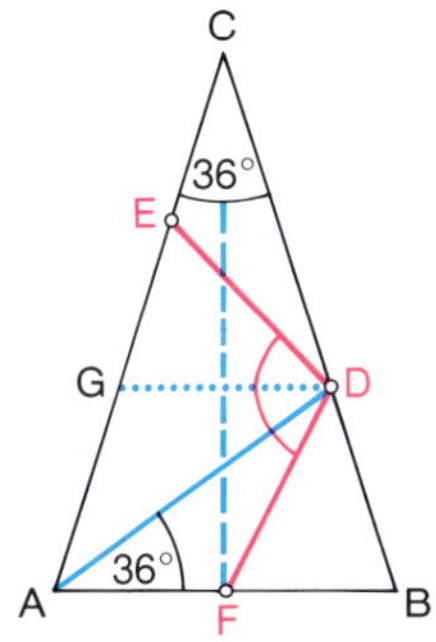

225.4

11 a) Markiere einen Punkt S und einen Punkt P im Abstand 0,5 cm. Zeichne das Bild P_1 von P bei der Drehstreckung $Z_{S;1,2} \circ D_{S;30°}$, danach das Bild P_2 von P_1 bei derselben Abbildung, usw. (Fig. 225.5). Verbinde P mit P_1, P_1 mit P_2, usw. Versuche, den Streckenzug „nach innen“ fortzusetzen. Erreicht er jemals den Punkt S?
b) Welche Abbildung bildet P unmittelbar auf P_3 (P_5; P_{10}) ab?
c) Verbindet man die Punkte P, P_1, P_2, ... in Fig. 225.5 durch eine Kurve und denkt sich diese „nach innen“ und „nach außen“ fortgesetzt, so erhält man eine Spirale. Solche Kurven kommen in der Natur häufig vor. Fig. 225.6 zeigt das Gehäuse einer Muschel (Nautilus pompilius). Miß die Winkel der eingezeichneten Strecken. Vergleiche die Längen aufeinanderfolgender Strecken.
Bemerkung: Am Blütenstand von Gänseblümchen, bei Kiefernzapfen u.a. kann man Serien von gegeneinanderlaufenden Spiralen erkennen (Fig. 225.7).

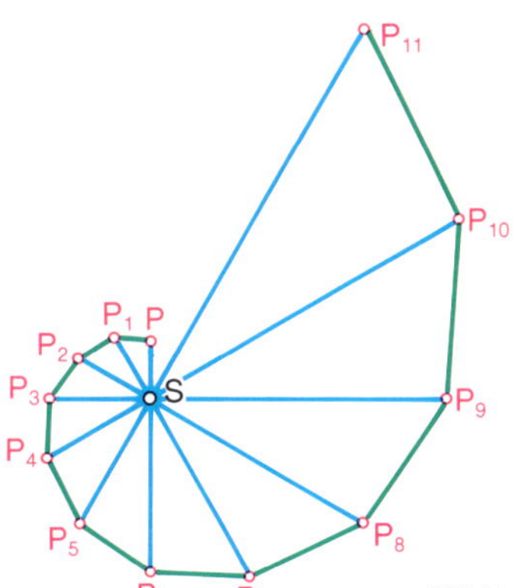

225.5

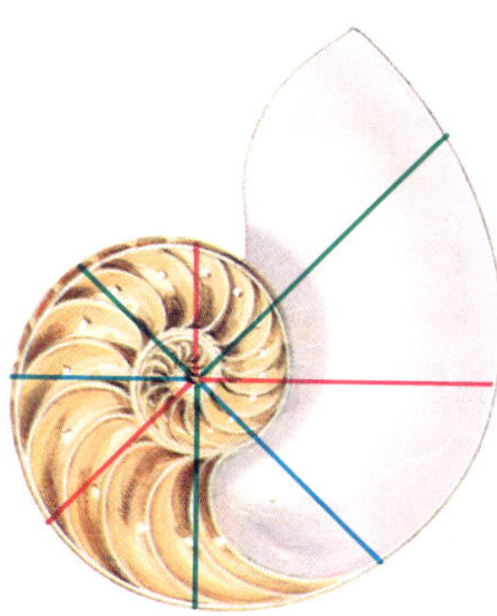
225.6

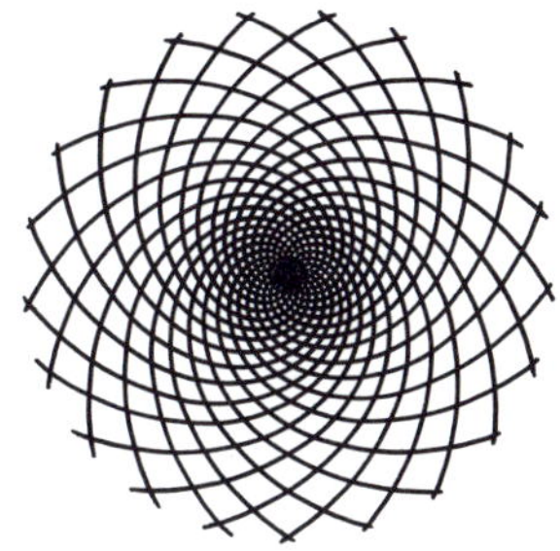
225.7

XVI Vektoren

100 Verschiebungen als Größen

1 Wird ein Punkt P durch eine erste Verschiebung auf Q, danach Q durch eine zweite Verschiebung auf R abgebildet, so ist die Verkettung eine Verschiebung, die P auf R abbildet. Was läßt sich über den Abstand $\overline{PR}$ sagen, wenn $\overline{PQ} = 5$ cm und $\overline{QR} = 3$ cm beträgt? Warum ist $\overline{PR}$ durch $\overline{PQ}$ und $\overline{QR}$ nicht festgelegt?

Um Rechtsverschiebungen in Richtung der Zahlengeraden zu beschreiben, genügt es anzugeben, wie weit (d. h. um wieviel Längeneinheiten, um welchen Betrag) verschoben wird. Dem Verketten zweier Verschiebungen entspricht dabei das Addieren der zugehörigen Beträge (Fig. 226.1).
Läßt man auch Linksverschiebungen zu, so kann man durch das Vorzeichen zum Ausdruck bringen, ob es sich um eine Rechts- oder Linksverschiebung handelt. Z. B. wird die Verkettung einer Rechtsverschiebung um 5 LE mit einer Linksverschiebung um 2 LE dann beschrieben durch $5 + (-2) = 3$.

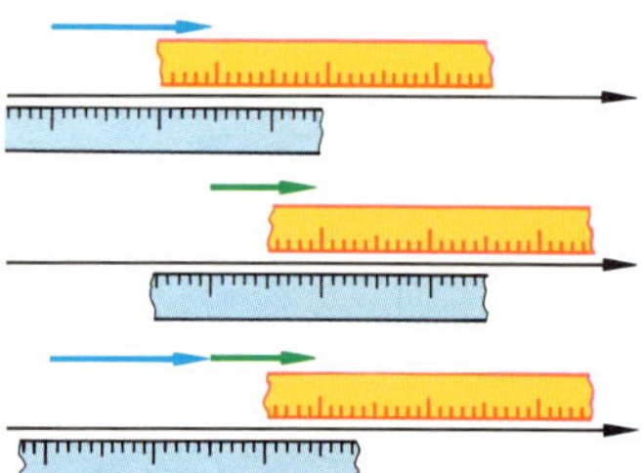
226.1

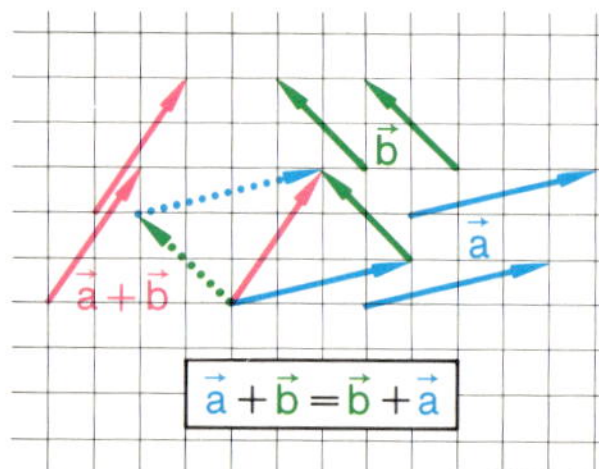

226.2

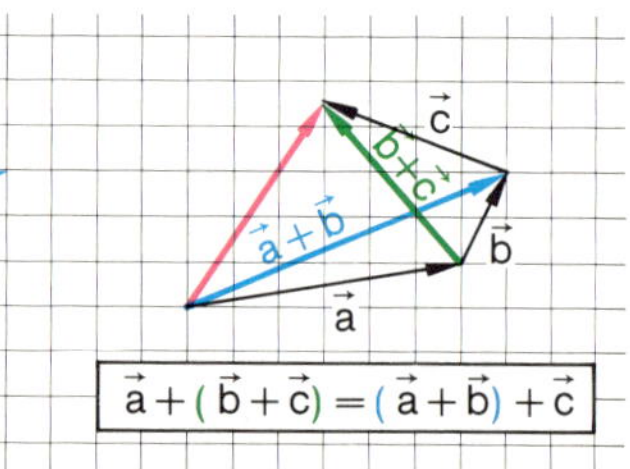

226.3

Im folgenden betrachten wir allgemeiner beliebige Verschiebungen in der Ebene oder im Raum. Jede solche Verschiebung hat einen **Betrag** (er gibt an, um wieviel LE verschoben wird, also die Länge der Verschiebungspfeile) und eine **Richtung** (die Richtung der Verschiebungspfeile). Eine Verschiebung kann daher als „gerichtete Größe" aufgefaßt werden.
Gerichtete Größen heißen **Vektoren**[1]. Sie werden mit $\vec{a}, \vec{b}, \ldots,$ ihre Beträge mit $|\vec{a}|$, $|\vec{b}|, \ldots$ bezeichnet. Für eine Verschiebung $\vec{a}$, die den Punkt P auf Q abbildet, schreibt man auch $\overrightarrow{PQ}$.

Bei dieser Auffassung der Verschiebungen als gerichtete Größen erscheint das Verketten als Verallgemeinerung der gewöhnlichen Addition (Fig. 226.1), wobei neben dem Betrag zusätzlich die Richtung der Summanden zu beachten ist. Man nennt deshalb die Verkettung von Verschiebungen $\vec{a}$ und $\vec{b}$ auch die **Summe** der Vektoren $\vec{a}$, $\vec{b}$ und schreibt für sie $\vec{a} + \vec{b}$. Fig. 226.2 zeigt, wie man einen Verschiebungspfeil von $\vec{a} + \vec{b}$ findet: Entweder, indem man einen Pfeil von $\vec{a}$ und einen Pfeil von $\vec{b}$ „aneinanderhängt" und den Anfang des ersten mit der Spitze des zweiten verbindet, oder indem man von einem Punkt aus je einen Pfeil von $\vec{a}$ und $\vec{b}$ anträgt und in dem durch sie bestimmten Parallelogramm die Diagonale zeichnet (**Parallelogrammregel**).

Wie beim Addieren von Zahlen gilt:

1. vehere (lat.): fahren

Satz: Beim Addieren beliebiger Vektoren $\vec{a}$, $\vec{b}$, $\vec{c}$ der Ebene (des Raumes) ist stets

$$\vec{a}+\vec{b}=\vec{b}+\vec{a} \qquad \text{(**Kommutativgesetz**; Fig. 226.2)}$$

$$\vec{a}+(\vec{b}+\vec{c})=(\vec{a}+\vec{b})+\vec{c} \qquad \text{(**Assoziativgesetz**; Fig. 226.3).}$$

Fig. 227.1 zeigt, daß es für beliebige Vektoren $\vec{a}$, $\vec{b}$ stets einen Vektor $\vec{x}$ gibt, so daß gilt: $\vec{a}+\vec{x}=\vec{b}$.

$\vec{x}$ ist der **Differenzvektor** $\vec{b}-\vec{a}$. Man kann also Vektoren auch unbeschränkt subtrahieren. Ist dabei insbesondere $\vec{b}=\vec{a}$, so ist $\vec{x}$ der **Nullvektor** $\vec{o}$ (Nullverschiebung; identische Abbildung: id).

Merke: Beim Addieren und Subtrahieren von Vektoren gelten dieselben Rechenregeln wie bei reellen Zahlen.

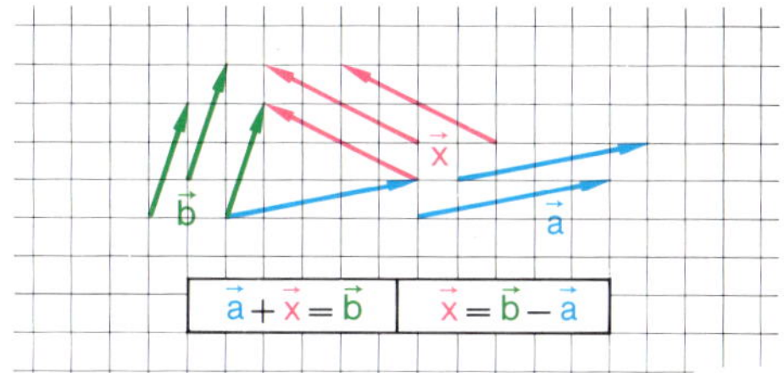

227.1

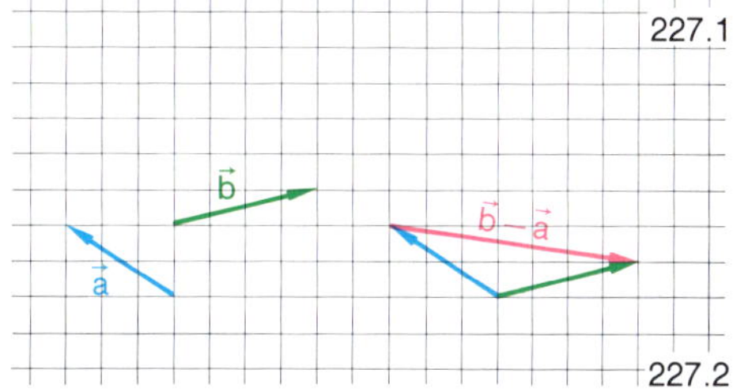

227.2

Beispiele:

a) $\vec{a}-(\vec{b}+\vec{a})=\vec{a}-\vec{b}-\vec{a}$
$=\vec{a}-\vec{a}-\vec{b}$
$=\vec{o}-\vec{b}$
$=-\vec{b}$

b) In Fig. 227.2 sind Vektoren $\vec{a}$, $\vec{b}$ jeweils durch einen Pfeil gegeben. Um einen Pfeil des Differenzvektors $\vec{b}-\vec{a}$ zu finden, zeichnen wir neue Pfeile für $\vec{a}$ und $\vec{b}$, deren Pfeilenden zusammenfallen. Dann zeichnen wir den Pfeil, der von der Spitze des Pfeiles für $\vec{a}$ zur Spitze des Pfeiles für $\vec{b}$ weist.

② Übertrage je einen Pfeil der Vektoren $\vec{a}$, $\vec{b}$, $\vec{c}$ aus Fig. 226.3 ins Heft. Ermittle danach zeichnerisch einen Pfeil für den Vektor $\vec{b}-\vec{a}$ ($\vec{c}-\vec{b}$; $\vec{a}-\vec{c}$; $\vec{a}+\vec{c}$; $\vec{b}-\vec{c}$).

3 Markiere in einem Koordinatensystem (LE = 0,5 cm) die Punkte P(0|0), Q(5|1), R(3|4). Gib für die folgenden Vektoren zeichnerisch je einen Pfeil an.

a) $\overrightarrow{PQ}+\overrightarrow{PR}$ b) $\overrightarrow{RP}+\overrightarrow{RQ}$ c) $\overrightarrow{QP}+\overrightarrow{QR}$ d) $\overrightarrow{PQ}+\overrightarrow{QR}$
e) $\overrightarrow{PQ}+\overrightarrow{RP}$ f) $\overrightarrow{PR}+\overrightarrow{RQ}$ g) $\overrightarrow{QP}+\overrightarrow{RQ}$ h) $\overrightarrow{RP}+\overrightarrow{QR}$
i) $\overrightarrow{PQ}+\overrightarrow{RP}+\overrightarrow{QP}$ j) $\overrightarrow{RQ}+\overrightarrow{PR}+\overrightarrow{PQ}$ k) $\overrightarrow{QP}+\overrightarrow{PR}+\overrightarrow{PQ}$ l) $\overrightarrow{QP}+\overrightarrow{PR}+\overrightarrow{RQ}$

4 Es sei $\vec{a}=\overrightarrow{AB}$, $\vec{b}=\overrightarrow{BC}$, $\vec{c}=\overrightarrow{CD}$, $\vec{d}=\overrightarrow{DA}$. Drücke mit Hilfe der Punkte A, B, C, D aus:

a) $-\vec{a}$ b) $\vec{a}+\vec{b}$ c) $\vec{a}+\vec{d}$ d) $-(\vec{c}+\vec{d})$
e) $(-\vec{a})+(-\vec{d})$ f) $-\vec{a}-\vec{b}$ g) $-\vec{b}-\vec{c}-\vec{a}$ h) $-\vec{c}-(\vec{a}+\vec{d})$.

5 Zeichne die Punkte A(5|1), B(2|3), C(−4|1), D(0|3) (LE = 0,5 cm).

a) Gib für $\overrightarrow{AB}-\overrightarrow{DC}$ ($\overrightarrow{AD}-\overrightarrow{BD}$; $\overrightarrow{AC}-\overrightarrow{CD}$; $\overrightarrow{CA}-\overrightarrow{BD}$; $\overrightarrow{DC}-\overrightarrow{BA}$) je einen Pfeil an.
b) Drücke die Vektoren $\overrightarrow{AB}$; $\overrightarrow{CB}$; $\overrightarrow{DC}$; $\overrightarrow{DA}$ durch die Vektoren $\overrightarrow{OA}$; $\overrightarrow{OB}$; $\overrightarrow{OC}$, $\overrightarrow{OD}$ aus.

6 Es ist $\overrightarrow{PQ}-\overrightarrow{RQ}=\overrightarrow{PQ}+\overrightarrow{QR}=\overrightarrow{PR}$. Vereinfache ebenso. Zeichne.

a) $\overrightarrow{PQ}+\overrightarrow{QR}$ b) $\overrightarrow{AP}+\overrightarrow{PR}$ c) $\overrightarrow{AB}+\overrightarrow{CA}$ d) $\overrightarrow{PQ}+\overrightarrow{RP}$
e) $\overrightarrow{AB}-\overrightarrow{CB}$ f) $\overrightarrow{DC}-\overrightarrow{AC}$ g) $\overrightarrow{RS}-\overrightarrow{TS}$ h) $-\overrightarrow{AD}+\overrightarrow{BD}$
i) $\overrightarrow{AB}+(\overrightarrow{BC}+\overrightarrow{CD})$ j) $\overrightarrow{PQ}+(\overrightarrow{QR}-\overrightarrow{SR})$ k) $\overrightarrow{AC}-\overrightarrow{BC}+\overrightarrow{BD}$ l) $\overrightarrow{AB}-(\overrightarrow{CB}-\overrightarrow{CD})$

101 Rechnen mit Vektoren

Vervielfachen eines Vektors

1 Ein Vektor $\vec{a}$ hat den Betrag 3. Welchen Betrag und welche Richtung hat der Vektor $\vec{a}+\vec{a}$ ($\vec{a}+\vec{a}+\vec{a}$; $-\vec{a}$; $-\vec{a}-\vec{a}$)?

Um die Schreibweise zu vereinfachen, schreibt man statt $\vec{a}+\vec{a}$ auch $2\vec{a}$, statt $\vec{a}+\vec{a}+\vec{a}$ auch $3\vec{a}$ usw. Für den Gegenvektor von $2\vec{a}$ schreibt man auch $(-2)\vec{a}$, für den Gegenvektor von $3\vec{a}$ auch $(-3)\vec{a}$ usw. Allgemein:

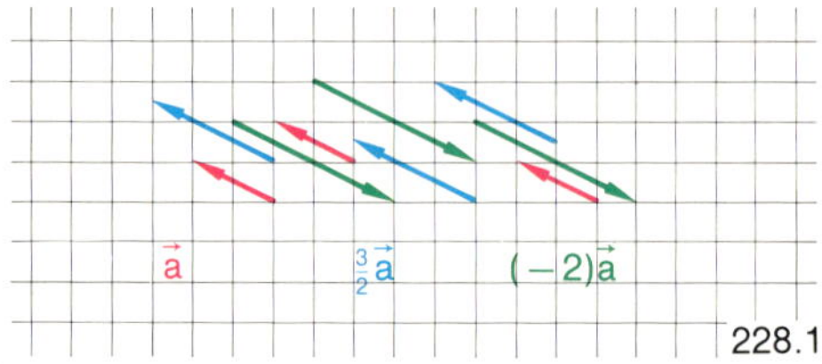

228.1

Definition: Unter dem **r-fachen $r\vec{a}$** ($r \in \mathbb{R}$) eines Vektors $\vec{a}$ versteht man den Vektor, dessen Pfeile die $|r|$-fache Länge haben und für $r>0$ gleichgerichtet, für $r<0$ entgegengesetzt gerichtet sind (Fig. 228.1).

Wir untersuchen nun, wie sich die neue Schreibweise beim Rechnen mit Vektoren auswirkt.
In Fig. 228.2 geht das große Parallelogramm durch eine zentrische Streckung aus dem kleinen hervor. Daraus folgt:

$$r(\vec{a}+\vec{b})=r\vec{a}+r\vec{b}.$$

Entsprechend läßt sich auch $(r+s)\vec{a}$ mit $r,s \in \mathbb{R}$ umformen. Es gilt:

$$(r+s)\vec{a}=r\vec{a}+s\vec{a},$$

da die Vektoren $(r+s)\vec{a}$ und $r\vec{a}+s\vec{a}$ sowohl im Betrag als auch in der Richtung übereinstimmen.
Gleiches gilt für die Vektoren $r(s\vec{a})$ und $(rs)\vec{a}$, d. h., es gilt auch

$$r(s\vec{a})=(rs)\vec{a}.$$

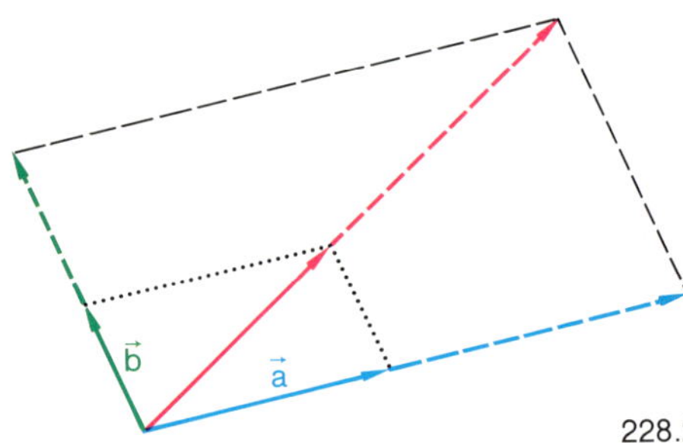

228.2

Satz: Beim Vervielfachen von Vektoren mit reellen Zahlen r, s gilt:

(1) $r(\vec{a}+\vec{b})=r\vec{a}+r\vec{b}$
(2) $(r+s)\vec{a}=r\vec{a}+s\vec{a}$
(3) $r(s\vec{a})=(rs)\vec{a}$.

Beispiele:

a) $3(\vec{a}+\vec{b})-2(\vec{a}-\vec{b})=3\vec{a}+3\vec{b}-2\vec{a}+2\vec{b}=(3\vec{a}-2\vec{a})+(3\vec{b}+2\vec{b})$
$=\vec{a}+5\vec{b}$

b) $2(1{,}5\vec{a}+\vec{b})-\sqrt{2}\vec{b}=3\vec{a}+2\vec{b}-\sqrt{2}\vec{b}$
$=3\vec{a}+(2-\sqrt{2})\vec{b}$

2 Vereinfache die Vektorterme. Gib an, nach welchem Rechengesetz du verfährst.

a) $3\vec{a}+2\vec{b}+\frac{1}{2}(\vec{a}+\vec{b})$ b) $\frac{3}{4}(\frac{1}{2}\vec{e}+2\vec{d})+0{,}8\vec{d}$ c) $2\overrightarrow{PQ}+0{,}6(\overrightarrow{PQ}+2\overrightarrow{QP})$

3 Gib als Vielfaches des Vektors $\vec{a}$ an

a) den Vektor $\vec{a} - 0{,}2\vec{a}$ b) den Vektor $-\vec{a} + \sqrt{2}\vec{a}$

c) den Gegenvektor von $\vec{a}$ d) den Gegenvektor von $\sqrt{3}\vec{a} - \vec{a}$

e) den Vektor $\frac{1}{2}\vec{a} - 2(-\frac{1}{4}\vec{a})$ f) den Nullvektor.

4 Vereinfache: a) $\frac{3}{4}(\vec{c} - 2\vec{b})$ b) $0{,}8\vec{a} - 2(\vec{c} - 3\vec{a})$ c) $(2{,}4\vec{a} - 3\vec{b}) \cdot 1{,}5$

d) $2(\vec{a} - 2\vec{b}) - \frac{1}{2}(\vec{b} - \vec{a}) + 1{,}5(0{,}8\vec{b} - \vec{a})$ e) $3(\overrightarrow{AB} - 2\overrightarrow{AC}) - \frac{1}{2}(\overrightarrow{AC} - 4\overrightarrow{AB}) + 3(\overrightarrow{AB} + \overrightarrow{AC})$.

5 $\vec{a}, \vec{b}, \vec{c}, \vec{d}$ seien die in Fig. 229.1 gegebenen Vektoren. Gib je einen Pfeil an.

a) $\vec{b} + \frac{1}{2}\vec{c}$ b) $\vec{a} + 2\vec{d}$

c) $2\vec{a} - \vec{c}$ d) $2\vec{d} - \frac{1}{2}\vec{b}$

e) $\frac{3}{2}\vec{c} - \frac{1}{2}\vec{b}$ f) $-1{,}5\vec{d} + 2\vec{a}$

g) $-1{,}5\vec{b} + 2\vec{a} - 2\vec{d}$ h) $2\vec{a} - \frac{1}{2}(3\vec{d} + \frac{3}{2}\vec{c})$

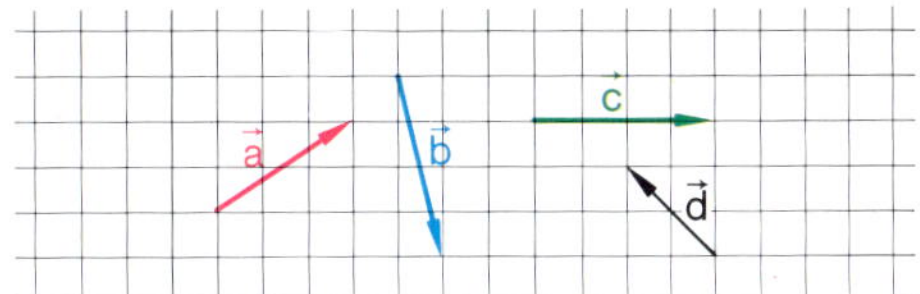

229.1

6 Drücke in Fig. 229.2 die Vektoren $\vec{x}, \vec{y}, \vec{z}, \vec{u}, \vec{v}$ durch $\vec{a}, \vec{b}, \vec{c}, \vec{d}, \vec{e}$ aus.

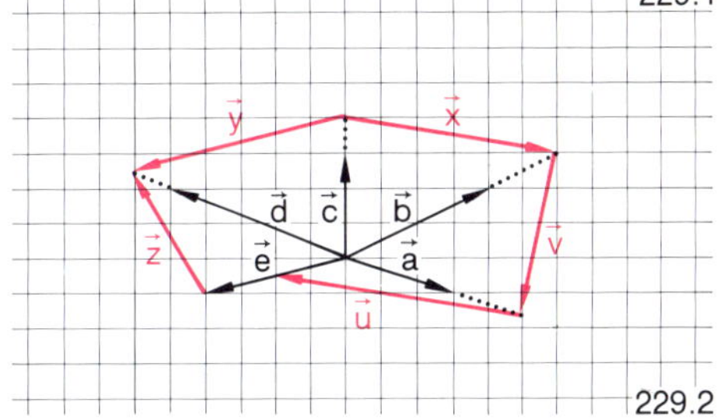

229.2

7 a) Für die Ecken eines Vierecks ABCD gilt $\overrightarrow{AB} = \overrightarrow{DC}$ ($\overrightarrow{AB} = 2\overrightarrow{DC}$). Um was für ein Viereck handelt es sich?

b) Zeige: Wenn in einem Viereck ABCD gilt: $\overrightarrow{AB} = \overrightarrow{DC}$, dann gilt auch $\overrightarrow{AD} = \overrightarrow{BC}$.

8 In jedem ΔABC gilt $\overrightarrow{CB} - \overrightarrow{CA} = \overrightarrow{AB}$ (Begründung?); daraus folgt $\frac{1}{2}\overrightarrow{CB} - \frac{1}{2}\overrightarrow{CA} = \frac{1}{2}\overrightarrow{AB}$. Welcher geometrische Satz kommt hier zum Ausdruck? Formuliere ihn.

Linearkombinationen

9 In einem Parallelogramm ABCD sei M Schnittpunkt der Diagonalen, E Mitte von CD. Drücke $\overrightarrow{AM}$ ($\overrightarrow{BM}$) durch $\overrightarrow{AB}$ und $\overrightarrow{AD}$ aus.

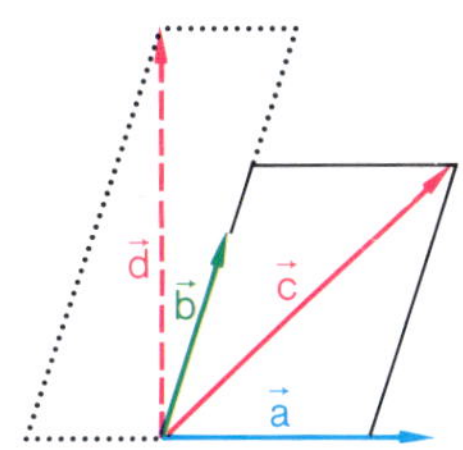

229.3

In Fig. 229.3 zeigt die angegebene Konstruktion, daß $\vec{c} = \frac{3}{4}\vec{a} + \frac{4}{3}\vec{b}$ und $\vec{d} = \frac{1}{2}\vec{a} + 2\vec{b}$ ist. Derart läßt sich jeder Vektor der Ebene durch die beiden Vektoren $\vec{a}$, $\vec{b}$ in der Form $r\vec{a} + s\vec{b}$ mit geeigneten Zahlen r und s darstellen. Auch bei anderen Vektoren $\vec{a}$, $\vec{b}$ ist dies möglich, wenn keiner ein Vielfaches des anderen ist.

Fig. 229.4 zeigt Vektoren im Raum. Hier kann z.B. der Vektor $\vec{d}$ nicht in der Form $r\vec{a} + s\vec{b}$ dargestellt werden, aber als

$$r\vec{a} + s\vec{b} + t\vec{c}$$

mit $r, s, t \in \mathbb{R}$; es ist nämlich

$$\vec{d} = \tfrac{1}{2}\vec{a} + \tfrac{1}{2}\vec{b} + 1\vec{c}.$$

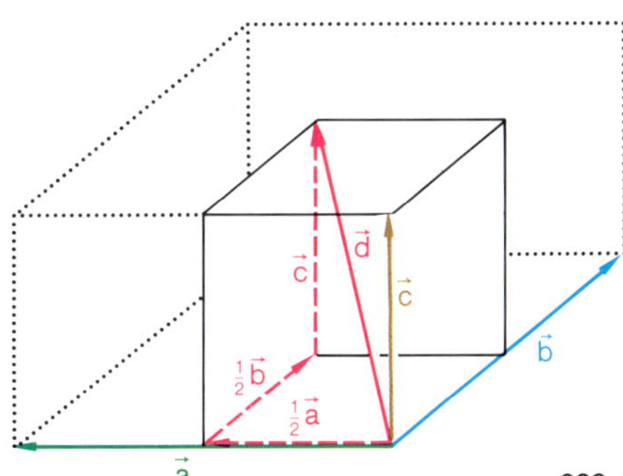

229.4

Ebenso kann jeder andere Vektor des Raumes in der Form $r\vec{a} + s\vec{b} + t\vec{c}$ dargestellt werden, sofern $\vec{a}, \vec{b}, \vec{c}$ so gewählt sind, daß sich $\vec{c}$ nicht in der Form $m\vec{a} + n\vec{b}$ ($m, n \in \mathbb{R}$; $\vec{a}, \vec{b} \neq \vec{o}$) schreiben läßt.

Definition: Vektorterme der Form

$r\vec{a}+s\vec{b}$ oder $r\vec{a}+s\vec{b}+t\vec{c}$ $(r, s, t \in \mathbb{R})$

heißen **Linearkombinationen** der Vektoren $\vec{a}$, $\vec{b}$ bzw. der Vektoren $\vec{a}$, $\vec{b}$, $\vec{c}$.

Beispiel:

In Fig. 230.1 ist M die Mitte von CS. Wir versuchen, den Vektor $\overrightarrow{AM}$ als Linearkombination der Vektoren $\vec{a}$, $\vec{b}$, $\vec{c}$ darzustellen.

$$\overrightarrow{AM}=\overrightarrow{AB}+\overrightarrow{BC}+\overrightarrow{CM}$$
$$=-\vec{a}+\vec{b}+\overrightarrow{CM}$$

Danach ist noch $\overrightarrow{CM}$ durch $\vec{a}$, $\vec{b}$, $\vec{c}$ auszudrücken. Es ist $\overrightarrow{CM}=\frac{1}{2}(\vec{c}-\vec{b})$ und somit

$$\overrightarrow{AM}=-\vec{a}+\vec{b}+\tfrac{1}{2}(\vec{c}-\vec{b})$$
$$=-\vec{a}+\tfrac{1}{2}\vec{b}+\tfrac{1}{2}\vec{c}.$$

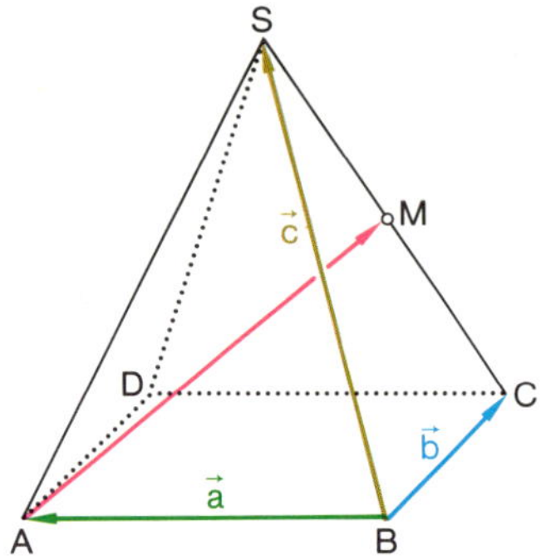

230.1

10 Stelle in Fig. 230.1 die Vektoren $\overrightarrow{AS}$ und $\overrightarrow{DS}$ als Linearkombinationen der Vektoren $\vec{a}$, $\vec{b}$, $\vec{c}$ dar.

11 Zeichne (LE = 0,5 cm) die Punkte O(0|0), P(6|2), Q(−2|+1). Stelle danach den folgenden Vektor $\vec{a}$ als Linearkombination von $\overrightarrow{OP}$ und $\overrightarrow{OQ}$ dar.

a) $\vec{a}=\overrightarrow{OA}$ mit A(4|3) b) $\vec{a}=\overrightarrow{OB}$ mit B(−1|3) c) $\vec{a}=\overrightarrow{OC}$ mit C(6|7)

d) $\vec{a}=\overrightarrow{OD}$ mit D(10|0) e) $\vec{a}=\overrightarrow{OE}$ mit E(3|−1,5) f) $\vec{a}=\overrightarrow{OF}$ mit F(5|−2,5)

g) $\vec{a}=\overrightarrow{OG}$ mit G(−2|−4) h) $\vec{a}=\overrightarrow{OH}$ mit H(−5|5) i) $\vec{a}=\overrightarrow{OI}$ mit I = O(0|0)

12 In einem Koordinatensystem (LE = 0,5 cm) sind die Punkte P(5|0) und Q(0|2) gegeben. Stelle die folgenden Vektoren als Linearkombinationen von $\overrightarrow{OP}$ und $\overrightarrow{OQ}$ dar.

a) $\overrightarrow{OA}$ mit A(2|5) b) $\overrightarrow{OB}$ mit B(7|3) c) $\overrightarrow{OC}$ mit C(4|−5)

d) $\overrightarrow{OD}$ mit D(0|−7) e) $\overrightarrow{OE}$ mit E(−2,5|−0,5) f) $\overrightarrow{OF}$ mit F($-\sqrt{2}$|$\sqrt{3}$)

13 Es sei $\vec{u}=\frac{1}{2}\vec{a}-2\vec{b}$ und $\vec{v}=1{,}2\vec{a}+0{,}5\vec{b}$. Stelle als Linearkombination von $\vec{a}$, $\vec{b}$ dar:

a) $2\vec{u}+3\vec{v}$ b) $\frac{1}{2}\vec{u}-\vec{v}$ c) $\frac{3}{4}(\vec{u}-2\vec{v})$ d) $\sqrt{2}\vec{u}+\vec{v}$.

14 Zeichne ein Parallelogramm ABCD; S sei der Schnittpunkt der Diagonalen. Stelle den Vektor $\overrightarrow{SC}$ ($\overrightarrow{BS}$; $\overrightarrow{DS}$; $-\overrightarrow{SC}$; $2\overrightarrow{BD}$) als Linearkombination von $\overrightarrow{AB}$ und $\overrightarrow{AD}$ dar.

15 Zeichne (LE = 0,5 cm) das Parallelogramm ABCD mit A(5|2), B(10|4), C(7|5), D(2|3). Gib die Vektoren $\overrightarrow{AB}$, $\overrightarrow{AD}$, $\overrightarrow{DC}$, $\overrightarrow{DB}$, $\overrightarrow{AC}$ als Linearkombinationen von $\overrightarrow{OA}$ und $\overrightarrow{OD}$ an.

16 In Fig. 230.2 ist S die Kantenmitte. Drücke die Vektoren $\overrightarrow{AS}$, $\overrightarrow{BS}$, $\overrightarrow{CS}$, $\overrightarrow{DS}$ durch $\vec{a}$, $\vec{b}$ und $\vec{c}$ aus.

17 Der Punkt F sei die Mitte des Grundflächenparallelogramms ABCD in Fig. 230.1 (Fig. 230.2). Stelle den Vektor $\overrightarrow{FS}$ als Linearkombination von $\vec{a}$, $\vec{b}$, $\vec{c}$ dar.

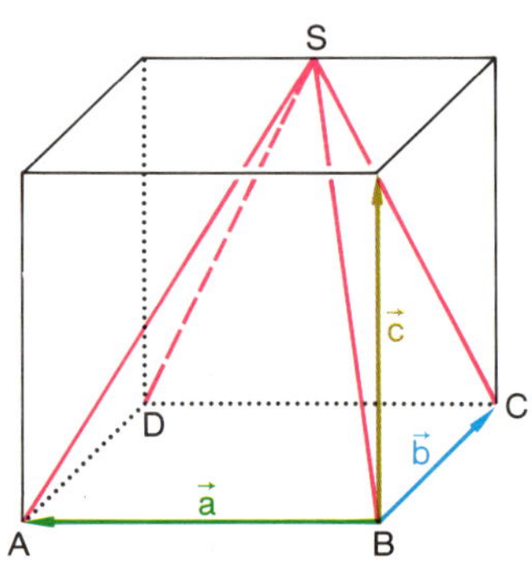

230.2

102 Vektoren im Koordinatensystem

1 Eine Verschiebung in der Ebene bildet P(2|3) auf den Punkt $\bar{P}$(5|7) ab. Welche Koordinaten haben die Bilder von A(3|5), B(2|−1), C(−5|−8)?

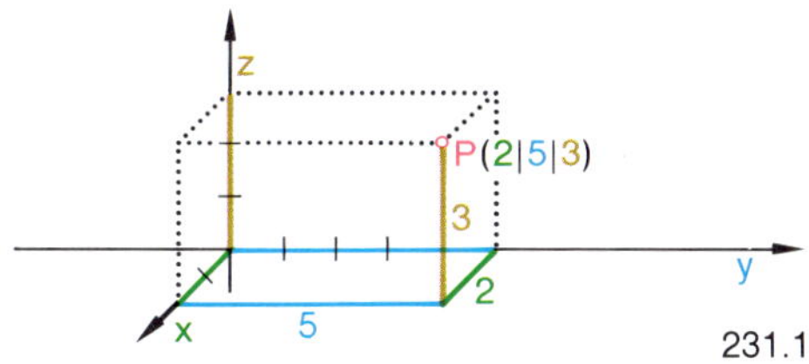

231.1

Bei Zugrundelegung eines Koordinatensystems kann jede Verschiebung $\vec{a}$ in der Ebene (im Raum) als Verkettung einer Verschiebung in x-Richtung und einer Verschiebung in y-Richtung (und einer Verschiebung in z-Richtung; 231.1) aufgefaßt werden. Nimmt dabei der x-Wert eines Punktes um a_1, der y-Wert um a_2 (der z-Wert um a_3) zu, so schreiben wir

$$\vec{a} = \begin{pmatrix} a_1 \\ a_2 \end{pmatrix} \quad \text{bzw.} \quad \vec{a} = \begin{pmatrix} a_1 \\ a_2 \\ a_3 \end{pmatrix}$$

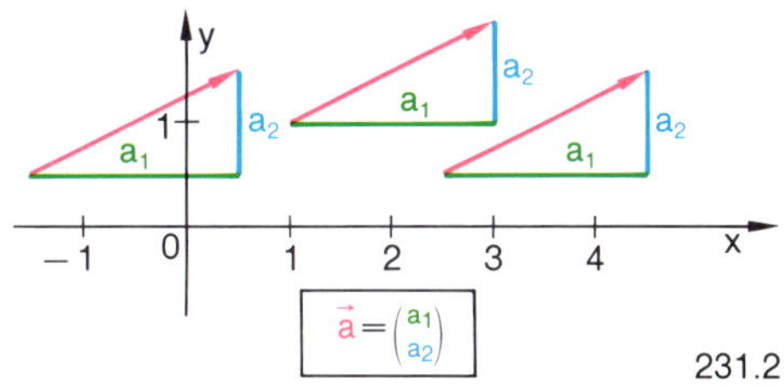

231.2

und nennen die Zahlen a_1, a_2 bzw. a_1, a_2, a_3 die **Koordinaten des Vektors** $\vec{a}$ bezüglich des gegebenen Koordinatensystems.

Wir verfolgen nun (Fig. 231.3/4) das **Vervielfachen** und **Addieren** von Vektoren.

Zum r-fachen eines Vektors $\vec{a}$ gehören Pfeile der |r|-fachen Länge.

$$r\vec{a} = \begin{pmatrix} ra_1 \\ ra_2 \end{pmatrix}$$

Fig. 231.4 veranschaulicht das Addieren von Vektoren $\vec{a}$ und $\vec{b}$.

$$\vec{a} + \vec{b} = \begin{pmatrix} a_1 + b_1 \\ a_2 + b_2 \end{pmatrix}$$

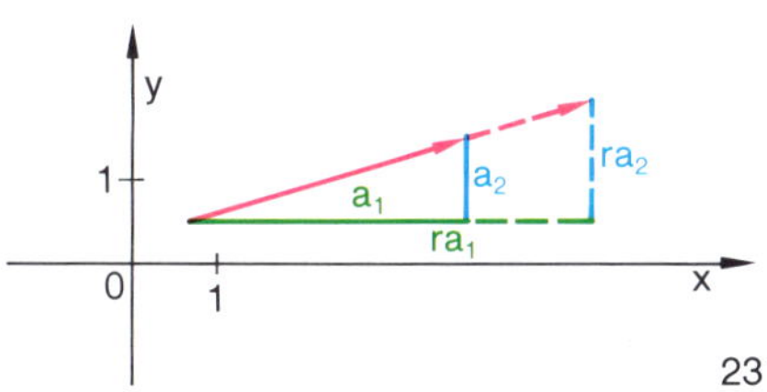

231.3

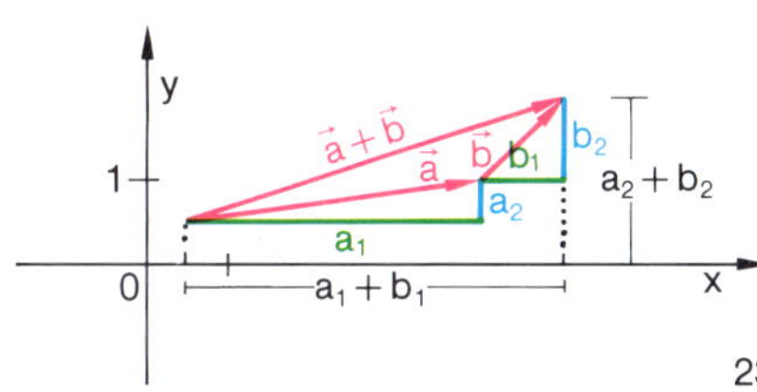

231.4

Satz: Gibt man Vektoren durch ihre Koordinaten an, so gilt

$$r\begin{pmatrix} a_1 \\ a_2 \end{pmatrix} = \begin{pmatrix} ra_1 \\ ra_2 \end{pmatrix} \text{ und } \begin{pmatrix} a_1 \\ a_2 \end{pmatrix} + \begin{pmatrix} b_1 \\ b_2 \end{pmatrix} = \begin{pmatrix} a_1 + b_1 \\ a_2 + b_2 \end{pmatrix} \text{ bzw. } r\begin{pmatrix} a_1 \\ a_2 \\ a_3 \end{pmatrix} = \begin{pmatrix} ra_1 \\ ra_2 \\ ra_3 \end{pmatrix} \text{ und } \begin{pmatrix} a_1 \\ a_2 \\ a_3 \end{pmatrix} + \begin{pmatrix} b_1 \\ b_2 \\ b_3 \end{pmatrix} = \begin{pmatrix} a_1 + b_1 \\ a_2 + b_2 \\ a_3 + b_3 \end{pmatrix}.$$

Beispiele:

a) $3\begin{pmatrix} 2 \\ -4 \end{pmatrix} = \begin{pmatrix} 6 \\ -12 \end{pmatrix}$ **b)** $\begin{pmatrix} 2 \\ 5 \end{pmatrix} + \begin{pmatrix} 4 \\ -3 \end{pmatrix} = \begin{pmatrix} 6 \\ 2 \end{pmatrix}$ **c)** $\frac{1}{2}\begin{pmatrix} 4 \\ -2 \\ 3 \end{pmatrix} = \begin{pmatrix} 2 \\ -1 \\ \frac{3}{2} \end{pmatrix}$ **d)** $\begin{pmatrix} 5 \\ -2 \\ 1 \end{pmatrix} - \begin{pmatrix} 3 \\ -4 \\ -2 \end{pmatrix} = \begin{pmatrix} 2 \\ 2 \\ 3 \end{pmatrix}$

2 Gib die Summe (Differenz) der sich in Beispiel c), d) ergebenden Vektoren an.

3 Berechne: a) $4\begin{pmatrix}5\\ \frac{1}{2}\end{pmatrix}$ b) $\frac{2}{5}\begin{pmatrix}6\\ -4\end{pmatrix}$ c) $-0{,}6\begin{pmatrix}1{,}2\\ 0{,}5\end{pmatrix}$

d) $\begin{pmatrix}2\\ 3\end{pmatrix}+\begin{pmatrix}7\\ 2\end{pmatrix}$ e) $\begin{pmatrix}-3\\ 8\end{pmatrix}+\begin{pmatrix}4\\ -10\end{pmatrix}$ f) $\begin{pmatrix}4\\ -5\end{pmatrix}-\begin{pmatrix}8\\ -3\end{pmatrix}$ g) $\begin{pmatrix}-1{,}2\\ 0{,}8\end{pmatrix}-\begin{pmatrix}0{,}8\\ -0{,}4\end{pmatrix}$.

4 a) $2\begin{pmatrix}4\\ -1\\ 3\end{pmatrix}+5\begin{pmatrix}-2\\ 1\\ 0\end{pmatrix}$ b) $\frac{1}{2}\begin{pmatrix}4\\ -3\\ 8\end{pmatrix}+3\begin{pmatrix}-2\\ 4\\ 1\end{pmatrix}$ c) $-\frac{3}{4}\begin{pmatrix}-8\\ 2\\ -2\end{pmatrix}-\frac{1}{2}\begin{pmatrix}4\\ -3\\ 6\end{pmatrix}$ d) $\frac{1}{5}\begin{pmatrix}3\\ -2\\ 0\end{pmatrix}-\frac{1}{10}\begin{pmatrix}-4\\ 6\\ 5\end{pmatrix}$

5 Wie erkennt man an den Koordinaten zweier Vektoren $\vec{a}$ und $\vec{b}$, daß
a) $\vec{b}$ der Gegenvektor von $\vec{a}$ ist b) $\vec{b}$ ein Vielfaches von $\vec{a}$ ist?

6 Gib durch seine Koordinaten einen Vektor der Ebene an, dessen Pfeile parallel sind
a) zur x-Achse (zur y-Achse) b) zur 1. (zur 2.) Winkelhalbierenden.

7 Eine Verschiebung bildet den Punkt A auf den Punkt B ab. Gib den Vektor $\overrightarrow{AB}$ durch seine Koordinaten an.
a) $A(2|3)$; $B(5|8)$ b) $A(-4|1)$; $B(3|-2)$ c) $A(1|-4)$; $B(-6|-2)$ d) $A(\frac{1}{2}|-\frac{1}{3})$; $B(2|-\frac{1}{2})$

8 Schreibe als Vielfaches eines Vektors mit ganzzahligen Koordinaten.

a) $\begin{pmatrix}\frac{1}{2}\\ 1\end{pmatrix}$ b) $\begin{pmatrix}3\\ \frac{1}{4}\end{pmatrix}$ c) $\begin{pmatrix}1{,}5\\ 2\end{pmatrix}$ d) $\begin{pmatrix}1{,}5\\ 2{,}5\end{pmatrix}$ e) $\begin{pmatrix}0{,}2\\ -0{,}4\end{pmatrix}$ f) $\begin{pmatrix}1{,}4\\ \frac{1}{2}\end{pmatrix}$ g) $\begin{pmatrix}0\\ -3{,}2\end{pmatrix}$ h) $\begin{pmatrix}-\frac{1}{3}\\ 0{,}3\end{pmatrix}$

9 Gegeben sind die Vektoren $\vec{a}=\begin{pmatrix}3\\ -2\\ 4\end{pmatrix}$; $\vec{b}=\begin{pmatrix}-1\\ 5\\ 2\end{pmatrix}$; $\vec{c}=\begin{pmatrix}-5\\ 6\\ 1\end{pmatrix}$.

Gib durch seine Koordinaten den Vektor $\vec{x}$ an, für welchen gilt:
a) $\vec{b}+\vec{c}+\vec{x}=\vec{a}$ b) $2\vec{c}-\vec{x}=3\vec{a}$ c) $2(\vec{a}-2\vec{x})=\vec{b}-\vec{c}$ d) $\vec{a}+3\vec{x}=\vec{b}-\frac{1}{2}\vec{x}$.

10 Gegeben sind die Vektoren $\overrightarrow{AB}=\begin{pmatrix}2\\ 1\end{pmatrix}$; $\overrightarrow{BC}=\begin{pmatrix}-2\\ 3\end{pmatrix}$; $\overrightarrow{CD}=\begin{pmatrix}-4\\ -1\end{pmatrix}$.

Gib die Vektoren $\overrightarrow{AC}$; $\overrightarrow{CA}$; $\overrightarrow{BD}$; $\overrightarrow{AD}$, $\overrightarrow{AA}$ durch ihre Koordinaten an.

11 a) Zeige (Fig. 231.2): Ein Vektor $\vec{a}=\begin{pmatrix}a_1\\ a_2\end{pmatrix}$ hat den **Betrag**: $|\vec{a}|=\sqrt{a_1^2+a_2^2}$.
b) Berechne die Beträge der folgenden Vektoren.

$\vec{a}=\begin{pmatrix}4\\ -3\end{pmatrix}$ $\vec{b}=\begin{pmatrix}-8\\ -6\end{pmatrix}$ $\vec{c}=\begin{pmatrix}12\\ -5\end{pmatrix}$ $\vec{d}=\begin{pmatrix}2\\ 1\end{pmatrix}$ $\vec{e}=\begin{pmatrix}2\\ -2\end{pmatrix}$ $\vec{f}=\frac{1}{10}\begin{pmatrix}-4\\ 3\end{pmatrix}$

c) Leite (wie in a)) eine Formel her zur Berechnung von $|\vec{a}|$, wenn $\vec{a}$ ein Vektor des Raumes ist. Berechne die Beträge der Vektoren $\vec{a}$, $\vec{b}$, $\vec{c}$ aus Aufgabe 9.

12 Ermittle rechnerisch die Darstellung von $\vec{c}$ als Linearkombination von $\vec{a}$ und $\vec{b}$.

a) $\vec{a}=\begin{pmatrix}1\\ 0\end{pmatrix}$; $\vec{b}=\begin{pmatrix}0\\ 1\end{pmatrix}$; $\vec{c}=\begin{pmatrix}5\\ -2\end{pmatrix}$ b) $\vec{a}=\begin{pmatrix}2\\ 1\end{pmatrix}$; $\vec{b}=\begin{pmatrix}-1\\ 1\end{pmatrix}$; $\vec{c}=\begin{pmatrix}3\\ 2\end{pmatrix}$

c) $\vec{a}=\begin{pmatrix}5\\ -2\end{pmatrix}$; $\vec{b}=\begin{pmatrix}-3\\ 4\end{pmatrix}$; $\vec{c}=\begin{pmatrix}4\\ 8\end{pmatrix}$ d) $\vec{a}=\begin{pmatrix}-3\\ 2\end{pmatrix}$; $\vec{b}=\begin{pmatrix}6\\ 5\end{pmatrix}$; $\vec{c}=\begin{pmatrix}-4\\ -7\end{pmatrix}$

13 Bestimme zeichnerisch und rechnerisch $r\in\mathbb{R}$, so daß

a) $\begin{pmatrix}2\\ 3\end{pmatrix}+r\begin{pmatrix}4\\ -1\end{pmatrix}$ ein Vielfaches von $\begin{pmatrix}5\\ 0{,}5\end{pmatrix}$ b) $\begin{pmatrix}3\\ -2\end{pmatrix}+r\begin{pmatrix}-2\\ 4\end{pmatrix}$ ein Vielfaches von $\begin{pmatrix}1\\ 0\end{pmatrix}$ ist.

14 Was läßt sich über die zu einem Vektor $\vec{a}$ der Ebene bzw. des Raumes gehörenden Pfeile sagen, dessen 1. Koordinate a_1 (2. Koordinate a_2) den Wert 0 hat?

103 Bestimmung von Punkten durch Vektoren

1 Eine Verschiebung bildet $A(5|7)$ auf $\overline{A}(8|9)$ ab. Auf welchen Punkt wird $O(0|0)$ bei dieser Verschiebung abgebildet?

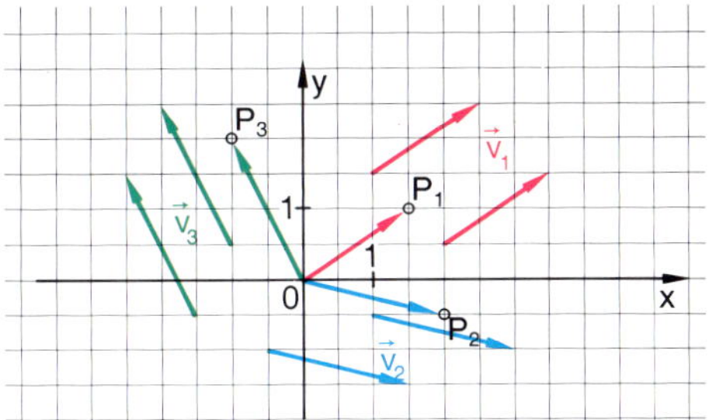

233.1

Jede Verschiebung $\vec{v}$ bildet den Ursprung O auf einen Punkt P ab (Fig. 233.1), führt also von O zu einem bestimmten „Ort" der Ebene (bzw. des Raumes). Man nennt deshalb die Verschiebung $\vec{v}$ den **Ortsvektor** des Punktes P.

Beispiel 1:
a) In Fig. 233.1 ist $\vec{a}$ ($\vec{b}$; $\vec{c}$) der Ortsvektor des Punktes A (B; C).
b) In Fig. 233.2 ist $\overrightarrow{AC}$ der Ortsvektor des Punktes P; entsprechend ist $\overrightarrow{BC}$ ($\overrightarrow{AB}$) der Ortsvektor von Q (R).

Für $P(p_1|p_2)$, $Q(q_1|q_2)$ ist $\overrightarrow{PQ} = \begin{pmatrix} q_1 - p_1 \\ q_2 - p_2 \end{pmatrix}$,

also $\overrightarrow{AC} = \begin{pmatrix} 1 \\ 1 \end{pmatrix}$; $\overrightarrow{BC} = \begin{pmatrix} -1 \\ 2 \end{pmatrix}$; $\overrightarrow{AB} = \begin{pmatrix} 2 \\ -1 \end{pmatrix}$.

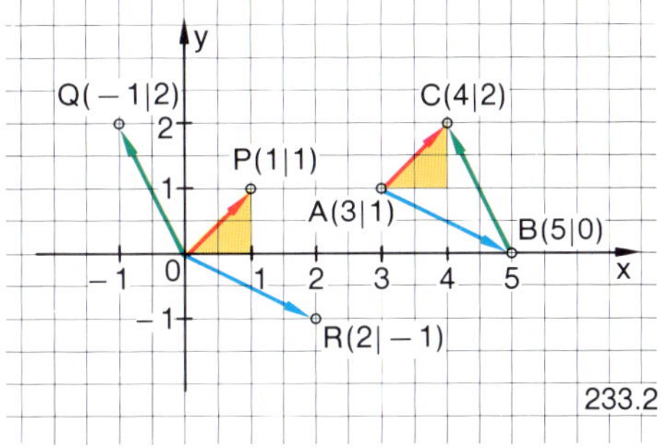

233.2

Fig. 233.2 zeigt, daß die Koordinaten dieser Vektoren übereinstimmen mit den Koordinaten der durch sie bestimmten Punkte P, Q, R.
Allgemein: Bildet eine Verschiebung den Ursprung $O(0|0)$ auf $P(p_1|p_2)$ ab, so gilt

$$\overrightarrow{OP} = \begin{pmatrix} p_1 - 0 \\ p_2 - 0 \end{pmatrix} = \begin{pmatrix} p_1 \\ p_2 \end{pmatrix}.$$

Satz: Ein Punkt P und sein Ortsvektor $\overrightarrow{OP}$ haben **dieselben Koordinaten**.

Man kann daher die Koordinaten eines Punktes P der Ebene bzw. des Raumes bestimmen, indem man die Koordinaten seines Ortsvektors $\overrightarrow{OP}$ berechnet.

Beispiel 2:
Wir berechnen für das Dreieck ABC in Fig. 233.3 die Koordinaten des Schwerpunktes S. Für die Mitte M von AC gilt also

$$\overrightarrow{OM} = \overrightarrow{OA} + \tfrac{1}{2}\overrightarrow{AC} = \begin{pmatrix} 3 \\ 1 \end{pmatrix} + \tfrac{1}{2}\begin{pmatrix} 1-3 \\ 3-1 \end{pmatrix} = \begin{pmatrix} 2 \\ 2 \end{pmatrix}$$

und daher $M(2|2)$. Nun folgt für $\overrightarrow{OS}$:

$$\overrightarrow{OS} = \overrightarrow{OM} + \tfrac{1}{3}\overrightarrow{MB} = \begin{pmatrix} 2 \\ 2 \end{pmatrix} + \tfrac{1}{3}\begin{pmatrix} 5-2 \\ 2-2 \end{pmatrix} = \begin{pmatrix} 3 \\ 2 \end{pmatrix}.$$

Δ ABC hat also den Schwerpunkt $S(3|2)$.

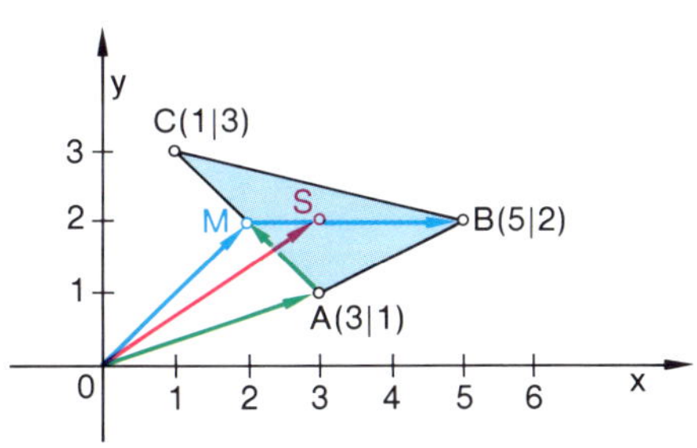

233.3

Beispiel 3:
Gegeben sind die Punkte A(3|1), B(8|0), C(7|5), D(4|4) (Fig. 234.1). Wir berechnen die Koordinaten des Schnittpunktes S von (AB) und (CD). – Zunächst bestimmen wir mit den gegebenen Vektoren $\overrightarrow{BA}$ und $\overrightarrow{CD}$ die Vektorkoordinaten von $\overrightarrow{BS}$. Weil $S \in (AB)$, ist $\overrightarrow{BS} = r\overrightarrow{BA}$; da $S \in (CD)$, gilt $\overrightarrow{BS} = \overrightarrow{BC} + s\overrightarrow{CD}$, somit $r\overrightarrow{BA} = \overrightarrow{BC} + s\overrightarrow{CD}$

oder $r\begin{pmatrix}-5\\1\end{pmatrix} = \begin{pmatrix}-1\\5\end{pmatrix} + s\begin{pmatrix}-3\\-1\end{pmatrix}$.

Aus $\begin{matrix}-5r = -1-3s\\ r = 5-s\end{matrix}$ folgt $\begin{matrix}r=2\\ s=3\end{matrix}$,

also $\overrightarrow{BS} = \begin{pmatrix}-10\\2\end{pmatrix}$.

Wir bestimmen mit $\overrightarrow{BS}$ den Ortsvektor $\overrightarrow{OS}$:

$\overrightarrow{OS} = \overrightarrow{OB} + \overrightarrow{BS} = \begin{pmatrix}8\\0\end{pmatrix} + \begin{pmatrix}-10\\2\end{pmatrix} = \begin{pmatrix}-2\\2\end{pmatrix}$.

(AB) und (CD) schneiden sich in S(−2|2).

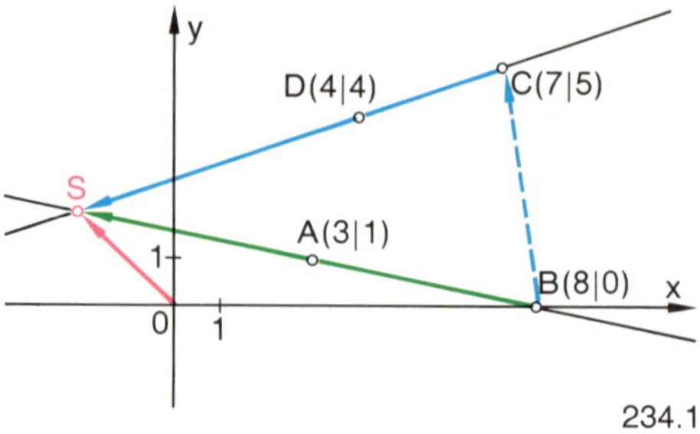

234.1

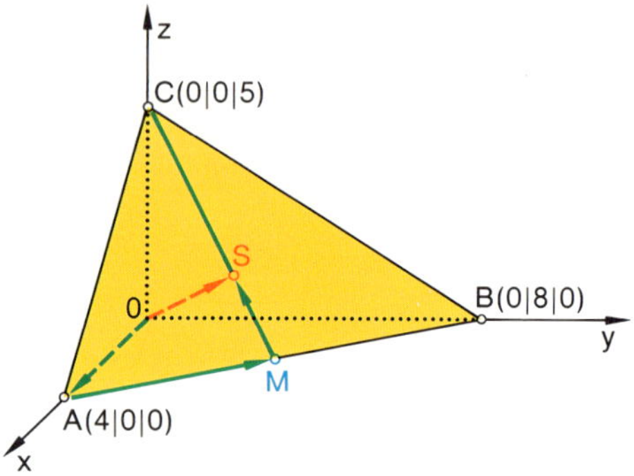

234.2

Beispiel 4:
Wir berechnen den Schwerpunkt S des Dreiecks ABC (Fig. 234.2).
Es ist $\overrightarrow{OS} = \overrightarrow{OA} + \overrightarrow{AM} + \overrightarrow{MS}$. Dabei gilt:

$\overrightarrow{OA} = \begin{pmatrix}4\\0\\0\end{pmatrix}$; $\overrightarrow{AM} = \frac{1}{2}\overrightarrow{AB} = \frac{1}{2}(\overrightarrow{OB} - \overrightarrow{OA}) = \begin{pmatrix}-2\\4\\0\end{pmatrix}$; $\overrightarrow{MS} = \frac{1}{3}\overrightarrow{MC} = \frac{1}{3}(\overrightarrow{OC} - \overrightarrow{OM}) =$

$\frac{1}{3}[\overrightarrow{OC} - (\overrightarrow{OA} + \overrightarrow{AM})] = \frac{1}{3}\begin{pmatrix}-2\\-4\\5\end{pmatrix}$. Damit ergibt sich $\overrightarrow{OS} = \begin{pmatrix}4\\0\\0\end{pmatrix} + \begin{pmatrix}-2\\4\\0\end{pmatrix} + \frac{1}{3}\begin{pmatrix}-2\\-4\\5\end{pmatrix} = \frac{1}{3}\begin{pmatrix}4\\8\\5\end{pmatrix}$;

Δ ABC hat den Schwerpunkt $S(\frac{4}{3}|\frac{8}{3}|\frac{5}{3})$.

② Berechne den Schnittpunkt T der Geraden (AD) und (BC) in Fig. 234.1.

3 a) Zeichne (LE = 0,5 cm) die Punkte A(3|2), B(5|−1), C(8|1), D(7|3). Bestimme zeichnerisch den Punkt P (Q, R, S) mit dem Ortsvektor $\overrightarrow{AB}$ ($\overrightarrow{BC}$; $\overrightarrow{CD}$; $\overrightarrow{DA}$).
b) Bestimme rechnerisch die Koordinaten der Punkte P, Q, R, S.

4 Gegeben sind die Ortsvektoren $\overrightarrow{OA} = \begin{pmatrix}4\\1\end{pmatrix}$; $\overrightarrow{OB} = \begin{pmatrix}-5\\3\end{pmatrix}$; $\overrightarrow{OC} = \begin{pmatrix}2\\-1\end{pmatrix}$; $\overrightarrow{OD} = \begin{pmatrix}-3\\-7\end{pmatrix}$.
Bestimme die Vektoren $\overrightarrow{AB}$; $\overrightarrow{BC}$; $\overrightarrow{CD}$; $\overrightarrow{DA}$; $\overrightarrow{BD}$; $\overrightarrow{CA}$; $\frac{1}{2}\overrightarrow{CB}$; $\frac{2}{3}\overrightarrow{AD}$; $\frac{1}{2}(\overrightarrow{BD} - \overrightarrow{AC})$.

5 M sei die Mitte der Strecke PQ. Bestimme $\overrightarrow{PM}$ und $\overrightarrow{QM}$ sowie die Koordinaten von M.
a) P(3|1); Q(5|7) b) P(−2|3); Q(4|−1) c) P(−3|−2); Q(−1|4)
d) P(2|3|4); Q(5|8|6) e) P(−1|4|0); Q(5|2|−3) f) $P(\frac{1}{2}|1|-\frac{1}{2})$; $Q(2|-\frac{1}{2}|4)$

6 a) Entnimm Fig. 235.1 die Koordinaten der Punkte A, B, C, D.
b) E, F, G, H seien die Seitenmitten des Vierecks ABCD. Berechne die Koordinaten der Vektoren $\overrightarrow{AE}$, $\overrightarrow{BF}$, $\overrightarrow{CG}$ und $\overrightarrow{DH}$.
c) Berechne die Koordinaten der Punkte E, F, G, H. Zeige: $\overrightarrow{HE} = \overrightarrow{GF}$ und $\overrightarrow{EF} = \overrightarrow{HG}$.

7 Berechne die Koordinaten der Seitenmitten sowie den Schwerpunkt S für das
a) Δ ABC mit A(1|−2), B(5|1), C(3|6)
b) Δ PQR mit P(−3|2), Q(4|0), R(2|5)
c) Δ OPQ mit O(0|0|0), P(4|6|0), Q(0|6|8).
Vergleiche jeweils mit einer Zeichnung.

8 Die Strecke PQ mit P(3|1) und Q(8|−3) wird in 3 (in 5) gleiche Teile geteilt. Welche Koordinaten haben die beiden (die vier) Teilpunkte?

9 Für einen Punkt T auf der Strecke AB mit A(−2|−1), B(4|5) gilt $\overline{AT} : \overline{TB} = 2:3$ ($\overline{BT} : \overline{TA} = 3:4$). Bestimme die Koordinaten von T sowie $\overline{AT}$ und $\overline{TB}$.

10 Bestimme rechnerisch für die Gerade (PQ) den Schnittpunkt A mit der x-Achse und den Schnittpunkt B mit der y-Achse.
a) P(2|1); Q(6|2)
b) P(−4,5|1); Q(4|−1,5)

11 Beim Viereck ABCD von Fig. 235.2 sind BC und DC in drei gleiche Teile geteilt.
a) Entnimm Fig. 235.2 die Koordinaten von A, B, C, D. Bestimme $\overrightarrow{DF}$ und $\overrightarrow{BE}$.
b) Berechne $\overrightarrow{FS}$ und $\overrightarrow{AS}$.
c) Welche Koordinaten haben E, F, S?

12 a) Berechne den Schwerpunkt des Δ ABC mit A(2|1), B(5|2), C(4|6).
b) Beweise: Für den Schwerpunkt S eines Dreiecks ABC gilt (Fig. 235.3):
(*) $\qquad \overrightarrow{OS} = \frac{1}{3}(\overrightarrow{OA} + \overrightarrow{OB} + \overrightarrow{OC})$.
Berechne erneut den Schwerpunkt des Δ ABC aus Teilaufgabe a); vergleiche.
c) Die Formel (*) gilt auch für Dreiecke im Raum (warum?). Berechne die Koordinaten des Schwerpunktes S von Δ ABC mit A(6|8|0), B(−2|10|0), C(1|1|6). Fertige eine Zeichnung an wie Fig. 234.2.

13 Eine Pyramide (Fig. 235.4) hat die Grundfläche ABCD mit A(2|−2|0), B(2|2|0), C(−2|2|0), D(−2|−2|0) und die Spitze S(0|0|6).
Verbindet man A, B, C, D jeweils mit der Mitte der gegenüberliegenden Seitenkante, so schneiden sich diese Verbindungen in einem Punkt P. Wie hoch über ABCD liegt P?

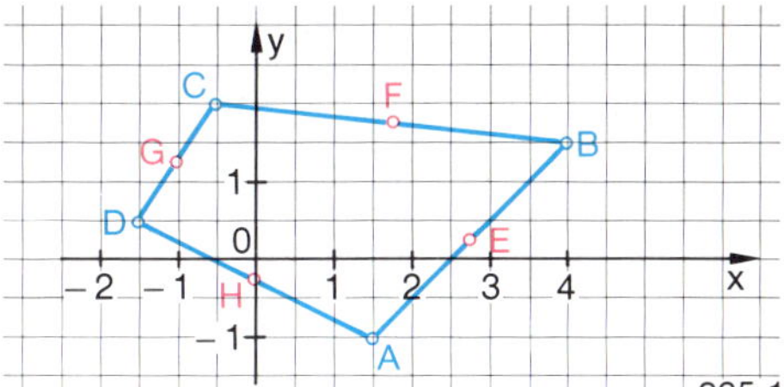

235.1

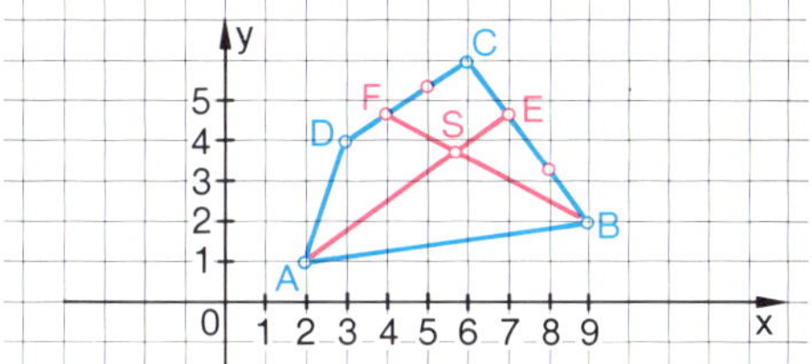

235.2

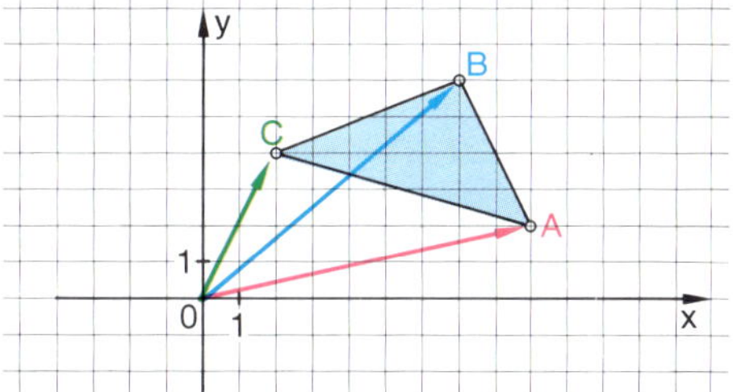

235.3

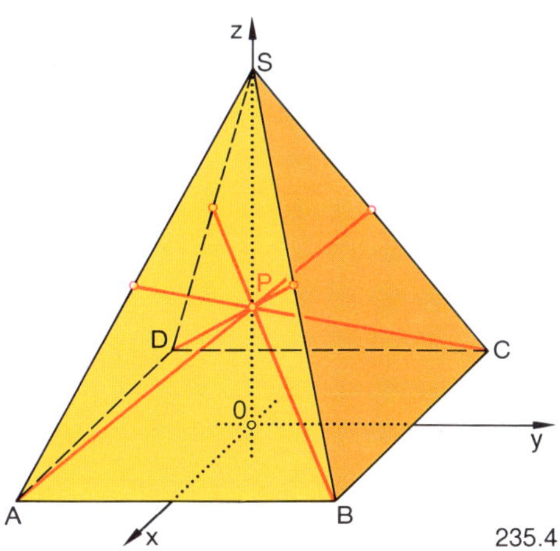

235.4

104 Bestimmung von Teilverhältnissen

1 In Fig. 236.1 sind in einem Gelenkviereck Gummifäden gespannt.
a) In welchem Verhältnis teilen sich die Fäden gegenseitig?
b) Wie ändert sich die Länge der Fäden, wenn das Viereck die Form in Fig. 236.2 annimmt? Ändert sich dabei auch das Verhältnis, in dem sich die Fäden gegenseitig teilen?

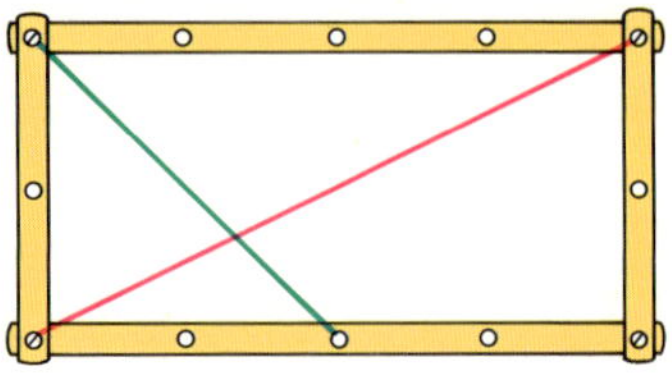
236.1

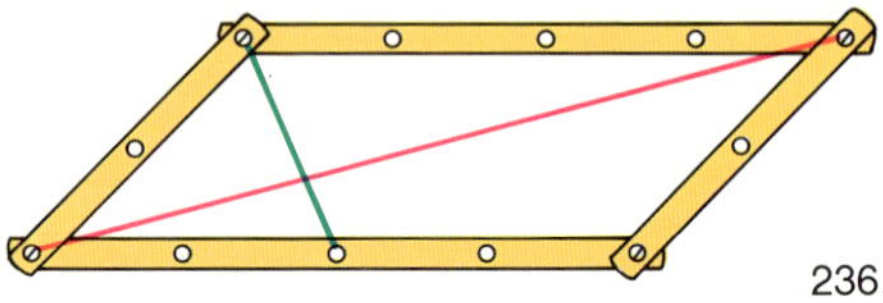
236.2

Teilverhältnisse haben wir bisher mit Hilfe der Strahlensätze oder der Ähnlichkeit von Figuren bestimmt (Fig. 236.1/2). In Fig. 236.3 liegt jedoch weder die Strahlensatzfigur vor, noch sind die vorhandenen Dreiecke ähnlich. In solchen Fällen verwendet man zweckmäßig Vektoren, um Teilverhältnisse zu bestimmen. Wir erläutern das Vorgehen an der

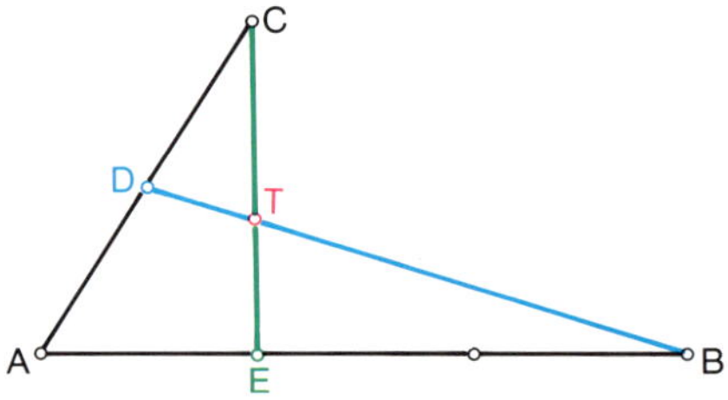

236.3

Aufgabe: In Fig. 236.3 teilt E die Strecke AB im Verhältnis 1 : 2 und D die Strecke AC im Verhältnis 1 : 1. In welchem Verhältnis teilt T die Strecken EC und BD?

1\. Schritt: Wir drücken vektoriell aus, daß T Schnittpunkt von BD und CE ist.
$\overrightarrow{CD}+\overrightarrow{DT}=\overrightarrow{CT}$, wobei $\overrightarrow{DT}=r\overrightarrow{DB}$ und $\overrightarrow{CT}=s\overrightarrow{CE}$ mit gewissen Zahlen r, s;
d. h., $\overrightarrow{CD}+r\overrightarrow{DB}=s\overrightarrow{CE}$. (∗)

2\. Schritt: Wir drücken $\overrightarrow{CD}$, $\overrightarrow{DB}$ und $\overrightarrow{CE}$ durch die gegebenen Vektoren $\overrightarrow{AB}$ und $\overrightarrow{AC}$ aus.
$\overrightarrow{CD}=-\frac{1}{2}\overrightarrow{AC}$; $\overrightarrow{DB}=\overrightarrow{AB}-\frac{1}{2}\overrightarrow{AC}$; $\overrightarrow{CE}=\frac{1}{3}\overrightarrow{AB}-\overrightarrow{AC}$. Damit folgt aus (∗):
$-\frac{1}{2}\overrightarrow{AC}+r(\overrightarrow{AB}-\frac{1}{2}\overrightarrow{AC})=s(\frac{1}{3}\overrightarrow{AB}-\overrightarrow{AC})$ oder $(r-\frac{1}{3}s)\overrightarrow{AB}=(\frac{1}{2}+\frac{1}{2}r-s)\overrightarrow{AC}$.

3\. Schritt: Da $\overrightarrow{AB}$ und $\overrightarrow{AC}$ verschiedene Richtungen haben, kann diese letzte Gleichung nur erfüllt sein, wenn beide Terme in den Klammern den Wert 0 annehmen. Daraus ergibt sich ein Gleichungssystem. Aus

$$\begin{array}{l} r-\frac{1}{3}s=0 \\ \frac{1}{2}+\frac{1}{2}r-s=0 \end{array} \quad \text{folgt} \quad \begin{array}{l} 3r-s=0 \\ 1+r-2s=0 \end{array} \quad \text{und} \quad \begin{array}{l} r=\frac{1}{5} \\ s=\frac{3}{5} \end{array}.$$

4\. Schritt: Mit Hilfe der für r und s errechneten Zahlen bestimmen wir die gesuchten Teilverhältnisse. Aus $\overrightarrow{DT}=r\overrightarrow{DB}$ und $\overrightarrow{CT}=s\overrightarrow{CE}$ (vgl. 1. Schritt) folgt
$\overline{DT}:\overline{TB}=1:4$ und $\overline{CT}:\overline{TE}=3:2$.

Bemerkung zum 1. Schritt: Suche einen geschlossenen Streckenzug, in dem die fraglichen Teilstrecken auftreten; drücke die zugehörigen Vektoren als Vielfache aus.

> Mit Hilfe von Vektoren ist es möglich, aus gegebenen Teilverhältnissen auf **rechnerischem** Wege unbekannte Teilverhältnisse zu bestimmen.

2 Berechne in Fig. 236.3 die Teilverhältnisse $\overline{DT}:\overline{TB}$ und $\overline{CT}:\overline{TE}$, indem du – statt vom Dreieck CDT wie im 1. Schritt der behandelten Aufgabe – vom Dreieck EBT (vom Viereck AETD) ausgehst.

3 Zeichne Δ ABC und seine Seitenhalbierenden AD, BE, CF; der Schwerpunkt des Dreiecks sei S. Drücke den Vektor $\overrightarrow{AD}$ ($\overrightarrow{BE}$; $\overrightarrow{CF}$; $\overrightarrow{CS}$; $\overrightarrow{SD}$; $\overrightarrow{ES}$; $\overrightarrow{FS}$) durch $\overrightarrow{AB}$ und $\overrightarrow{AC}$ aus.

4 a) Zeichne drei Punkte P, Q, R, so daß gilt: $\overrightarrow{PQ}=\frac{3}{4}\overrightarrow{PR}$ ($\overrightarrow{PQ}=0{,}4\overrightarrow{PR}$). Bestimme das Teilverhältnis $\overline{PQ}:\overline{QR}$.
b) Für drei Punkte P, Q, R gilt $\overrightarrow{PQ}=t\cdot\overrightarrow{PR}$. Bestimme das Teilverhältnis $\overline{PQ}:\overline{QR}$ für $t=\frac{1}{2}$ ($\frac{2}{3}$; $\frac{3}{5}$; 0,6; 0,8).
c) Der Punkt Q teile die Strecke PR im Verhältnis $\overline{PQ}:\overline{QR}=2:3$ (5:2; 1:2; 4:3; 6:5). Drücke den Vektor $\overrightarrow{PQ}$ durch $\overrightarrow{PR}$ aus.

5 Löse die folgenden linearen Gleichungssysteme.

a) $2x+y=4$; $-x+y=1$

b) $3x+y=5$; $x-2y=11$

c) $2x+3y=0$; $3x-2y=13$

d) $4r-3s=0$; $2r+6s=5$

e) $8s-3t=-5$; $2s-3t=-\frac{1}{2}$

f) $\frac{1}{2}s-3t=-3$; $2s+\frac{1}{2}t=-\frac{11}{4}$

6 In Fig. 237.1 ist $\overline{AE}:\overline{EB}=3:1$ und $\overline{AD}:\overline{DC}=2:1$. In welchem Verhältnis teilen sich die Strecken EC und BD? (Anleitung: Vgl. S. 236.) Ändert sich das Ergebnis bei anderer Richtung von $\overrightarrow{AC}$?

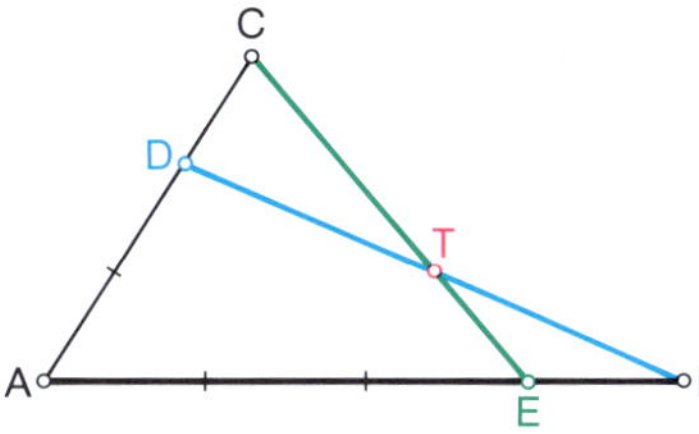

237.1

7 a) Im Δ ABC von Fig. 237.2 ist $\overline{AD}:\overline{BD}=2:3$ und $\overline{BE}:\overline{EC}=2:1$. Berechne die Teilverhältnisse $\overline{AT}:\overline{TE}$ und $\overline{DT}:\overline{TC}$.
b) Wie teilen sich die Diagonalen des Vierecks DBET von Fig. 237.2?

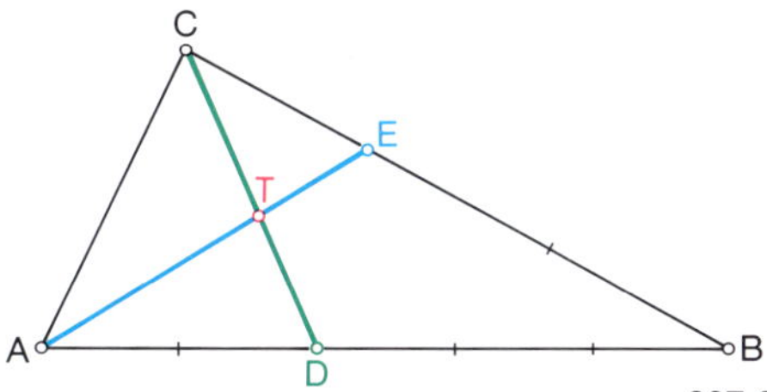

237.2

8 a) Zeichne ein Dreieck ABC mit $a=6$ cm; $b=9$ cm; $c=12$ cm mit den Winkelhalbierenden w_α, w_β, w_γ. In welchem Verhältnis teilt der Schnittpunkt I der Winkelhalbierenden die Halbierenden w_α und w_β? (Anleitung: Vgl. S. 205, Satz 2.)
b) Vergleiche die berechneten Teilverhältnisse mit $(b+c):a$ und $(a+c):b$. Was vermutet man danach für w_γ? Überprüfe die Vermutung rechnerisch.

9 In einem Tetraeder (3seitige Pyramide mit gleich langen Kanten; Fig. 237.3) schneiden sich die Verbindungsstrecken der Ecken mit dem Schwerpunkt der jeweils gegenüberliegenden Dreiecksfläche in einem Punkt S. In welchem Verhältnis teilt S diese Strecken? (Anleitung: Vgl. S. 235, Aufg. 12.)

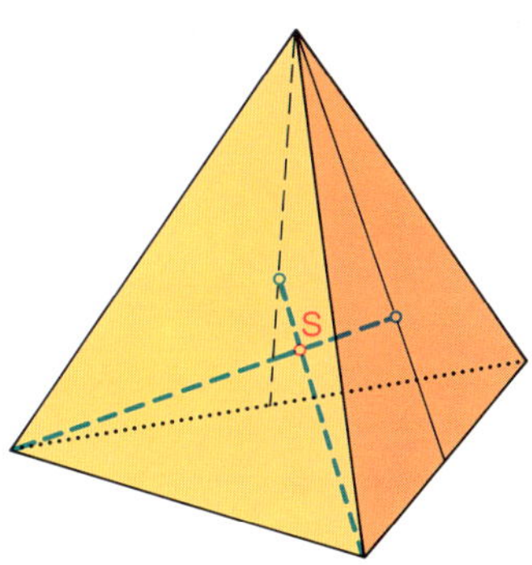

237.3

105 Vermischte Aufgaben

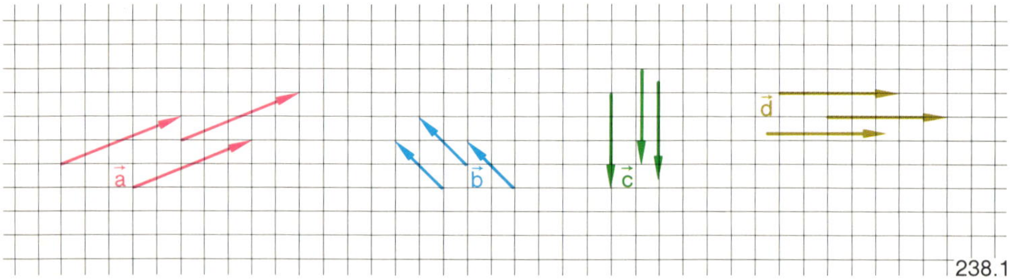

238.1

1 $\vec{a}, \vec{b}, \vec{c}, \vec{d}$ seien die Verschiebungsvektoren in Fig. 238.1. Gib je einen Pfeil an für die Vektoren
a) $\vec{a}+\vec{b}$; $\vec{b}+\vec{c}$; $\vec{c}+\vec{d}$; $\vec{a}+\vec{c}$; $\vec{a}+\vec{d}$; $\vec{b}+\vec{d}$
b) $\vec{a}-\vec{b}$; $\vec{a}-\vec{c}$; $\vec{a}-\vec{d}$; $\vec{b}-\vec{c}$; $\vec{b}-\vec{d}$; $\vec{c}-\vec{d}$
c) $\vec{b}+\vec{c}+\vec{d}$; $\vec{b}-\vec{c}+\vec{a}$; $\vec{c}-\vec{a}-\vec{b}$.

2 $\vec{a}, \vec{b}, \vec{c}, \vec{d}$ seien die Vektoren in Fig. 238.1. Ermittle zeichnerisch Näherungswerte der Zahlen s, t, für welche gilt:
a) $\vec{a}=s\vec{c}+t\vec{d}$ b) $\vec{a}=s\vec{b}+t\vec{c}$ c) $\vec{b}=s\vec{c}+t\vec{d}$
d) $\vec{d}=s\vec{a}+t\vec{b}$ e) $\vec{c}=s\vec{b}+t\vec{d}$ f) $\vec{c}=s\vec{a}+t\vec{d}$.

3 Ermittle zeichnerisch die Darstellung des Vektors $\vec{a}+\vec{b}$ aus Fig. 238.1 als Linearkombination von $\vec{c}$ und $\vec{d}$.

4 Für die Vektoren aus Fig. 238.1 ist $\vec{a}=\begin{pmatrix}5\\2\end{pmatrix}$; $\vec{b}=\begin{pmatrix}-2\\2\end{pmatrix}$; $\vec{c}=\begin{pmatrix}0\\-4\end{pmatrix}$; $\vec{d}=\begin{pmatrix}5\\0\end{pmatrix}$.

Bestimme damit die Lösung der folgenden Vektorgleichung.
a) $\vec{a}+\vec{x}=\vec{b}-\vec{c}$ b) $\vec{d}-2\vec{x}=\vec{a}-\vec{b}$ c) $2\vec{c}-3\vec{x}=4\vec{b}$
d) $1{,}5\vec{b}-2{,}5\vec{a}=0{,}5\vec{x}+1{,}5\vec{c}$ e) $\frac{2}{3}\vec{d}-\frac{1}{5}\vec{x}=0{,}7(\vec{b}-\vec{a})+\frac{1}{3}\vec{c}$ f) $\sqrt{2}\vec{x}-\sqrt{3}\vec{b}=2\vec{x}+\sqrt{6}\vec{b}$

5 Drücke in Fig. 238.2 die Vektoren $\vec{f}, \vec{g}, \vec{h}, \vec{k}, \vec{l}, \vec{m}, \vec{n}$ durch die Vektoren $\vec{a}, \vec{b}, \vec{c}, \vec{d}, \vec{e}$ aus.

6 Δ ABC in Fig. 238.3 ist gleichseitig; D, E, F sind die Seitenmitten. Drücke durch $\overrightarrow{AB}$ und $\overrightarrow{AC}$ aus: $\overrightarrow{BC}$; $\overrightarrow{CB}$; $\overrightarrow{FE}$, $\overrightarrow{ED}$; $\overrightarrow{DF}$; $\overrightarrow{AE}$; $\overrightarrow{FB}$.

7 Im Quadrat ABCD von Fig. 238.4 sind E, F, G, H die Seitenmitten. Drücke durch $\overrightarrow{AB}$ und $\overrightarrow{BC}$ aus: $\overrightarrow{AD}$; $\overrightarrow{CD}$; $\overrightarrow{EF}$; $\overrightarrow{GF}$; $\overrightarrow{HG}$, $\overrightarrow{HE}$; $\overrightarrow{AF}$; $\overrightarrow{GA}$; $\overrightarrow{CH}$; $\overrightarrow{BG}$; $\overrightarrow{HF}$; $\overrightarrow{AC}$.

8 In Fig. 238.2 bildet die äußere Umrandung ein regelmäßiges Sechseck.
Gib jeden der eingezeichneten Vektoren als Linearkombination der beiden Vektoren $\vec{a}$ und $\vec{e}$ an.

9 Schreibe einfacher. Zeichne.
a) $\overrightarrow{AB}+\overrightarrow{BC}$ b) $\overrightarrow{CD}+\overrightarrow{AD}$
c) $\overrightarrow{PQ}-\overrightarrow{PR}$ d) $\overrightarrow{EF}-\overrightarrow{GF}$
e) $\overrightarrow{AR}-(\overrightarrow{QR}+\overrightarrow{ZQ})$ f) $\overrightarrow{PA}-(\overrightarrow{HA}-\overrightarrow{HK})$
g) $\overrightarrow{AZ}-(\overrightarrow{BZ}-\overrightarrow{BK})$ h) $\overrightarrow{PC}-\overrightarrow{BA}-(\overrightarrow{NC}-\overrightarrow{NA})$

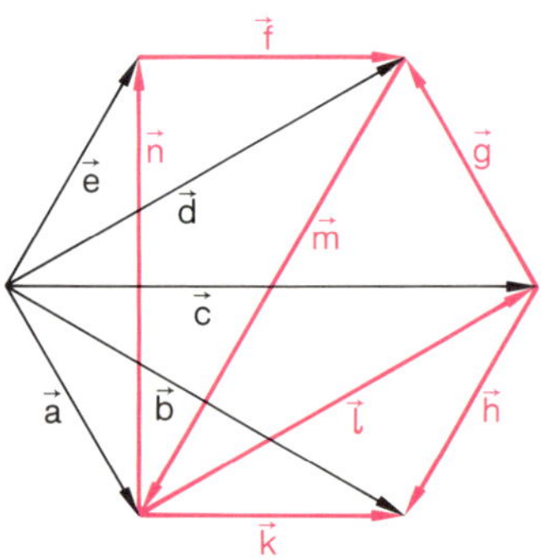

238.2

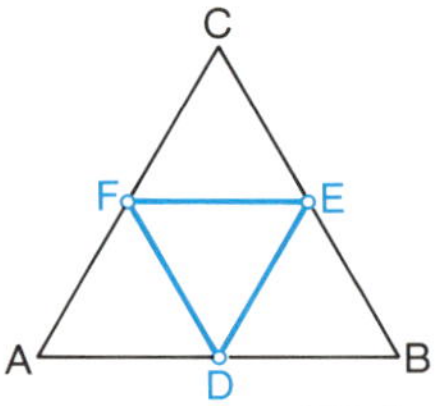

238.3

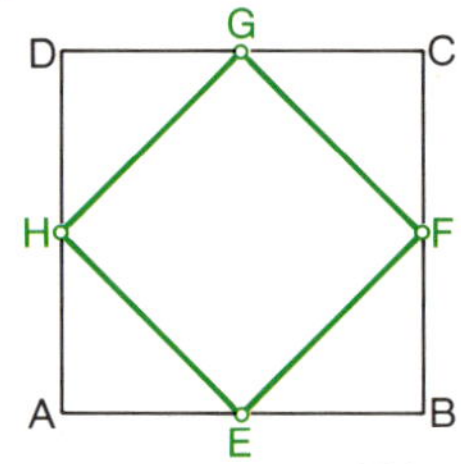

238.4

10 Schreibe die folgenden Vektoren als Linearkombination von $\vec{a}=\begin{pmatrix}2\\5\end{pmatrix}$ und $\vec{b}=\begin{pmatrix}-1\\3\end{pmatrix}$.

$\vec{c}=\begin{pmatrix}1\\1\end{pmatrix}$; $\vec{d}=\begin{pmatrix}4\\-2\end{pmatrix}$; $\vec{e}=\begin{pmatrix}3\\5\end{pmatrix}$;

$\vec{f}=\begin{pmatrix}2\\-6\end{pmatrix}$; $\vec{o}=\begin{pmatrix}0\\0\end{pmatrix}$.

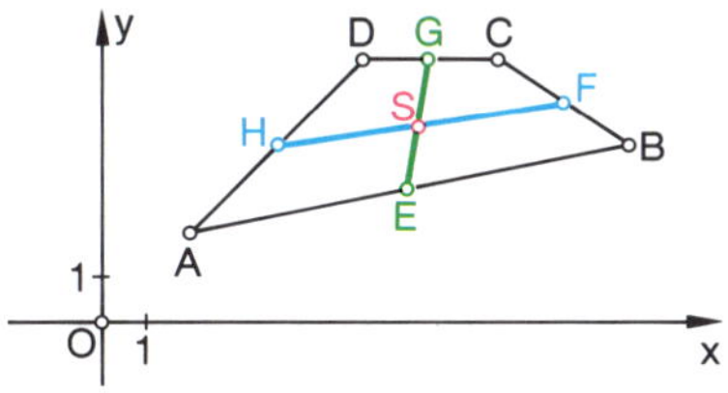

239.1

11 Im Viereck ABCD mit A(2|2), B(12|4), C(9|6), D(6|6) seien E, F, G, H die Mitten der Seiten (Fig. 239.1).

a) Gib die Vektoren $\overrightarrow{AE}$, $\overrightarrow{CF}$, $\overrightarrow{GD}$, $\overrightarrow{AH}$ durch ihre Koordinaten an.

b) Bestimme die Koordinaten der Punkte E, F, G, H.

c) Berechne die Koordinaten des Schnittpunktes S von EG und FH.

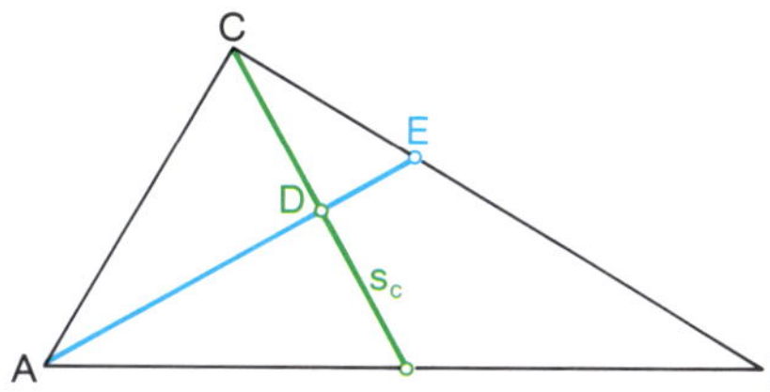

239.2

12 In einem Dreieck ABC (Fig. 239.2) sei D die Mitte der Seitenhalbierenden s_c und E der Schnittpunkt von (AD) mit BC.

a) Beweise: E teilt BC im Verhältnis 2:1.

b) Beweise: D teilt AE im Verhältnis 3:1.

c) In welchem Verhältnis stehen die Inhalte der vier Teilflächen, in die das Dreieck ABC zerlegt ist? (Anleitung: Verwende die in a) und b) genannten Teilverhältnisse.)

d) Berechne die Koordinaten von D für A(3|1), B(8|4), C(4|6).

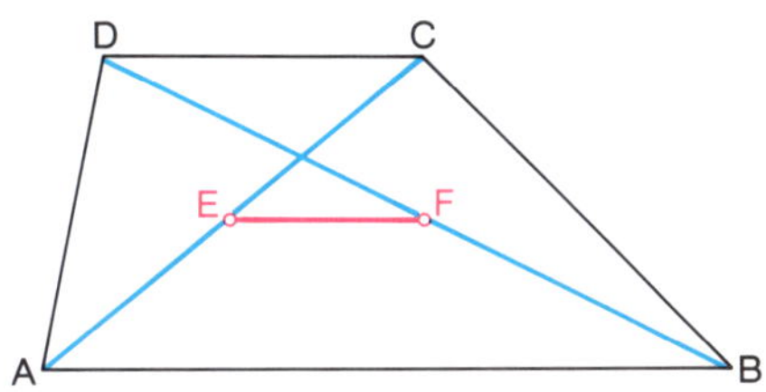

239.3

13 Im Trapez ABCD von Fig. 239.3 sind E und F die Mitten der Diagonalen.

a) Setze $\overrightarrow{DC}=t\overrightarrow{AB}$ $(t\in\mathbb{R})$. Zeige damit, daß $EF \parallel AB$ ist. Vergleiche die Längen von EF und AB für $t=\frac{1}{2}$ $(\frac{1}{3};\ \frac{1}{4})$.

b) Welche Aussagen ergeben sich aus a) für $t=1$ und für $t=0$?

c) Drücke die Länge der Strecke EF durch die Längen $\overline{AB}$ und $\overline{CD}$ der Grundseiten des Trapezes aus.

d) Untersuche, ob es einen Wert für t gibt, bei dem $FC \parallel AD$ ist.

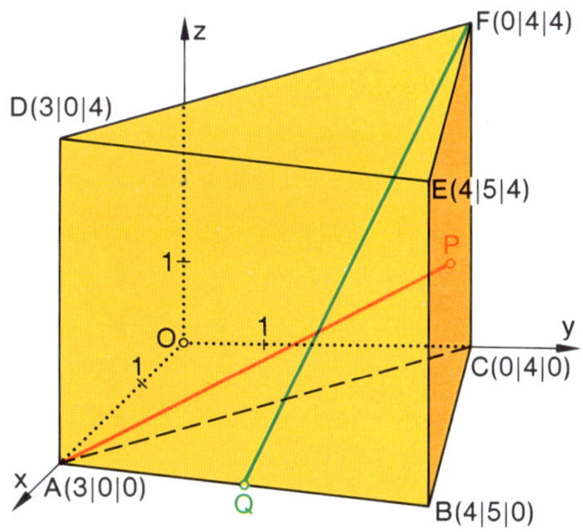

239.4

14 Bei dem in Fig. 239.4 dargestellten Körper ist P die Mitte der Seitenfläche BCFE und Q die Mitte der Kante AB.

a) Bestimme die Koordinaten der Punkte P und Q.

b) Wie lang sind die Strecken AP und FQ?

c) Untersuche rechnerisch, ob sich die Strecken AP und FQ schneiden.

XVII Flächeninhalt und Umfang des Kreises

106 Die Kreiszahl π

1 Wie erkennt man, daß der Flächeninhalt des Kreises in Fig. 240.1 kleiner ist als 16 cm^2, aber größer als 8 cm^2? Welchen Näherungswert für den Kreisinhalt kann man hiermit angeben? Warum können wir nicht mit Sicherheit entscheiden, ob dieser Näherungswert zu groß oder zu klein ist?

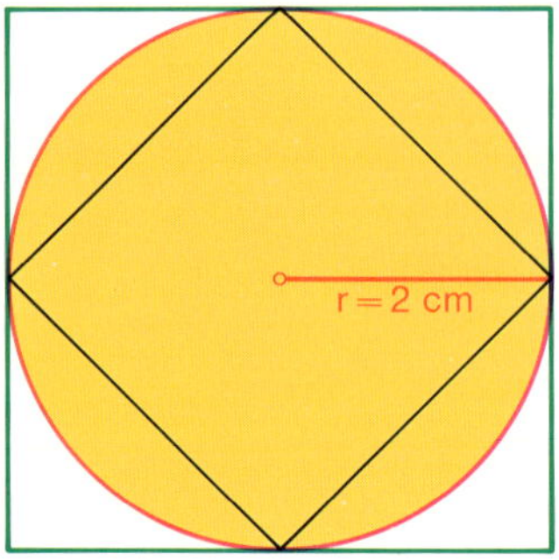

240.1

In Kapitel XI haben wir Flächeninhalte von Vielecken berechnet. Im folgenden versuchen wir, Flächeninhalte von krummlinig begrenzten Figuren zu bestimmen. Die wichtigste derartige Figur ist der Kreis. Vergleicht man den Flächeninhalt A eines Kreises mit dem Flächeninhalt r^2 des Radiusquadrates, so stellt man fest (Fig. 240.1/2): Bei allen Kreisen ist

$$2r^2 < A < 4r^2 \qquad \text{oder} \qquad 2 < \frac{A}{r^2} < 4.$$

Die Schranken 2 und 4 hängen nicht von r ab; wir können daher vermuten: Bei allen Kreisen ist der Kreisinhalt **dasselbe** Vielfache von r^2, bzw.: Bei allen Kreisen ist das Verhältnis $A : r^2$ die **gleiche** (zwischen 2 und 4 gelegene) Zahl.

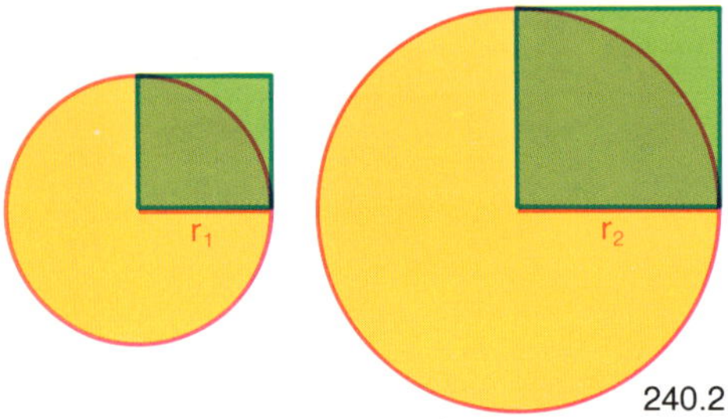

240.2

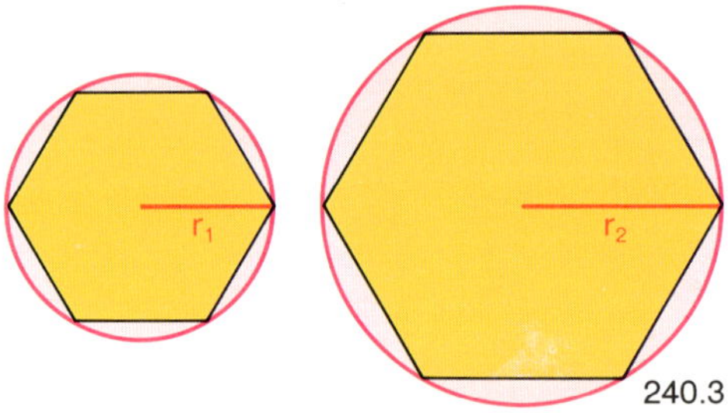

240.3

Um die Vermutung zu überprüfen, denken wir uns regelmäßige Vielecke derselben Eckenzahl n einbeschrieben (Fig. 240.3). Da diese n-Ecke ähnlich sind, gilt für ihre Flächeninhalte A_1 und A_2 (vgl. S. 199):

$$\frac{A_2}{A_1} = \frac{r_2^2}{r_1^2} \qquad \text{oder} \qquad \frac{A_2}{r_2^2} = \frac{A_1}{r_1^2}.$$

D. h.: Bei festem n ist das Verhältnis des n-Eckinhaltes zum Inhalt des Radiusquadrates bei allen Kreisen gleich. Da sich der Inhalt eines n-Ecks für hinreichend große Eckenzahl n vom zugehörigen Kreisinhalt nur beliebig wenig unterscheidet, muß in gleicher Weise auch für die Kreisinhalte gelten:

Satz: Das Verhältnis $A : r^2$, d. h.
(Flächeninhalt des Kreises) : (Flächeninhalt des Radiusquadrates),
ist bei allen Kreisen **gleich**.

Nach unserer anfänglichen Abschätzung ist $A : r^2$ eine Zahl zwischen 2 und 4. Sie heißt **Kreiszahl** und wird mit dem griechischen Buchstaben π (lies: pi) bezeichnet. π gibt an, wie oft der Inhalt des Radiusquadrates im Kreisinhalt „enthalten" ist.

Um einen Näherungswert für π zu bekommen, ermitteln wir für den Kreis in Fig. 241.1 den Quotienten $A : r^2$ näherungsweise. Dazu überziehen wir den Kreis mit einem Quadratgitter. Es zeigt sich: 276 Quadrate des Gitters liegen innerhalb der Kreisfläche, die ihrerseits in einer Fläche aus 344 Quadraten enthalten ist. Da ein Radiusquadrat aus 100 Quadraten des Gitters besteht, folgt:

$$\frac{276}{100} < \frac{A}{r^2} < \frac{344}{100} \qquad \text{oder} \qquad 2{,}76 < \pi < 3{,}44.$$

Bildet man das arithmetische Mittel $\frac{1}{2}(2{,}76 + 3{,}44)$, so findet man: $\pi \approx 3{,}10$.

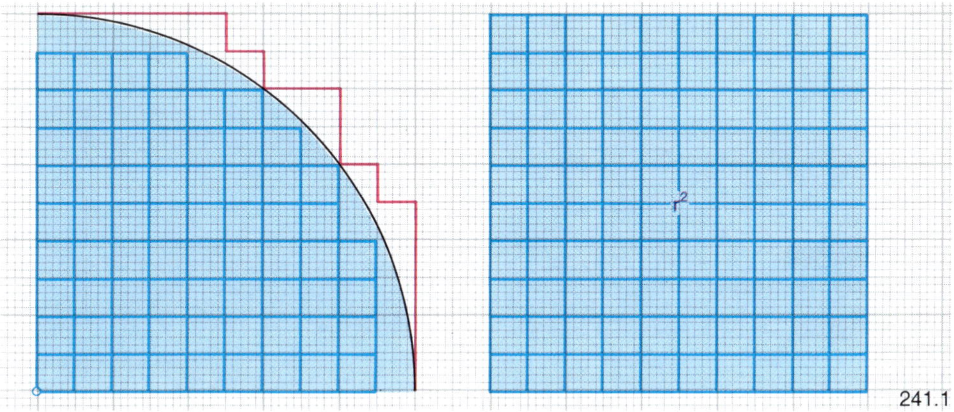

241.1

Ermittelt man den Kreisinhalt noch genauer (vgl. S. 249), so zeigt sich:

Satz: Für die Kreiszahl π gilt: $\pi \approx \mathbf{3{,}14}$ oder $\pi \approx \mathbf{3\frac{1}{7}}$.

② Ermittle in Fig. 241.1 die ungefähre Zahl der mm-Quadrate, die ganz in der Kreisfläche enthalten sind sowie die ungefähre Zahl der mm-Quadrate, die von der Kreislinie zerschnitten werden. Welcher Näherungswert für π ergibt sich daraus?

3 Schneide aus starker Pappe eine Kreisscheibe aus und ein dazugehöriges Radiusquadrat. Wiege mit der Briefwaage beide Pappstücke. Welcher Näherungswert für π ergibt sich auf diese Weise?

4 a) Wirf einen weißen und einen schwarzen Würfel gleichzeitig. Trage in ein Koordinatensystem den Punkt P ein, der die Augenzahl des weißen Würfels als x-Wert und die des schwarzen als y-Wert hat. Führe das Würfelexperiment 100mal durch; notiere jedesmal, ob P innerhalb oder außerhalb des Kreises k(O;6 cm) liegt. Wie läßt sich aus dem Ergebnis ein Näherungswert für die Zahl π gewinnen?
b) Statt der Würfel soll eine Tabelle mit Zufallszahlen verwendet werden. Gib ein geeignetes Verfahren an und bestimme damit π näherungsweise.

107 Berechnung des Kreisinhaltes

1 Wird einem Kreis mit dem Radius r ein regelmäßiges Dreieck, Sechseck oder Achteck einbeschrieben (Fig. 242.1), so gilt für die Flächeninhalte dieser Vielecke:
$A_3 = \frac{3}{4}\sqrt{3}\,r^2$; $A_6 = \frac{3}{2}\sqrt{3}\,r^2$; $A_8 = 2\sqrt{2}\,r^2$.
Gib auf 2 Dezimalen die Zahl an, mit der man r^2 multiplizieren muß, um den Flächeninhalt des Dreiecks (Sechsecks; Achtecks) zu bekommen.

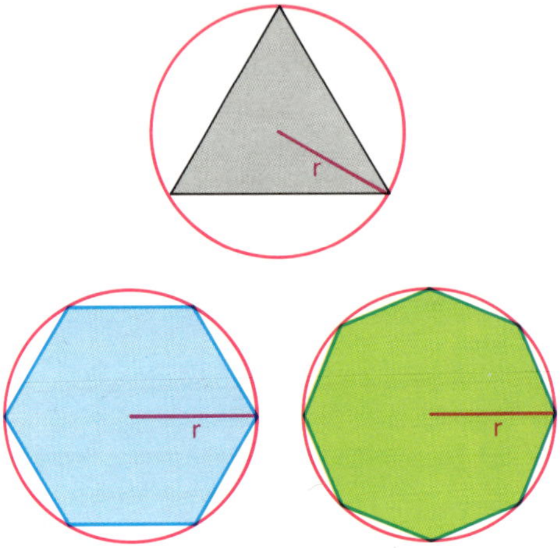

242.1

Da für alle Kreise der Quotient $A : r^2$ gleich ist, nämlich $\pi \approx 3{,}14$, folgt:

Satz: Ein Kreis mit dem Radius r hat den Flächeninhalt
$$\mathbf{A = \pi \cdot r^2}.$$

Merke: Die Fläche des Kreises in Fig. 242.2 ist etwas größer als die Fläche der drei Radiusquadrate.

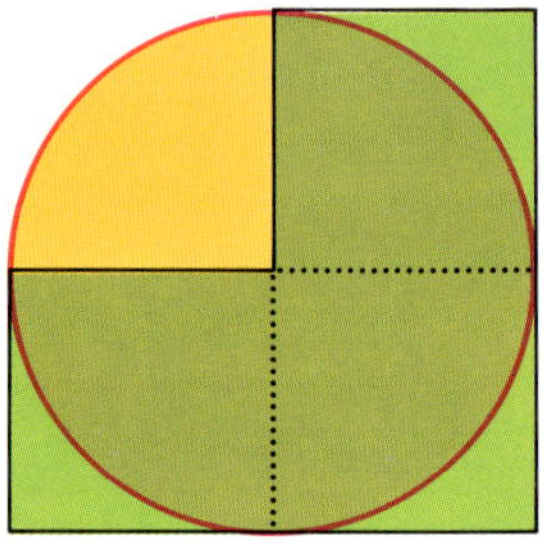
242.2

Beispiel 1:
Ein Kreis mit dem Durchmesser 1 m hat den Radius $r = 0{,}5$ m. Daher ist
$$A = \pi \cdot 0{,}5^2\ \text{m}^2 \approx 0{,}785\ \text{m}^2.$$
Sein Flächeninhalt beträgt 0,785 m^2.

Beispiel 2:
a) Für den Durchmesser eines kreisrunden Blumenbeetes wird 3,8 m angegeben. Daraus ergibt sich für den Flächeninhalt
$$A \approx 3{,}14 \cdot 1{,}9^2\ \text{m}^2 = 11{,}3354\ \text{m}^2.$$
Da jedoch für den Radius ein Näherungswert mit 2 geltenden Ziffern, für π ein Näherungswert mit 3 geltenden Ziffern verwendet wurde, ist es nicht sinnvoll, den Flächeninhalt mit mehr als 2 geltenden Ziffern anzugeben (vgl. Algebra Eins, S. 17). Somit lautet das Ergebnis: Der Flächeninhalt des Beetes beträgt 11 m^2.
b) Mißt man den Durchmesser einer 5-DM-Münze, so findet man $d = 2{,}9$ cm. Für den zugehörigen Flächeninhalt ergibt sich:
$$A = \pi \cdot \left(\frac{2{,}9}{2}\right)^2 \text{cm}^2 = \pi \cdot \frac{2{,}9^2}{4}\ \text{cm}^2 \approx 6{,}6\ \text{cm}^2.$$
Beachte: Berechnet man (anders als im vorangehenden) zunächst r, so ist r auf 2 Dezimalen (also mit 1,45 statt 1,5) anzugeben, weil sonst ein zusätzlicher Rundungsfehler auftritt.

2 a) Berechne den Flächeninhalt eines Kreises mit $r = 4$ cm (6 dm; 2,4 m).
b) Für einen kreisrunden Tisch soll ein Tischtuch genäht werden, das ringsum 10 cm überhängt (Durchmesser des Tisches 117 cm). Wieviel m^2 Tuch ist erforderlich?

3 Berechne den Flächeninhalt des Kreises mit dem Radius r (Durchmesser d).
a) $r = 4{,}8$ cm b) $d = 15$ dm c) $d = 3{,}7$ dm d) $r = \frac{2}{3}$ m

4 Berechne den Flächeninhalt eines Halbkreises mit dem Radius r (Durchmesser d).
a) $r = 25$ cm b) $d = 7{,}5$ dm c) $d = 1{,}3$ m d) $r = \frac{5}{6}$ m

5 Berechne r und d für einen Kreis mit dem Flächeninhalt A (2 Dezimalen).
a) $A = 1\ m^2$ b) $A = 1{,}2\ dm^2$ c) $A = 60\ cm^2$ d) $A = 0{,}8$ a

6 Berechne die Inhalte der Flächen in Fig. 243.1.

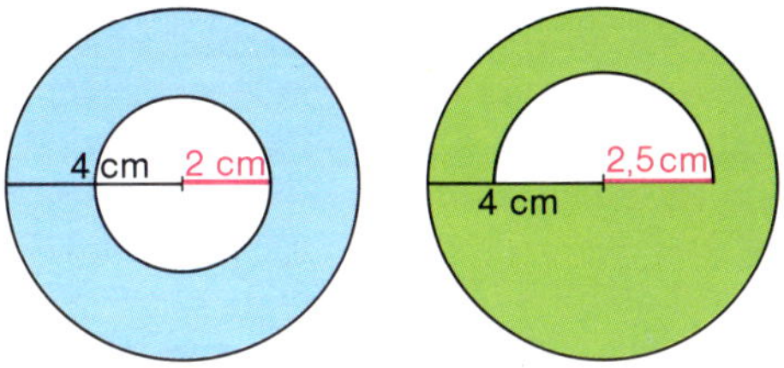

243.1

7 Eine Kreisfläche mit $r = 10$ cm soll durch einen konzentrischen Kreis halbiert werden.
a) Berechne den Radius r′ dieses Kreises.
b) Ermittle r′ durch Konstruktion.

8 Aus einer quadratischen Platte soll eine Kreisfläche gesägt werden (Fig. 243.2). Wieviel Prozent Abfall entsteht?

9 Aus einem quadratischen Blech werden 4 (9; n^2) gleiche Kreisflächen ausgestanzt (Fig. 243.3). Wieviel Prozent beträgt der Abfall? Was fällt auf?

243.2

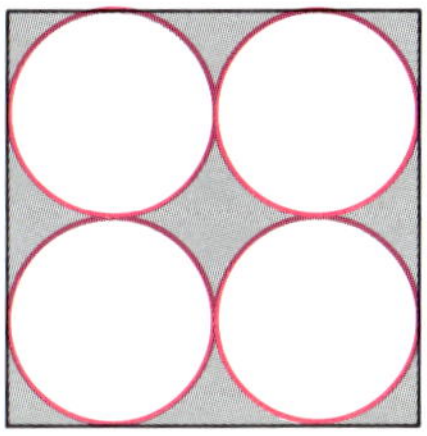

243.3

10 Ein Sportplatz besteht aus einem 110 m langen und 75 m breiten Rechteck, an dessen Schmalseiten Halbkreise angesetzt sind. Der Platz wird mit einem 2 m breiten Streifen umgeben. 1 m^2 kostet 4,80 DM. Wie teuer wird der Streifen?

11 Von einem 1,30 m breiten Stoffballen ist eine Decke für einen Tisch mit dem Durchmesser $d = 90$ cm aus einem Stück zu schneiden, die überall 15 cm überhängt. Wie groß ist der Abfall (in m^2 und in %)?

12 Aus einem Stamm mit kreisförmigem Querschnitt soll ein möglichst starker Balken geschnitten werden, dessen Querschnitt quadratisch (rechteckig mit dem Seitenverhältnis 4:3) ist. Wieviel Prozent Abfall entsteht?

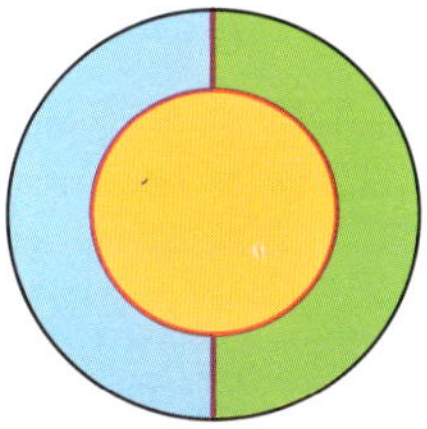

243.4

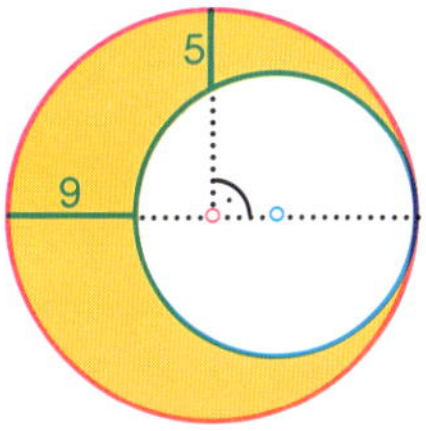

243.5

13 Ein 28 cm langes und 15 cm breites rechteckiges Blech wiegt 190 g. Wieviel wiegt eine Kreisscheibe aus demselben Material mit dem Durchmesser 25 cm?

14 Eine gegebene Kreisfläche soll wie in Fig. 243.4 in drei gleich große Teile geteilt werden. Welchen Radius muß der innere Kreis haben?

15 In Fig. 243.5 berühren sich die beiden Kreise von innen. Die grün eingetragenen Strecken zwischen den Kreislinien sind 9 cm bzw. 5 cm lang. Berechne den Inhalt der Fläche, die von den beiden Kreislinien begrenzt wird.

108 Berechnung des Kreisumfangs

1 Zeichne einen Kreis mit $r = 2$ cm sowie ein umbeschriebenes Quadrat und ein einbeschriebenes regelmäßiges Sechseck. Wie erkennt man, daß der Kreisumfang kleiner ist als 8r, aber größer als 6r?

2 Ermittle mit Hilfe einer Schnur Näherungswerte für den Umfang u und den Durchmesser d kreisrunder Gegenstände (Konservendose; Kochtopf; usw.). Berechne jeweils u : d. Vergleiche.

Wir versuchen nun, vom Flächeninhalt A eines Kreises auf seinen Umfang u zu schließen. Dazu denken wir uns die Kreisfläche wie in Fig. 244.1 in gleiche Teile zerschnitten und diese wie in Fig. 244.2 angeordnet. Jede der Flächen in Fig. 244.2 hat also den gleichen Flächeninhalt πr^2. Wählt man nun die Zahl der Teile hinreichend groß, so unterscheidet sich die Fläche in Fig. 244.2 um beliebig wenig von einer Rechtecksfläche mit der Länge $\frac{1}{2}u$ und der Breite r. Diese Rechtecksfläche muß also ebenfalls den Inhalt πr^2 haben. Es ist also $\frac{1}{2}u \cdot r = \pi r^2$ und somit $u = 2\pi r$.

244.1

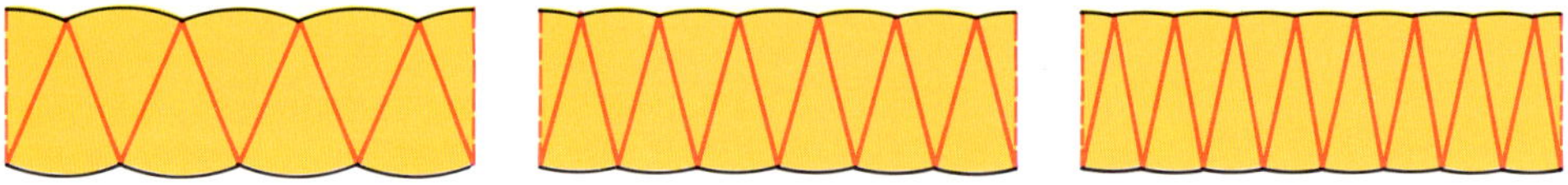

244.2

Satz: Ein Kreis mit dem Durchmesser d (dem Radius r) hat den Umfang

$$\mathbf{u = \pi d} \qquad (\mathbf{u = 2\pi r}).$$

Beispiele:

a) Hat ein Kreis den Radius $r = 0{,}75$ m, so gilt $u = \pi \cdot 1{,}50\ \text{m} \approx 4{,}71$ m.

b) Um den Durchmesser eines Baumstammes zu ermitteln, wird in der Mitte des Stammes (Fig. 244.3) der Umfang gemessen. Beträgt dieser z. B. 1,4 m, so gilt: $1{,}4\ \text{m} = \pi \cdot d$ oder $d \approx 1{,}4\ \text{m} : 3{,}14 \approx 0{,}45$ m; der Stamm hat den Durchmesser 0,45 m.

244.3

3 Berechne den Umfang u (Durchmesser d) eines Kreises mit $d = 8{,}5$ cm $(u = 2$ m).

4 Berechne den Umfang eines Kreises mit dem Durchmesser d (Radius r).
a) $d = 12$ cm b) $r = 1{,}8$ dm c) $r = 0{,}7$ m d) $r = \frac{2}{3}$ m

5 Berechne den Umfang und den Flächeninhalt eines Kreises (2 Dezimalen).
a) $r = 6$ cm b) $d = \frac{3}{4}$ m c) $d = 4{,}2$ dm d) $r = \frac{5}{6}$ dm

6 Welchen Radius hat ein Kreis mit dem Umfang u (2 Dezimalen)?
a) $u = 1$ m b) $u = 5{,}6$ dm c) $u = \frac{2}{3}$ m d) $u = \frac{4}{5}$ dm

7 a) Welchen Flächeninhalt hat ein Kreis mit dem Umfang 1 m (2,4 dm; $\frac{1}{3}$ m)? Runde auf 2 Dezimalen.
b) Drücke allgemein den Flächeninhalt eines Kreises durch den Umfang aus.

8 a) Welchen Umfang (2 Dezimalen) hat ein Kreis mit dem Flächeninhalt 1 m^2 (2,5 dm^2; 36 cm^2; 15,5 dm^2 1 a)?
b) Drücke allgemein den Umfang eines Kreises durch den Flächeninhalt aus.

9 Welchen Radius hat ein Kreis, bei dem die Maßzahl des Umfangs (in m) mit der Maßzahl des Flächeninhaltes (in m^2) übereinstimmt? Berechne den Umfang (Flächeninhalt) dieses Kreises.

10 a) Bei einem Fahrrad hat jedes Rad einen Durchmesser von 80 cm. Wieviel Umdrehungen macht jedes Rad pro km?
b) Das große Kettenrad hat doppelt so viele Zähne wie das kleine. Wie oft muß man jedes der Pedale niedertreten, um 1 km zurückzulegen?

11 Ein Auto fährt mit einer Geschwindigkeit von $100\,\frac{\text{km}}{\text{h}}$. Wie oft dreht sich jedes Rad in 1 Sekunde? (Raddurchmesser $d = 60$ cm)

12 Der Äquator hat eine Länge von etwa 40000 km.
a) Wie groß ist der Erdradius?
b) Welchen Weg legt ein Ort mit der geographischen Breite 60° (Oslo) infolge der Erddrehung innerhalb 24 Stunden zurück?

13 Der Kreis in Fig. 243.2 hat denselben Flächeninhalt wie die 4 Kreise in Fig. 243.3 zusammen. Untersuche, ob für die Kreisumfänge Entsprechendes gilt.

14 Wie ändert sich der Flächeninhalt (der Umfang) eines Kreises, wenn man seinen Umfang (Flächeninhalt) verdoppelt?

15 Wie ändert sich der Radius r eines Kreises, wenn man seinen Umfang um 1 m verlängert (Fig. 245.1)? Inwiefern ist das Ergebnis überraschend, wenn man einmal r sehr klein (z.B. $r = 1$ cm, 2-Pf-Münze), ein andermal r sehr groß (z.B. $r = 6370$ km, Erdradius) wählt? Was ergibt sich für $r = 0$?

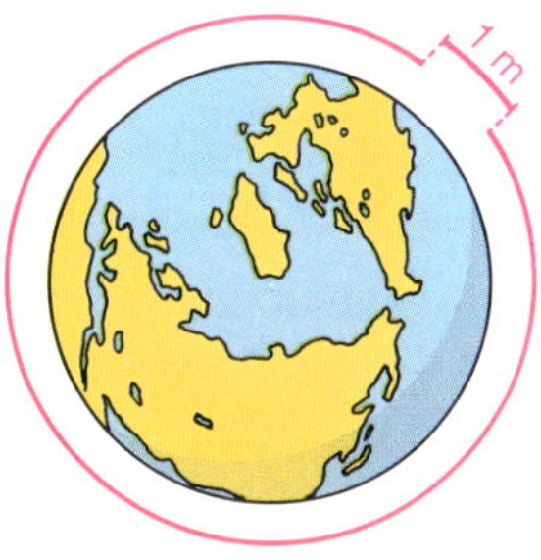

245.1

16 In Fig. 245.2 ist ein Auszug aus der Bibel (1. Buch der Könige, Kap. 7, Vers 23) abgedruckt. Das darin genannte „Meer“ ist ein großes Bronzebecken. Welchen Näherungswert für π kann man dem Text entnehmen?

... Sodann machte er das aus Erz gegossene „Meer“. Es maß von einem Rand bis zum andern zehn Ellen, war vollkommen rund und fünf Ellen hoch. Eine Schnur von dreißig Ellen konnte es rings umspannen ...

245.2

109 Kreisteile

Kreisbogen

① Welchen Weg legt die Spitze des 7 cm langen Minutenzeigers einer Uhr (Fig. 246.1) in einer Stunde (in einer Viertelstunde; in 10 Minuten; in einer Minute) zurück?

In Fig. 246.2 nennt man α einen **Mittelpunktswinkel** des gegebenen Kreises; er bestimmt auf der Kreislinie den **Kreisbogen** b.
Ist u der Kreisumfang, so gilt $b : u = \alpha : 360°$ oder $b : 2\pi r = \alpha : 360°$. Umformen ergibt:

246.1

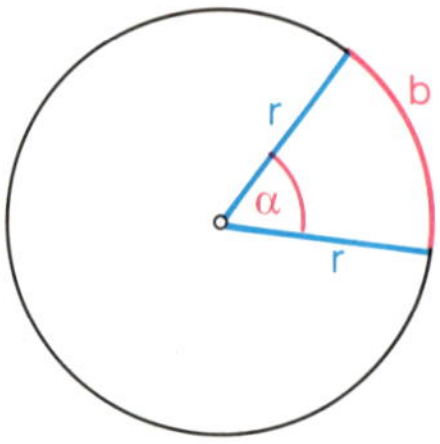

246.2

Satz: Ein **Kreisbogen** mit dem Radius r und dem Mittelpunktswinkel α hat die Länge

$$\mathbf{b = \frac{\pi \cdot r}{180°} \cdot \alpha}.$$

Beispiele:
Gegeben ist ein Kreis mit dem Radius 5 cm.
a) Wir berechnen den Kreisbogen zum Mittelpunktswinkel $\alpha = 54°$.
$b = \frac{\pi \cdot 5\text{ cm}}{180°} \cdot 54° = \frac{\pi \cdot 5\text{ cm}}{10} \cdot 3 = \frac{\pi}{2} \cdot 3\text{ cm} \approx 4{,}71\text{ cm}$
Der Kreisbogen ist 4,71 cm lang.
b) Welcher Mittelpunktswinkel gehört zu einem Kreisbogen der Länge 10 cm?
Aus $b = \frac{\pi \cdot r}{180°} \cdot \alpha$ folgt $\alpha = \frac{b \cdot 180°}{\pi \cdot r} = \frac{10\text{ cm} \cdot 180°}{\pi \cdot 5\text{ cm}} \approx 115°$.
Der gesuchte Mittelpunktswinkel beträgt 115°.

② Berechne die Bogenlänge für $r = 8$ cm; $\alpha = 60°$ ($r = 15$ cm; $\alpha = 112°$).

3 Berechne die Bogenlänge.
a) $r = 2{,}4$ m; $\alpha = 37°$ b) $r = 0{,}8$ dm; $\alpha = 67{,}5°$ c) $d = 6{,}4$ cm; $\alpha = 275°$

4 Berechne den Mittelpunktswinkel.
a) $r = 4{,}5$ cm; $b = 5$ cm b) $r = 1{,}4$ m; $b = 1$ m c) $d = 28$ cm; $b = 8$ dm

5 Bei einer Wanduhr sind die Stundenmarkierungen auf einem Kreis mit dem Durchmesser 15 cm (12 cm) angebracht. Wie lang ist der Kreisbogen zwischen zwei aufeinanderfolgenden Markierungen?

6 Die Entfernung Sonne–Erde beträgt rund 150 Millionen Kilometer. Welche Entfernung legt die Erde in einem Tag auf ihrer Kreisbahn um die Sonne (in einem Monat; in einem Jahr) zurück? Rechne mit Zehnerpotenzen.

7 Ein Satellit umkreist die Erde in 280 km Höhe über der Erdoberfläche. Zu einer Umkreisung braucht er etwa 1 h 30 min. Welchen Weg legt der Satellit in 1 Stunde zurück? Welche Bahngeschwindigkeit (in $\frac{km}{s}$) hat der Satellit?

Bogenmaß eines Winkels

8 a) Für welchen Mittelpunktswinkel α ist der Kreisbogen gleich lang (halb so lang; doppelt so lang) wie der zugehörige Radius?
b) Berechne $b:r$ für $\alpha = 40°$.

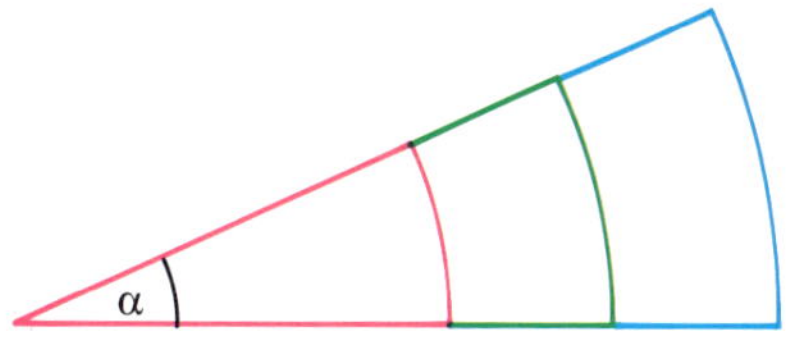

247.1

Die Weite eines Winkels kann man auch mit Hilfe der Bogenlänge angeben. Bei gegebenem Winkel α ist der Bogen umso länger, je größer r ist (Fig. 247.1). Die Bogenlänge allein genügt nicht, um α festzulegen; man muß r mitberücksichtigen. Aus $b = \frac{\pi r}{180°}\alpha$ folgt, daß $\frac{b}{r} = \frac{\pi}{180°}\alpha$ eine Zahl ist, die nicht mehr von r, sondern nur noch von α abhängt. Sie legt α eindeutig fest.

Definition: Das zu einem Winkel α gehörende Verhältnis $b:r$, also die Zahl $\frac{\pi}{180°}\alpha$ heißt das **Bogenmaß** des Winkels α.

Beispiel:

α im Gradmaß	0°	30°	45°	60°	90°	180°	270°
α im Bogenmaß	0	$\frac{\pi}{6} \approx 0{,}52$	$\frac{\pi}{4} \approx 0{,}79$	$\frac{\pi}{3} \approx 1{,}05$	$\frac{\pi}{2} \approx 1{,}57$	$\pi \approx 3{,}14$	$\frac{3\pi}{2} \approx 4{,}71$

$b:r$ gibt an, wie oft r in der zugehörigen Bogenlänge „enthalten" ist. Anders ausgedrückt: Mißt man mit r als Längeneinheit (Fig. 247.2), dann ist die Maßzahl der Bogenlänge das Bogenmaß von α. Der Winkel α in Fig. 247.2 hat also das Bogenmaß 0,5.

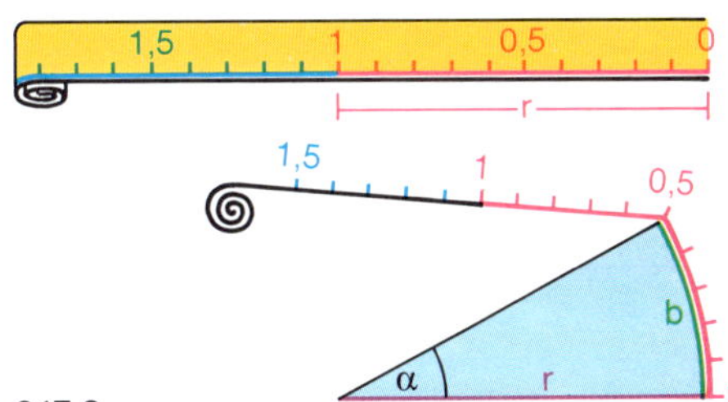

247.2

Einheitskreis nennen wir einen Kreis, dessen Radius als Längeneinheit bei Messungen verwendet wird.

Merke: Das Bogenmaß eines Winkels ist die Maßzahl seines Bogens im Einheitskreis.

9 Gib im Bogenmaß an (2 Dezimalen): 10°; 25°; 32°; 57°; 75°; 100°; 120°; 225°; 300°.

10 Gib im Bogenmaß als Vielfaches von π an (vgl. Beispiel):
a) 15° b) 75° c) 120° d) 135° e) 225° f) 315° g) 330° h) 345°.

11 Rechne das folgende Bogenmaß um ins Gradmaß.
a) $\frac{\pi}{10}$ b) $\frac{\pi}{5}$ c) $\frac{\pi}{8}$ d) $\frac{5\pi}{4}$ e) $\frac{2\pi}{3}$ f) $\frac{7\pi}{4}$ g) $\frac{5\pi}{6}$ h) $\frac{8\pi}{5}$
i) 0,82 j) 1,00 k) 1,25 l) 2,83 m) 3,00 n) 3,50 o) 4,50 p) 6,20

12 Zeichne in einem Koordinatensystem einen Kreis mit $O(0|0)$ als Mittelpunkt sowie (mit der positiven x-Achse als 1. Schenkel) Mittelpunktswinkel von 15°, 30°, 45°, ..., 345°. Notiere jeweils am Schnittpunkt des 2. Schenkels mit der Kreislinie das Bogenmaß als Vielfaches von π und in Kommaschreibweise (2 Dezimalen).

Kreisausschnitt

13 Welche Form muß ein Stück Blech haben, aus dem ein Trichter (Fig. 248.1) hergestellt werden soll?

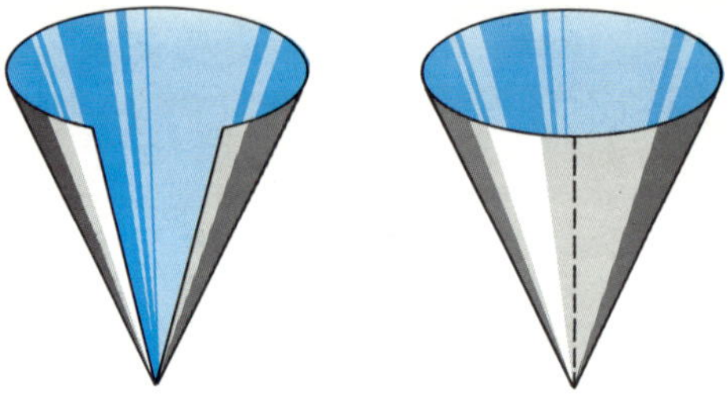

248.1

Fig. 248.2 zeigt einen **Kreisausschnitt** (Kreissektor). Für seinen Flächeninhalt A gilt

$$\frac{A}{\pi r^2} = \frac{\alpha}{360^\circ} \quad \text{oder} \quad A = \frac{\pi r^2}{360^\circ} \cdot \alpha.$$

Wegen $\frac{\pi r}{180^\circ} \cdot \alpha = b$ gilt $A = \frac{1}{2} br$.

Satz: Ein **Kreisausschnitt** hat den Flächeninhalt

$$\mathbf{A = \frac{\pi r^2}{360^\circ} \alpha} \qquad \text{oder} \qquad \mathbf{A = \tfrac{1}{2} br}.$$

Beispiele:

a) Für $r = 8$ cm und $\alpha = 32^\circ$ ist

$$A = \frac{\pi \cdot 64 \text{ cm}^2}{360^\circ} \cdot 32^\circ \approx 17{,}9 \text{ cm}^2;$$

b) In einem Kreis mit $r = 12$ m gehört zu einem Bogen $b = 5$ m ein Kreisausschnitt mit

$$A = \tfrac{1}{2} \cdot 5 \cdot 12 \text{ m}^2 = 30 \text{ m}^2.$$

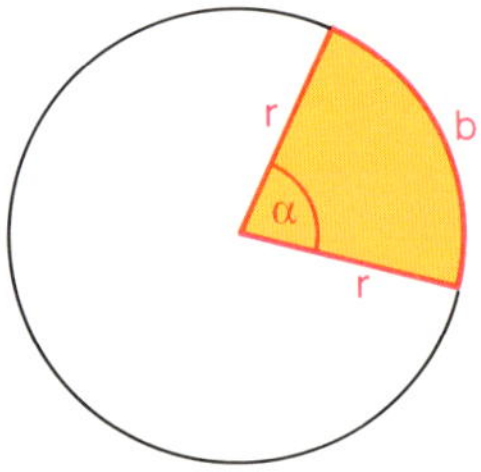

248.2

14 Berechne den Flächeninhalt eines Kreisausschnitts mit
a) $r = 4$ cm; $\alpha = 50^\circ$ b) $d = 4$ m; $\alpha = 170^\circ$ c) $r = 2{,}5$ m; $b = 10$ m.

15 Berechne die fehlenden Stücke des Kreisausschnitts.

	a)	b)	c)	d)	e)	f)	g)
r	2 cm	4,8 m	5 dm	8 cm			
α	30°				40°	50°	
b		6 m	9 dm				3 m
A				80 cm²	15 cm²	4 m²	16 m²

16 Welchen Umfang hat ein Kreisausschnitt mit $r = 1$ m; $A = 2$ m² ($\alpha = 15^\circ$; $A = 40$ cm²)?

17 Zeichne einen Kreis mit $r = 5$ cm; seine Fläche bedeute die gesamte Landfläche der Erde. Stelle nun die Größe der Erdteile durch Kreisausschnitte dar. (In Millionen km²: Asien 44; Amerika 42; Afrika 30; Europa 11; Australien 9; Antarktis 14.)

18 Zeichne zwei Kreise mit $r = 3$ cm, von denen jeder durch den Mittelpunkt des anderen geht. Wie groß ist die beiden Kreisen gemeinsame Fläche (2 Dezimalen)?

19 Zeige: Von allen Kreisausschnitten mit gegebenem Umfang u hat derjenige den größten Flächeninhalt, dessen Bogen doppelt so lang ist wie der Radius. Wie groß kann der Flächeninhalt höchstens werden? (Anleitung: Drücke A durch u und r aus; bestimme den größten Funktionswert, den die Funktion $r \mapsto A$ annehmen kann.)

110 Näherungsweise Bestimmung von π

1 Nenne Möglichkeiten, wie man durch Messen Näherungswerte für die Zahl π finden kann. Warum sind alle diese Verfahren unbefriedigend?

Näherungsweise Berechnung von π

Ein Kreis mit dem Radius $\frac{1}{2}$ dm hat den Umfang π dm. Als erste Näherung ersetzen wir den Kreisumfang durch den Umfang u_n eines einbeschriebenen regelmäßigen n-Ecks. Nach u_n berechnen wir den Umfang u_{2n} des regelmäßigen 2n-Ecks usw.

Zunächst schließen wir von der Seite s_n des n-Ecks auf die Seite s_{2n} des 2n-Ecks. In Fig. 249.1 liefert der Satz des Pythagoras, angewendet auf Δ ABF und Δ AFM:

$$\left(s_{2n}\right)^2=\left(\frac{s_n}{2}\right)^2+\overline{FB}^2$$

$$\overline{FB}=\frac{1}{2}-\overline{MF}$$

$$=\frac{1}{2}-\sqrt{\left(\frac{1}{2}\right)^2-\left(\frac{s_n}{2}\right)^2}$$

$$\left(s_{2n}\right)^2=\left(\frac{s_n}{2}\right)^2+\left(\frac{1}{2}-\sqrt{\left(\frac{1}{2}\right)^2-\left(\frac{s_n}{2}\right)^2}\right)^2$$

$$s_{2n}=\sqrt{\frac{1}{2}-\frac{1}{2}\sqrt{1-\left(s_n\right)^2}}.$$

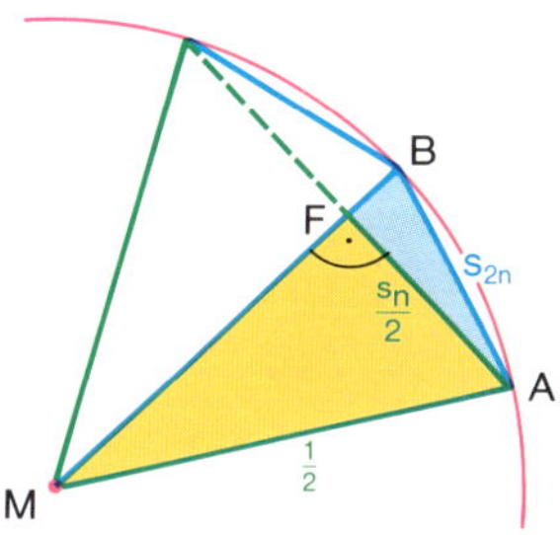

249.1

Nun drücken wir u_{2n} durch u_n aus. Mit $u_n=n\cdot s_n$ bzw. $s_n=u_n:n$ folgt

$$u_{2n}=2n\cdot s_{2n}=2n\cdot\sqrt{\frac{1}{2}-\frac{1}{2}\sqrt{1-\left(\frac{u_n}{n}\right)^2}}=n\cdot\sqrt{2-2\sqrt{1-\left(\frac{u_n}{n}\right)^2}}.$$

Damit kann man aus $u_6=6\cdot\frac{1}{2}=3$ nacheinander $u_{12}, u_{24}, u_{48}, \ldots$ berechnen. Bei Verwendung eines Taschenrechners machen sich jedoch Rundungsfehler schon nach wenigen Schritten bemerkbar. Daher formen wir nochmals um.

$$u_{2n}=\frac{n\cdot\sqrt{2-2\sqrt{1-\left(\frac{u_n}{n}\right)^2}}\cdot\sqrt{2+2\sqrt{1-\left(\frac{u_n}{n}\right)^2}}}{\sqrt{2+2\sqrt{1-\left(\frac{u_n}{n}\right)^2}}}$$

$$u_{2n}=\frac{2u_n}{\sqrt{2+2\sqrt{1-\left(\frac{u_n}{n}\right)^2}}} \qquad (*)$$

Mit (*) ergeben sich nacheinander die in Fig. 249.2 aufgeführten Näherungen.

$u_6 = 3$
$u_{12} = 3{,}10582\ldots$
$u_{24} = 3{,}13262\ldots$
$u_{48} = 3{,}13935\ldots$
$u_{96} = 3{,}14103\ldots$
$u_{192} = 3{,}14145\ldots$
$u_{384} = 3{,}14155\ldots$
$u_{768} = 3{,}14158\ldots$
$u_{1536} = 3{,}14159\ldots$
$u_{3072} = 3{,}14159\ldots$
usw.

249.2

Die Dezimaldarstellung von π lautet in den ersten fünf Dezimalen **$\pi=3{,}14159\ldots$**

Bemerkung: Man kann zeigen, daß π eine **irrationale** Zahl ist.

② a) Überprüfe die in Fig. 249.2 angegebene Zahlenfolge mit einem Taschenrechner.
b) Beginne eine neue Folge von Näherungswerten für π mit u_4. (u_4 ist der Umfang des einem Kreis mit $r=\frac{1}{2}$ dm einbeschriebenen Quadrats.) Berechne mit der Formel (*) weitere Näherungswerte, bis sich die ersten 5 Dezimalen nicht mehr ändern.

Näherungskonstruktion für π

Die Aufgabe, eine Strecke zu konstruieren, die genau gleich lang ist wie der Umfang eines gegebenen Kreises, läßt sich mit Zirkel und Lineal nicht lösen. Ebenso läßt sich mit Zirkel und Lineal auch kein Quadrat konstruieren, das einem gegebenen Kreis genau flächengleich ist. Man nennt diese nachweisbar unlösbaren Probleme die „Rektifikation[1] des Kreises“ und die „Quadratur des Kreises“.
Es sind jedoch eine Reihe von Konstruktionen bekannt, welche diese Probleme näherungsweise lösen. Als Beispiel betrachten wir die folgende
Konstruktion von A. Kochansky[2]:
Zeichne einen Kreis k(M;r) und im Endpunkt A eines Durchmessers AB die Tangente t (Fig. 250.1). Konstruiere $C \in t$, so daß $\sphericalangle CMA$ die Weite 30° hat. Trage von C aus auf (CA) die Länge 3r ab bis D. Dann hat BD etwa die Länge des halben Kreisumfangs.

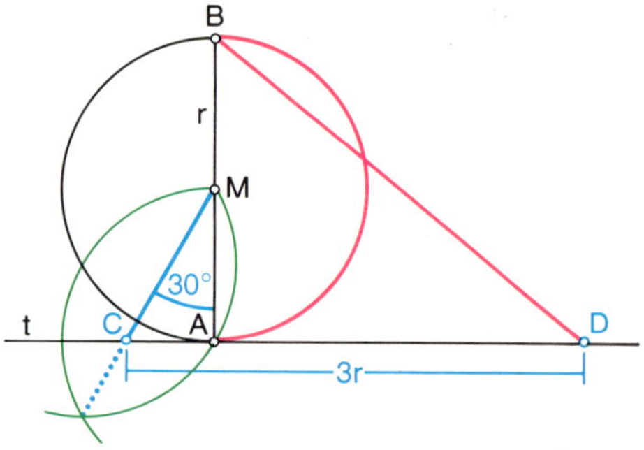

250.1

Begründung:
Wegen $\overline{CA}=\frac{1}{3}\sqrt{3}r$ ist $\overline{AD}=3r-\frac{1}{3}\sqrt{3}r$ und

$$\overline{BD}=\sqrt{4r^2+(3r-\tfrac{1}{3}\sqrt{3}r)^2}$$
$$=r\sqrt{\tfrac{40}{3}-2\sqrt{3}}\approx r\cdot 3{,}141533.$$

Der Fehler des Faktors 3,141533 gegenüber π beträgt weniger als 0,002%.

③ Zeichne einen Kreis mit dem Radius 1,5 cm. Führe die Konstruktion von Fig. 250.1 durch. Wie läßt sich danach auch ein Quadrat konstruieren, dessen Flächeninhalt eine gute Näherung ist für den Flächeninhalt des Kreises?

4 Gib bei den Näherungswerten für π den Fehler auf 5 Dezimalen und in Prozent an.

a) 3 bei den Babyloniern
b) $\left(\frac{16}{9}\right)^2$ bei den Ägyptern (um 2000 v. Chr.)
c) $3\frac{1}{7}$ und $3\frac{10}{71}$ bei Archimedes (um 250 v. Chr.)
d) $3\frac{17}{120}$ bei Ptolemäus (um 150 n. Chr.)
e) $\sqrt{10}$ bei dem Inder Brahmagupta (um 600 n. Chr.)
f) $1{,}8+\sqrt{1{,}8}$ bei Vieta (1540–1603)

5 Berechne den Erdradius aus dem Erdumfang (40000 km)
a) mit $\pi\approx 3{,}14$ b) mit $\pi\approx 3\frac{1}{7}$ c) mit $\pi\approx 3{,}14159$.

6 Um ein Quadrat näherungsweise in einen Kreis zu verwandeln, wählte Albrecht Dürer (1471–1528) als Kreisdurchmesser $\frac{4}{5}$ der Quadratdiagonale. Durch welchen Wert wird dabei π ersetzt? Zeichne.

---

1. rectus (lat.): gerade; facere (lat.): machen
2. A. Kochansky (1631–1700), polnischer Mathematiker

111 Vermischte Aufgaben

1 Berechne den Flächeninhalt und den Umfang der folgenden Kreisbogenfiguren.

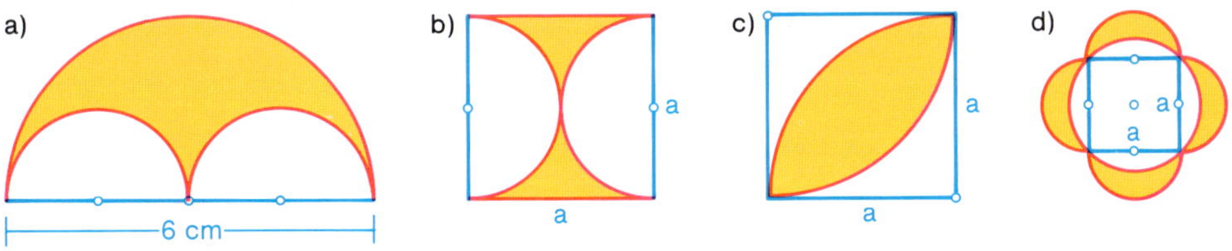

251.1

2 Berechne den Inhalt und den Umfang der gefärbten Flächen in Fig. 251.2 a), b), c).

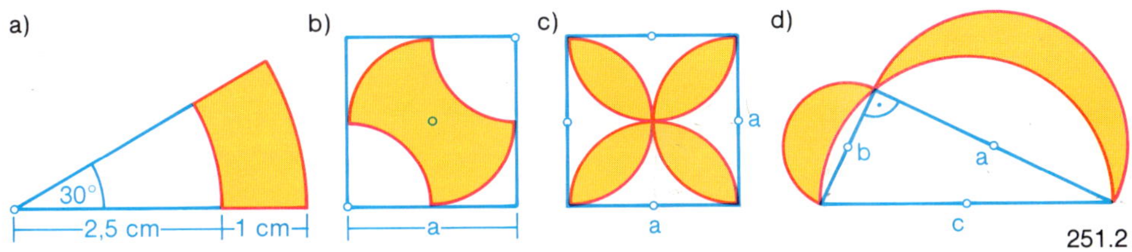

251.2

3 Berechne den Flächeninhalt der gefärbten Fläche in Fig. 251.2 d). Vergleiche mit dem Flächeninhalt des Dreiecks.

4 Berechne den Inhalt und den Umfang der Flächen in Fig. 251.3.

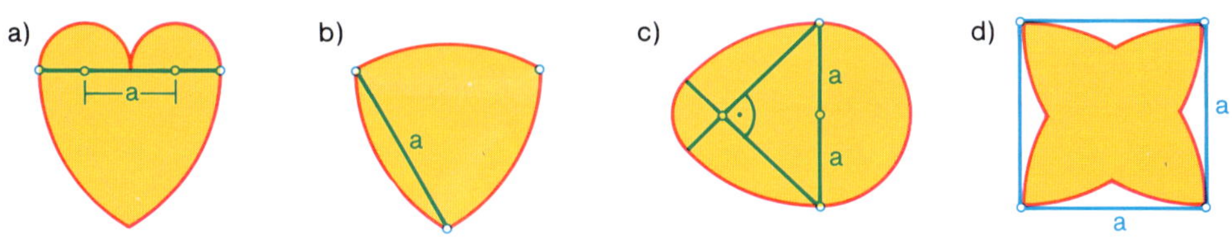

251.3

5 a) Zeige: Zeichnet man über den Seiten eines rechtwinkligen Dreiecks Halbkreise, so sind die Flächen der Halbkreise über den Katheten zusammen ebensogroß wie der Halbkreis über der Hypotenuse.
b) Ist die Summe der Halbkreisbogen über den Katheten kleiner, gleich groß oder größer als der Halbkreisbogen über der Hypotenuse?

6 In Fig. 251.4 sind über AB, AC und CB Halbkreise gezeichnet. Zeige, daß die gefärbte Fläche („Schustermesser des Archimedes") denselben Inhalt hat wie der Kreis mit CD als Durchmesser.

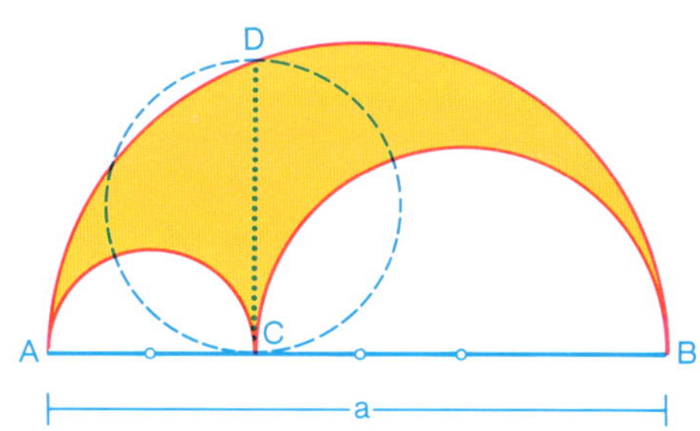

251.4

7 Aus einem 25 cm langen und 15 cm breiten rechteckigen Blech wird eine möglichst große Kreisfläche ausgestanzt. Wie hoch sind die Materialkosten für sie, wenn das ganze Blechstück 6 DM kostet und der Rest nicht berechnet wird?

8 Welche Querschnittsfläche hat ein 3 cm dickes Stahlseil?

9 Ein 10 m^2 großes kreisförmiges Blumenbeet soll ringförmig mit einer ebenfalls 10 m^2 großen Rasenfläche umgeben werden. Wie breit wird diese?

10 In einem kreisförmigen Blumenbeet mit dem Durchmesser 10 m soll die Fläche eines einbeschriebenen Quadrates mit roten, die restliche Fläche mit gelben Tulpen bepflanzt werden. Wieviel Tulpenzwiebeln jeder Sorte braucht man, wenn man mit 80 Zwiebeln je m^2 rechnet?

11 Ein Bahngeleise wird durch einen Kreisbogen von 175 m Länge aus einer Richtung in eine andere überführt, die mit der ersten einen Winkel von 35° bildet. Wie groß ist der Radius des Bogens? Zeichne im Maßstab 1 : 5000.

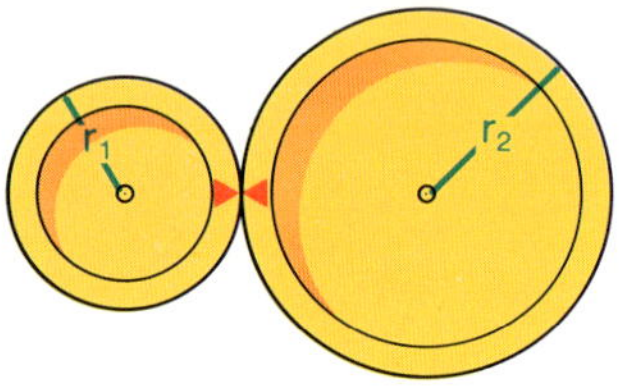

252.1

12 Zwei Räder mit $r_1 = 3$ cm und $r_2 = 5$ cm rollen „schlupffrei" aufeinander ab (Fig. 252.1).
a) Wie oft muß sich das kleine (große) Rad drehen, bis die beiden roten Marken erstmals wieder zusammentreffen?
b) Mit wieviel Umdrehungen pro Minute (Upm) dreht sich das kleine Rad, wenn sich das große mit 90 Upm (mit 4 Umdrehungen je Sekunde) dreht?

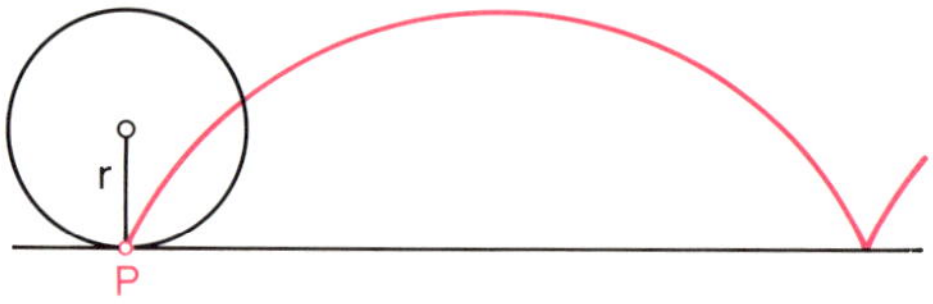

252.2

13 Fig. 252.2 zeigt die Bahnkurve, wie sie ein Punkt P des Kreisumfangs beschreibt, wenn der Kreis auf einer Geraden abrollt (vgl. den Weg des Ventils beim Fahren mit dem Fahrrad).
a) Welchen Abstand haben aufeinanderfolgende tiefste (höchste) Punkte der Bahnkurve?
b) Zeichne einen Kreis mit $r = 2$ cm (Fig. 259.2). Berechne, wo sich der Punkt P befindet, wenn der Mittelpunkt des Kreises $\frac{1}{6}$ ($\frac{1}{4}$; $\frac{1}{3}$; $\frac{1}{2}$; $\frac{3}{4}$) der Strecke zwischen zwei tiefsten Punkten zurückgelegt hat. Zeichne danach die Bahnkurve.

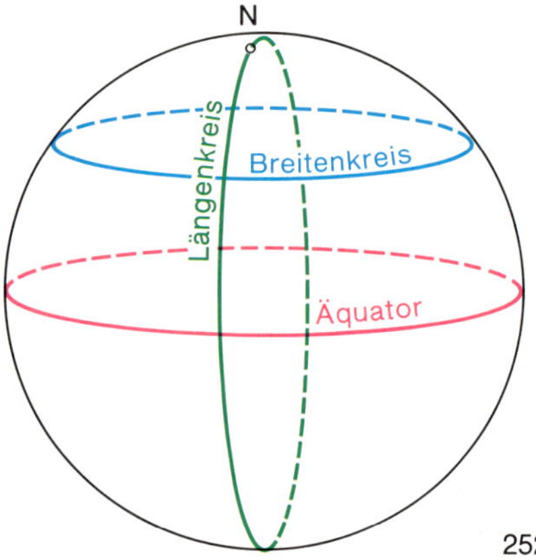

252.3

14 In Südamerika liegen die Städte Quito (Westküste) und Macapá (Ostküste) auf dem Äquator (Fig. 252.3). Macapá liegt etwa auf dem 51., Quito etwa auf dem 79. Längenkreis westlicher Länge. Wie weit sind die beiden Städte voneinander entfernt? (Erdradius: 6370 km)

15 Berlin und Palermo liegen auf demselben Längenkreis (Fig. 252.3). Berlin hat die geographische Breite $52°31'$, Palermo $38°7'$. Wie weit sind die beiden Städte voneinander entfernt? (Vgl. Aufgabe 16, Erdradius 6370 km)

16 Eine Seemeile (sm) ist die Bogenlänge, die auf dem Äquator zum Mittelpunktswinkel 1 Winkelminute ($1' = \frac{1}{60}$ Grad) gehört.

a) Gib 1 sm in km an sowie 1 km in sm.

b) Auf einer Landkarte im Maßstab 1 : 5000000 beträgt die Entfernung Neapel–Palermo 6,2 cm. Wieviel km sind die beiden Städte voneinander entfernt?

c) Wie lange dauert die Überfahrt von Neapel nach Palermo mit einem Schiff, das mit einer Geschwindigkeit von 25 Knoten fährt? (1 Knoten = 1 sm je h)

17 Ein Wagen, dessen Räder einen Achsenabstand von 1,60 m haben, fährt auf einer Kreisbahn. Dabei drehen sich die Außenräder $\frac{5}{4}$mal so schnell wie die Innenräder. Welchen Umfang hat der Kreis, den die Außenräder beschreiben?

18 In Fig. 253.1 ist ein Kreis durch Halbkreise in vier Teile geteilt; der eingezeichnete Durchmesser wird dabei in vier gleiche Teile zerlegt. Untersuche, ob die Flächeninhalte (Umfänge) der vier Kreisteile gleich sind. Zeichne.

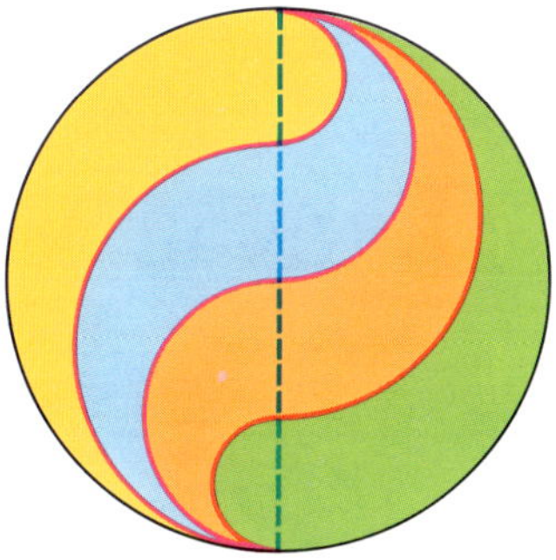

253.1

19 Auf der Außenfläche einer 6 cm hohen zylinderförmigen Dose mit dem Umfang 12 cm sitzt 1 cm über dem unteren Rand eine Fliege (Fig. 253.2). An der Innenfläche, der Fliege genau gegenüber, hängt 1 cm unterhalb des oberen Randes ein Honigtropfen. Berechne die Länge des kürzesten Weges zum Honig.

253.2

20 Drei Freunde treffen sich in einer Pizzeria. Jeder bekommt eine Pizza; die Durchmesser betragen 18 cm, 24 cm und 30 cm. Als unerwartet ein weiterer Freund hinzukommt, beschließen sie, die drei Pizzen so zu teilen, daß jeder der vier gleich viel und nur einer seinen Anteil in zwei Teilen bekommt, die anderen hingegen am Stück. Wie ist dies ohne weitere Hilfsmittel (außer einem Messer) möglich? (Anleitung: Beachte $18^2 + 24^2 = 30^2$.)

21 Auf einem Tisch liegen vier Pfennig-Münzen. Sie sollen durch Verschieben ohne jedes Hilfsmittel so angeordnet werden, daß eine weitere (nicht vorhandene) Pfennig-Münze alle vier Münzen berühren würde (Fig. 253.3).

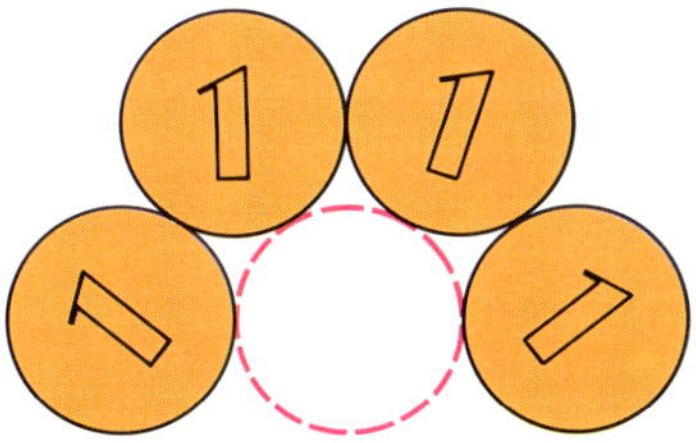

253.3

XVIII Parallelprojektion des Raumes auf die Ebene

112 Eigenschaften der Parallelprojektion

1 Vergleiche in Fig. 254.1 den Schatten mit dem Gartentor. Kann man am Schatten erkennen, wie breit das Gartentor ist (welche Latten parallel sind; ob Längs- und Querlatten zueinander senkrecht sind; ob die Zwischenräume bei den vier Längslatten gleich sind)?

254.1

In Fig. 254.2/3 wird ein Würfel auf eine Wand projiziert. Durch den Schatten entsteht auf der Wand ein ebenes Bild des Würfels. Je nach der Projektionsrichtung ergeben sich verschiedene Bilder. Bei einer solchen **Abbildung des Raumes auf eine Ebene** haben wir uns durch jeden Punkt P des Raumes eine Gerade (**Projektionsgerade**) zu denken; ihr Schnittpunkt mit der Wand (**Bildebene**) ist der **Bildpunkt** $\overline{P}$ von P. Sind die Projektionsgeraden parallel, so spricht man von einer **Parallelprojektion**.

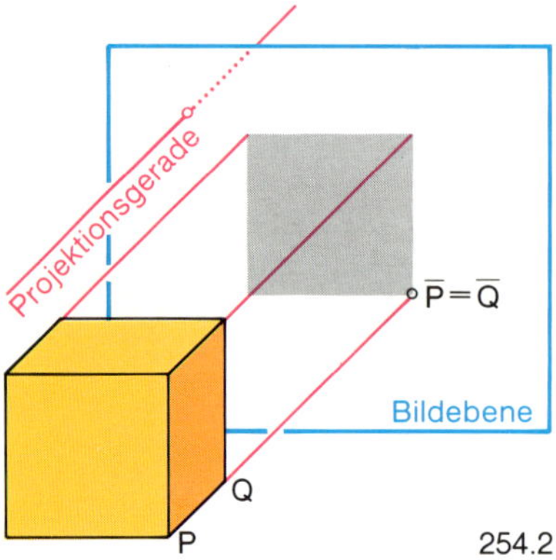

254.2

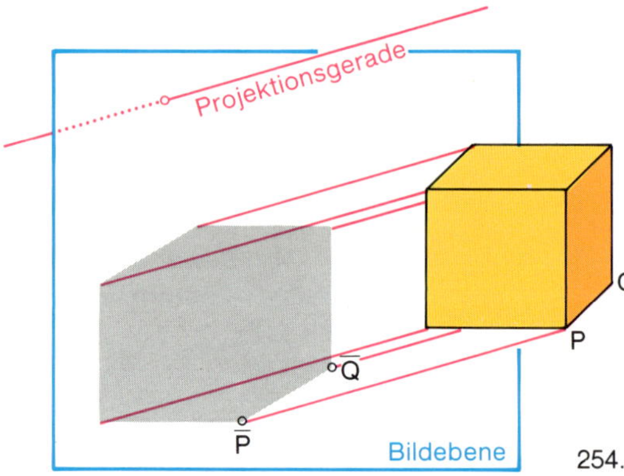

254.3

Im weiteren verfolgen wir das Ziel, das bei Parallelprojektion von einem Körper entstehende ebene Bild zu konstruieren. Dazu müssen wir wissen, welche Eigenschaften des Körpers bei Parallelprojektion erhalten bleiben und welche sich ändern. – Das Bild einer Strecke PQ in Projektionsrichtung (Fig. 254.2) ist ein Punkt; das Bild jeder anderen Strecke ist eine Strecke $\overline{P}\,\overline{Q}$. Sie ist i. allg. länger oder kürzer als PQ; PQ und $\overline{P}\,\overline{Q}$ sind nur dann gleich lang – und sogar parallel –, wenn PQ zur Bildebene parallel ist (Fig. 254.2/3). Dagegen bleiben Teilverhältnisse erhalten: In Fig. 254.4 ist

$\overline{PT}:\overline{TQ}=\overline{\overline{P}\,\overline{T}}:\overline{\overline{T}\,\overline{Q}}$ (1. Strahlensatz).

Ist $PQ \parallel AB$ (Fig. 254.4), dann ist $\overline{P}\,\overline{Q} \parallel \overline{A}\,\overline{B}$, weil die Ebenen $PQ\overline{P}\,\overline{Q}$ und $AB\overline{A}\,\overline{B}$ parallel sind.

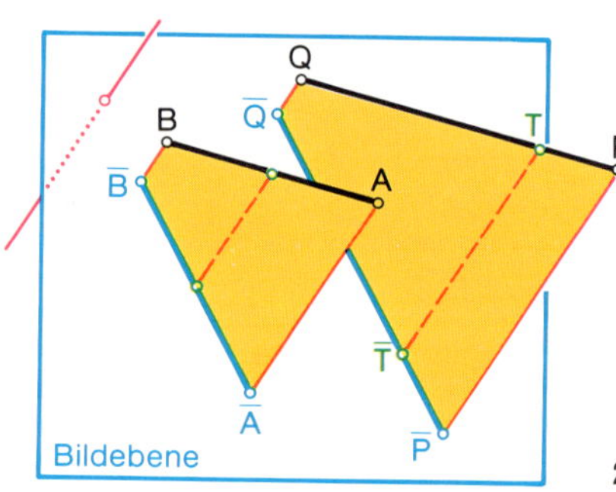

254.4

Bei einer Parallelprojektion gelten also die folgenden Gesetzmäßigkeiten (wenn man von Strecken in Projektionsrichtung absieht).

Satz: a) Strecken und Winkel, die zur **Bildebene parallel** sind, werden in **wahrer Größe** abgebildet.
b) **Parallele** Strecken haben **parallele** Bilder.
c) **Teilverhältnisse** bleiben **erhalten**.

Beispiele:

a) In Fig. 254.3 haben die Würfelkanten der Vorder- und Rückfläche Schatten von gleicher Länge und Richtung; ebenso erscheinen die rechten Winkel beider Flächen auch im Schatten als rechte Winkel. Aufgrund dieser Eigenschaften sind wir in der Lage, im Schattenbild die noch fehlenden Kanten einzutragen (Fig. 255.1).

b) Die Schatten der anderen Kanten werden zwar untereinander parallel, aber verkürzt abgebildet. Ebenso sind die rechten Winkel der Seitenflächen „verzerrt".

c) Da Mitte auf Mitte abgebildet wird, können wir nun im Schatten auch die Bilder der Kanten- und Flächenmitten durch Halbieren der Bildstrecken bzw. mit Hilfe von Diagonalen einzeichnen.

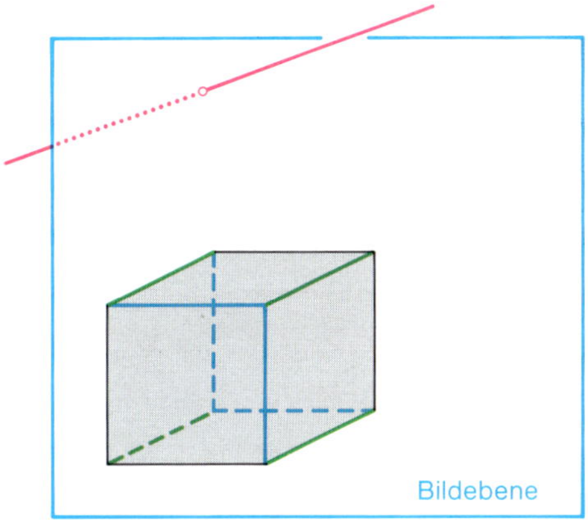

255.1

② Beschreibe den Schatten, den ein Quadrat (Rechteck; Parallelogramm; Trapez) aus Pappe bei Sonnenlicht auf dem Fußboden erzeugt. Bei welcher Lage sind das Pappeviereck und sein Schatten kongruent, bei welcher Lage ist der Schatten eine Strecke?

3 Zeichne das Bild eines Quadrates mit der Seite $a = 3$ cm bei Parallelprojektion, wenn
a) die Quadratfläche zur Bildebene parallel ist
b) zwei Quadratseiten zur Bildebene und die beiden anderen zu den Projektionsgeraden parallel sind.

4 Wie bildet sich bei Parallelprojektion ein gleichseitiges Dreieck (eine Mittelparallele des Dreiecks; eine Seitenhalbierende; der Schwerpunkt) ab? Wie bilden sich die Höhen und der Höhenschnittpunkt des Dreiecks ab?

5 a) Welche besondere Eigenschaft hat ein Sechseck, das als Schattenumriß eines Quaders bei Parallelprojektion aufgefaßt werden kann? Zeichne ein solches Sechseck.
b) Trage die Bilder der restlichen Quaderkanten und der Rechtecksmitten ein.

6 Ein Würfel wird so parallel projiziert, daß zwei Seitenflächen zur Bildebene parallel sind. Bei welcher Projektionsrichtung ist das Bild des Würfels ein Viereck (ein Sechseck; ein Sechseck mit gleich langen Seiten)? Welche Besonderheit haben die Winkel eines solchen Sechsecks?

113 Senkrechte Parallelprojektion

(1) Ein Körper wirft, wenn man ihn wie in Fig. 256.2 projiziert, auf einer vertikalen Wand einen rechteckigen und auf dem Fußboden einen kreisrunden Schatten (Fig. 256.1). Um was für einen Körper könnte es sich handeln?

256.1

Eine Parallelprojektion, bei der die Projektionsgeraden senkrecht zur Bildebene verlaufen, heißt **senkrechte Parallelprojektion**. Sie tritt in den Anwendungen besonders häufig auf. Dort handelt es sich nicht nur darum, von einem vorhandenen Körper ein ebenes Bild herzustellen. Noch öfters stellt sich das Problem, einen erst geplanten Körper (z. B. ein Haus oder ein Werkstück) so darzustellen, daß man der Zeichnung auch die wahren Maße des Körpers entnehmen kann. Fig. 256.2/3 zeigt, wie man dies erreicht.

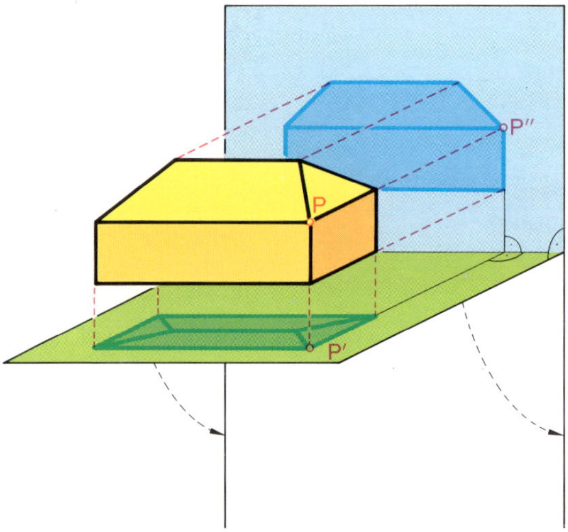

256.2

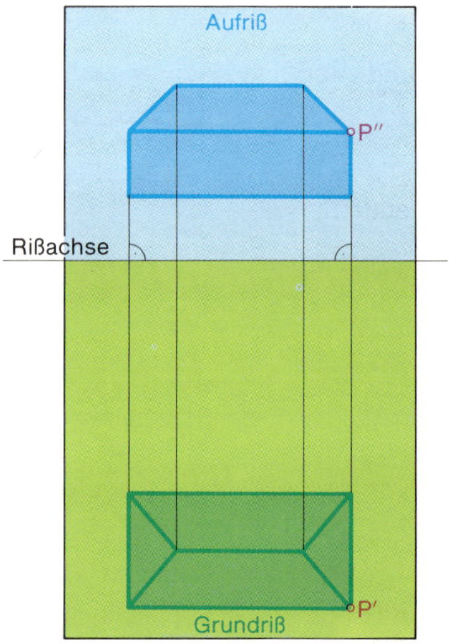

256.3

Man denkt sich den Körper durch senkrechte Parallelprojektion sowohl auf eine horizontale als auch auf eine vertikale Ebene projiziert (Fig. 256.2; **Zweitafelprojektion**). Sein Bild in der horizontalen Bildebene heißt **Grundriß**, sein Bild in der vertikalen Ebene heißt **Aufriß** des Körpers (der Grundriß zeigt also, wie der Körper „von oben", der Aufriß, wie er „von vorne" aussieht). Um Grund- und Aufriß auf demselben Zeichenblatt darzustellen, denken wir uns die Grundrißebene um die Schnittgerade von Grund- und Aufrißebene (**Rißachse**) in die Aufrißebene geklappt (Fig. 256.2/3). Danach liegen Grund- und Aufriß dort so, daß die Verbindung entsprechender Punkte (**Ordnungslinien**) zur Rißachse orthogonal sind. Nun kann man dem Grundriß in Fig. 256.3 entnehmen, wie lang und wie breit, dem Aufriß zusätzlich, wie hoch der dargestellte Körper ist.

Um einen Körper möglichst maßgetreu in der Ebene darzustellen, zeichnet man **Grund- und Aufriß** des Körpers. Im Grundriß erscheinen alle **horizontalen**, im Aufriß alle **vertikalen** Strecken in **wahrer** Länge.

Beispiel 1:
In Fig. 257.1 ist ein Rohrstück in Grund- und Aufriß dargestellt. Dem Grundriß können wir die Länge 5 cm und den Außendurchmesser 4 cm des Rohres entnehmen. Der Aufriß zeigt zusätzlich, daß die lichte Weite des Rohres 3 cm beträgt.
Bemerkung: Da der Randkreis des Aufrisses die Rißachse berührt, haben wir uns das Rohr auf der Grundrißebene liegend zu denken. Entsprechend zeigt der Grundriß, daß die hintere Querschnittsfläche des Rohres von der Aufrißebene 1 cm entfernt ist.

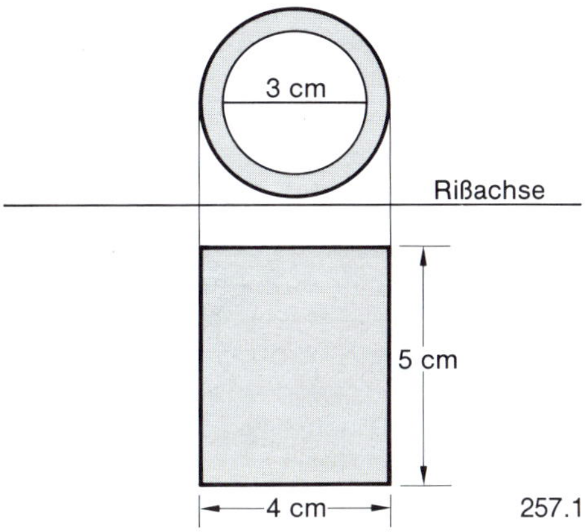

257.1

Beispiel 2:
Wir konstruieren Grund- und Aufriß eines 4 cm langen, 2 cm breiten und 2,5 cm hohen Quaders mit der Deckfläche ABCD und der Grundfläche EFGH, der auf der Grundrißebene steht und mit einer Seitenkante die Aufrißebene berührt (Fig. 257.2). Wir zeichnen zunächst die Rißachse, dann als Grundriß ein Rechteck A′B′C′D′ (bzw. E′F′G′H′) in der vorgeschriebenen Lage. Um den Aufriß zu finden, ziehen wir durch A′B′C′D′ die Ordnungslinien senkrecht zur Rißachse und bestimmen auf ihnen die Bildpunkte A″, B″, C″, D″ von A, B, C, D in der Aufrißebene.
Bemerkung: Um die Anschaulichkeit zu erhöhen, werden nicht sichtbare Kanten gestrichelt gezeichnet.

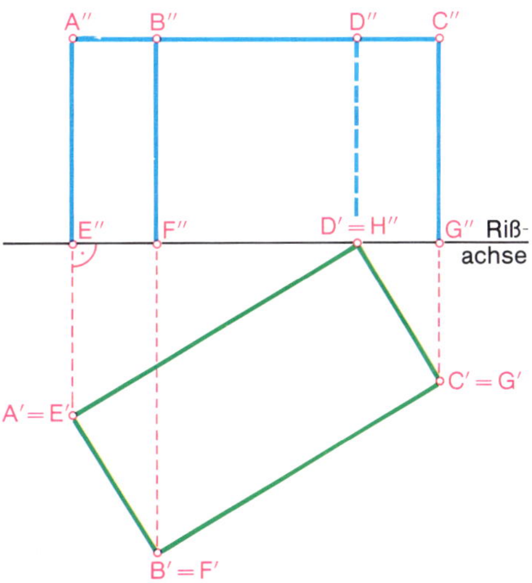

257.2

② Zeichne Grund- und Aufriß einer regelmäßigen 4seitigen Pyramide, die so auf der Grundrißebene steht, daß eine Grundkante (eine Ecke) auf der Rißachse liegt.

Bei den folgenden Aufgaben nehmen wir an, daß der darzustellende Körper auf der Grundrißebene steht.

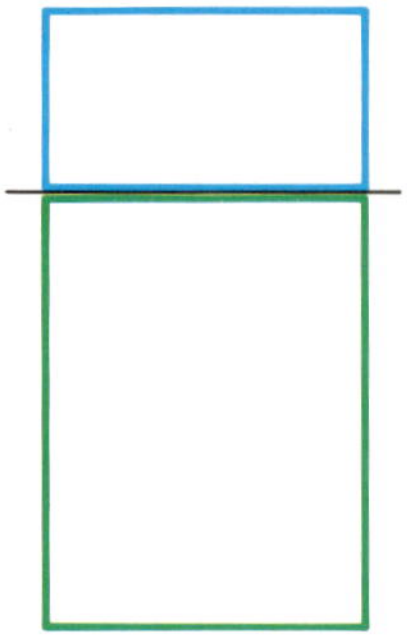

258.1

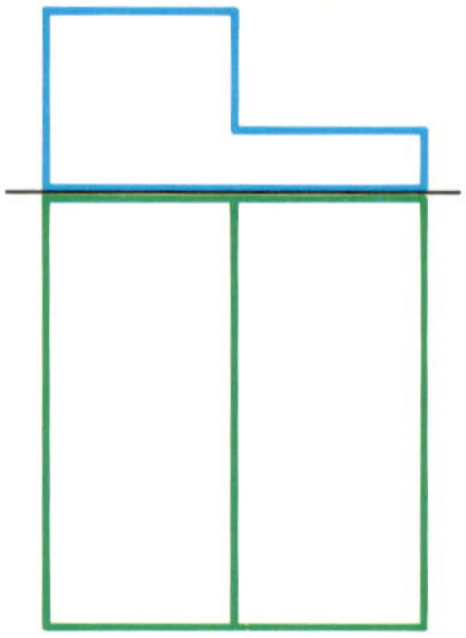

258.2

3 Fig. 258.1 zeigt einen Quader in Grund- und Aufriß. Zeichne Grund- und Aufriß des Quaders, wenn dieser mit der größeren Seitenfläche die Aufrißebene berührt (wenn nur eine Seitenkante des Quaders an die Aufrißebene stößt).

4 Zeichne Grund- und Aufriß des in Fig. 258.2 dargestellten Körpers, wenn
a) er mit einer der größeren Seitenflächen die Aufrißebene berührt
b) die Längsseiten seiner Grundfläche mit der Rißachse Winkel von 60° bilden.

5 In Fig. 258.3 ist der Aufriß einer Halbkugel dargestellt.
a) Übertrage den Aufriß mit $r = 3$ cm ins Heft. Konstruiere den Grundriß.
b) Die Halbkugel wird parallel zur Grundrißebene von Ebenen im Abstand 0,5 cm geschnitten. Trage die Schnittlinien in Grund- und Aufriß ein.

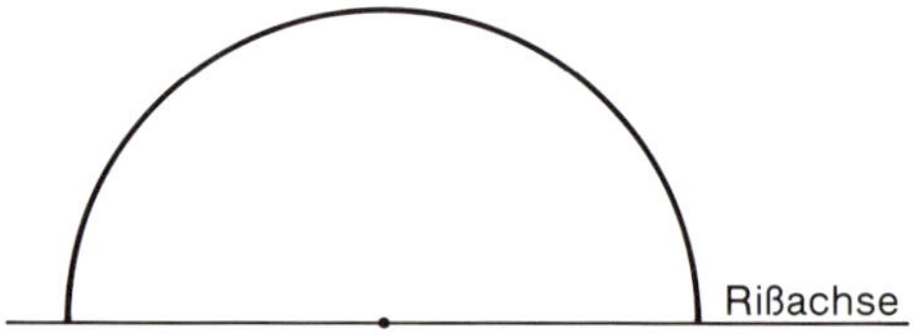

258.3

6 Zeichne Grund- und Aufriß einer regelmäßigen 6seitigen Pyramide mit der Grundkante $a = 3$ cm und der Höhe $h = 6$ cm, bei welcher
a) zwei Grundkanten zur Rißachse parallel sind
b) zwei Grundkanten zur Rißachse orthogonal sind
c) keine Grundkante zur Rißachse parallel oder orthogonal ist.
(Anleitung: Wähle den Abstand der Pyramide von der Aufrißebene nach Belieben.)

7 Zeichne Grund- und Aufriß einer regelmäßigen 3seitigen Pyramide mit der Grundkante $a = 5$ cm und der Höhe $h = 6$ cm, bei der
a) eine Grundkante zur Rißachse parallel ist
b) keine Grundkante zur Rißachse parallel oder orthogonal ist.

8 Eine regelmäßige 4seitige Pyramide mit der Grundkante $a = 6$ cm und der Höhe $h = 5$ cm wird 2 cm unterhalb der Spitze parallel zur Grundfläche abgeschnitten. Konstruiere Grund- und Aufriß des verbleibenden Pyramidenstumpfes.

9 Zeichne Grund- und Aufriß eines Tetraeders (d.h. einer 3seitigen Pyramide mit gleich langen Kanten; Fig. 237.3), dessen Kanten 6 cm lang sind.
(Anleitung: Ermittle zunächst in einer gesonderten Konstruktion die wahre Länge der Pyramidenhöhe.)

10 Der Aufriß eines Würfels ist ein regelmäßiges Sechseck mit der Seitenlänge 3 cm, von dem zwei Seiten zur Rißachse parallel sind.
a) Zeichne den Aufriß des Würfels. Trage die sichtbaren Würfelkanten ein.
b) Konstruiere den Grundriß des Würfels.

114 Schrägbilder

1 Der Schatten, den ein Würfel bei Sonnenlicht auf einer ebenen Wand erzeugt, kann eine Form wie in Fig. 259.1 haben. Woher rührt das verschiedene Aussehen der Schatten?

259.1

Bisher haben wir zwei durch senkrechte Parallelprojektion entstandene Bilder eines Körpers (Grund- und Aufriß) kombiniert. Das hat den Vorteil, daß der Darstellung wichtige Bestimmungsstücke des Körpers in wahrer Größe entnommen werden können. Dagegen gewinnt man eine bessere räumlich-anschauliche Vorstellung, wenn man ein Bild des Körpers zeichnet, wie es bei nicht senkrechter Parallelprojektion in der Aufrißebene entsteht (Fig. 259.1).

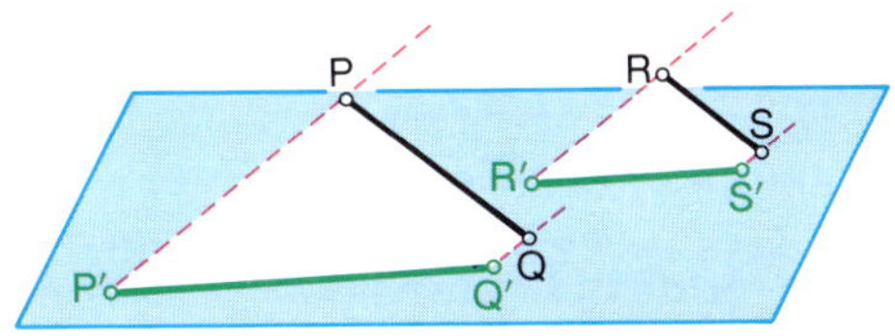

259.2

Eine solche Parallelprojektion heißt **schräge Parallelprojektion**, das dabei entstehende Bild eines Körpers **Schrägbild**.
Bei der Konstruktion von Schrägbildern ist – über die im Satz von S. 255 genannten Eigenschaften hinaus – wichtig: Parallele Strecken werden im gleichen Verhältnis verkürzt oder verlängert; in Fig. 259.2 ist $PQ \parallel RS$ und daher $\overline{P'Q'} : \overline{PQ} = \overline{R'S'} : \overline{RS}$ (weil Parallelen zu P'Q' durch Q bzw. zu R'S' durch S ähnliche Dreiecke ergeben). Insbesondere gilt danach bei der Konstruktion von Schrägbildern:

Satz: Im Schrägbild erscheinen
a) zur Bildebene **parallele** Strecken in wahrer Länge und Richtung
b) zur Bildebene **orthogonale** Strecken unter demselben Winkel **α** (**Verzerrungswinkel**) gegen die Rißachse geneigt und im gleichen Verhältnis **k** (**Verzerrungsverhältnis**) verkürzt oder verlängert.

Je nach der Projektionsrichtung ergeben sich für α und k verschiedene Werte. Meist wählt man die Projektionsrichtung so, daß $\alpha = 45°$; $k = \frac{1}{2}$ oder $\alpha = 30°$; $k = \frac{2}{3}$ oder $\alpha = 60°$; $k = \frac{1}{3}$ ist.

Beispiel 1:
Fig. 259.3 zeigt für $\alpha = 45°$; $k = \frac{1}{2}$ einen Würfel, dessen hintere Seitenfläche in der Bildebene liegt.
In Fig. 259.4 ist $\alpha = 45°$; $k = \frac{1}{2}\sqrt{2}$. Dieses Verzerrungsverhältnis ist beim Zeichnen auf Karopapier besonders bequem.

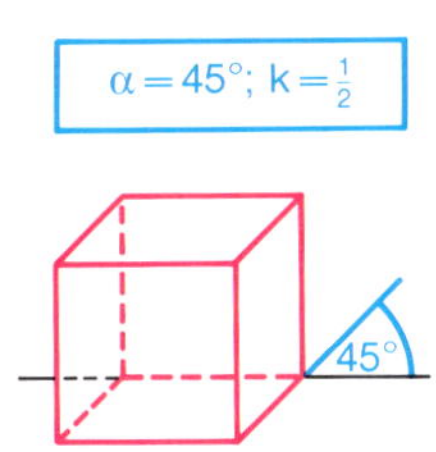

259.3

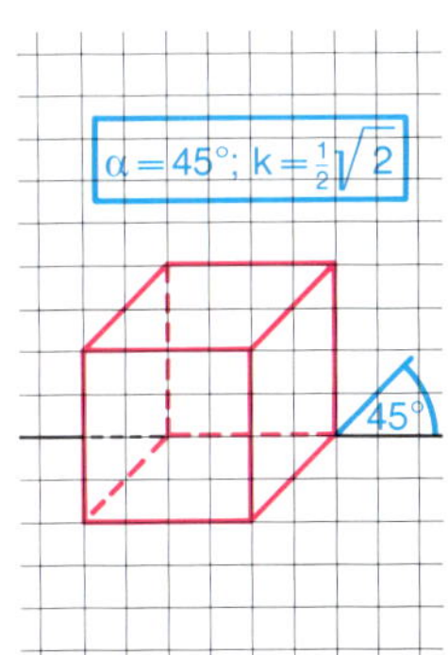

259.4

Beispiel 2:

Eine Pyramide ist durch ihren Grund- und Aufriß gegeben (Fig. 260.1). Es soll für $\alpha = 30°$; $k = \frac{2}{3}$ ein Schrägbild der Pyramide gezeichnet werden.

Dazu konstruieren wir die Schrägbilder der Ecken A, B, C, D, S, indem wir Strecken abbilden, die zur Bildebene parallel oder orthogonal sind (vgl. den Satz von S. 259). Wir übertragen vom Grund- und Aufriß ins Schrägbild (Fig. 260.1)

a) A″, B″, C″, D″ mit den wahren Abständen auf der Rißachse

b) die Strecken A′A″, B′B″, C′C″, D′D″

c) den Fußpunkt der Pyramidenhöhe

d) die Pyramidenhöhe.

Schließlich verbinden wir im Schrägbild benachbarte Ecken, wobei wir nicht sichtbare Kanten stricheln.

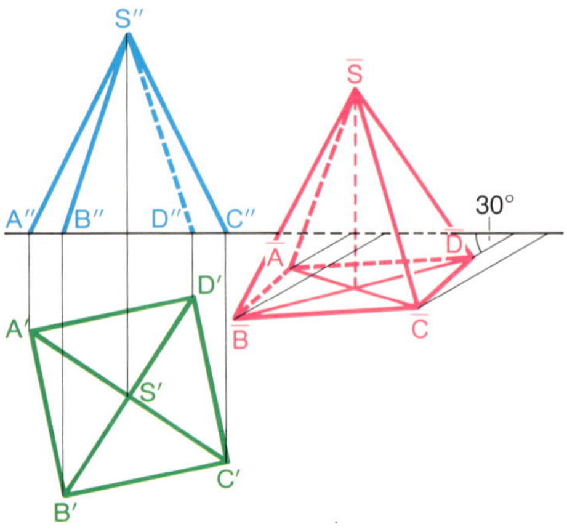

260.1

② Übertrage den Grund- und Aufriß der Pyramide von Fig. 260.1 im Maßstab 2 : 1 ins Heft. Konstruiere ein Schrägbild für $\alpha = 45°$; $k = \frac{1}{2}$.

3 Ein Würfel mit der Kantenlänge $a = 4$ cm steht so auf der Grundrißebene, daß eine Seitenfläche in der Aufrißebene liegt. Zeichne ein Schrägbild des Würfels für

a) $\alpha = 45°$; $k = \frac{1}{2}$ b) $\alpha = 30°$; $k = \frac{2}{3}$ c) $\alpha = 60°$; $k = \frac{1}{3}$ d) $\alpha = 90°$; $k = 1$.

4 Zeichne für $\alpha = 45°$; $k = \frac{1}{2}$ das Schrägbild eines Würfels mit der Kantenlänge 4 cm, wenn eine Diagonale der Grundfläche zur Rißachse orthogonal ist und eine Würfelkante in der Aufrißebene liegt.
(Anleitung: Zeichne zunächst Grund- und Aufriß des Würfels.)

5 Zeichne das Schrägbild einer Zündholzschachtel ($a = 5{,}3$ cm; $b = 3{,}7$ cm; $c = 1{,}7$ cm), deren Längskanten zur Bildebene

a) parallel b) orthogonal c) weder parallel noch orthogonal sind.

6 Übertrage für jeden der vier in Fig. 260.2 wiedergegebenen Körper Grund- und Aufriß ins Heft. Zeichne danach ein Schrägbild für $\alpha = 45°$; $k = \frac{1}{2}$ ($\alpha = 45°$; $k = \frac{1}{2}\sqrt{2}$).

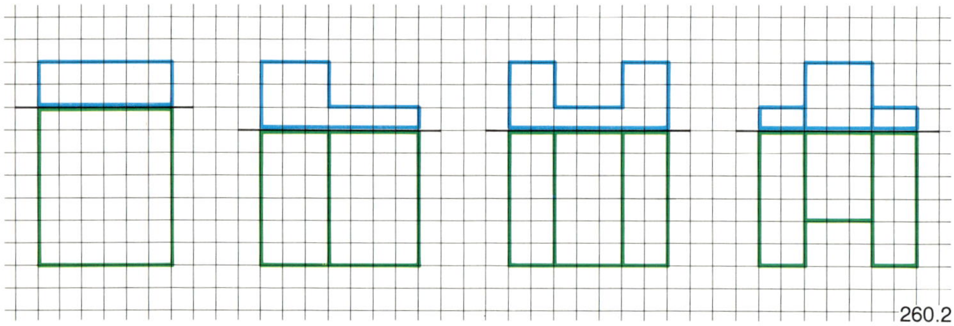

260.2

7 Zeichne für $\alpha = 30°$; $k = \frac{2}{3}$ das Schrägbild einer regelmäßigen Pyramide mit der Höhe $h = 6$ cm, deren Grundfläche

a) ein Quadrat mit der Seitenlänge $a = 4{,}5$ cm

b) ein regelmäßiges Sechseck mit der Seitenlänge $a = 3$ cm

c) ein gleichseitiges Dreieck mit der Seitenlänge $a = 5{,}4$ cm ist.

(Anleitung: Wähle die Bildebene parallel zu einer Symmetrieebene des Körpers.)

8 Zeichne für $\alpha = 45°$; $k = \frac{1}{2}$ das Schrägbild eines Würfels mit der Kantenlänge $a = 6$ cm. Bestimme die Mitten der sechs Oberflächenquadrate; verbinde benachbarte Mitten. Was für einen Körper stellt das entstehende Schrägbild dar? Konstruiere eines der acht Oberflächendreiecke in wahrer Größe.

9 a) Entwirf von dem Gebäude in Fig. 261.1 Schrägbilder; wähle die Bildebene zunächst parallel zur Längsseite, dann parallel zur Breitseite des Gebäudes. (Maße in m; zeichne im Maßstab 1 : 100; wähle $\alpha = 30°$; $k = \frac{2}{3}$.)

b) Ermittle konstruktiv die wahre Gestalt der Dachflächen.

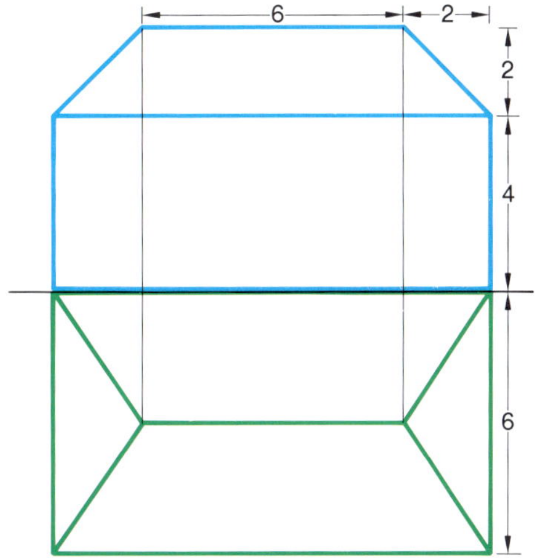

261.1

10 Konstruiere ein Schrägbild des Gebäudes in Fig. 261.1, wenn die Bildebene so gewählt wird, daß sie zu einer Diagonalen der Grundfläche orthogonal ist.

11 In Fig. 261.2 ist Grund- und Aufriß eines Hauses dargestellt.

a) Übertrage Fig. 261.2 ins Heft.

b) Zeichne danach für $\alpha = 30°$; $k = \frac{2}{3}$ ein Schrägbild des Hauses.

12 a) Zeichne von einem Würfel ($a = 4$ cm) Grund- und Aufriß sowie ein Schrägbild ($\alpha = 45°$; $k = \frac{1}{2}$).

b) Eine Gerade g durchstößt die Würfeloberfläche in der Mitte der Deckfläche und der Mitte einer Seitenfläche. Trage die Gerade g in das Schrägbild ein; ermittle im Schrägbild ihren Schnittpunkt $\bar{S}$ mit der Ebene, auf welcher der Würfel steht.

c) Übertrage g und S in den Grundriß und in den Aufriß.

13 a) Zeichne das Schrägbild eines Würfels mit der Kantenlänge $a = 6$ cm.

b) Der Würfel wird so mit einer Ebene geschnitten, daß die Schnittfläche ein regelmäßiges Sechseck ist. Zeichne die Schnittfläche im Schrägbild ein.

c) Konstruiere das Sechseck in wahrer Größe.

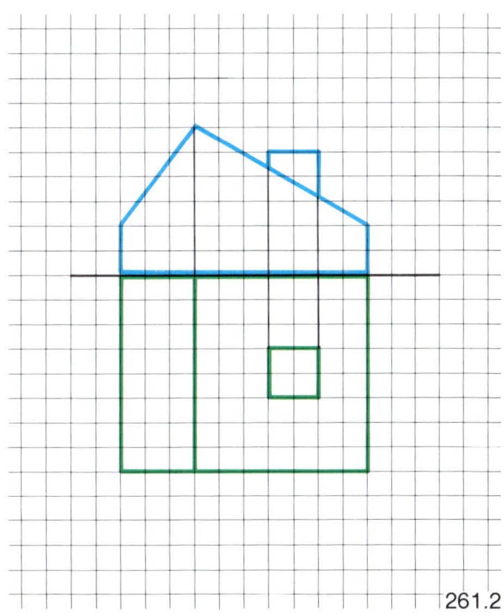
261.2

115 Weitere Beispiele

① Fig. 262.1 zeigt eine Balkenverbindung. Stelle andere Möglichkeiten, wie man zwei Balken verbinden kann, in Grund- und Aufriß sowie im Schrägbild dar.

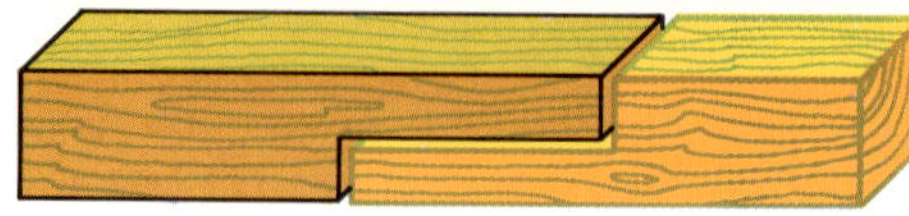

262.1

Die folgenden Beispiele zeigen, wie man durch Grund- und Aufriß sowie ein Schrägbild räumliche Verhältnisse (sowohl was die Maßtreue als auch was die Anschaulichkeit angeht) in befriedigender Weise wiedergeben kann.

Beispiel 1: Balkenverbindung

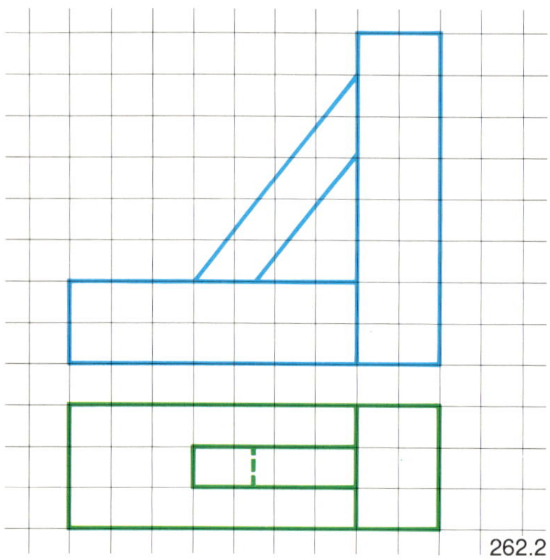

262.2

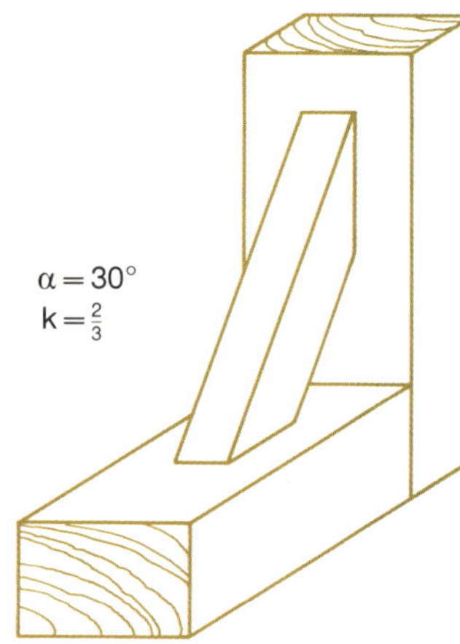

262.3

② Konstruiere das Schrägbild in Fig. 262.3. Verwende die Maße aus Fig. 262.2.

Beispiel 2: Schrägbild eines Zylinders
Fig. 262.4 zeigt das Schrägbild eines Zylinders für $\alpha = 90°$; $k = \frac{1}{3}$. Sein Grundriß ist ein Kreis. Um dessen Schrägbild zu finden, bilden wir einzelne Punkte der Kreislinie ab und verbinden ihre Bildpunkte durch eine Kurve.
Bemerkung: Das Schrägbild eines Kreises heißt **Ellipse**.

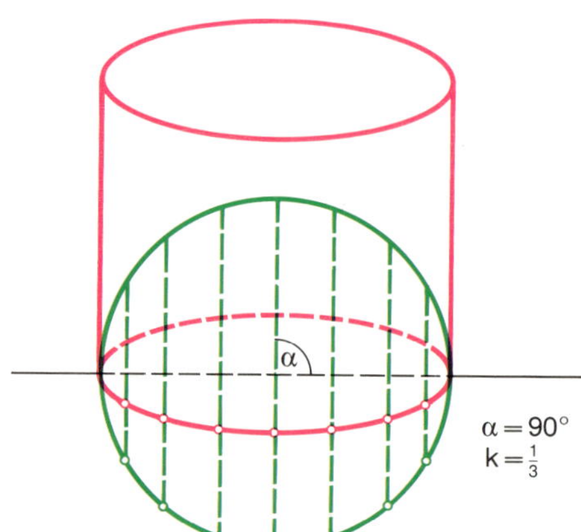

262.4

③ Zeichne ein Quadrat mit der Seitenlänge 8 cm sowie den diesem Quadrat einbeschriebenen Kreis. Konstruiere für $\alpha = 30°$; $k = \frac{2}{3}$ das Schrägbild von Quadrat und Kreis.

Beispiel 3: Konstruktion von Durchstoßpunkten

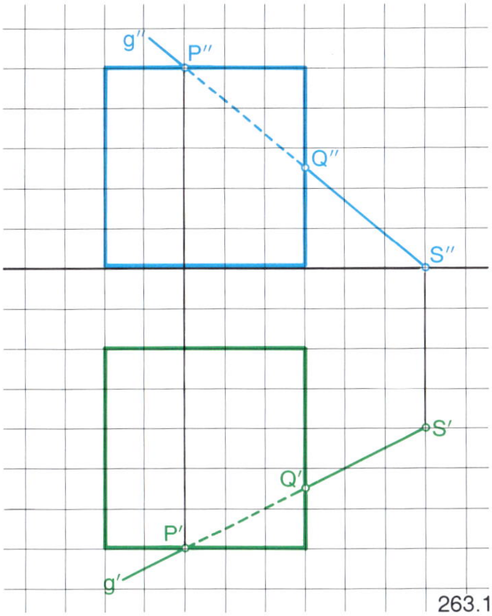

263.1

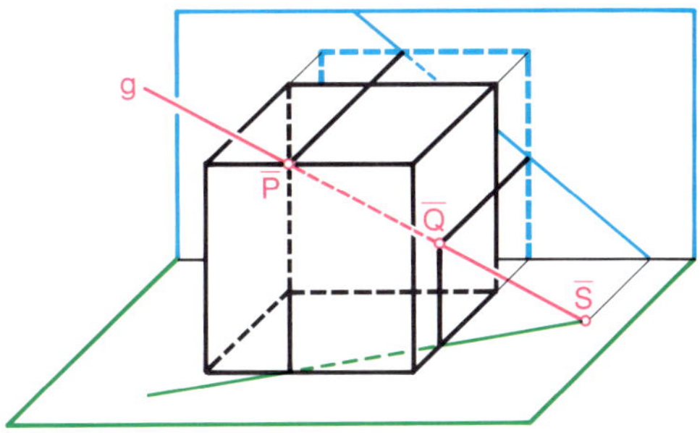

263.2

Fig. 263.2 zeigt das Schrägbild eines Würfels, der von einer Geraden g durchstoßen wird. Der Verlauf der Geraden ist durch ihren Grund- und Aufriß (Fig. 263.1) festgelegt. Um die Schrägbilder $\overline{P}$ und $\overline{Q}$ der Durchstoßpunkte zu finden, entnehmen wir Fig. 263.1 geeignete (zur Bildebene parallele oder orthogonale) Strecken und übertragen sie ins Schrägbild.

4 Zeichne Grund- und Aufriß eines Würfels (a = 4 cm) sowie eine Gerade g, die seine Oberfläche in der Deckfläche und der vorderen Seitenfläche durchstößt. Konstruiere die Durchstoßpunkte im Schrägbild des Würfels.

Beispiel 4: Schattenkonstruktion
Wir denken uns den Würfel aus Fig. 263.1/2 von der Sonne so beleuchtet, daß die Sonnenstrahlen die Richtung der Geraden g haben (Fig. 263.3). Dann wirft der Würfel einen Schatten in die Ebene, auf der er steht (Grundrißebene). Um ihn zu finden, ermitteln wir im Schrägbild – ausgehend von $\overline{S}$ (Fig. 263.2) – die Schnittpunkte der Sonnenstrahlen durch die Würfelecken mit der Grundrißebene.

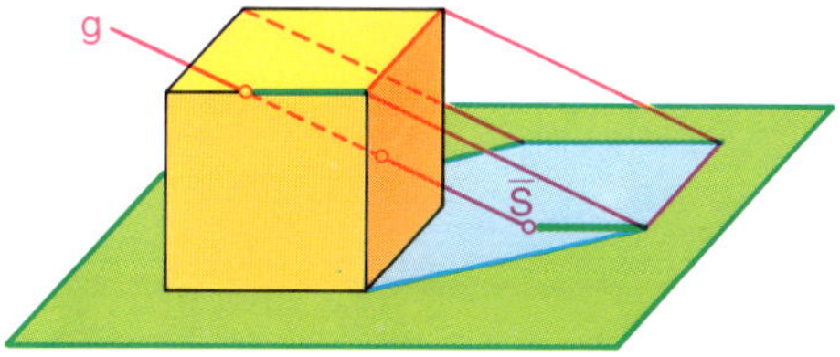

263.3

5 Fügt man in Fig. 263.3 die Aufrißebene gemäß Fig. 263.1/2 hinzu, so fällt ein Teil des Schattens in die Aufrißebene. Zeichne wie in Fig. 263.2 ein Schrägbild der Grund- und Aufrißebene, des Würfels und der Geraden g. Konstruiere danach den Schatten des Würfels im Schrägbild.

116 Vermischte Aufgaben

1 Konstruiere das Schrägbild einer regelmäßigen 4seitigen Pyramide mit der Grundkante $a = 4$ cm und
a) der Höhe $h = 5$ cm
b) der Seitenkante $s = 5$ cm.

2 Die in Fig. 264.1 wiedergegebene Pyramide wird mit einer Ebene E geschnitten, die durch ihren Aufriß E″ gegeben ist.
a) Übertrage Fig. 264.1 im Maßstab 2 : 1 ins Heft. Ermittle den Grundriß der Schnittfläche.
b) Stelle die Pyramide im Schrägbild dar. Trage die Schnittfläche ein.

3 a) Stelle den Körper, dessen Schrägbild Fig. 264.2 wiedergibt, durch seinen Grund- und Aufriß dar.
b) Zeichne das Bild des Körpers, wenn parallel zur Rißachse auf eine Ebene projiziert wird, die zur Grund- und Aufrißebene orthogonal ist.
Bemerkung: Das dabei entstehende Bild heißt **Seitenriß** des Körpers.

4 In Fig. 264.3/4/5 sind technische Körper durch ihren Grund- und Aufriß gegeben. Stelle die Körper im Schrägbild dar. (Anleitung: Verwende für die Zeichnung statt der Karos in Fig. 264.3/4/5 Quadrate mit der Seitenlänge 1 cm.)

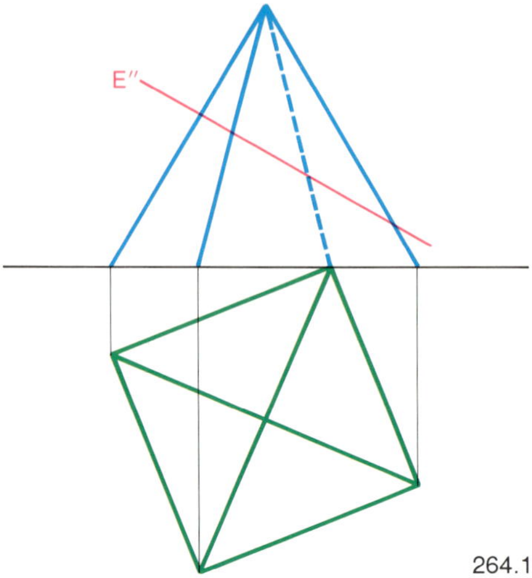

264.1

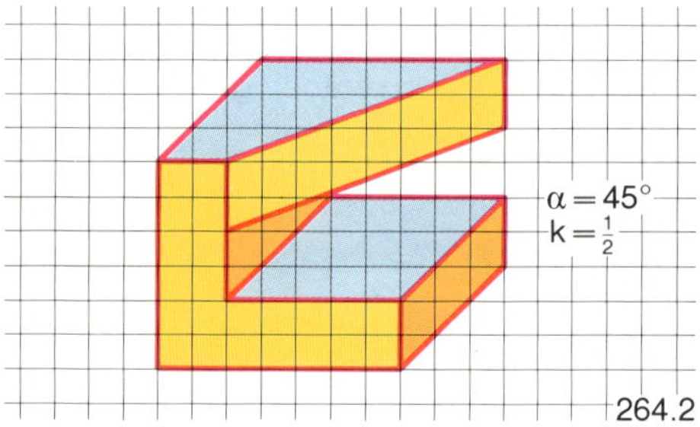

264.2

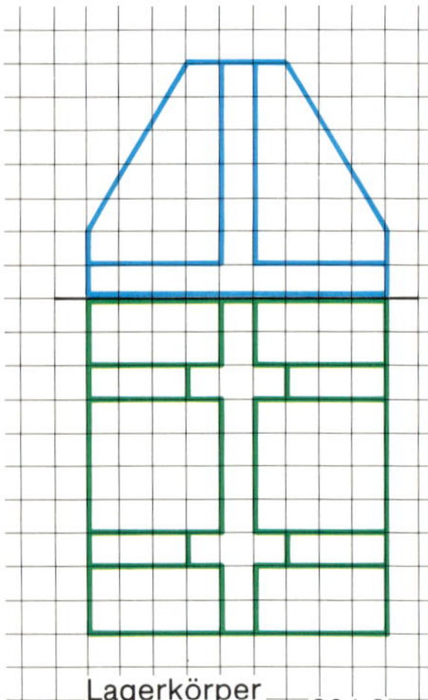

Lagerkörper 264.3

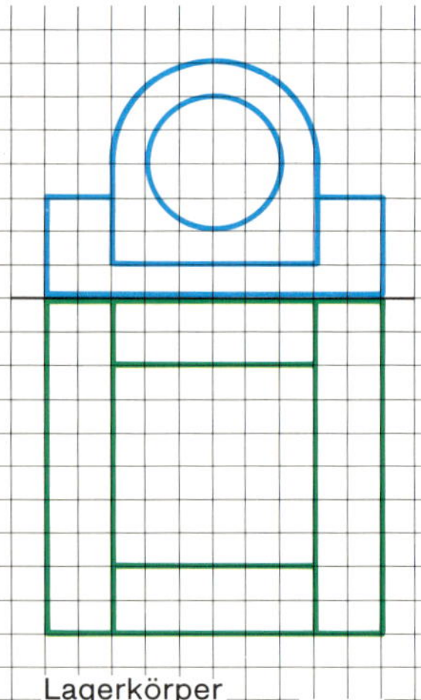

Lagerkörper 264.4

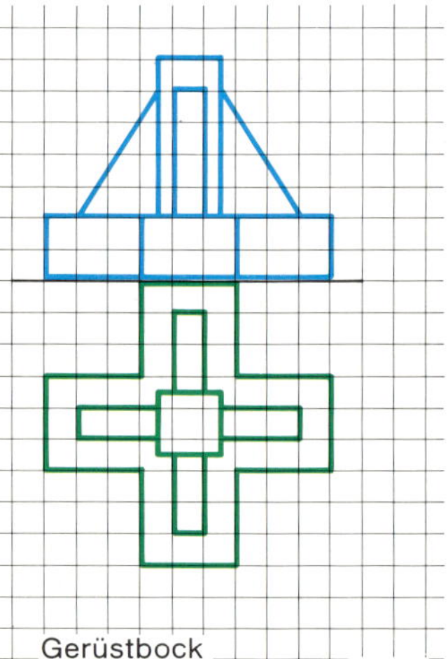

Gerüstbock 264.5

5 Zeichne eine Kugel mit $r = 3$ cm, deren Mittelpunkt von der Aufrißebene den Abstand 4 cm hat, in Grund- und Aufriß. Deute die Kugel als Erdkugel, die im Südpol die Grundrißebene berührt.
a) Zeichne den Äquator ein.
b) Zeichne den Breitenkreis mit dem Radius 2 cm (mit der geographischen Breite $\varphi = 60°$) ein.
c) Wie bilden sich die Längenkreise im Grundriß (im Aufriß) ab? Welcher Längenkreis erscheint im Grund- und Aufriß als Strecke?

6 Zeichne für $\alpha = 90°$; $k = \frac{1}{3}$ ($\alpha = 30°$; $k = \frac{2}{3}$) das Schrägbild eines senkrechten Kreiskegels mit dem Grundkreisradius $r = 3$ cm und der Höhe $h = 6$ cm.
(Anleitung: Wähle als Bildebene eine Symmetrieebene des Kegels.)

7 Zeichne Seitenrisse der Körper in Fig. 264.3/4/5.

8 a) Zeichne für $\alpha = 45°$; $k = \frac{1}{2}$ das Schrägbild eines Würfels ($a = 4$ cm).
b) Durch die Mitte einer Kante der Deckfläche sowie zwei gegenüberliegende Ecken der Grundfläche wird eine Ebene gelegt. Trage den Schnitt dieser Ebene mit der Würfeloberfläche in das Schrägbild sowie in den Grund- und Aufriß des Würfels ein.

9 a) Zeichne ein Schrägbild des Würfels, dessen Grund- und Aufriß Fig. 265.1 zeigt.
b) Konstruiere im Schrägbild die Durchstoßpunkte der Gerade g (Fig. 265.1) durch die Würfeloberfläche.
c) Zeichne im Schrägbild den Schatten ein, den der Würfel in die Grund- und Aufrißebene wirft, wenn die Sonnenstrahlen die Richtung der Gerade g haben.
d) Zeichne das Netz des Würfels. Trage im Netz die in b) ermittelten Durchstoßpunkte ein.

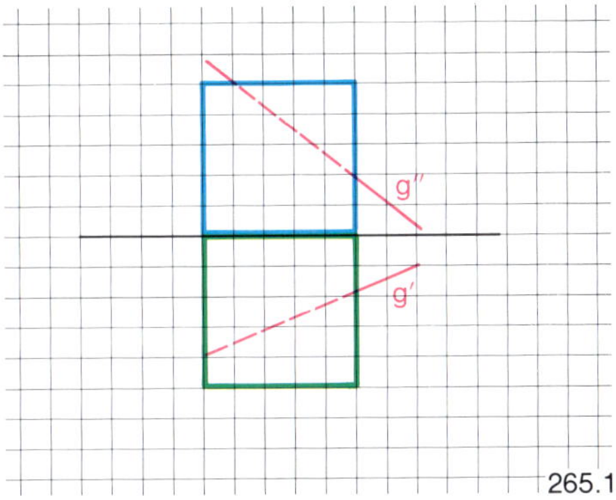

265.1

10 a) Zeichne für $\alpha = 45°$; $k = \frac{1}{2}$ das Schrägbild eines Würfels mit der Kantenlänge $a = 5$ cm und mit seiner Hilfe das Schrägbild des Körpers in Fig. 265.2. (Es handelt sich um einen sogenannten Zwilling, eine Kristallform, wie sie bei Diamanten vorkommt.)
b) Aus wie vielen Dreiecken besteht die Oberfläche des Zwillings? Sind die Dreiecke gleichseitig? Begründe.
c) Der Körper heißt Zwilling, weil er aus zwei Tetraedern besteht, die sich gegenseitig durchdringen. Um was für einen Körper handelt es sich bei dem Raumstück, das zu beiden Tetraedern gehört? Zeichne – ausgehend vom Schrägbild des Würfels – ein Schrägbild dieses Körpers.

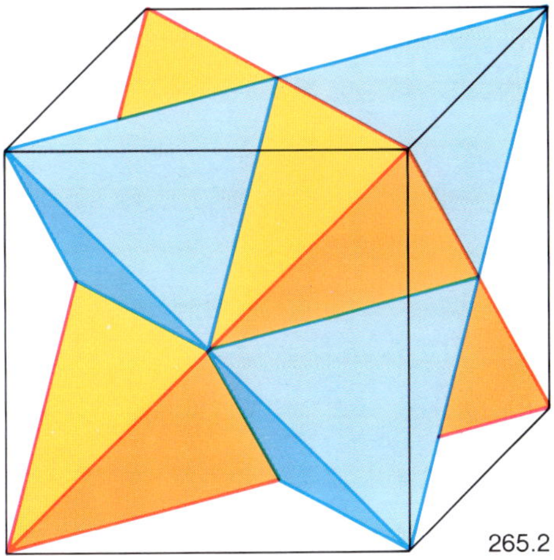
265.2

XIX Rauminhalt und Oberfläche von Körpern

117 Quader

1 Um Kohle in Brand zu setzen, gibt es ölgetränkte Styroporquader zu kaufen. Sie sind in Paketen zu 42 Stück erhältlich (Fig. 266.1). Weshalb enthält ein Paket gerade 42 (und nicht z.B. 41 oder 43) Stück?

266.1

Fig. 266.2 zeigt einen **Quader**. Seine Oberfläche besteht aus sechs Rechtecken, von denen jeweils gegenüberliegende kongruent sind. **Würfel** sind Quader mit gleich langen Kanten.

Um den **Rauminhalt** (das **Volumen**) eines Quaders zu bestimmen, messen wir seine Kanten a, b, c (Fig. 266.2) in der gleichen Längeneinheit. Sind ihre Maßzahlen **rationale** Zahlen, z.B. $a=\frac{7}{2}$ cm; $b=\frac{4}{3}$ cm; $c=\frac{3}{4}$ cm, so können wir diese mit gleichem Nenner schreiben: $a=\frac{42}{12}$ cm; $b=\frac{16}{12}$ cm; $c=\frac{9}{12}$ cm. Dies zeigt, daß man den Quader mit Würfeln der Seitenlänge $\frac{1}{12}$ cm „ausfüllen" kann. Er besteht aus 9 Schichten zu je $42 \cdot 16$ Würfeln (Fig. 266.3). Da $12 \cdot 12 \cdot 12$ dieser Würfel einen Zentimeterwürfel ergeben, beträgt der Rauminhalt des Quaders

$$\frac{42 \cdot 16 \cdot 9}{12 \cdot 12 \cdot 12}\ \mathrm{cm}^3 = \frac{7}{2} \cdot \frac{4}{3} \cdot \frac{3}{4}\ \mathrm{cm}^3.$$

Die Maßzahl des Rauminhaltes ist das Produkt der Maßzahlen der Kantenlängen.

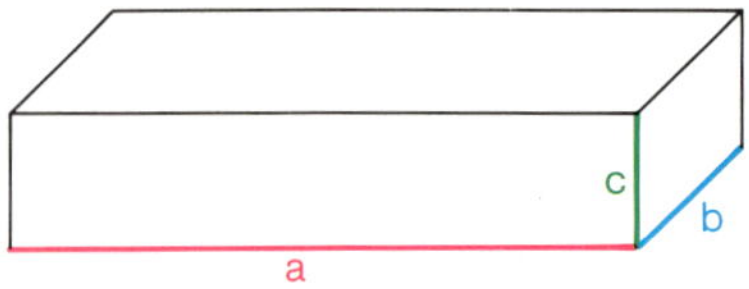

266.2

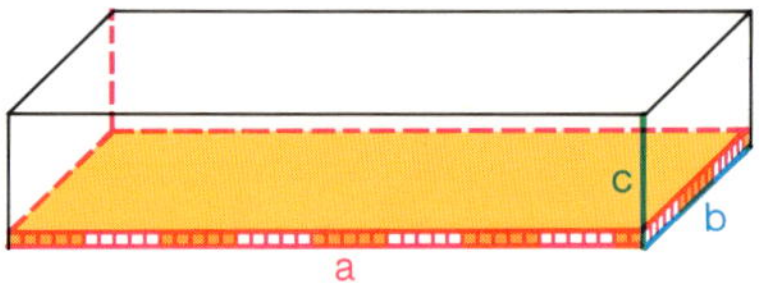

266.3

Ist eine oder sind mehrere der Maßzahlen **irrational**, z.B. $a=\sqrt{5}$ cm; $b=\sqrt{3}$ cm; $c=2$ cm, so haben die drei Kanten kein gemeinsames Maß. Man kann dann also den Quader nicht mit gleichen Würfeln – und seien diese noch so klein – ausfüllen. Im genannten Beispiel ist der Rauminhalt (wegen $\sqrt{5}=2{,}236\ldots$; $\sqrt{3}=1{,}732\ldots$)

größer als	kleiner als	Differenz
$2 \cdot 1 \cdot 2$ cm³	$3 \cdot 2 \cdot 2$ cm³	8 cm³
$2{,}2 \cdot 1{,}7 \cdot 2$ cm³	$2{,}3 \cdot 1{,}8 \cdot 2$ cm³	0,8 cm³
$2{,}23 \cdot 1{,}73 \cdot 2$ cm³	$2{,}24 \cdot 1{,}74 \cdot 2$ cm³	0,0794 cm³
⋮	⋮	⋮

Die einzige Zahl, die all diesen Bedingungen genügt, ist das Produkt $\sqrt{5} \cdot \sqrt{3} \cdot 2$.

Satz: Haben die Kantenlängen eines **Quaders** (gemessen in der gleichen Längeneinheit) die Seitenlängen a, b, c, so gilt für seinen **Rauminhalt** (gemessen in der entsprechenden Raumeinheit)

$$V = a \cdot b \cdot c.$$

Beispiel:
Eine Zündholzschachtel ist 5,3 cm lang, 3,7 cm breit und 1,7 cm hoch. Daher gilt für ihren Rauminhalt $V=5{,}3\cdot 3{,}7\cdot 1{,}7\ cm^3=33{,}337\ cm^3$; er beträgt also etwa 33 cm^3.
Bemerkung: Im Satz sind a, b, c Variable für Zahlen. Oft ist es bequem, diese Buchstaben als Variable für Längen bzw. Rauminhalte aufzufassen; man schreibt dann auch z.B. $V=5{,}3\ cm\cdot 3{,}7\ cm\cdot 1{,}7\ cm\approx 33\ cm^3$.

② Ein quaderförmiger Holzbalken ist 2,6 m lang, $1\frac{1}{2}$ dm breit und 12 cm hoch. Wieviel wiegt der Balken, wenn 1 cm^3 Holz 0,5 g (Dichte) wiegt? Runde.

3 a) Gib in der nächstkleineren Raumeinheit an:
5 dm^3; 17 cm^3; 186 m^3; 85,2 dm^3; 0,6 cm^3; 0,04 m^3; 0,0075 cm^3; $4\cdot 10^4\ m^3$.
b) Gib in der nächstgrößeren Raumeinheit an:
17000 mm^3; 3500 dm^3; 80 cm^3; 7 cm^3; 0,5 dm^3; $10^5\ cm^3$; $8\cdot 10^3\ mm^3$.
c) Gib in der nächstkleineren und in der nächstgrößeren Raumeinheit an:
400 dm^3; 75 cm^3; 8 dm^3; 17,5 cm^3; 0,8 dm^3; $3\cdot 10^5\ dm^3$; $6\cdot 10^2\ cm^3$.

4 Ein Quader hat die Kantenlängen a = 3,2 cm; b = 2 cm; c = 1,4 cm (a = 2,8 cm; b = 1,8 cm; c = 1,2 cm).
a) Berechne den Rauminhalt des Quaders.
b) Berechne die Oberfläche des Quaders. Zeichne sein Netz.

5 Ein Quader mit dem Rauminhalt 48 cm^3 (56 dm^3) ist 6 cm lang und 5 cm breit (1,4 m lang und 5 cm breit). Wie hoch ist der Quader?

6 Berechne die fehlenden Größen des Quaders.

	a	b	c	V	O
a)	4,2 dm	3,5 m	4 cm		
b)	6,5 cm	4 mm		57,2 cm^3	
c)		1,4 m	8,5 dm	214,2 dm^3	
d)	$\sqrt{8}$ cm	$\sqrt{5}$ cm			$24\sqrt{10}\ cm^2$
e)		1,4 dm	3 m		12,8 m^2
f)	6 dm			216 dm^3	228 dm^2
g)		$\sqrt{2}$ cm		$2\sqrt{6}\ cm^3$	$(4+8\sqrt{3})\ cm^2$

7 a) Wieviel kg wiegt ein 12 cm langer, 8 cm breiter und 2,5 cm hoher Quader aus massivem Kupfer? (1 cm^3 Kupfer wiegt 8,93 g.)
b) Der Quader wird zu Kupferblech ausgewalzt, das 2 m lang und 25 cm breit ist. Wie dick ist das Kupferblech?

8 Ein im Wasser schwimmender Holzquader hat dasselbe Gewicht wie das von ihm verdrängte Wasser. Wie tief taucht ein 20 cm langer, 10 cm breiter und 8 cm hoher Quader aus Holz im Wasser ein? (1 cm^3 Holz wiegt 0,5 g.)

Übersicht über die Raumeinheiten

1 mm^3
1000 mm^3 = **1 cm^3**
1000 cm^3 = **1 dm^3** (= 1 *l*)
1000 dm^3 = **1 m^3**

118 Prismen

(1) Von einem 500-g-Stück Butter, das die Form eines Quaders hat, sollen genau 125 g abgeschnitten werden. Wie würdest du vorgehen, wenn keine Waage vorhanden ist?

Prismen sind Körper, die man sich durch Verschieben einer Vielecksfläche im Raum entstanden denken kann. Fig. 268.1 zeigt ein senkrechtes und ein schiefes Prisma. Die Oberfläche eines Prismas besteht aus zwei kongruenten Vielecken (**Grundflächen**) und Parallelogrammen (**Seitenflächen**). Der Abstand der Grundflächen heißt **Höhe** des Prismas; die Seitenflächen bilden seinen **Mantel**.

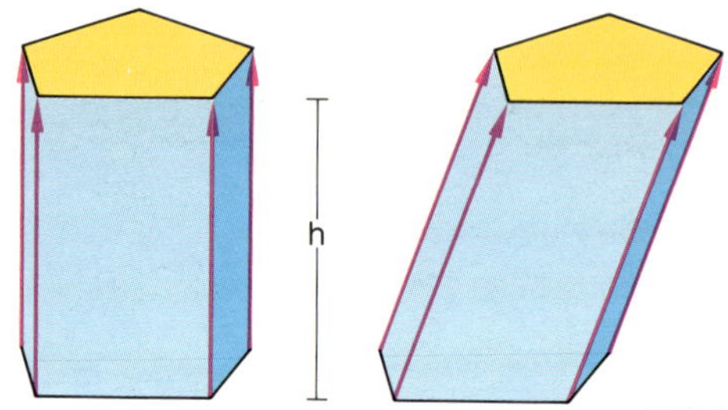

268.1

Quader sind besonders einfache Prismen (Fig. 268.2). Sind a, b, c die Kantenlängen, so kann z. B. c als Höhe und $a \cdot b$ als Inhalt G einer Grundfläche aufgefaßt werden. Für den **Rauminhalt** gilt dann $V = G \cdot h$. Da in Fig. 268.3 das blaue Prisma den gleichen Rauminhalt hat wie der Quader (warum?) und in Fig. 268.4 das rote Prisma denselben wie das blaue, gilt $V = G \cdot h$ auch für schiefe Prismen mit rechteckiger Grundfläche.

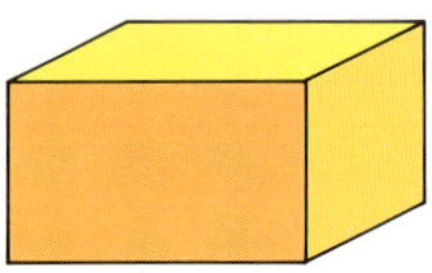
268.2

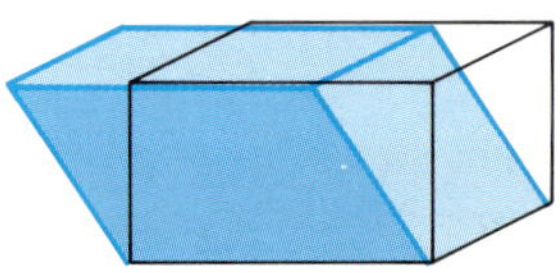
268.3

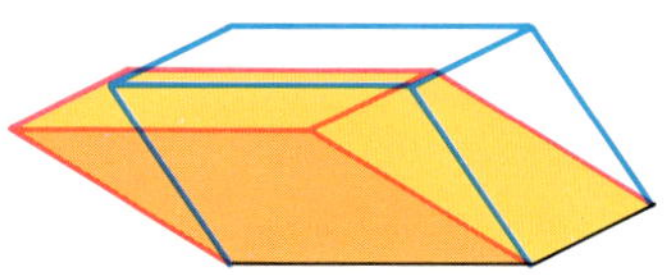
268.4

Sind die Grundflächen eines senkrechten Prismas rechtwinklige Dreiecke (Fig. 268.5), so kann das Prisma als halber Quader aufgefaßt werden; daher ist dann $V = \frac{1}{2} \cdot abc = (\frac{1}{2}ab) \cdot c$, also wieder $V = G \cdot h$. Nach dem Vorangehenden gilt dies auch, wenn das Prisma schief ist.

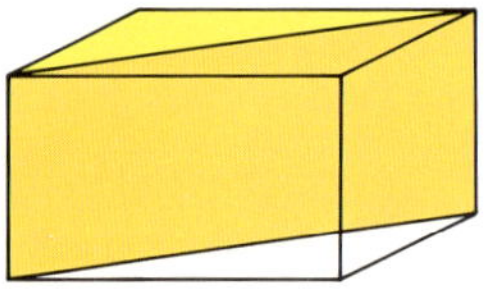
268.5

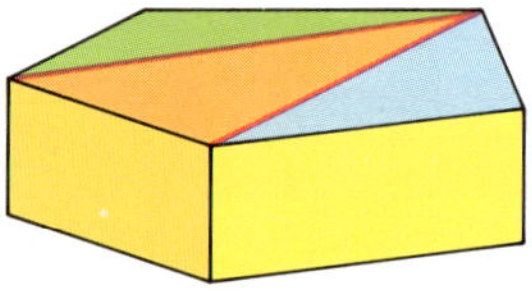
268.6

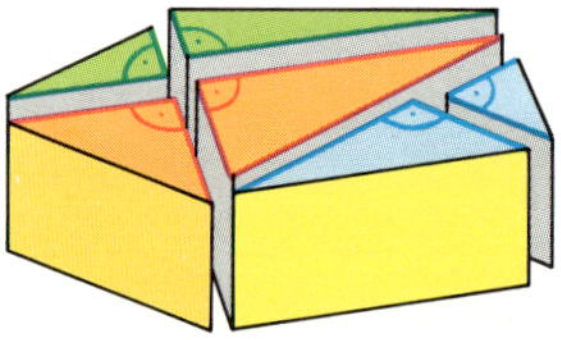
268.7

Ist schließlich die Grundfläche G eines senkrechten Prismas ein beliebiges Vieleck, so kann man dieses in Dreiecke zerlegen (Fig. 268.6) und jedes Dreieck in zwei rechtwinklige Dreiecke. Dadurch zerfällt das Prisma in dreiseitige Prismen, deren Grundflächen $G_1, \ldots, G_n$ rechtwinklige Dreiecke sind (Fig. 268.7). Somit gilt für den Rauminhalt des ganzen Prismas

$$V = G_1 \cdot h + \ldots + G_n \cdot h = (G_1 + \ldots + G_n) \cdot h = G \cdot h.$$

Nach den obigen Überlegungen gilt dies auch für schiefe Prismen.

Satz: Mißt man den Rauminhalt, die Grundfläche und die Höhe eines **Prismas** in entsprechenden Einheiten, so gilt:

$$\mathbf{V = G \cdot h}.$$

Beispiel:

Eine 1,5 m lange Eisenstange hat als Querschnitt eine regelmäßige Sechsecksfläche mit der Kantenlänge 2 cm (Fig. 269.1). Wir berechnen

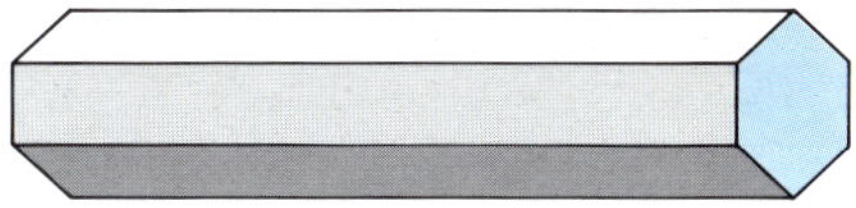

269.1

a) die Grundfläche: $G = 6 \cdot \sqrt{3}\ \text{cm}^2$ (vgl. S. 164)

b) den Mantel: $M = 6 \cdot 2 \cdot 150\ \text{cm}^2 = 1800\ \text{cm}^2$

c) die Oberfläche: $O = 2G + M = (1800 + 12\sqrt{3})\ \text{cm}^2 \approx 18{,}2\ \text{dm}^2$

d) den Rauminhalt: $V = G \cdot h = 900\sqrt{3}\ \text{cm}^3 \approx 1{,}56\ \text{dm}^3$.

② Ein senkrechtes 3seitiges Prisma hat gleich lange Grundkanten von je $a = 4{,}5$ cm und ist 1,4 dm hoch. Berechne die Grundfläche, den Mantel, die Oberfläche und den Rauminhalt des Prismas.

3 Berechne den Rauminhalt eines Prismas mit folgender Grundfläche und Höhe.
a) $G = 2{,}4\ \text{dm}^2$; $h = 6$ cm   b) $G = \frac{3}{4}\ \text{m}^2$; $h = 60$ cm   c) $G = 1{,}8\ \text{cm}^2$; $h = 4$ mm

4 Ein senkrechtes Prisma mit der Höhe h hat als Grundfläche ein rechtwinkliges Dreieck mit den Katheten a, b. Berechne die Oberfläche und den Rauminhalt des Prismas.
a) $a = 12$ cm; $b = 5$ cm; $h = 40$ cm   b) $a = 2{,}4$ m; $b = 60$ cm; $h = 3{,}4$ dm

5 Der Giebel eines Hauses hat die Form eines gleichschenkligen Dreiecks mit der Grundseite $a = 8$ m und der Höhe $h = 3$ m. Die Höhe bis zur Grundseite des Giebeldreiecks beträgt 4,8 m. Das Haus ist 10 m lang.
a) Zeichne ein Schrägbild des Hauses. Wähle einen geeigneten Maßstab.
b) Wieviel m^3 „umbauten Raum" hat das Haus (der Dachraum)?
c) Wieviel m^2 umfaßt die Dachfläche?

6 Wieviel kg wiegt ein Aluminiumstab von 1,80 m Länge, wenn er den in Fig. 269.2 (Fig. 269.3; 269.4) angegebenen Querschnitt hat? (Maße in cm; 1 cm^3 Aluminium wiegt 2,7 g.)

7 An einem Fachwerkhaus muß zwischen zwei horizontalen Balken mit dem Abstand 1,40 m unter einem Winkel von 45° ein schiefer Stützbalken eingefügt werden, dessen Querschnitt ein Quadrat mit der Seitenlänge 12 cm ist. Wieviel kg wiegt der Balken? Rechne auf zwei Arten. (1 cm^3 Holz wiegt 0,5 g.)

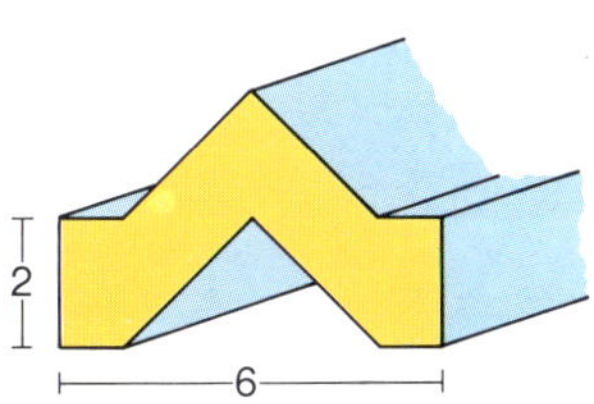

269.2

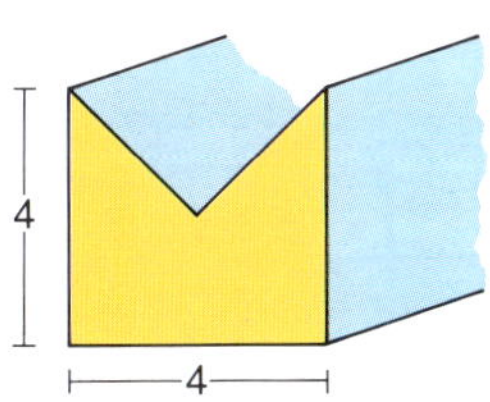

269.3

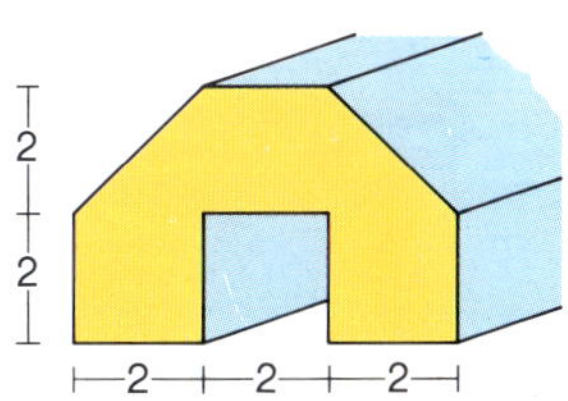

269.4

119 Pyramiden

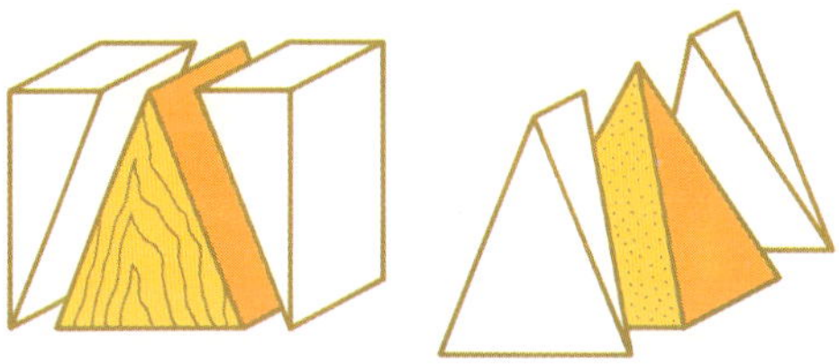

270.1

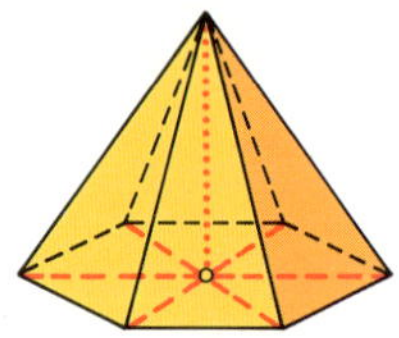

270.2

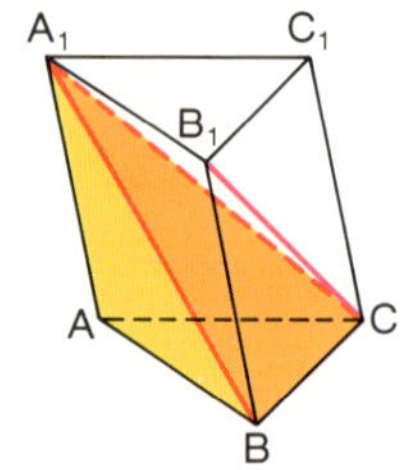

270.3

(1) Fig. 270.1 zeigt, wie ein Holzquader in zwei Arbeitsgängen zugespitzt wird. Vergleiche für jeden Arbeitsgang den Abfall und das verbleibende Holzstück. Welche Vermutung über die Größe des verbleibenden Holzstücks ergibt sich daraus?

Bei der **Pyramide** in Fig. 270.2 ist die **Grundfläche** G ein regelmäßiges Vieleck. Die Spitze befindet sich in der **Höhe** h senkrecht über der Mitte der Grundfläche. Solche Pyramiden nennt man regelmäßig (die Pyramide in Fig. 270.3 ist nicht regelmäßig). Der **Mantel** einer regelmäßigen n-seitigen Pyramide besteht aus n gleichschenkligen Dreiecken (**Seitenflächen**).

Um den Rauminhalt einer Pyramide zu bestimmen, vergleichen wir sie mit dem Prisma, das entsteht, wenn man ihre Grundfläche entlang einer Seitenkante bis zur Spitze der Pyramide verschiebt (Fig. 270.3).

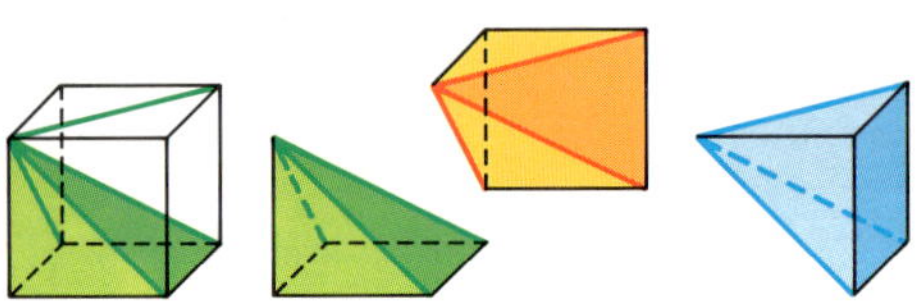

270.4

Ein Sonderfall

Im einfachsten Fall ist das entstehende Prisma ein Würfel. Fig. 270.4 zeigt, daß er aus drei Pyramiden besteht. Diese stimmen in allen Stücken überein; also hat jede den Rauminhalt

$$V = \tfrac{1}{3}G \cdot h.$$

Im folgenden versuchen wir, bei anderen Pyramiden entsprechend vorzugehen.

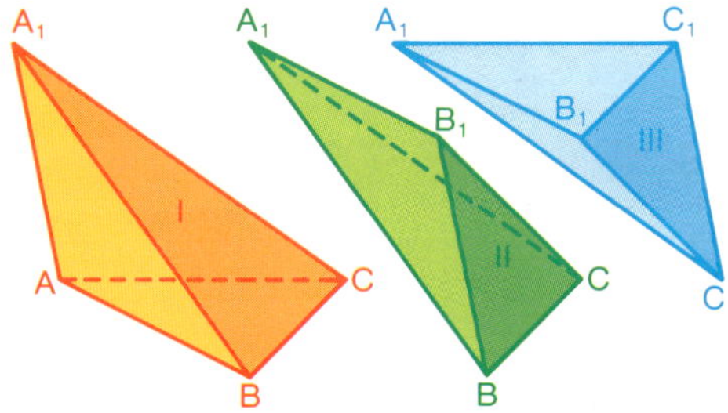

270.5

Dreiseitige Pyramiden

Wir vergleichen zunächst eine dreiseitige Pyramide mit dem zugehörigen Prisma (Fig. 270.3). Fig. 270.5 zeigt, daß sich auch ein dreiseitiges Prisma in Pyramiden I, II, III zerlegen läßt. Dabei stimmen überein: I und III in $\Delta\, ABC$ und $\Delta\, A_1B_1C_1$ samt Höhe, II und III in $\Delta\, BCB_1$ und $\Delta\, B_1CC_1$ samt Höhe. Somit stellt sich die Frage, ob Pyramiden mit inhaltsgleichen Grundflächen und gleichen Höhen denselben Rauminhalt haben.

Fig. 271.1 zeigt solche Pyramiden; ihre Grundflächen liegen in der Ebene E. Eine zu E parallele Ebene erzeugt Schnittflächen, die zur jeweiligen Grundfläche ähnlich sind;

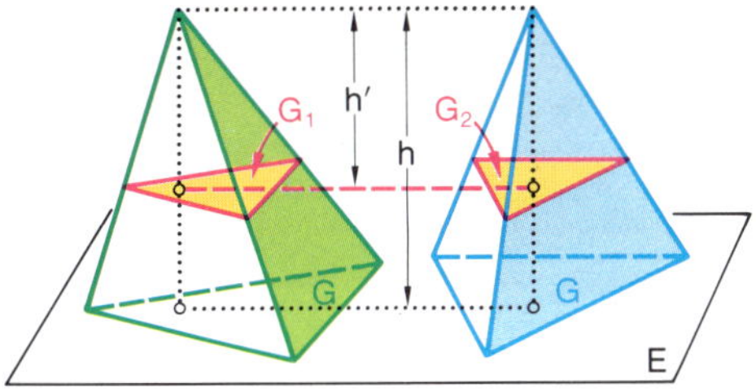

271.1

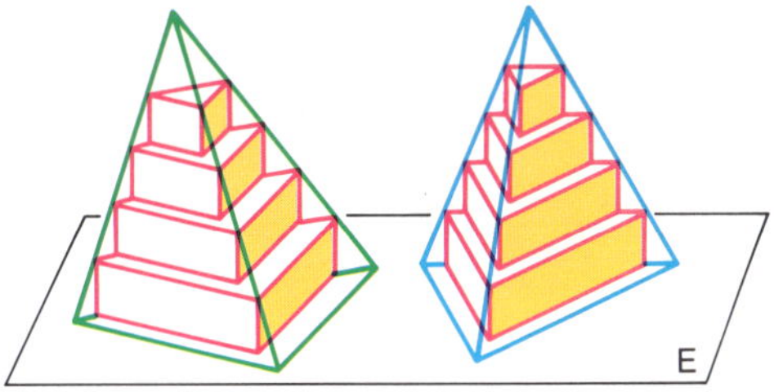

271.2

daher gilt $G_1 : G = (h')^2 : h^2$ und ebenso $G_2 : G = (h')^2 : h^2$, also $G_1 = G_2$. Infolgedessen haben in Fig. 271.2 die beiden „Treppenkörper", wenn entsprechende Stufen gleich hoch sind, denselben Rauminhalt. Dies gilt bei jeder Anzahl von Stufen. Ist diese Anzahl hinreichend groß (also die Stufenhöhe hinreichend niedrig), so unterscheiden sich die Inhalte der Treppenkörper um beliebig wenig von den Pyramideninhalten. Daher können die Rauminhalte der Pyramiden nicht verschieden sein. Die Überlegung zeigt, daß Pyramiden mit inhaltsgleichen Grundflächen und gleichen Höhen – auch wenn sie nicht dreiseitig sind – denselben Rauminhalt haben. Insbesondere gilt dies danach für die Pyramiden I, II, III in Fig. 270.5. Also gilt für die dreiseitige Pyramide I (von der wir ausgegangen sind)

$$V = \tfrac{1}{3} G \cdot h.$$

Beliebige Pyramiden

Jede Pyramide läßt sich wie in Fig. 271.3 in dreiseitige Pyramiden zerlegen. Sind $G_1, \ldots, G_n$ ihre Grundflächen, so gilt:

$$\begin{aligned} V &= \tfrac{1}{3} G_1 \cdot h + \ldots + \tfrac{1}{3} G_n \cdot h \\ &= \tfrac{1}{3} (G_1 + \ldots + G_n) \cdot h \\ &= \tfrac{1}{3} G \cdot h. \end{aligned}$$

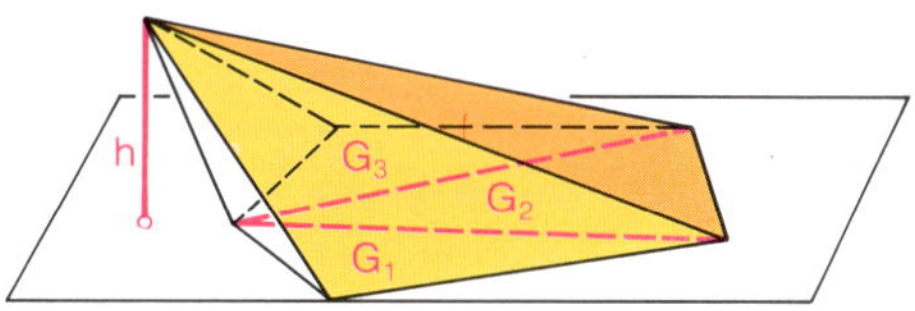

271.3

Satz: Eine **Pyramide** mit der Grundfläche G und der Höhe h hat den Rauminhalt

$$\mathbf{V = \tfrac{1}{3} G \cdot h}.$$

Beispiel:

Eine 4seitige Pyramide ist regelmäßig mit $a = 4$ cm und $h = 3$ cm (Fig. 271.4).

a) Berechnung der Grundfläche:
$G = 16\ \text{cm}^2$.

b) Berechnung des Rauminhaltes:
$V = \frac{1}{3} \cdot 16 \cdot 3\ \text{cm}^3 = 16\ \text{cm}^3$.

c) Berechnung der Höhe h_1 einer Seitenfläche:
$h_1 = \sqrt{h^2 + \left(\frac{a}{2}\right)^2} = \sqrt{13}$ cm.

d) Berechnung der Oberfläche:
$O = a^2 + 4 \cdot \frac{1}{2} a h_1 = (16 + 8\sqrt{13})\ \text{cm}^2$.

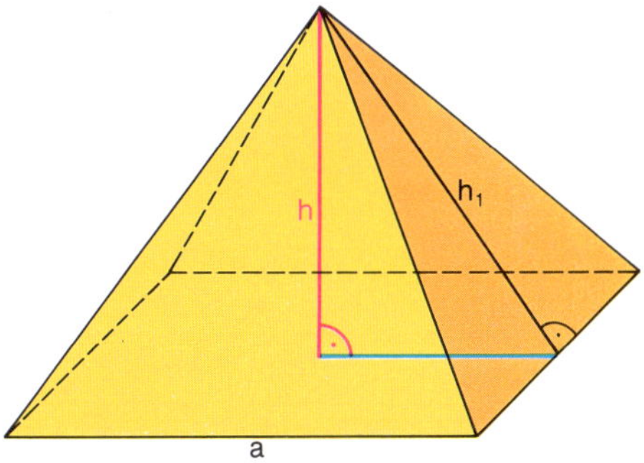

271.4

2 Berechne V und O für eine regelmäßige 4seitige Pyramide mit $a = 12$ cm; $h = 8$ cm.

Der Satz von Cavalieri[1]

Die obige Überlegung zu Fig. 271.1/2, mit der wir die Inhaltsgleichheit der beiden Pyramiden nachgewiesen haben, läßt sich auch bei Körpern durchführen, die keine Pyramiden sind (Fig. 272.1). Sie führt dann zu dem Ergebnis:

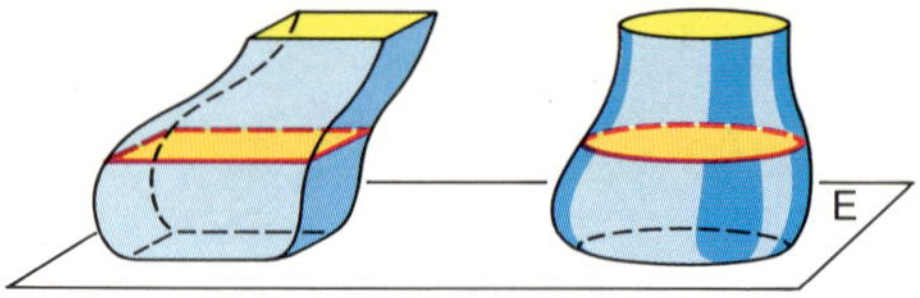

272.1

Satz von Cavalieri: Haben zwei Körper beim Schnitt mit einer Ebene E **inhaltsgleiche Schnittflächen** und gilt dies auch für jeden Schnitt mit einer zu E parallelen Ebene, dann haben die Körper den **gleichen Rauminhalt**.

Mit Hilfe dieses Satzes kann man oft auch bei Körpern von unterschiedlicher Gestalt gleichen Rauminhalt feststellen.

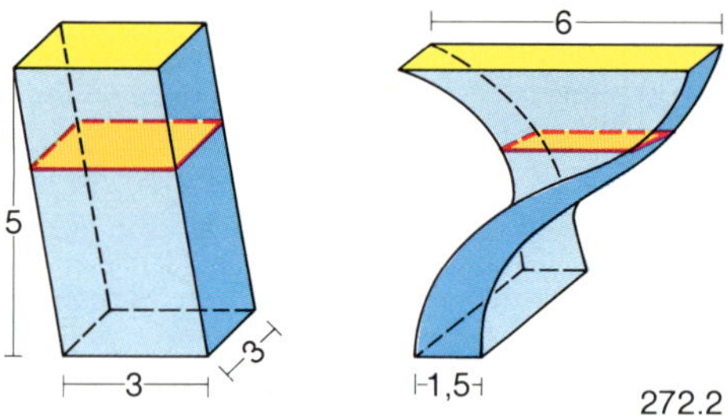

272.2

Beispiel:
In Fig. 272.2 ergibt der Schnitt mit einer horizontalen Ebene als Schnittflächen ein 9 cm^2 großes Quadrat bzw. ein ebenfalls 9 cm^2 großes Rechteck. Da dies für jede horizontale Schnittebene gilt, hat die gebogene Platte denselben Rauminhalt $V = 45\ cm^3$ wie das schiefe Prisma.

3 Berechne den Rauminhalt einer Pyramide mit der Grundfläche $G = 40\ dm^2$ und der Höhe $h = 85$ cm (mit $G = 1{,}2\ m^2$ und $h = 2\frac{1}{2}$ m).

4 Die größte ägyptische Pyramide (vgl. S. 167, Aufgabe 19) ist 4seitig und regelmäßig. Sie ist rund 137 m hoch und hat etwa 230 m lange Grundkanten. Wieviel m^3 Gestein umfaßt die Pyramide ungefähr? Runde sinnvoll.

5 Eine regelmäßige 4seitige Pyramide hat die Grundkante a und die Höhe h. Zeichne ein Schrägbild für $a = 4$ cm und $h = 6$ cm. Berechne den Rauminhalt, den Mantel und die Oberfläche der Pyramide für
a) $a = 4$ cm; $h = 6$ cm
b) $a = 6$ m; $h = 8$ m
c) $a = 12{,}5$ dm; $h = 80$ cm
d) $a = \frac{3}{4}$ m; $h = 56$ cm.

6 a) Zeichne ein Netz einer regelmäßigen 4seitigen Pyramide mit der Grundkante $a = 3$ cm und der Seitenkante $s = 4$ cm (mit $a = 2$ cm und $s = 5$ cm).
b) Zeichne ein Schrägbild der Pyramide.
c) Berechne die Höhe h_1 einer Seitenfläche, den Mantel M und die Oberfläche O.
d) Berechne die Höhe h und den Rauminhalt V der Pyramide.

7 Eine regelmäßige 6seitige (3seitige) Pyramide hat
a) die Grundkante $a = 3$ m und die Höhe $h = 4$ m ($a = 15$ cm; $h = 25$ cm)
b) die Grundkante $a = 2{,}8$ m und die Seitenkante $s = 5{,}4$ m ($a = 17{,}6$ cm; $s = 32{,}4$ cm).
Berechne den Rauminhalt und die Oberfläche der Pyramide.

1. B. Cavalieri (1598–1647): ital. Mathematiker

8 Berechne den umbauten Raum bei dem Walmdach in Fig. 261.1.

9 Berechne den Dachraum bei dem Gebäude in Fig. 273.1. Wieviel m^2 Dachfläche müssen mit Dachplatten belegt werden?

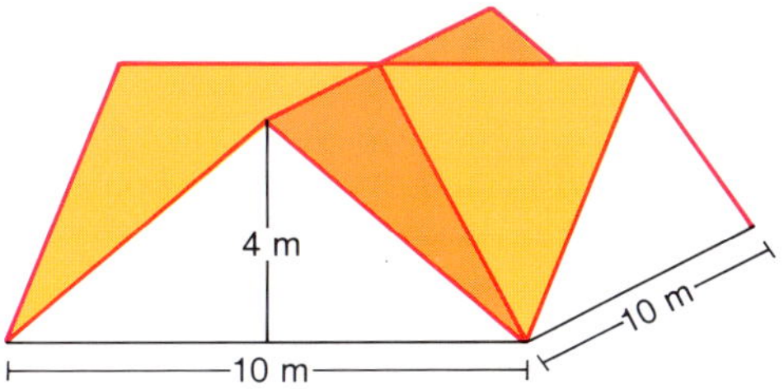

273.1

10 Ein Marmordenkmal besteht aus einem Würfel der Kantenlänge 80 cm mit einer aufgesetzten, 1,80 m hohen Pyramide. Wieviel t wiegt das Denkmal? (1 cm^3 Marmor wiegt 2,5 g.)

11 Ein Turmhelm hat die Gestalt einer regelmäßigen 8seitigen Pyramide mit der Grundkante $a = 1{,}8$ m und der Höhe $h = 5{,}6$ m.
a) Wie groß ist der Dachraum?
b) Wie teuer ist die Bedachung mit Kupferblech, wenn 1 m^2 auf 132,50 DM kommt?

12 Eine 4seitige Pyramide, deren Grundfläche ein Quadrat ist mit der Seitenlänge $a = 3$ cm und deren Spitze sich $h = 5$ cm über einer Ecke dieses Quadrates befindet, wird 2 cm über der Grundfläche parallel zu ihr abgeschnitten.
a) Zeichne den verbleibenden (2 cm hohen) „Pyramidenstumpf" in Grund- und Aufriß sowie im Schrägbild.
b) Berechne den Rauminhalt des Pyramidenstumpfes.

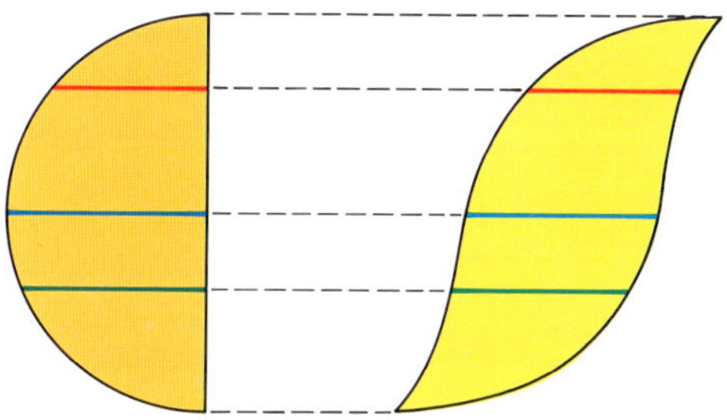
273.2

13 Der Rauminhalt einer Pyramide soll durch einen ebenen Schnitt parallel zur Grundfläche halbiert werden. In welcher Höhe über der Grundfläche muß man durchschneiden?

14 Zwei regelmäßige Pyramiden, eine 3seitige und eine 4seitige, sind gleich hoch und haben den gleichen Rauminhalt. Wie verhalten sich die Grundkanten der Pyramiden?

15 a) Wie lang sind die Kanten eines Tetraeders (vgl. S. 167, Aufgabe 21) mit dem Rauminhalt 1 m^3 (mit der Oberfläche 1 m^2)?
b) Gibt es ein Tetraeder, dessen Rauminhalt (bei Verwendung entsprechender Einheiten) die gleiche Maßzahl hat wie seine Oberfläche?

16 Eine regelmäßige 3seitige und eine regelmäßige 4seitige Pyramide sind gleich hoch und haben den gleichen Rauminhalt. Welche Pyramide hat die kleinere Oberfläche? Begründe rechnerisch.

17 In Fig. 273.2 sind gleichfarbige Strecken gleich lang. Dasselbe gilt, wenn man beide Flächen mit einer anderen Geraden schneidet, die zu diesen Strecken parallel ist. Wie folgt daraus, daß die beiden Flächen den gleichen Flächeninhalt haben? (Anleitung: Übertrage die Überlegung zu Fig. 271.2 auf die Ebene.) Formuliere den „Satz von CAVALIERI für die Ebene".

120 Zylinder

(1) Fig. 274.1 zeigt die Aufrisse von drei Konservendosen; der Vergleich zeigt, daß die Querschnittsflächen gleich groß sind. Welche der Dosen hat den größten Inhalt? Begründe deine Meinung.

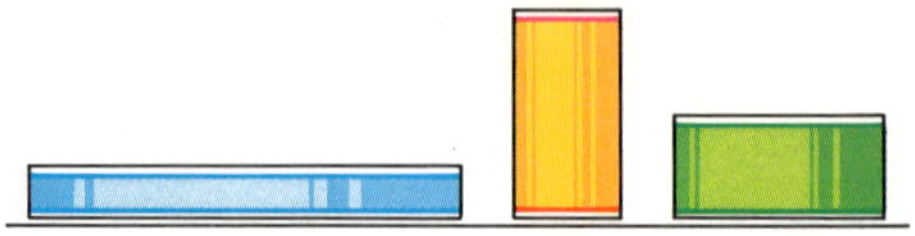

274.1

Prismen kann man sich durch Verschieben eines Vielecks entstanden denken. Verschiebt man statt des Vielecks einen Kreis, so entsteht ein **Zylinder**[1]. Fig. 274.2 zeigt einen senkrechten und einen schiefen Zylinder; wie beim Prisma nennt man den Abstand der **Grundflächen** die **Höhe**, AB heißt **Mantellinie**.

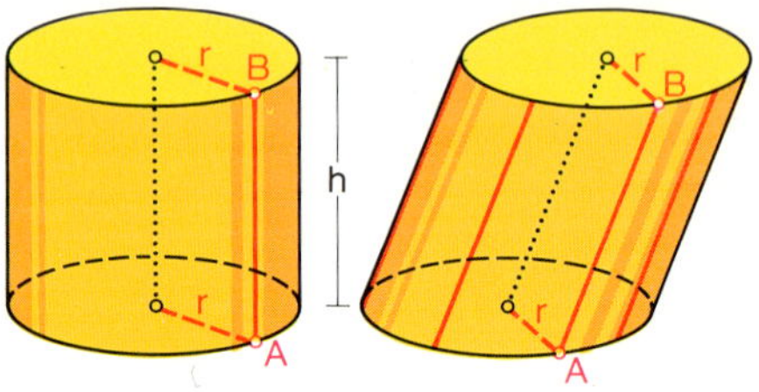

274.2

Denkt man sich einem Zylinder wie in Fig. 274.3 Prismen einbeschrieben, deren Grundflächen regelmäßige Vielecke sind, so zeigt sich: Der **Zylinderinhalt** läßt sich durch Prismeninhalte $V_n = G_n \cdot h$ beliebig genau annähern, wenn man n groß genug wählt. Dabei kommt G_n dem Flächeninhalt $G = \pi r^2$ der Zylindergrundfläche beliebig nahe. Daher muß der Zylinder den Rauminhalt $V = \pi r^2 h = G \cdot h$ haben. Außerdem hat der Mantel eines senkrechten Zylinders denselben Flächeninhalt wie ein Rechteck mit der Länge $2\pi r$ (Umfang des Grundkreises) und der Breite h.

Satz: Der Rauminhalt V eines Zylinders (Grundkreisradius r; Höhe h) beträgt

$$\mathbf{V = \pi r^2 h}.$$

Ist der Zylinder senkrecht, so gilt für den Mantel M und die Oberfläche O:

$$\mathbf{M = 2\pi r h} \qquad \mathbf{O = 2\pi r(r + h)}.$$

Beispiel:
Bei einer Konservendose wurde der Durchmesser $d = 7{,}0$ cm und die Höhe $h = 8{,}0$ cm gemessen.
$V = \pi \cdot 3{,}5^2 \cdot 8{,}0\ \text{cm}^3 \approx 300\ \text{cm}^3$
$O = 2 \cdot \pi \cdot 3{,}5(3{,}5 + 8{,}0)\ \text{cm}^2 \approx 250\ \text{cm}^2$
Die Dose faßt etwa 300 cm³; zu ihrer Herstellung braucht man (ohne Verschnitt) etwa 2,5 dm² Blech.

(2) Berechne V, M und O für einen senkrechten Zylinder. Runde auf dm³ bzw. dm².
a) $r = 12$ cm; $h = 60$ cm
b) $r = 8$ cm; $h = 2{,}6$ dm
c) $r = 45$ cm; $h = 1{,}2$ m.

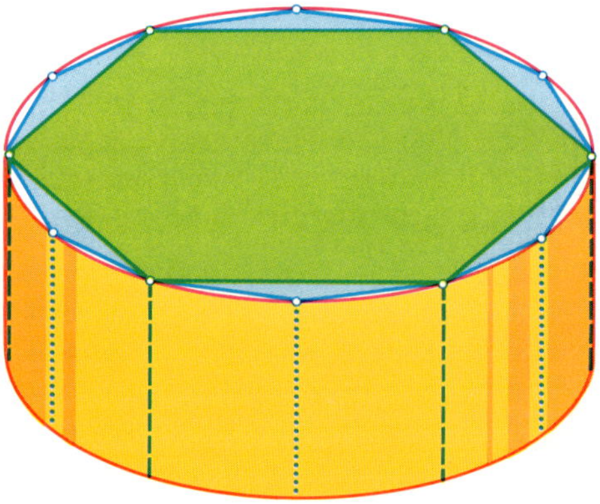

274.3

1. kylindros (griech.): Walze, Rolle

3 Eine Plakatsäule ist $h = 2{,}60$ m hoch und hat den Durchmesser $d = 1{,}20$ m. Wie groß ist die Fläche, die beklebt werden kann?

4 Eine zylindrische Regentonne hat die lichte Weite $d = 60$ cm und die Höhe $h = 85$ cm. Wieviel Liter faßt sie? Wie hoch stehen 150 l Wasser in ihr? Zeichne ein Schrägbild im Maßstab 1 : 10 ($\alpha = 45°$; $k = \frac{1}{2}$).

5 Bei einem senkrechten Zylinder sind von den 5 Größen r, h, M, O, V zwei gegeben:
a) $r = 6$ cm; $M = 4{,}5\ dm^2$ b) $h = 35$ cm; $M = 0{,}3\ m^2$ c) $r = 7{,}6$ cm; $V = 2\ l$
d) $h = 4{,}8$ m; $V = 1\ m^3$ e) $r = 25$ mm; $O = 375\ cm^2$ f) $M = 140\ cm^2$; $V = 385\ cm^3$.
Berechne die drei fehlenden Größen. (Anleitung: Rechne zuerst mit Variablen; setze danach im allgemeinen Ergebnis die gegebenen Zahlen ein.)

6 Wieviel Blech benötigt man zu einer Konservendose mit dem Durchmesser d und dem Rauminhalt V, wenn für den Verschnitt 15% zugeschlagen werden?
a) $d = 10$ cm; $V = 1\ l$ b) $d = 8$ cm; $V = \frac{1}{2}\ l$ c) $d = 25$ cm; $V = 2\ l$

7 Ein Standzylinder mit der lichten Weite $d = 32$ mm soll als Meßglas geeicht werden. In welchen Abständen sind die Teilstriche für je 5 cm^3 anzubringen?

8 Wieviel kg wiegt das „laufende Meter" Rundeisen von der „Stärke" 20 mm? (Eisen hat die Dichte 7,85 g/cm^3.)

9 Welche Masse hat das laufende Meter einer gußeisernen Röhre (Dichte 7,8 g/cm^3) mit der lichten Weite 20 mm und der Wandstärke 3 mm?

10 Ein Fichtenstamm (Dichte 0,45 g/cm^3) ist 8,60 m lang und hat einen mittleren Umfang von 1,75 m. Wieviel t wiegt der Stamm?

11 Eine Rolle Eisendraht (Dichte 7,85 g/cm^3) wiegt 13,5 kg. Wie lang ist der Draht, wenn seine Dicke 2,4 mm beträgt?

12 100 m Kupferdraht (Dichte 8,8 g/cm^3) wiegen 1,750 kg. Wie dick ist der Draht?

13 Um die lichte Weite einer feinen Glasröhre zu bestimmen, füllt man ein Stück von 60 cm Länge mit Quecksilber (Dichte 13,6 g/cm^3). Das verwendete Quecksilber wiegt 88 mg. Berechne die lichte Weite der Röhre.

14 Ein rechteckiges Blatt mit den Seiten a und b kann auf zwei Arten zu einem Zylinder gebogen werden. Wie verhalten sich die beiden Rauminhalte?

15 Wie ändert sich der Rauminhalt und der Mantelinhalt eines senkrechten Zylinders, wenn man den Radius r (die Höhe h; r und h) verdoppelt?

16 Fig. 275.1 zeigt in Grund- und Aufriß einen Körper, der durch Verschweißen zweier Leitungsrohre entstand. Welchen Rauminhalt hat der Körper? Wie groß ist die Außenfläche, wenn die Rohrenden offen sind?

17 Die Flasche in Fig. 275.2 hat einen ebenen Boden und ist teilweise mit Flüssigkeit gefüllt. Wie läßt sich – nur mit Hilfe eines Meterstabes – das Fassungsvermögen der Flasche ermitteln? (Beachte: Die Flasche darf nicht geöffnet werden.)

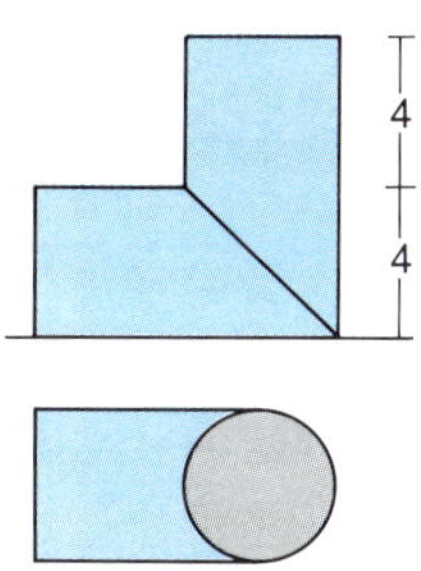

275.1

275.2

121 Kegel

(1) Im Maschinenbau werden häufig Zahnräder verwendet. Was möchte man mit den zylinderförmigen, was mit den anderen Zahnrädern in Fig. 276.1 erreichen?

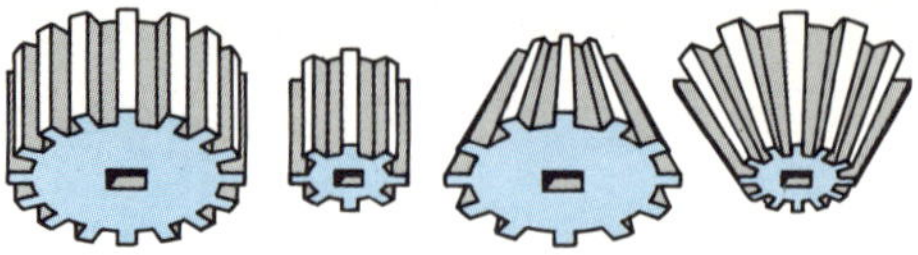
276.1

In Fig. 276.2 sind ein senkrechter und ein schiefer **Kegel** abgebildet. Ihre Grundflächen sind Kreise. Die Verbindung eines Kreispunktes mit der Kegelspitze heißt **Mantellinie**.

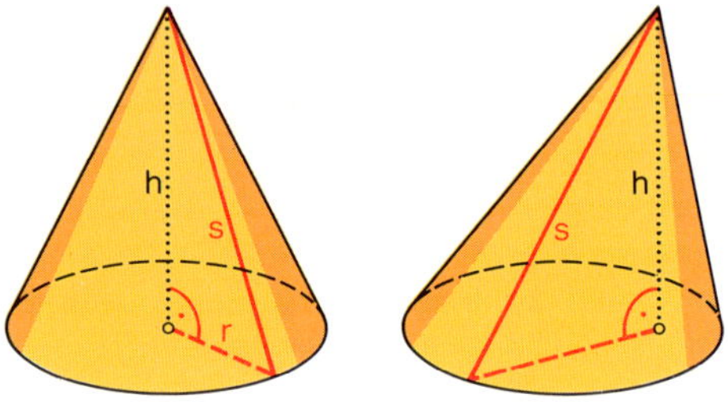

276.2

Um den **Rauminhalt** eines Kegels zu bestimmen, gehen wir vor wie beim Zylinder. Wir denken uns dem Kegel n-seitige Pyramiden einbeschrieben. Da der Unterschied zwischen dem Kegelinhalt und dem Rauminhalt $V_n = \frac{1}{3}G_n \cdot h$ der Pyramiden beliebig klein wird, wenn G_n der Grundfläche G des Kegels genügend nahe kommt, muß auch für den Kegelinhalt gelten:

$$V = \frac{1}{3}G \cdot h = \frac{1}{3}\pi r^2 h.$$

Bei einem senkrechten Kegel sind alle Mantellinien s gleich lang (Fig. 276.2). Denkt man sich daher den **Kegelmantel** in die Ebene ausgebreitet, so bildet er dort einen Kreisausschnitt mit s als Radius (Fig. 276.3) und dem Bogen $b = 2\pi r$. Also gilt (vgl. S. 248):

$$M = \frac{1}{2}bs = \pi rs.$$

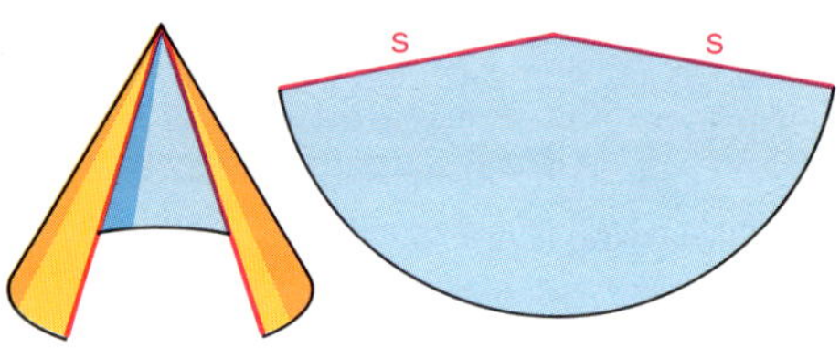

276.3

Satz: Ein Kegel (Grundkreisradius r; Höhe h) hat den Rauminhalt
$\mathbf{V = \frac{1}{3}\pi r^2 h}$.
Ist der Kegel senkrecht und s die Mantellinie, so gilt
für den Mantel: $\mathbf{M = \pi rs}$,
für die Oberfläche: $\mathbf{O = \pi r(r+s)}$.

Beachte: Für Prismen und Zylinder gilt $V = G \cdot h$, für Pyramiden und Kegel $V = \frac{1}{3}G \cdot h$.

Beispiel: (Fig. 276.2)
Wir berechnen V und O für einen senkrechten Kegel mit $r = 8$ cm; $h = 6$ cm.
$V = \frac{1}{3}\pi r^2 h = \frac{1}{3}\pi \cdot 64 \cdot 6\ \text{cm}^3 \approx 402\ \text{cm}^3$ $\quad s = \sqrt{r^2 + h^2} = \sqrt{64 + 36}\ \text{cm} = 10\ \text{cm}$
$O = \pi r(r+s) = \pi \cdot 8(8+6)\ \text{cm}^2 \approx 352\ \text{cm}^2$

(2) Berechne V, s, M, O für einen senkrechten Kegel mit $r = 5$ cm und $h = 12$ cm.

3 Berechne den Rauminhalt sowie den Flächeninhalt des Mantels und der Oberfläche bei einem senkrechten Kegel mit
a $r=3$ cm; $h=6$ cm   b) $r=16$ cm; $h=40{,}5$ cm   c) $r=8$ mm; $h=7{,}5$ cm.

4 Bei einem senkrechten Kegel sind von den 6 Größen r, h, s, V, M, O zwei gegeben:
a) $r=5$ cm; $V=1\ dm^3$ b) $h=20$ cm; $V=2{,}5\ l$ c) $s=6{,}4$ cm; $M=72\ cm^2$.
Berechne die vier fehlenden Größen. (Anleitung: Rechne zunächst mit Variablen; setze danach im allgemeinen Ergebnis die gegebenen Zahlen ein.)

5 Ein Turmdach hat die Form eines Kegels mit dem Grundkreisdurchmesser $d=4{,}8$ m und der Höhe $h=6$ m.
a) Berechne den Dachraum.
b) Wie teuer ist die Belegung mit Dachplatten, wenn 1 m^2 auf 185 DM kommt?

6 Ein Kelchglas mit dem oberen Durchmesser $d=8$ cm und der Höhe $h=10$ cm (jeweils im Lichten gemessen) wird bis 2 cm unter dem Rand gefüllt. Wieviel Flüssigkeit befindet sich im Glas?

7 Ein Senkblei hat die Form eines Kegels mit dem Grundkreisdurchmesser $d=3$ cm und der Höhe $h=5$ cm. Wieviel wiegt das Senkblei? (Dichte: 11,34 g/cm^3)

8 Ein kegelförmiger Meßbecher soll $0{,}5\ l$ fassen und 10 cm hoch sein.
a) Welchen oberen Durchmesser muß der Becher haben?
b) Wo ist auf einer Mantellinie die 0,25-l-Marke anzubringen?

9 Ein Kegel mit $r=6$ cm und $h=8$ cm wird 3 cm über der Grundfläche parallel zu dieser durchgeschnitten. Berechne V und O des verbleibenden Kegelstumpfes.

10 Ein rechtwinklig-gleichschenkliges Zeichendreieck (Geodreieck) mit der Hypotenuse c wird um eine Kathete (um die Hypotenuse) gedreht. Welchen Rauminhalt und welche Oberfläche hat der entstehende Körper?

11 Ein rechtwinkliges Dreieck mit $\alpha=30°$ wird um die kleine Kathete (um die große Kathete; um die Hypotenuse) gedreht. Berechne den Rauminhalt und die Oberfläche des entstehenden Körpers in Abhängigkeit von der Hypotenuse c.

12 Ein Kreisausschnitt mit dem Mittelpunktswinkel 90° (120°; 180°; 270°) und dem Radius 8 cm wird zu einem Kegel zusammengebogen. Wie groß ist sein Rauminhalt?

13 Bei einem schiefen Kegel ist $r=4$ cm, die längste Mantellinie $s_1=9$ cm, die kürzeste $s_2=7$ cm. Berechne den Rauminhalt des Kegels. Warum läßt sich bei diesem Kegel der Mantel nicht nach der im Satz von S. 276 angegebenen Formel berechnen?

14 Der Stamm einer Weißtanne ist $s=32{,}6$ m lang. Die Umfänge an den beiden Enden betragen $u_1=2{,}2$ m und $u_2=80$ cm.
a) Welchen Rauminhalt hat der Stamm, wenn man ihn als Kegelstumpf auffaßt?
b) Wieviel % beträgt der Fehler, wenn man ihn als Zylinder mit $u=\frac{1}{2}(u_1+u_2)$ behandelt?

15 In einen Kegelstumpf wird wie in Fig. 277.1 ein kegelförmiger „Krater" gebohrt. Berechne V und O des Restkörpers für $r_1=8$ cm; $r_2=5$ cm; $h=6$ cm.

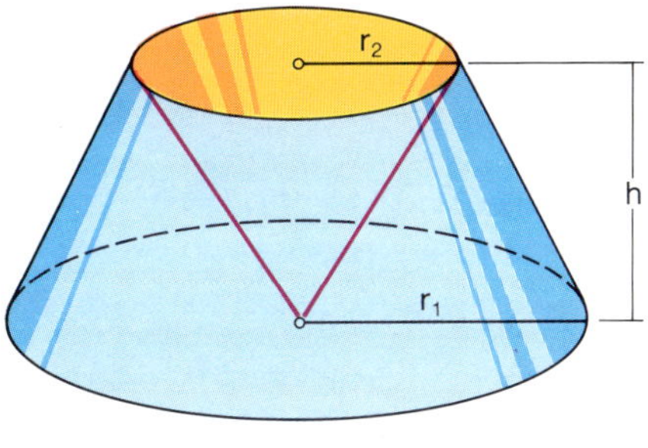

277.1

122 Kugeln

1 Kork ist bekanntlich ein besonders „leichtes“ Material. Was meinst du: Könntest du eine Kugel aus Kork mit dem Durchmesser 1 m tragen?

278.1

Wir versuchen zunächst, für den **Rauminhalt** V einer Kugel (Fig. 278.1) mit dem Radius r Schranken anzugeben. In Fig. 278.2 ist der Inhalt des Kegels kleiner, der Inhalt des Zylinders größer als der halbe Kugelinhalt, also

$$\tfrac{1}{3}\pi r^2 \cdot r < V_{\text{Halbkugel}} < \pi r^2 \cdot r.$$

Bilden wir das arithmetische Mittel beider Schranken, so ergibt sich der Näherungswert

$$V_{\text{Halbkugel}} \approx \tfrac{2}{3}\pi r^3.$$

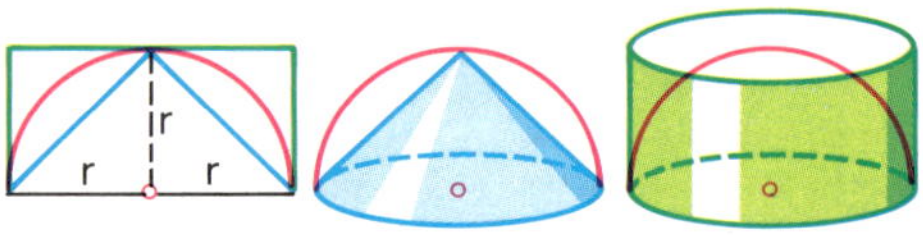

278.2

Dieser Näherungswert hat eine einfache anschauliche Bedeutung: $\frac{2}{3}\pi r^3$ ist der Rauminhalt des Restkörpers, der verbleibt, wenn man vom Zylinder in Fig. 278.2 den Kegel wegnimmt (Fig. 278.3). Daher hat die Halbkugel etwa denselben Rauminhalt wie dieser Restkörper.

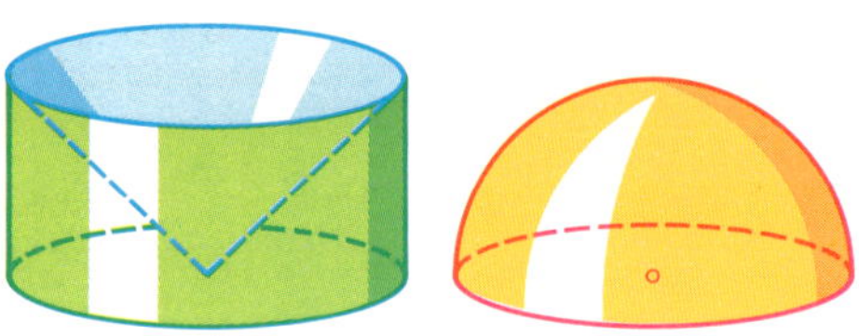

278.3

Dies legt es nahe, beide Körper genauer zu vergleichen. Da sie von sehr verschiedener Gestalt sind, wenden wir den Satz von CAVALIERI (vgl. S. 272) an. Fig. 278.4 zeigt: Ein ebener Schnitt in der Höhe x erzeugt als Schnittflächen einen Kreisring bzw. eine Kreisfläche. Beim Kreisring ist $r_1 = x$, er hat also den Flächeninhalt

$$A_1 = \pi r^2 - \pi x^2.$$

Bei der Kreisfläche ist $r_2^2 = r^2 - x^2$, also

$$A_2 = \pi(r^2 - x^2).$$

Da $A_1 = A_2$ ist für alle x, hat die Halbkugel nach dem Satz von CAVALIERI den gleichen Rauminhalt wie der Restkörper; ihr Rauminhalt beträgt also

$$V_{\text{Halbkugel}} = \tfrac{2}{3}\pi r^3.$$

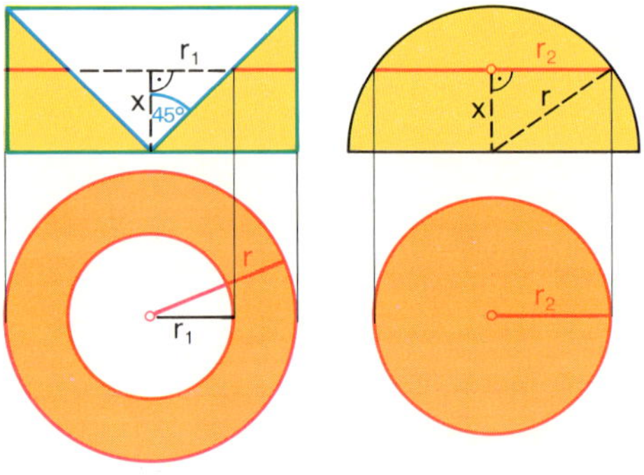

278.4

Satz 1: Eine Kugel mit dem Radius r hat den Rauminhalt

$$\mathbf{V = \tfrac{4}{3}\pi r^3}.$$

Beispiel 1:
Eine Kugel mit dem Durchmesser $d = 1$ m hat den Rauminhalt

$V = \frac{4}{3}\pi \cdot 0{,}5^3\ m^3 \approx 0{,}524\ m^3$.

Um die Schätzfrage von Aufgabe 1 zu beantworten, berechnen wir die Masse m einer Korkkugel (Dichte 0,2 g/cm³) dieser Größe:

$m \approx 524 \cdot 0{,}2\ kg \approx 105\ kg$.

Wenige Menschen sind in der Lage, eine solche Kugel zu tragen.

Während man die Oberfläche eines Zylinders oder Kegels in die Ebene „abwickeln“, also die gekrümmte Fläche in einfacher Weise auch als ebene Fläche deuten kann, ist dies bei der **Kugeloberfläche** nicht möglich.
Um ihren Flächeninhalt zu bestimmen, denken wir uns die Kugel in einen Körper (Vielflächner) eingebettet, der aus Pyramiden besteht mit der Höhe r und der Spitze in M (Fig. 279.1). Sind $G_1, \ldots, G_n$ die Grundflächen der Pyramiden, so gilt für den Rauminhalt V_n:

$V_n = \frac{1}{3}r(G_1 + \ldots + G_n)$.

Je kleiner die Grundflächen $G_1, \ldots, G_n$ sind, desto besser paßt sich V_n dem Rauminhalt V und $G_1 + \ldots + G_n$ der Oberfläche O der Kugel an. Daher muß gelten:

$V = \frac{1}{3}r \cdot O$.

Daraus folgt mit $V = \frac{4}{3}\pi r^3$:

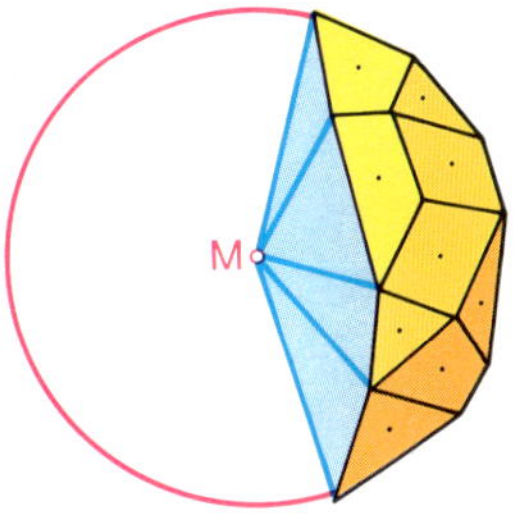

279.1

Satz 2: Für die Oberfläche O einer Kugel mit dem Radius r gilt

$$\mathbf{O = 4\pi r^2}.$$

Beispiel 2:
a) Die Kugel mit $d = 1$ m aus Beispiel 1 hat die Oberfläche

$O = 4\pi \cdot 0{,}5^2\ m^2 \approx 3{,}14\ m^2$.

b) Soll die Oberfläche einer Kugel 1 m² betragen, so muß sie den Radius

$r = \sqrt{1 : (4\pi)}\ m \approx 28\ cm$

haben. Ihr Rauminhalt beträgt dann $V = \frac{4}{3}\pi \cdot \frac{1}{4\pi} \cdot \sqrt{1 : (4\pi)}\ m^3 = \frac{1}{3}\sqrt{1 : (4\pi)}\ m^3 \approx 94\ dm^3$.

(2) Berechne V und O für eine Kugel mit $r = 10$ cm ($\frac{3}{4}$ dm; 1,2 m).

3 Berechne von den drei Größen r, V, O die beiden fehlenden.
a) $O = 2\ m^2$ b) $O = 25\ dm^2$ c) $V = 27\ cm^3$ d) $V = 1\ l$

4 Wieviel kg wiegt eine Kugel mit dem Durchmesser $d = 10$ cm
a) aus Granit (Dichte 2,9 g/cm³) b) aus Gold (Dichte 19,3 g/cm³)?

5 Welchen Durchmesser hat
a) eine Sandsteinkugel mit der Masse 10 kg (Dichte 2,6 g/cm³)
b) eine Bleikugel mit der Masse 10 g (Dichte 11,3 g/cm³)?

6 Wie viele Schrotkugeln aus Blei ($d = 2$ mm) ergeben 1 kg Blei? (Dichte 11,3 g/cm³)

7 Ein kugelförmiger Gaskessel mit dem Durchmesser $d = 36$ m erhält einen neuen Anstrich. Wieviel m^2 sind zu streichen?

8 Der Erdradius beträgt etwa 6370 km. Berechne
a) die Äquatorlänge
b) die Oberfläche
c) den Rauminhalt
d) die Masse
der Erde, wenn die durchschnittliche Dichte 5,56 kg/dm³ beträgt.

9 Drei gleich große Bleikugeln mit dem Durchmesser $d = 26$ mm werden zu einer einzigen Kugel zusammengeschmolzen.
a) Welchen Durchmesser hat diese Kugel?
b) Vergleiche ihre Oberfläche mit der Gesamtoberfläche der drei kleinen Kugeln.

10 Ein Wasserhahn tropft. Die kugelförmigen Wassertropfen haben einen Durchmesser von etwa 5 mm; alle 2 Sekunden fällt ein Tropfen. Wieviel *l* Wasser gehen dadurch im Laufe einer Woche verloren?

11 Eine Hohlkugel aus Kupfer (Dichte 8,8 g/cm³) hat den äußeren Durchmesser $d = 24{,}0$ cm und wiegt 9100 g. Berechne die Wandstärke der Hohlkugel.

12 Eine Glaskugel (Dichte 2,6 g/cm³) mit dem äußeren Durchmesser $d = 9{,}6$ cm wiegt 1,5 g. Wie dick ist die Wand?

13 Wie dick ist die Wand einer Seifenblase von 80 mm Durchmesser, die aus einem 4 mm dicken Tropfen entstanden ist?

14 Die Kugel auf einer Kirchturmspitze hat einen Durchmesser von 38 cm. Sie wird mit 10 g Gold vergoldet (Dichte 19,3 g/cm³). Wie dick ist die Goldschicht?

15 a) Wie ändert sich die Oberfläche und der Rauminhalt einer Kugel, wenn man ihren Radius verdoppelt (verdreifacht; halbiert)?
b) Um wieviel Prozent muß man den Radius einer Kugel vergrößern, damit sich ihre Oberfläche (ihr Rauminhalt) verdoppelt?

16 a) Ein Würfel und eine Kugel haben jeweils eine Oberfläche von 1 m². Vergleiche ihre Rauminhalte.
b) Ein Würfel und eine Kugel haben jeweils den Rauminhalt 1 m³. Vergleiche ihre Oberflächen.

17 Gibt es eine Kugel, bei welcher die Maßzahl des Flächeninhaltes der Oberfläche mit der Maßzahl des Rauminhaltes übereinstimmt?

18 a) Wieviel Prozent des zur Verfügung stehenden Raumes wird „verschenkt", wenn man eine Kugel in einen möglichst kleinen würfelförmigen (zylinderförmigen) Karton verpackt? (Fig. 280.1)
b) Vergleiche die Kugeloberfläche mit dem Mantel des verwendeten Zylinders. Warum reicht ein Stück Papier von der Größe der Mantelfläche nicht aus, um die Kugel vollständig einzuwickeln?

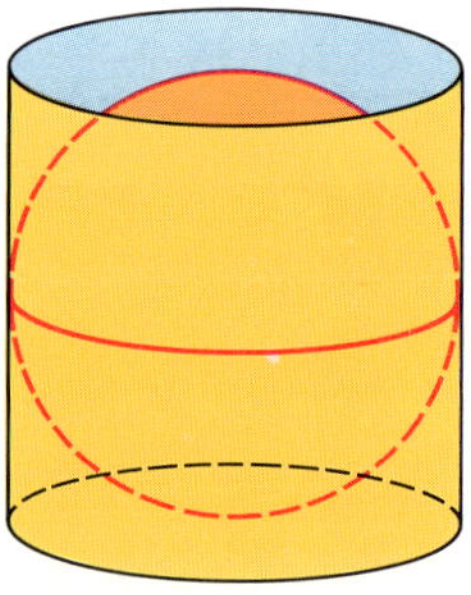
280.1

19 Ein kugelförmiges Schmuckstück mit dem Durchmesser 1 cm besteht aus Silber (Dichte 10,5 g/cm³) und Gold (Dichte 19,3 g/cm³) und wiegt 5,7 g. Wieviel g Silber und wieviel g Gold enthält es?

123 Regelmäßige Vielflächner

① Woher kommt wohl der Name „Würfel"? Aufgrund welcher Eigenschaft verdient der Würfel diesen Namen? Gibt es noch andere Körper, die man anstelle des Würfels verwenden könnte?

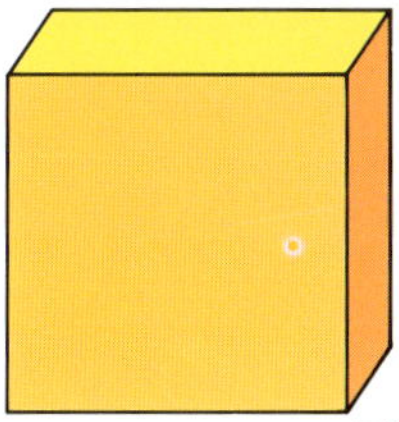

281.1

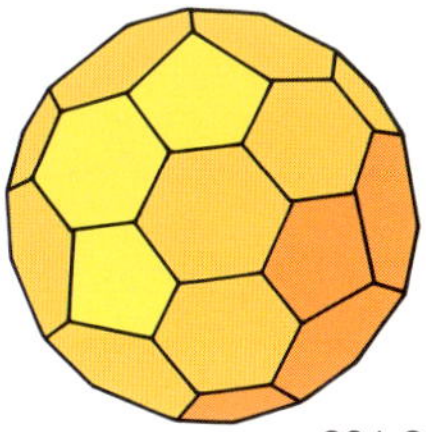

281.2

Ein Körper, dessen Oberfläche aus Vielecken besteht, heißt **Vielflächner**. Sind die Vielecke kongruent und stoßen in jeder Ecke gleich viele Kanten zusammen, so spricht man von einem **regelmäßigen** Vielflächner (Fig. 281.1). Fig. 281.2 zeigt einen nicht regelmäßigen Vielflächner.

Bei einem regelmäßigen Vielflächner stoßen in jeder Ecke gleich große Winkel zusammen. Damit eine räumliche Ecke entsteht, muß es sich mindestens um 3 Winkel handeln, und ihre Weiten müssen zusammen kleiner sein als 360°. Beachtet man nun, daß ein Innenwinkel beim gleichseitigen Dreieck 60°, beim Quadrat 90°, beim regelmäßigen Fünfeck 108°, beim regelmäßigen Sechseck 120° beträgt, so folgt: In einer Ecke können nur zusammentreffen (andere Möglichkeiten gibt es nicht):

3 Dreiecke (regelmäßiger Vierflächner oder Tetraeder; Fig. 281.3)
oder 4 Dreiecke (regelmäßiger Achtflächner oder Oktaeder; Fig. 281.4)
oder 5 Dreiecke (regelmäßiger Zwanzigflächner oder Ikosaeder; Fig. 281.5)
oder 3 Vierecke (regelmäßiger Sechsflächner oder Hexaeder oder Würfel; Fig. 281.6)
oder 3 Fünfecke (regelmäßiger Zwölfflächner oder Dodekaeder; Fig. 281.7).

Satz: Es gibt nur **fünf** regelmäßige Vielflächner (Fig. 281.3 bis 7).

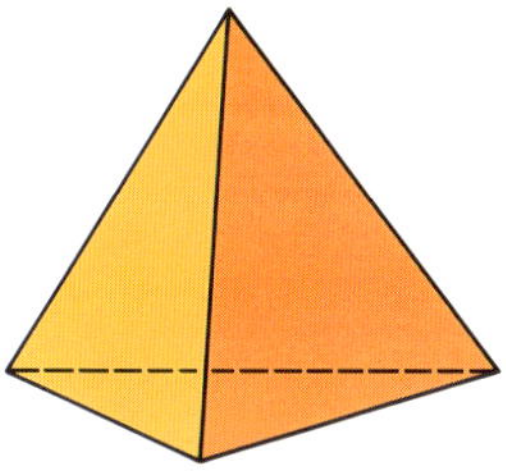

281.3 Tetraeder

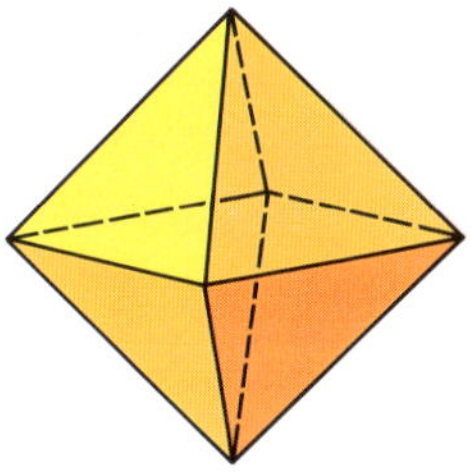

281.4 Oktaeder

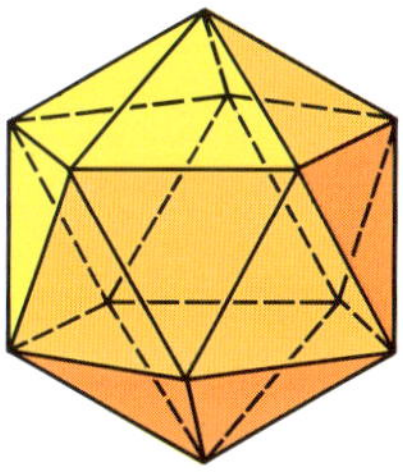

281.5 Ikosaeder

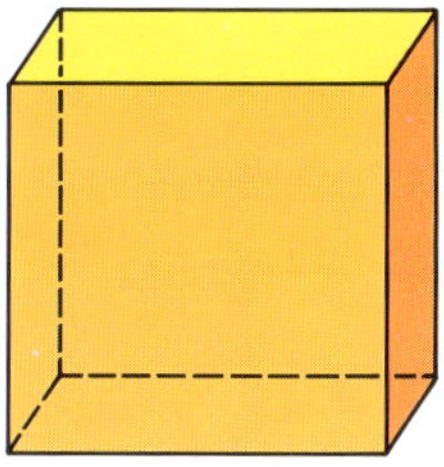

281.6 Hexaeder

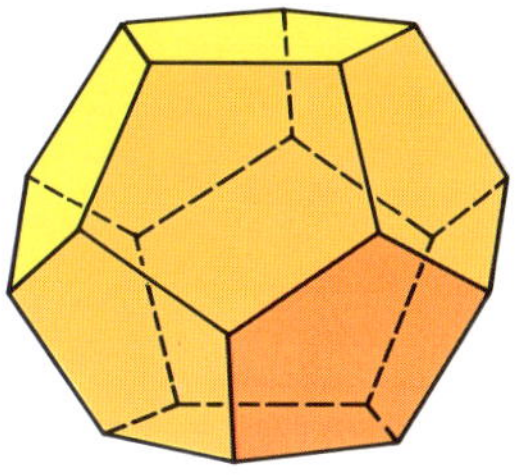

281.7 Dodekaeder

Beispiel 1:
Oberfläche und Rauminhalt eines Tetraeders mit der Kante a (Fig. 282.1).

Oberfläche: $h_1 = \sqrt{a^2 - (\frac{1}{2}a)^2} = \frac{1}{2}a\sqrt{3}$

$O = 4 \cdot \frac{1}{2} \cdot a \cdot h_1$

$O = 2a \cdot \frac{1}{2}a\sqrt{3}$

$O = a^2\sqrt{3}$

Rauminhalt: $h = \sqrt{h_1^2 - (\frac{1}{3}h_1)^2} = \frac{1}{3}a\sqrt{6}$

$V = \frac{1}{3} \cdot G \cdot h$

$V = \frac{1}{3} \cdot \frac{1}{4}a^2\sqrt{3} \cdot \frac{1}{3}a\sqrt{6}$

$V = \frac{1}{12}a^3\sqrt{2}$

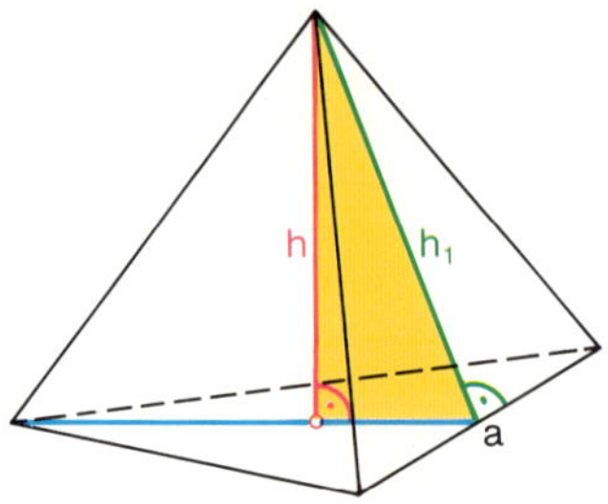

282.1

Beispiel 2:
Oberfläche und Rauminhalt eines Oktaeders mit der Kante a (Fig. 282.2).

Oberfläche: $O = 8 \cdot \frac{1}{2}ah_1$

$O = 8 \cdot \frac{1}{2}a \cdot \frac{1}{2}a\sqrt{3}$

$O = 2a^2\sqrt{3}$

Rauminhalt: $d = a\sqrt{2}$

$V = 2 \cdot \frac{1}{3}G \cdot \frac{1}{2}d$

$V = 2 \cdot \frac{1}{3}a^2 \cdot \frac{1}{2}a\sqrt{2}$

$V = \frac{1}{3}a^3\sqrt{2}$

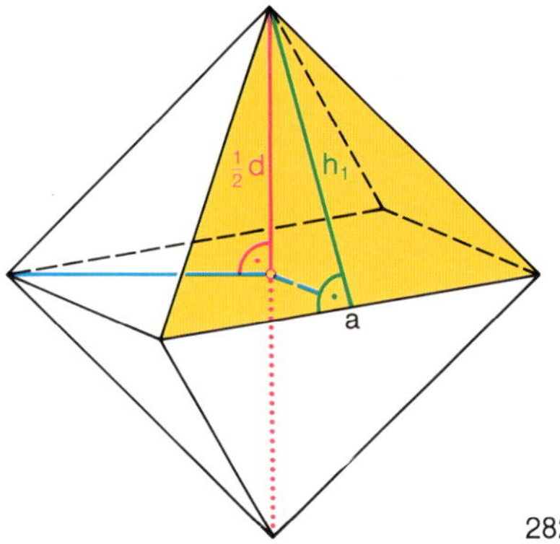

282.2

(2) Welche Kantenlänge hat ein Tetraeder bzw. Oktaeder mit der Oberfläche 1 m^2 (mit dem Rauminhalt 1 m^3)? Verwende die Ergebnisse von Beispiel 1 bzw. Beispiel 2.

3 Zeichne für $a = 2$ cm das Netz eines Tetraeders (Oktaeders; Ikosaeders; Dodekaeders).

4 Welchen Rauminhalt und welche Oberfläche hat ein Tetraeder (Oktaeder) mit der Kantenlänge $a = 6{,}5$ cm? Runde auf 2 Dezimalen. (Anleitung: Verwende Beispiel 1/2.)

5 Welche Kantenlänge hat ein Würfel, der denselben Rauminhalt hat wie ein Tetraeder (Oktaeder) mit der Kantenlänge 1 m?

6 Wie verhalten sich die Kantenlängen eines Tetraeders und eines Oktaeders, die gleich große Oberflächen haben?

7 a) Zeichne das Schrägbild eines Würfels mit der Kantenlänge $a = 6$ cm ($\alpha = 45°$; $k = \frac{1}{2}$). Verbinde benachbarte Mitten der sechs Quadrate. Was für ein Körper entsteht? Verfahre bei ihm ebenso; was für ein Körper entsteht jetzt? (Verwende für die drei Körper verschiedene Farben; strichle nicht sichtbare Kanten.)
b) Zeichne das Schrägbild eines Tetraeders mit der Kantenlänge $a = 6$ cm. Verfahre wie in Teilaufgabe a). Was für ein Körper entsteht?

8 a) Berechne die Oberfläche eines Ikosaeders mit der Kantenlänge $a = 3$ cm.
b) Welche Kantenlänge hat ein Ikosaeder mit der Oberfläche $O = 1\ m^2$?

9 Gibt es einen nicht regelmäßigen Vielflächner, dessen Oberfläche aus kongruenten gleichseitigen Dreiecken besteht? Zeichne.

124 Vermischte Aufgaben

Berechne in Aufgabe 1 bis 3 den Rauminhalt und die Oberfläche der dargestellten Körper (Maße in cm).

1

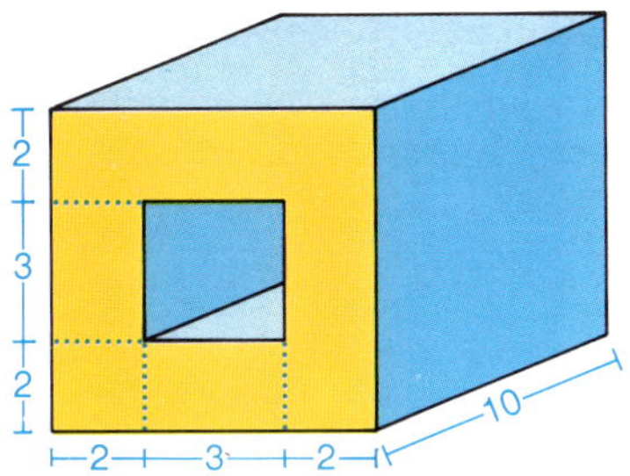

283.1

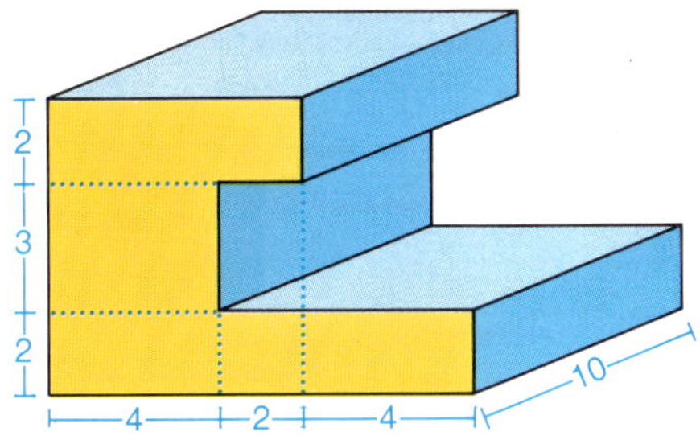

283.2

2

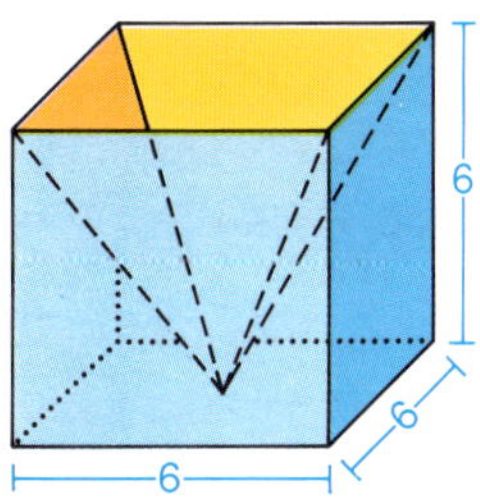

283.3

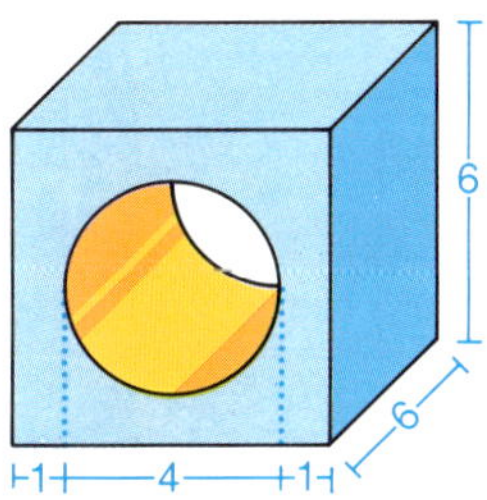

283.4

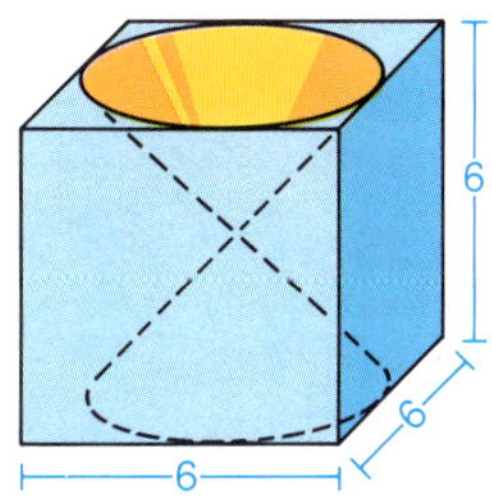

283.5

3

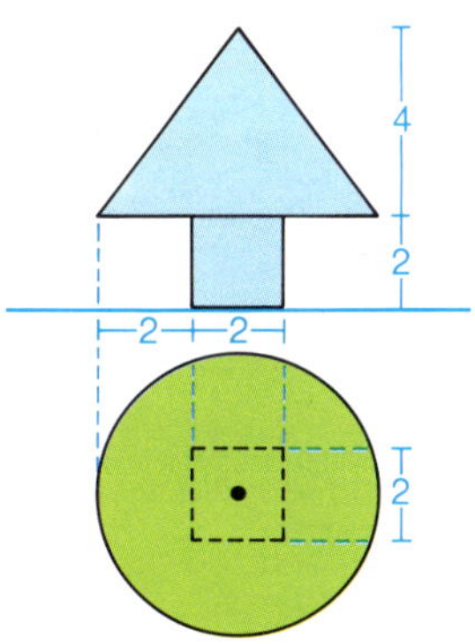

283.6

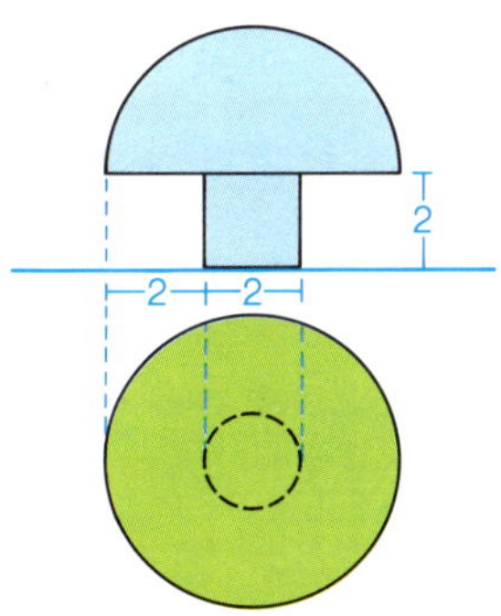

283.7

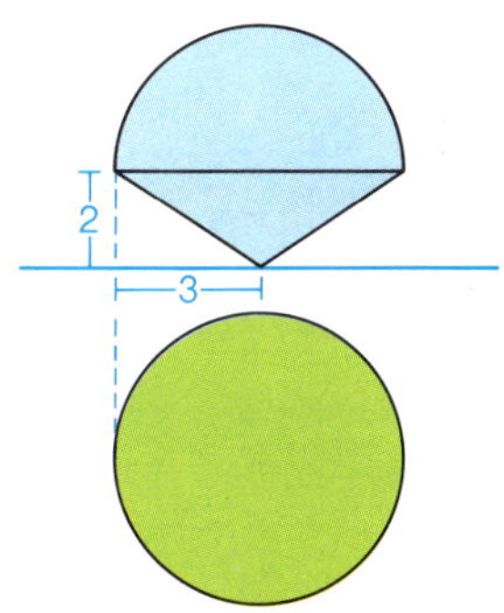

283.8

4 a) Ein Prisma ist $h = 25$ cm (85 cm) hoch und hat den Rauminhalt $V = 60$ dm^3 (0,7 m^3). Wie groß ist seine Grundfläche?
b) Wie hoch ist ein Prisma, das den Rauminhalt $V = 25$ cm^3 ($\frac{1}{2}$ m^3) und die Grundfläche $G = 20$ cm^2 (40 dm^2) hat?

5 Wieviel kg wiegt ein 1,2 m langer, 4,5 dm breiter und 2 cm hoher Quader, wenn er
a) aus Holz (Dichte 0,5 g/cm^3)
b) aus Marmor (Dichte 2,5 g/cm^3)
c) aus Aluminium (Dichte 2,7 g/cm^3)
d) aus Eisen (Dichte 7,9 g/cm^3) besteht?

6 Ein 5 cm hoher Quader mit quadratischer Grundfläche wiegt 1,6 kg. Wie lang ist die Grundkante, wenn der Quader
a) aus Kupfer (Dichte 8,9 g/cm^3)
b) aus Blei (Dichte 11,3 g/cm^3) besteht?

7 Ein 9 cm langer, 8 cm breiter und 3 cm hoher Bleiquader wird zu einem Würfel umgeschmolzen. Um wieviel cm^2 verkleinert sich dadurch seine Oberfläche?

8 Wenn ein Körper in Wasser schwimmt, so stimmt seine Masse überein mit der Masse des von ihm verdrängten Wassers.
a) Wie tief taucht ein 10 cm langes, 8 cm breites und 4 cm dickes Holzbrett (Dichte 0,5 g/cm^3) in Wasser ein?
b) Wie tief taucht eine Eisscholle (Dichte 0,9 g/cm^3) von gleicher Gestalt und Größe in Wasser ein? (Vgl. die Redensart von der „Spitze eines Eisbergs".)

9 a) Ein senkrechter Zylinder ist 7 cm (12 cm) hoch und hat einen Durchmesser von 3 cm (4 cm). Berechne die Oberfläche und den Rauminhalt des Zylinders.
b) Zeichne den Mantel eines Zylinders mit $d = 2$ cm und $h = 3$ cm als Rechteck.

10 Welchen Rauminhalt hat ein Baumstamm mit einem mittleren Durchmesser von 1,2 m und 6,4 m Länge?

11 a) Ein Zylinder mit der Grundfläche $G = 5$ dm^2 faßt 45 *l*. Wie hoch ist er?
b) Welchen Durchmesser hat ein Zylinder mit $V = 100$ *l* und der Höhe $h = 40$ cm?

12 In einer zylinderförmigen Regentonne steht das Wasser 60 cm hoch. Nachdem 100 *l* entnommen wurden, steht es noch 20 cm hoch. Welchen Durchmesser hat die Tonne?

13 Wieviel wiegt das laufende Meter bei einem Kupferrohr (Dichte 8,9 g/cm^3) mit dem äußeren Durchmesser 4 cm und der Wandstärke 3 mm?

14 Ein 80 cm langer Rundstab aus Eisen (Dichte 7,9 g/cm^3) mit dem Durchmesser 2 cm ist mit einem 1 cm dicken Hartgummimantel (Dichte 1,2 g/cm^3) umgeben.
a) Berechne die Masse des Eisenstabes und die Masse des Hartgummimantels.
b) Welche „durchschnittliche Dichte" hat der Körper?

15 a) Ein Würfel hat die Kantenlänge $a = 10$ cm. Welchen Durchmesser hat eine Kugel mit dem gleichen Rauminhalt?
b) Welche Kantenlänge hat ein Tetraeder (Oktaeder) mit gleichem Rauminhalt?

16 Eine Holzkugel (Dichte 0,5 g/cm^3) hat einen Durchmesser von 10 cm. Welchen Durchmesser hat eine Kugel aus Gold (Dichte 19,3 g/cm^3) und der gleichen Masse?

17 Schwimmt eine Hohlkugel aus Eisen (Dichte 7,9 g/cm^3) mit dem äußeren Durchmesser 10 cm und der Wandstärke 4 mm in Wasser?

18 Ein schwimmender (zylindrischer) Baumstamm mit dem Durchmesser $d = 60$ cm ragt $h = 15$ cm hoch aus dem Wasser. Welche Dichte hat das Holz?

19 Eine eiserne Hohlkugel (Dichte 7,9 g/cm³) mit dem äußeren Durchmesser $d = 12$ cm sinkt bis zur Mitte in Wasser ein. Wie dick ist ihre Wand?

20 Vergleiche die Rauminhalte (Oberflächen) eines Würfels, eines regelmäßigen Oktaeders und einer Kugel, welche dieselbe Oberfläche $O = 150\ \text{cm}^2$ (denselben Rauminhalt $V = 125\ \text{cm}^3$) haben.

21 Die Ecken eines Würfels mit der Kante a werden durch Ebenen so abgestumpft, daß von je drei zusammenstoßenden Kanten Stücke der Länge s wegfallen.

a) Zeichne ein Schrägbild für $s = \frac{a}{2}$ und für $s = \frac{a}{4}$.

b) Berechne die Oberflächen und die Rauminhalte der sich für $s = \frac{a}{2}$ und $s = \frac{a}{4}$ ergebenden Körper.

22 Ein Bergkristall setzt sich zusammen aus einem regelmäßigen sechsseitigen Prisma mit der Grundkante $a = 5$ mm und der Höhe $h = 40$ mm sowie beiderseits aufgesetzten senkrechten Pyramiden mit der Höhe $h^* = 15$ mm. Der Kristall wiegt 8,5 g. Wie groß ist seine Dichte?

23 Ein Gewichtssatz aus Messing (Dichte 8,5 g/cm³) besteht aus Zylindern, die doppelt so breit wie hoch sind. Welche Maße haben die Stücke zu 100 g, 200 g, 500 g?

24 Ein Zelt hat die Gestalt eines regelmäßigen sechsseitigen Pyramidenstumpfes mit den Grundkanten $a = 4{,}8$ m und $b = 3{,}6$ m. Die Seitenkante mißt $s = 2{,}4$ m.

a) Welchen Raum umschließt das Zelt?

b) Wieviel Zeltstoff ist zur Herstellung nötig?

25 Einer Kugel mit dem Radius $r = 4$ cm ist ein Würfel (ein Oktaeder; ein Tetraeder) einzubeschreiben. Wie groß ist eine Kante?

26 Ein Kreisausschnitt mit dem Radius $s = 6$ cm und dem Mittelpunktswinkel α wird zu einem Kegel zusammengebogen. Sein Rauminhalt sei V. Gib die Funktion an, welche jedem Wert von α den entsprechenden Wert von V zuordnet. Berechne V für $\alpha = 30°$ (60°; 90°). Zeichne ein Schaubild der Funktion. Lies aus dem Schaubild denjenigen Wert von α ab, für den V am größten wird.

27 Gib drei verschiedene Körper an, die den in Fig. 285.1 dargestellten Grund- und Aufriß haben. Zeichne Schrägbilder.

28 Einer Kugel mit Radius $r = 10$ cm sollen drei gleichgroße Kugeln einbeschrieben werden.
Welches Volumen haben die drei Kugeln (in cm³ und in Prozent vom Volumen der großen Kugel)?

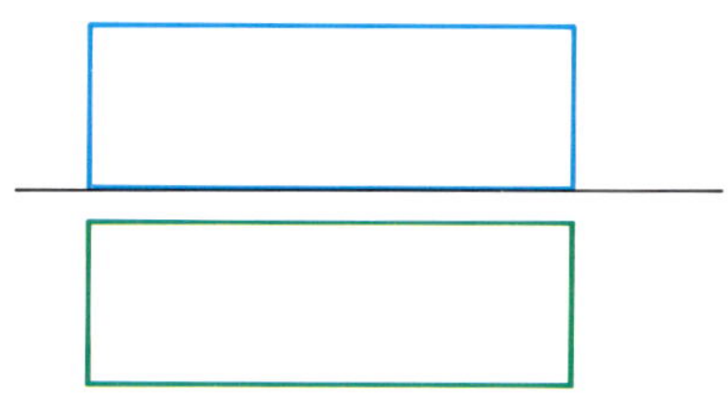

285.1

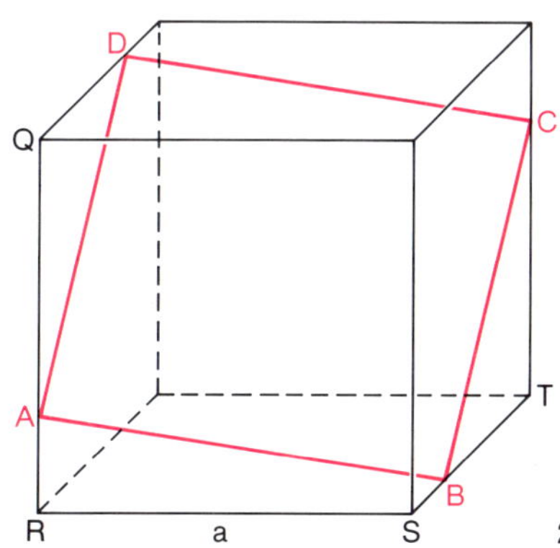

285.2

29 Läßt sich ein Würfel so aushöhlen, daß ein größerer (!) Würfel hindurchgeschoben werden kann? (Anleitung: In Fig. 285.2 sei $\overline{QA} = \overline{QD} = \frac{3}{4}a$ und $\overline{TB} = \overline{TC} = \frac{3}{4}a$. Zeige, daß ABCD ein Quadrat ist. Beachte seine Seitenlänge.)

XX Trigonometrie

125 Seitenverhältnisse und Winkel in rechtwinkligen Dreiecken

1 Fig. 286.1 stellt ein alpines Gelände mittels 50-m-Höhenlinien dar. Wie groß ist der Höhenunterschied zwischen den Standorten A und B? Berechne für den Weg von A nach B den durchschnittlichen Anstieg je 100 m. Ermittle zeichnerisch den dazugehörigen Steigungswinkel α.

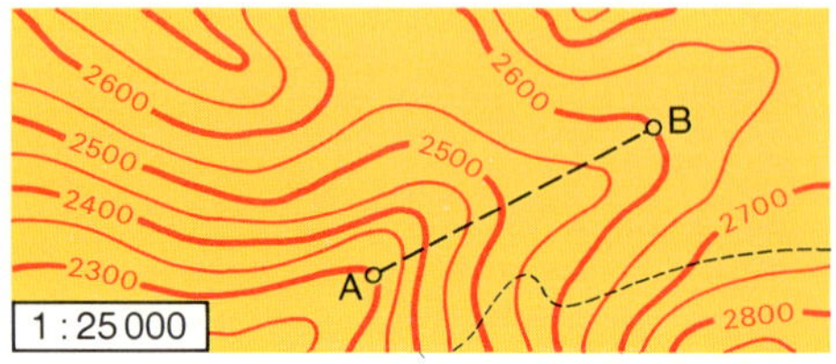

286.1

Wenn von einem Dreieck drei unabhängige Stücke (Seiten; Winkel) gegeben sind, dann können wir das Dreieck konstruieren und so die fehlenden Stücke zeichnerisch ermitteln. Dagegen ist es uns bislang nicht möglich, die fehlenden Stücke zu **berechnen**. Z. B. können wir, wenn die drei Seiten gegeben sind, die Winkel nicht berechnen. Dazu benötigen wir weitere Beziehungen zwischen den Seiten und den Winkeln eines Dreiecks. Der Einfachheit halber beschränken wir uns zunächst auf **rechtwinklige** Dreiecke.

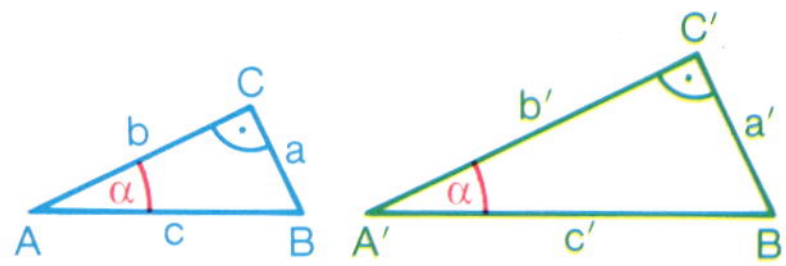

286.2

Rechtwinklige Dreiecke ABC und A′B′C′, die in einem spitzen Winkel übereinstimmen (Fig. 286.2), sind ähnlich. Daher gilt

$$\frac{a'}{a}=\frac{b'}{b} \quad \text{oder} \quad \frac{a'}{b'}=\frac{a}{b} \quad \text{und ebenso} \quad \frac{a'}{c'}=\frac{a}{c};\ \frac{b'}{c'}=\frac{b}{c}.$$

Satz: In allen rechtwinkligen Dreiecken, die in einem spitzen Winkel übereinstimmen, sind die **Verhältnisse** entsprechender Seiten **gleich**.

Beispiel 1:
Die Dreiecke in Fig. 286.3 können als „halbe" gleichseitige Dreiecke aufgefaßt werden. In allen solchen Dreiecken ist die kürzere Kathete halb, die längere $\frac{1}{2}\sqrt{3}$mal so lang wie die Hypotenuse. Daher gilt z. B.
$\frac{a_1}{c_1}=\frac{a_2}{c_2}=0{,}5$ oder $\frac{b_1}{c_1}=\frac{b_2}{c_2}\approx 0{,}87$.

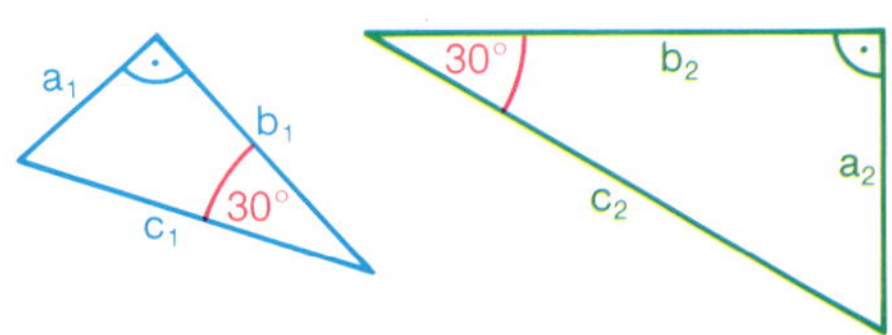

286.3

Bemerkung: In rechtwinkligen Dreiecken heißt die einem spitzen Winkel gegenüberliegende Kathete seine **Gegenkathete**, die andere seine **Ankathete**. In Fig. 286.4 gilt:

Winkel	α	β	γ	δ
Gegenkathete	a	b	r	s
Ankathete	b	a	s	r

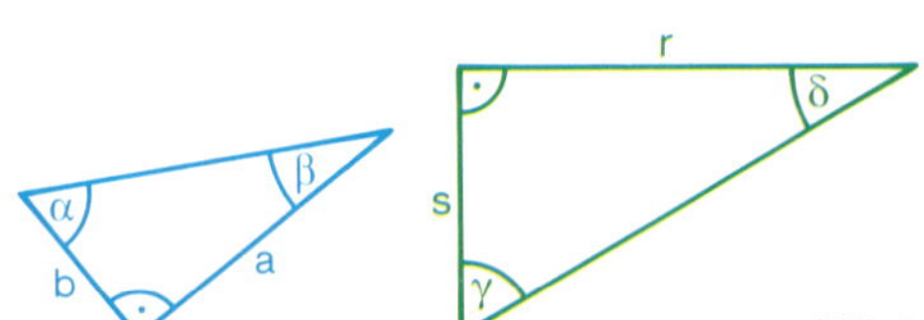

286.4

Damit können wir für die Seitenverhältnisse die folgende Namengebung vereinbaren. Ist α ein spitzer Winkel in einem rechtwinkligen Dreieck, so setzt man:

Definition: $\frac{\text{Gegenkathete von}\,\alpha}{\text{Hypotenuse}} = \sin\alpha$ (lies: Sinus[1] α)

$\frac{\text{Ankathete von}\,\alpha}{\text{Hypotenuse}} = \cos\alpha$ (lies: Kosinus[2] α)

$\frac{\text{Gegenkathete von}\,\alpha}{\text{Ankathete von}\,\alpha} = \tan\alpha$ (lies: Tangens[3] α)

Beispiel 2:
Δ ABC in Fig. 287.1 ist rechtwinklig.
Es gilt:
$\sin\alpha = \frac{4}{5} = 0{,}80$; $\cos\alpha = \frac{3}{5} = 0{,}60$;
$\tan\alpha = \frac{4}{3} \approx 1{,}33$; $\sin\beta = \frac{3}{5} = 0{,}60$;
$\cos\beta = \frac{4}{5} = 0{,}80$; $\tan\beta = \frac{3}{4} = 0{,}75$.

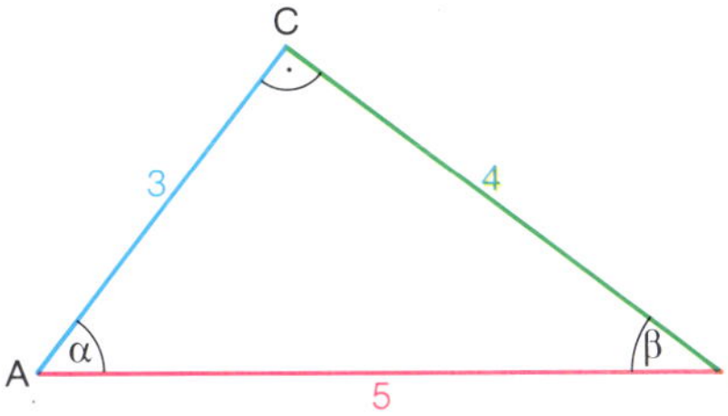

287.1

2 Ein rechtwinkliges Δ ABC hat die Katheten $a = 12$ cm, $b = 5$ cm. Bestimme c, $\sin\alpha$, $\cos\alpha$, $\tan\alpha$, $\sin\beta$, $\cos\beta$, $\tan\beta$.

3 Ergänze die Tabelle für das Dreieck ABC in Fig. 287.2 im Heft.

4 a) Zeige, daß ein Δ ABC mit $a = 3{,}3$ cm; $b = 5{,}6$ cm; $c = 6{,}5$ cm rechtwinklig ist.
b) Bestimme auf 4 Dezimalen: $\sin\alpha$; $\cos\alpha$; $\tan\alpha$; $\sin\beta$; $\cos\beta$; $\tan\beta$.

5 Zeichne ein rechtwinkliges Δ ABC mit $\alpha = 68°$. Miß die Seiten und berechne danach (auf 1 Dezimale) $\sin 68°$; $\cos 68°$; $\tan 68°$; $\sin 22°$; $\cos 22°$; $\tan 22°$.

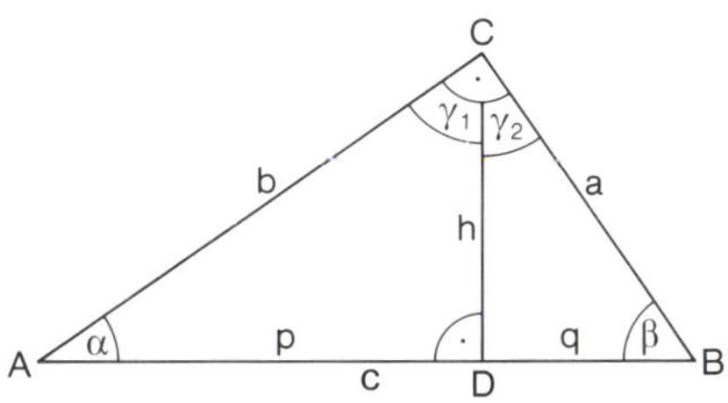

Dreieck	ABC		ADC		BCD	
Winkel	α	β	α	γ_1	β	γ_2
Gegenkathete						
Ankathete						

287.2

6 a) Bestimme $\sin 45°$; $\cos 45°$; $\tan 45°$.
b) Bestimme $\sin 60°$; $\cos 60°$; $\tan 60°$; $\sin 30°$; $\cos 30°$; $\tan 30°$.

7 In einem rechtwinkligen Dreieck ABC ist die Hypotenuse c dreimal so lang wie die Kathete a. Ermittle $\sin\alpha$; $\cos\alpha$; $\tan\alpha$; $\sin\beta$; $\cos\beta$; $\tan\beta$.

8 Für die Seiten a, b, c eines Dreiecks gilt: $a:b:c = 8:15:17$. Zeige, daß das Dreieck rechtwinklig ist. Bestimme $\sin\alpha$; $\cos\alpha$; $\tan\alpha$; $\sin\beta$; $\cos\beta$; $\tan\beta$.

9 a) In einem rechtwinkligen Dreieck ABC ist $\sin\alpha = 0{,}6$ und $\cos\alpha = 0{,}8$ ($\sin\alpha = 0{,}5$ und $\tan\alpha = \frac{1}{3}\sqrt{3}$). Berechne $\tan\alpha$ ($\cos\alpha$).
b) Gib für die Seiten a, b, c des Dreiecks eine Verhältniskette $a:b:c$ mit natürlichen Zahlen an. Zeichne ein solches Dreieck; entnimm der Zeichnung α und β.

---

1. Ursprünglich jiva (indisch): Sehne; daraus arabisch dschiba; verwechselt mit dschaib (arab.): Krümmung, Bucht; übersetzt mit sinus (lat.).
2. complementi sinus (lat.): Sinus des Ergänzungswinkels zu 90°
3. Vgl. S. 290

1 Entnimm Fig. 288.1, wie sich die Seitenverhältnisse $\sin\alpha$, $\cos\alpha$ und $\tan\alpha$ ändern, wenn α Werte zwischen 0° und 90° annimmt. Warum kann $\sin\alpha$ ($\cos\alpha$) niemals größer sein als 1? Gilt dies auch für $\tan\alpha$?

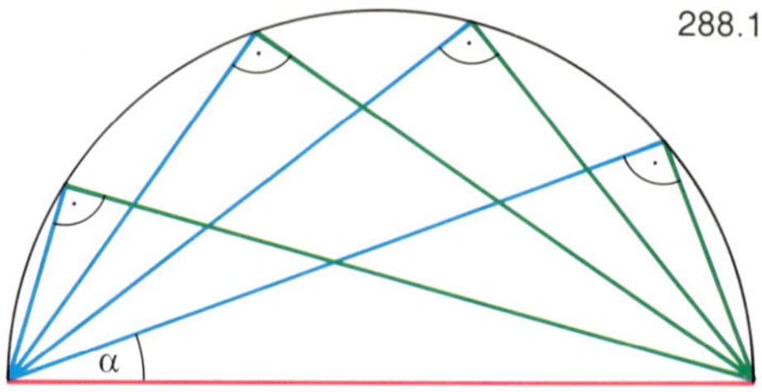

288.1

Die Sinus- und Kosinusfunktion für $0° \leqq \alpha \leqq 90°$

Fig. 288.2 zeigt, wie man $\sin\alpha$ und $\cos\alpha$ durch Streckenlängen veranschaulichen kann. In einem Koordinatensystem ist ein Viertelkreis eingezeichnet. Sein Radius ist die Längeneinheit des Koordinatensystems, hat also die Maßzahl 1. Man nennt den Kreis deshalb auch Einheitskreis (vgl. S. 247).

Danach gilt im rechtwinkligen $\Delta\, OP_1P$:

$$\mathbf{\sin\alpha} = \overline{P_1P} : \overline{OP} = y : 1 = \mathbf{y}$$
$$\mathbf{\cos\alpha} = \overline{OP_1} : \overline{OP} = x : 1 = \mathbf{x}.$$

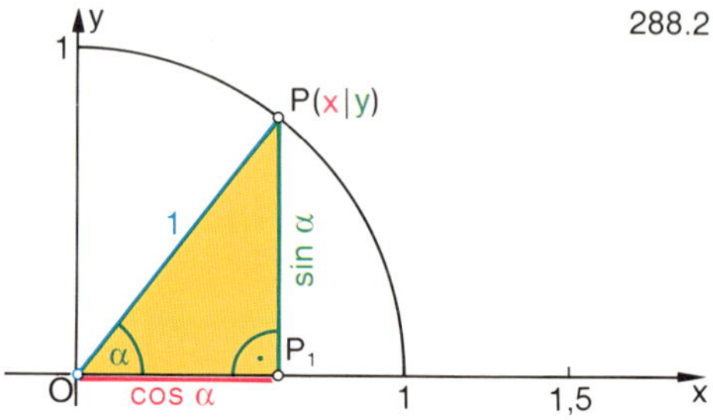

288.2

Am Einheitskreis wird also $\sin\alpha$ durch die Strecke P_1P und $\cos\alpha$ durch die Strecke OP_1 veranschaulicht.

Diese Veranschaulichung läßt unmittelbar erkennen, wie sich $\sin\alpha$ und $\cos\alpha$ ändern, wenn α von 0° (ausschließlich) bis 90° (ausschließlich) zunimmt:
$\sin\alpha$ wächst von 0 (ausschließlich) bis 1 (ausschließlich),
$\cos\alpha$ nimmt ab von 1 (ausschließlich) bis 0 (ausschließlich).
Dies und Fig. 288.2 legen nahe zu vereinbaren:

$$\mathbf{\sin 0° = 0;\ \sin 90° = 1} \quad \text{und} \quad \mathbf{\cos 0° = 1;\ \cos 90° = 0}.$$

Darüber hinaus erlaubt die Veranschaulichung, Schaubilder der Funktionen $\alpha \mapsto \sin\alpha$ (**Sinusfunktion**) und $\alpha \mapsto \cos\alpha$ (**Kosinusfunktion**) für $0° \leqq \alpha \leqq 90°$ zu zeichnen. In Fig. 288.3 wurden zunächst im Einheitskreis Strecken der Länge $\sin\alpha$ LE bzw. $\cos\alpha$ LE konstruiert. Dann wurden diese in ein Koordinatensystem übertragen, bei dem (willkürlich) auf der α-Achse $\frac{1}{6}$LE einem Winkel von 10° entspricht.

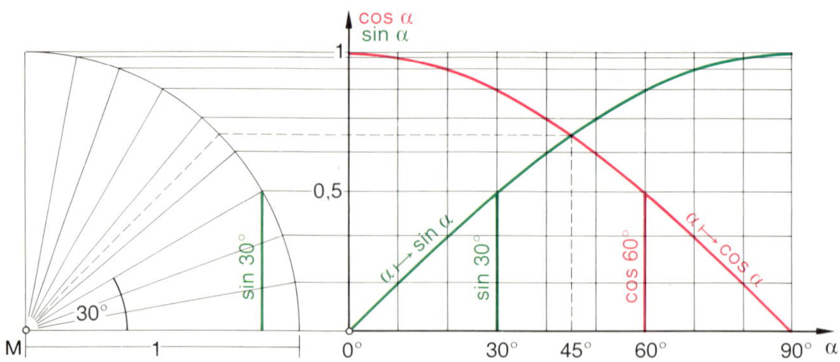

288.3

Zur rechnerischen **Bestimmung von Funktionswerten** für die Funktionen $\alpha \mapsto \sin\alpha$ und $\alpha \mapsto \cos\alpha$ sind (bis auf Ausnahmen) Hilfsmittel der höheren Mathematik erforderlich. Die Funktionswerte sind deshalb einer Tabelle (vgl. S. 322/323) oder einem Tafelwerk zu entnehmen oder können auf dem Taschenrechner mittels der Tasten [sin] und [cos] abgerufen werden.

Beispiel 1:

a) Wie groß ist $\sin 23{,}5°$ $(=\sin 23°30')$?
Der Tabelle S. 322 ist (auf 4 Dezimalen) zu entnehmen: $\sin 23{,}5° = 0{,}3987$.
b) Wie groß ist α, wenn $\sin\alpha = 0{,}8916$ ist?
Nun ist umgekehrt zu einem gegebenen Sinuswert der Winkel gesucht.
Die Tabelle (S. 323) enthält den Sinuswert 0,8916 nicht. Wir wählen deshalb den am nächsten gelegenen Tabellenwert 0,8910 und finden: $\alpha \approx 63°$.
Beim Arbeiten mit dem Taschenrechner geben wir 0,8916 in die Anzeige und drücken die Tasten [INV] [sin][1], der Taschenrechner zeigt 63,07499584 an. Da sich jedoch eine Änderung der 4. Dezimale des Sinuswertes beim Winkel bereits auf die 2. Dezimale auswirkt, ist es nicht sinnvoll, den Winkel mit mehr als 1 Dezimale anzugeben. Wir erhalten also: $\alpha \approx 63{,}1°$.

② Bestimme $\cos 42°$ und $\cos 76{,}5°$ sowie den Winkel α, für den $\cos\alpha = 0{,}7563$ ist.

3 a) Zeichne (auf dieselbe Weise wie in Fig. 288.3) ein Schaubild der Sinusfunktion und der Kosinusfunktion für $0° \leqq \alpha \leqq 90°$. (Anleitung: Wähle auf der α-Achse 1 cm für 10°, auf der anderen Achse 5 cm für $\sin 90°$.)
b) Lies am Schaubild $\sin 35°$ und $\cos 55°$ ab sowie die Winkel α und β, für welche $\sin\alpha = 0{,}8$ und $\cos\beta = 0{,}4$ ist. Vergleiche mit der Tabelle.
c) Wie erkennt man am Schaubild, daß $2\sin\alpha \neq \sin 2\alpha$ ist?

4 Bestimme die folgenden Sinus- und Kosinuswerte.
a) $\sin 64°$ b) $\cos 23°$ c) $\sin 73{,}5°$ d) $\cos 42°30'$

5 Bestimme zu den folgenden Sinus- und Kosinuswerten die Winkel.
a) $\sin\alpha = 0{,}4695$ b) $\cos\alpha = 0{,}7880$ c) $\sin\beta = 0{,}9615$ d) $\cos\beta = 0{,}1725$
e) $\sin\gamma = 0{,}3976$ f) $\sin\alpha = \frac{3}{4}$ g) $\cos\beta = \frac{5}{8}$ h) $\cos\gamma = \frac{2}{7}$
i) $\sin\alpha = \frac{1}{2}\sqrt{3}$ j) $\cos\beta = \frac{1}{5}\sqrt{5}$ k) $\sin\gamma = \frac{2}{5}\sqrt{3}$ l) $\cos\alpha = \frac{1}{2}\sqrt{2}$

6 In einem rechtwinkligen Δ ABC mit $\gamma = 90°$ ist $\alpha = 47{,}5°$. Bestimme $\sin\alpha$, $\cos\alpha$, $\sin\beta$ und $\cos\beta$.

7 Bestimme zeichnerisch und rechnerisch die Winkel α und β in einem rechtwinkligen Dreieck ABC mit $\gamma = 90°$ für:
a) $a = 3$ cm; $c = 6$ cm b) $a = 4{,}3$ cm; $c = 5$ cm
c) $a = 3{,}2$ cm; $c = 5{,}6$ cm d) $b = 3$ cm; $c = 5$ cm
e) $b = 3{,}6$ cm; $c = 4{,}5$ cm f) $b = 2$ cm; $c = 6$ cm.

8 Bestimme die Winkel eines rechtwinkligen Dreiecks mit den Katheten a, b.
a) $a = 8$ cm; $b = 6$ cm b) $a = 4$ cm; $b = 3$ cm
c) $a = 2{,}8$ cm; $b = 4{,}5$ cm d) $a = 4$ cm; $b = 2$ cm
(Anleitung: Berechne zunächst die Hypotenuse c.)

---

1. Evtl. ist stattdessen eine andere Tastenkombination zu verwenden.

Die Tangensfunktion für $0° \leqq \alpha < 90°$

Auch $\tan\alpha$ läßt sich am Einheitskreis veranschaulichen. In Fig. 290.1 ist A_1A die Tangente in A_1 an den Einheitskreis, also $A_1A \perp OA_1$. Für $\Delta\ OA_1A$ gilt: $\tan\alpha = \overline{A_1A} : \overline{OA_1}$. Da $\overline{OA_1}$ die Längeneinheit ist, hat $\overline{A_1A}$ die Maßzahl $\tan\alpha$. (Deshalb der Name „Tangens".)

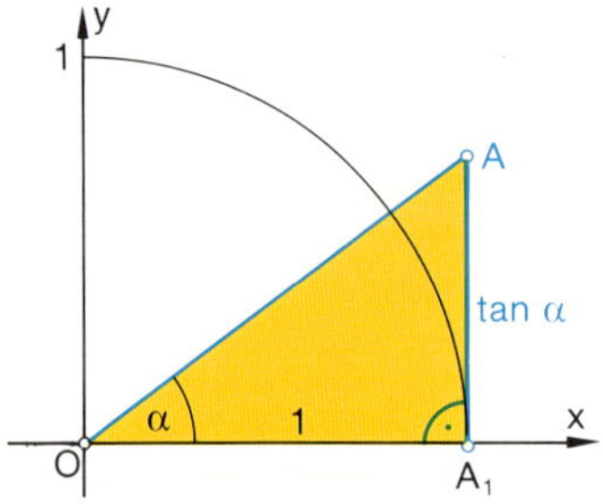

290.1

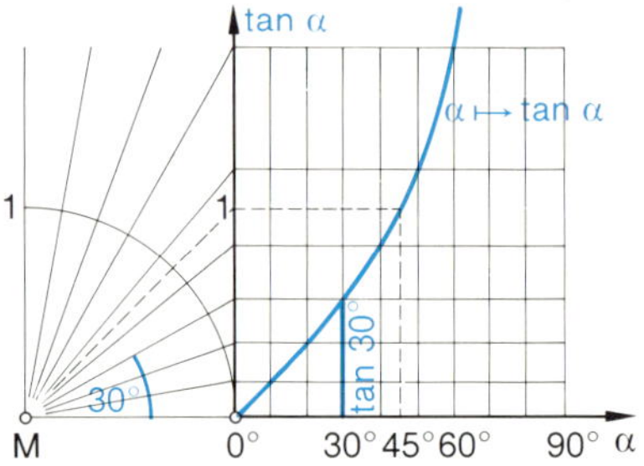

290.2

Die Veranschaulichung zeigt: Wenn α von 0° (ausschließlich) an wächst, so wächst $\tan\alpha$ von 0 (ausschließlich) an bis zu beliebig großen Werten (Fig. 290.2). Zu $\alpha = 90°$ gibt es keinen Tangens. Fig. 290.2 legt nahe festzusetzen: $\mathbf{\tan 0° = 0}$.

Beispiel 2:

a) Wie groß ist tan 37,5°?

Die Tabelle (S. 322) liefert $\tan 37{,}5° = 0{,}7673$; der Taschenrechner 0,76732699.

b) Wie groß ist α, wenn $\tan\alpha = 1{,}7631$ ist?

Der Tabelle ist $\alpha \approx 60{,}5°$ zu entnehmen, dem Taschenrechner mit [INV] [tan] $\alpha \approx 60{,}4°$.

9 Bestimme tan 42° und tan 78,5° sowie α und β für $\tan\alpha = 0{,}8536$; $\tan\beta = 2{,}45$.

10 Entnimm der Tabelle bzw. dem Taschenrechner die folgenden Tangenswerte.
a) tan 25° b) tan 68,5° c) tan 72°30′ d) tan 86,5°

11 Ermittle mit der Tabelle und mit dem Taschenrechner den Winkel α.
a) $\tan\alpha = 0{,}5214$ b) $\tan\alpha = 0{,}7341$ c) $\tan\alpha = 1{,}6287$ d) $\tan\alpha = 5{,}0581$
e) $\tan\alpha = 0{,}125$ f) $\tan\alpha = \frac{9}{2}$ g) $\tan\alpha = \sqrt{3}$ h) $\tan\alpha = 1$

12 Bestimme zeichnerisch Näherungswerte für tan 42° und tan 68,5°. Vergleiche mit den Werten in der Tabelle.

13 Bestimme mit Hilfe der Tangensfunktion die spitzen Winkel eines rechtwinkligen Dreiecks ($\gamma = 90°$) mit
a) $a = 3$ cm; $b = 6$ cm b) $a = 3{,}4$ cm; $b = 10{,}2$ cm
c) $a = 5{,}4$ cm; $b = 7{,}2$ cm d) $a = 2$ cm; $b = \sqrt{5}$ cm
e) $a = \sqrt{2}$ cm; $b = \sqrt{3}$ cm f) $a = \frac{2}{3}\sqrt{6}$ cm; $b = 2{,}8$ cm.

14 Zeichne ein rechtwinkliges Dreieck ($\gamma = 90°$), für das gilt:
a) $\tan\alpha = \frac{1}{2}$ b) $\tan\alpha = \frac{3}{4}$ c) $\tan\beta = 1{,}5$ d) $\tan\beta = 3$.

15 Auf einer Landkarte im Maßstab 1:25000 sind zwei Orte A und B 3,2 cm voneinander entfernt; von A führt eine gerade Straße nach B. An den Höhenlinien (Fig. 286.1) ist zu sehen, daß B 75 m höher liegt als A und die Straße gleichmäßig ansteigt. Bestimme den Steigungswinkel der Straße. Gib die Steigung auch in Prozent an.

127 Berechnung rechtwinkliger Dreiecke

1 a) Wie kann man in einem rechtwinkligen Dreieck (Fig. 291.1) α berechnen, wenn die Katheten a und b gegeben sind?
b) Wie läßt sich umgekehrt a berechnen, wenn b und α gegeben sind?

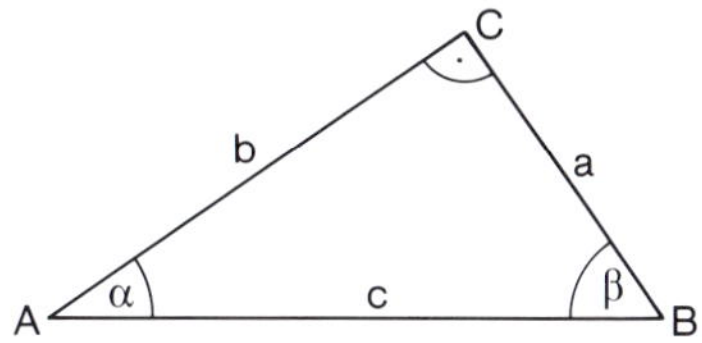

291.1

Ein **rechtwinkliges** Dreieck (Fig. 291.1) ist durch 2 unabhängige Stücke (Seiten; Winkel) bestimmt. Während wir früher die restlichen Stücke zeichnerisch durch Konstruktion des Dreiecks ermittelt haben, geht es im folgenden darum, diese zu berechnen. Wie bei der Konstruktion handelt es sich dabei um die folgenden Aufgabentypen.

Berechnung eines rechtwinkligen Dreiecks
1. wenn die **Hypotenuse** und ein **spitzer Winkel** gegeben sind
2. wenn eine **Kathete** und ein **spitzer Winkel** gegeben sind
3. wenn die **Hypotenuse** und eine **Kathete** gegeben sind
4. wenn die **beiden Katheten** gegeben sind.

Beispiel 1:

Gegeben: $c = 56{,}40$ m; $\alpha = 38{,}5°$ — Gesucht: a, b, β

Allgemein:		Zahlenrechnung:	
$\alpha + \beta = 90°$	$\beta = 90° - \alpha$	$\beta = 90° - 38{,}5°$	$\beta = 51{,}5°$
$\sin\alpha = \frac{a}{c}$	$a = c \cdot \sin\alpha$	$a = 56{,}40 \cdot \sin 38{,}5°$ m	$a = 35{,}11$ m
$\cos\alpha = \frac{b}{c}$	$b = c \cdot \cos\alpha$	$b = 56{,}40 \cdot \cos 38{,}5°$ m	$b = 44{,}14$ m

2 Berechne ein rechtwinkliges Dreieck (Fig. 291.1) aus $c = 7{,}8$ cm und $\beta = 55°$.

Beispiel 2:

Gegeben: $a = 148{,}20$ m; $\beta = 56°$ — Gesucht: b, c, α

Allgemein:		Zahlenrechnung:	
$\alpha + \beta = 90°$	$\alpha = 90° - \beta$	$\alpha = 90° - 56°$	$\alpha = 34°$
$\tan\beta = \frac{b}{a}$	$b = a \cdot \tan\beta$	$b = 148{,}2 \cdot \tan 56°$ m	$b = 219{,}72$ m
$\cos\beta = \frac{a}{c}$	$c = \frac{a}{\cos\beta}$	$c = \frac{148{,}2}{\cos 56°}$ m	$c = 265{,}02$ m

3 Berechne ein rechtwinkliges Dreieck (Fig. 291.1) aus $b = 14{,}5$ cm und $\alpha = 64°$.

Beispiel 3:

Gegeben: $c = 2{,}360$ km; $a = 345$ m — Gesucht: b, α, β

Allgemein:		Zahlenrechnung:	
	$\sin\alpha = \frac{a}{c}$	$\sin\alpha = \frac{345}{2360}$	$\alpha = 8{,}4°$
$\cos\alpha = \frac{b}{c}$	$b = c \cdot \cos\alpha$	$b = 2360 \cdot \cos 8{,}4°$ m	$b = 2{,}335$ km
$\alpha + \beta = 90°$	$\beta = 90° - \alpha$	$\beta = 90° - 8{,}4°$	$\beta = 81{,}6°$

4 Berechne ein rechtwinkliges Dreieck (Fig. 291.1) aus $c = 24{,}85$ m und $b = 9{,}80$ m.

Beispiel 4:

Gegeben: $a = 10{,}74$ m; $b = 6{,}48$ m

Gesucht: c, α, β

Allgemein:

$\sin\alpha = \frac{a}{c}$

$\alpha + \beta = 90°$

$\tan\alpha = \frac{a}{b}$

$c = \frac{a}{\sin\alpha}$

$\beta = 90° - \alpha$

Zahlenrechnung:

$\tan\alpha = \frac{10{,}74}{6{,}48}$

$c = \frac{10{,}74}{\sin 58{,}9°}$ m

$\beta = 90° - 58{,}9°$

$\alpha = 58{,}9°$

$c = 12{,}54$ m

$\beta = 31{,}1°$

(5) Berechne ein rechtwinkliges Dreieck (Fig. 291.1) aus $a = 13{,}4$ m und $b = 21{,}8$ m.

6 Berechne die fehlenden Seiten und Winkel des rechtwinkligen Δ ABC (Fig. 291.1).

a) $a = 6{,}0$ cm; $b = 2{,}5$ cm	b) $a = 280$ m; $b = 360$ m	c) $a = 24{,}8$ m; $b = 34{,}2$ m
d) $a = 47$ m; $\beta = 38°$	e) $b = 24{,}5$ m; $\alpha = 62{,}5°$	f) $a = 120$ m; $\alpha = 41°$
g) $c = 6{,}4$ km; $\alpha = 32°$	h) $a = 15{,}8$ m; $c = 24{,}3$ m	i) $b = 39{,}2$ cm; $c = 56{,}4$ cm

7 Berechne p, q und h in Fig. 292.1.

a) $a = 6$ cm; $c = 10$ cm
b) $b = 4{,}5$ m; $\alpha = 43{,}5°$
c) $a = 8$ m; $\alpha = 28°$
d) $c = 12$ cm; $\alpha = 72°$
e) $c = 14{,}5$ m; $\beta = 48{,}5°$
f) $a = 14$ cm; $b = 25{,}8$ cm

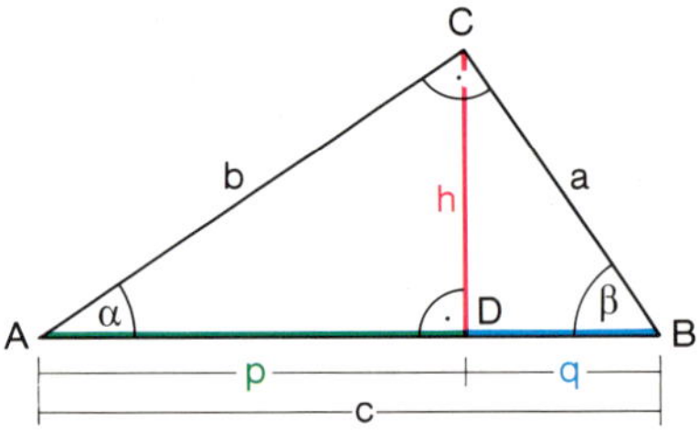

292.1

8 Δ ABC (Fig. 292.2) ist gleichschenklig.

a) $b = 58{,}6$ m; $\alpha = 62°$
b) $a = 45{,}2$ m; $\gamma = 98°$
c) $c = 124{,}8$ m; $\beta = 36°$
d) $c = 9{,}76$ m; $\gamma = 79{,}5°$
e) $a = 65{,}4$ m; $c = 54{,}7$ m

Berechne die fehlenden Seiten und Winkel sowie den Flächeninhalt des Dreiecks.

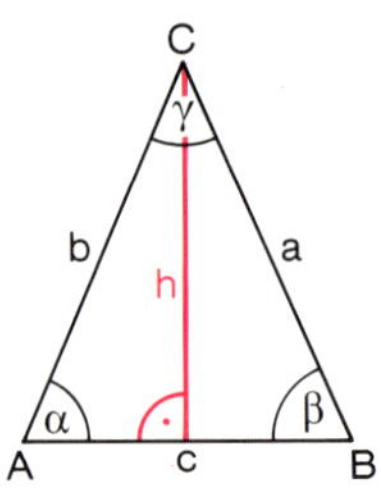

292.2

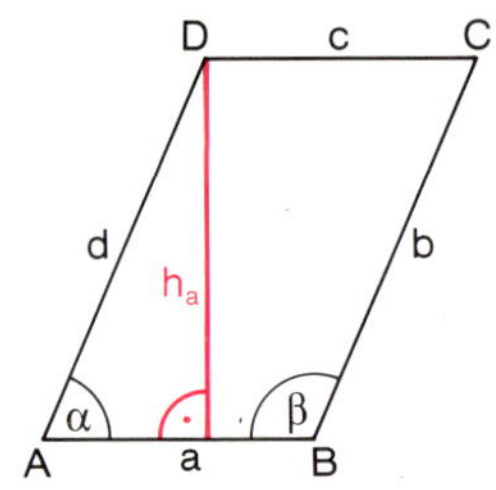

292.3

9 Welchen Flächeninhalt hat ein Parallelogramm (Fig. 292.3) mit

a) $a = 8$ cm; $d = 10$ cm; $\alpha = 60°$
b) $a = 12$ m; $b = 7{,}5$ m; $\beta = 125°$?

10 Der Giebel eines Daches ist $b = 8{,}4$ m breit und $h = 5{,}4$ m hoch. Berechne die Dachneigung. Runde sinnvoll.

11 Eine Leiter der Länge $l = 7{,}5$ m lehnt in der Höhe $h = 6{,}6$ m (5,9 m) an einer Wand. Bestimme ihren Neigungswinkel.

12 Unter welchem Erhebungswinkel (Fig. 292.4) erscheint die Spitze eines Domes ($h = 161$ m) von einer Stelle aus, die in horizontaler Richtung $e = 150$ m vom Fuß des Turmes entfernt ist? (Augenhöhe 1,5 m)

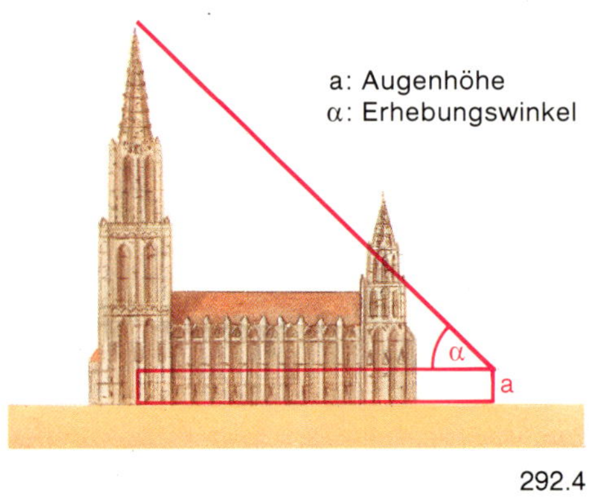

292.4

13 Bei den folgenden Alpenpässen ist ihre größte Steigung in Prozent angegeben. (Steigung p % bedeutet: Auf 100 m in der Horizontalen beträgt der Höhenunterschied p Meter.) Berechne den zugehörigen Neigungswinkel.
a) Fernpaß 15 % b) Tauernhöhe 22 % c) Katschberg 25 %

14 Ein gerades Straßenstück mit der Länge $l = 320$ m steigt unter $\alpha = 7{,}5°$ an. Wie lang ist es auf einer Karte im Maßstab 1 : 25000?

15 Wie hoch ist eine Tanne, wenn ihr Schatten $s = 27{,}5$ m lang ist und die Sonnenstrahlen unter dem Winkel $\alpha = 38{,}5°$ einfallen?

16 Die Rohrleitung eines Kraftwerkes fällt um 360 m. Auf der Karte 1 : 25000 mißt sie 3,2 cm. Berechne ihren Neigungswinkel und ihre Länge.

17 Um die Höhe eines Kirchturmes zu bestimmen, hat man eine horizontale Standlinie von der Länge $s = 65{,}00$ m abgesteckt, die auf den Turm zuläuft. In ihren Endpunkten erblickt man die Turmspitze unter den Erhebungswinkeln $\alpha = 49{,}5°$ und $\beta = 27°$. Die Augenhöhe beträgt $a = 1{,}60$ m (Fig. 292.4). Wie hoch ist der Kirchturm?

18 Von einem Turm ($h = 28{,}6$ m), der $e = 6{,}0$ m vom Ufer eines Flusses entfernt ist, erscheint die Flußbreite unter dem Sehwinkel $\alpha = 17°$. Wie breit ist der Fluß?

19 In einem Kreis mit dem Radius r gehören zum Mittelpunktswinkel α die Sehne s und der Bogen b. Berechne die fehlenden Stücke für
a) $r = 3{,}2$ cm; $\alpha = 112°$ b) $b = 6{,}3$ cm; $\alpha = 137°$ c) $r = 74$ m; $b = 185$ m.

20 Zwei Kreise haben die gemeinsame Sehne $s = 486$ mm. Die Mittelpunktswinkel betragen $\alpha_1 = 78{,}5°$ und $\alpha_2 = 117°$. Wie groß ist das gemeinsame Flächenstück?

21 a) Berechne den Winkel α, den die Raumdiagonale eines Würfels (Fig. 293.1) mit einer Kante bildet.
b) Welchen Winkel β (Fig. 293.1) bildet die Raumdiagonale mit einer Seitenfläche?

22 Ein Quader hat die Kanten $a = 5$ cm; $b = 4$ cm; $c = 3$ cm. Berechne die Winkel α, β, γ, welche die Raumdiagonale des Quaders mit den Kanten a, b, c bildet.

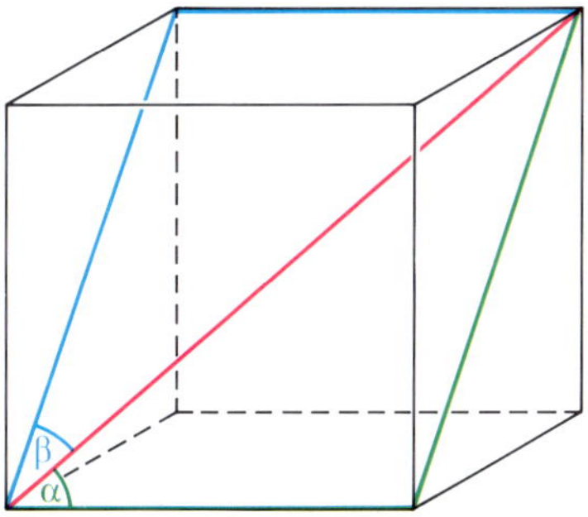

293.1

23 Ein Turmdach hat die Form einer regelmäßigen 4seitigen Pyramide mit der Grundkante $a = 4{,}28$ m und der Höhe $h = 6{,}45$ m. Bestimme die Länge s und den Neigungswinkel α einer Seitenkante sowie den Neigungswinkel β einer Dachfläche.

24 In einem Punkt P eines Körpers greifen zwei zueinander senkrechte Kräfte $\vec{F}_1$ und $\vec{F}_2$ an mit den Beträgen $F_1 = 245$ N und $F_2 = 179$ N. Bestimme Betrag und Richtung der Resultierenden $\vec{F}$.

25 Ein Wagen mit der Masse $m = 1{,}8$ t steht auf einer Straße, die unter 4 % ansteigt (Fig. 293.2). Welche Kraft ist nötig, um ihn am Hinabrollen zu hindern (Reibung wird vernachlässigt)?

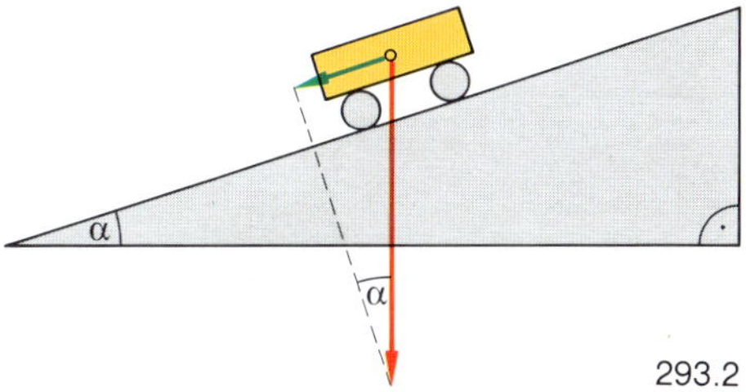

293.2

128 Zusammenhang zwischen den trigonometrischen Funktionen

① In einem rechtwinkligen Dreieck ABC mit $\gamma = 90°$ ist $\alpha = 30°$ (40°; 56°). Bestimme für die angegebenen Winkel $\sin\alpha$ und $\cos\beta$. Vergleiche. Welche Gesetzmäßigkeit ist zu vermuten? Drücke sie in einer Gleichung aus. Ist ein solcher Zusammenhang auch zwischen $\cos\alpha$ und $\sin\beta$ zu vermuten?

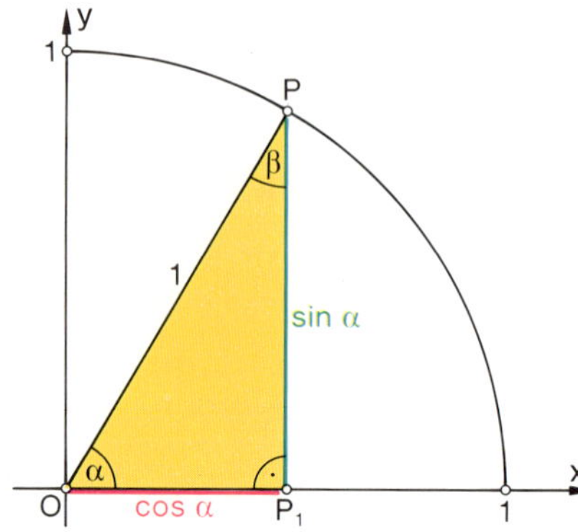

294.1

Vergleicht man in der Tabelle S. 322/323 die Werte von $\sin\alpha$ für $\alpha = 0°, 1°, 2°, \ldots$ mit den Werten von $\cos\alpha$ für $\alpha = 90°, 89°, 88°, \ldots$, so stellt man fest:

$$\sin\alpha = \cos(90° - \alpha).$$

Fig. 294.1 zeigt am Einheitskreis, daß dies für alle Winkel α mit $0° \leqq \alpha \leqq 90°$ gilt; es ist nämlich $\sin\alpha = \overline{P_1P} : \overline{OP} = \cos\beta = \cos(90° - \alpha)$.
Wendet man den Satz des Pythagoras auf $\Delta\, OP_1P$ an, so folgt $(\sin\alpha)^2 + (\cos\alpha)^2 = 1$.
Schließlich ist $\tan\alpha = \overline{P_1P} : \overline{OP_1} = (\sin\alpha) : (\cos\alpha)$.

Satz: Für alle Winkel α $(0° \leqq \alpha < 90°)$ gilt:

$$\sin\alpha = \cos(90° - \alpha)$$
$$\cos\alpha = \sin(90° - \alpha)$$
$$(\sin\alpha)^2 + (\cos\alpha)^2 = 1$$
$$\tan\alpha = \frac{\sin\alpha}{\cos\alpha}.$$

Bemerkung: Statt $(\sin\alpha)^2$ schreibt man auch $\sin^2\alpha$ (lies: Sinus Quadrat α).

Beispiele:

a) Ist $\sin\alpha = \frac{1}{2}\sqrt{3}$ gegeben, so lassen sich $\cos\alpha$ und $\tan\alpha$ berechnen.
$(\frac{1}{2}\sqrt{3})^2 + (\cos\alpha)^2 = 1$; $\cos\alpha = \sqrt{1 - (\frac{1}{2}\sqrt{3})^2} = \sqrt{1 - \frac{3}{4}} = \frac{1}{2}$ (da $\cos\alpha > 0$)
$\tan\alpha = (\frac{1}{2}\sqrt{3}) : \frac{1}{2} = \sqrt{3}$ (**Beachte:** Die berechneten Werte sind keine Näherungswerte.)

b) Mit Hilfe der im Satz angegebenen Beziehungen lassen sich manche trigonometrischen Terme vereinfachen.

$$\frac{1}{1 + \tan^2\alpha} = \frac{1}{1 + \frac{\sin^2\alpha}{\cos^2\alpha}} = \frac{\cos^2\alpha}{\cos^2\alpha + \sin^2\alpha} = \frac{\cos^2\alpha}{1} = \cos^2\alpha$$

c) Mit den im Satz angegebenen Beziehungen lassen sich weitere Zusammenhänge herleiten. Aus den beiden ersten Gleichungen folgt:

$$\frac{\sin\alpha}{\cos\alpha} = \frac{\cos(90° - \alpha)}{\sin(90° - \alpha)} = \frac{1}{\frac{\sin(90° - \alpha)}{\cos(90° - \alpha)}}, \text{ also } \tan\alpha = \frac{1}{\tan(90° - \alpha)}.$$

② Gegeben ist $\cos\alpha = \frac{1}{3}$. Berechne (exakt): $\sin\alpha$, $\tan\alpha$, $\sin(90° - \alpha)$, $\tan(90° - \alpha)$.

3 Gegeben: $\sin\alpha=\frac{3}{5}$ $(\frac{1}{2};\ \frac{2}{3};\ 0{,}8;\ 0{,}18;\ \frac{1}{2}\sqrt{2};\ \frac{1}{3}\sqrt{3})$. Berechne $\cos\alpha$.

4 Gegeben: $\cos\alpha=\frac{4}{5}$ $(\frac{5}{13};\ \frac{1}{3};\ 0{,}6;\ 0{,}9;\ \frac{1}{5}\sqrt{2};\ \frac{1}{4}\sqrt{3})$. Berechne $\sin\alpha$.

5 Gegeben: $\sin\alpha=\frac{1}{2}$. Berechne $\cos\alpha$, $\tan\alpha$, $\sin(90°-\alpha)$, $\tan(90°-\alpha)$.

6 a) Drücke $\tan\alpha$ aus durch $\sin\alpha$ ($\cos\alpha$).
b) Berechne $\tan\alpha$, wenn $\sin\alpha=\frac{3}{4}$ ($\cos\alpha=\frac{1}{2}\sqrt{3}$) ist.

7 a) Drücke $\sin\alpha$ durch $\tan\alpha$ aus. (Anleitung: Vgl. Fig. 295.1.)
b) Berechne $\sin\alpha$, wenn $\tan\alpha=3\sqrt{3}$ ist.

8 Berechne $\cos\alpha$, wenn $\tan\alpha=\frac{1}{2}\sqrt{3}$ ist.

9 Im folgenden ist von den drei Funktionswerten $\sin\alpha$, $\cos\alpha$, $\tan\alpha$ einer gegeben. Berechne die beiden anderen.
a) $\sin\alpha=\frac{1}{4}$ b) $\sin\alpha=0{,}7$
c) $\sin\alpha=\frac{1}{5}\sqrt{7}$ d) $\cos\alpha=\frac{2}{3}$
e) $\cos\alpha=0{,}1$ f) $\cos\alpha=\frac{1}{3}\sqrt{6}$
g) $\tan\alpha=\frac{3}{4}$ h) $\tan\alpha=\frac{1}{2}\sqrt{5}$ (Anleitung: Zeichne geeignete Dreiecke.)

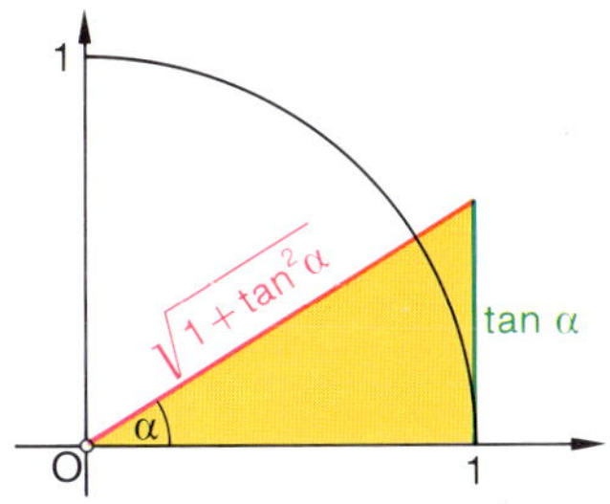

295.1

10 Bestätige die folgende Merkregel.

	0°	30°	45°	60°	90°
sin	$\frac{1}{2}\sqrt{0}$	$\frac{1}{2}\sqrt{1}$	$\frac{1}{2}\sqrt{2}$	$\frac{1}{2}\sqrt{3}$	$\frac{1}{2}\sqrt{4}$
cos	$\frac{1}{2}\sqrt{4}$	$\frac{1}{2}\sqrt{3}$	$\frac{1}{2}\sqrt{2}$	$\frac{1}{2}\sqrt{1}$	$\frac{1}{2}\sqrt{0}$

11 Schreibe einfacher:
a) $\tan\alpha\cdot\cos\alpha$ b) $\dfrac{\sin\alpha}{\tan\alpha}$ c) $\sin^3\alpha+\sin\alpha\cos^2\alpha$
d) $\dfrac{1}{\cos\alpha\cdot\tan\alpha}$ e) $\dfrac{\cos\alpha}{\tan\alpha}$ f) $\dfrac{1}{\cos^2\alpha}$
g) $\sqrt{1+\cos\alpha}\cdot\sqrt{1-\cos\alpha}$ h) $\sin^4\alpha-\cos^4\alpha$ i) $\cos\alpha+\sin\alpha\cdot\tan\alpha$

12 a) In einem rechtwinkligen Dreieck ABC mit den Katheten a, b ist $\sin\alpha=a:c$, $\cos\alpha=b:c$ und $\tan\alpha=a:b$. Beweise damit die Beziehungen im Satz von S. 294.
b) Zeige: $\frac{a}{b}\cdot\frac{b}{c}\cdot\frac{c}{a}=1$. Welche Aussage über die Winkelfunktionen $\alpha\mapsto\sin\alpha$, $\alpha\mapsto\cos\alpha$, $\alpha\mapsto\tan\alpha$ macht die Gleichung?

13 Welche Formel für die Winkelfunktionen erhält man, wenn man die Beziehung $c^2=a^2+b^2$ im rechtwinkligen Dreieck durch a^2 (durch b^2; durch c^2) dividiert?

14 Welche Beziehungen zwischen den Winkelfunktionen ergeben sich, wenn man in Fig. 295.2 den 1. Strahlensatz (2. Strahlensatz) anwendet?

15 Beweise: a) $\dfrac{1}{\cos^2\alpha}=1+\tan^2\alpha$
b) $\dfrac{1}{\sin^2\alpha}=1+\tan^2(90°-\alpha)$.

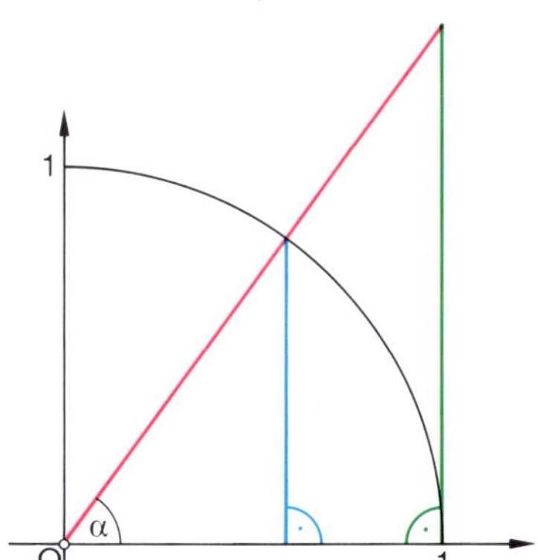

295.2

129 Fortsetzung auf stumpfe und überstumpfe Winkel

1 a) In Fig. 296.1 sei $\alpha = 30°$ $(\alpha = 56°)$. Welche Koordinaten hat der Punkt P?
b) Für welchen Winkel α hat der Punkt P den x-Wert $\frac{1}{2}$ (den y-Wert 1,5)?

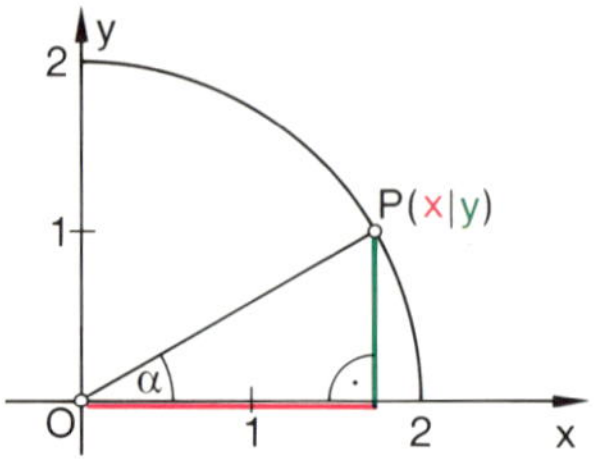

296.1

Ist P(x|y) ein Punkt im 1. Feld auf dem Kreis um O mit dem Radius r, so gilt:

$$x = r \cdot \cos\alpha; \quad y = r \cdot \sin\alpha.$$

Will man die Koordinaten eines Punktes im 2., 3. oder 4. Feld ebenso mittels α angeben, so müssen zuerst die (bisher nur für $0° \leqq \alpha \leqq 90°$ erklärten) Winkelfunktionen für $\alpha > 90°$ geeignet definiert werden. Eine solche Erweiterung der bisherigen Definition erweist sich auch z. B. bei der Berechnung stumpfwinkliger Dreiecke als zweckmäßig.

Definition: Ist P(x|y) ein beliebiger Punkt auf dem Einheitskreis und α der Winkel mit der positiven x-Achse als erstem und der Halbgeraden von O durch P als zweitem Schenkel (Fig. 296.2), so soll gelten:

$$\boldsymbol{\sin\alpha = y}; \quad \boldsymbol{\cos\alpha = x} \quad \text{und (für } x \neq 0) \quad \boldsymbol{\tan\alpha = \frac{y}{x}}.$$

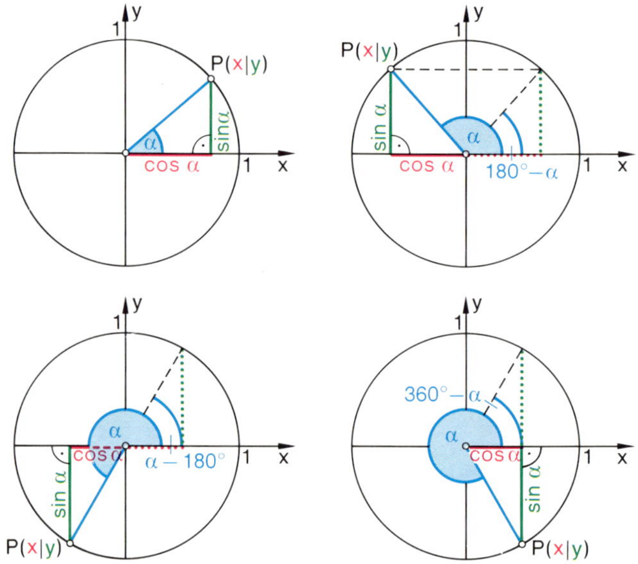

296.2

Danach gilt insbesondere für das Vorzeichen von $\sin\alpha$, $\cos\alpha$, $\tan\alpha$:

	1. Feld $(0° < \alpha < 90°)$	2. Feld $(90° < \alpha < 180°)$	3. Feld $(180° < \alpha < 270°)$	4. Feld $(270° < \alpha < 360°)$
$\sin\alpha$	+	+	−	−
$\cos\alpha$	+	−	−	+
$\tan\alpha$	+	−	+	−

Fig. 296.2 zeigt, wie wir mit der Tabelle S. 322/323 auch Funktionswerte der Winkelfunktionen für $\alpha > 90°$ bestimmen können. Es gilt nämlich für

$90° < \alpha < 180°$: $\sin\alpha = \sin(180° - \alpha)$; $\cos\alpha = -\cos(180° - \alpha)$; $\tan\alpha = -\tan(180° - \alpha)$,
$180° < \alpha < 270°$: $\sin\alpha = -\sin(\alpha - 180°)$; $\cos\alpha = -\cos(\alpha - 180°)$; $\tan\alpha = \tan(\alpha - 180°)$,
$270° < \alpha < 360°$: $\sin\alpha = -\sin(360° - \alpha)$; $\cos\alpha = \cos(360° - \alpha)$; $\tan\alpha = -\tan(360° - \alpha)$.

Wir brauchen daher nur zunächst das Vorzeichen zu bestimmen und anschließend den Sinus (Kosinus; Tangens) des Differenzwinkels zu 180° bzw. 360° aufzuschlagen.

Beispiele:

a) $\sin 132° = \sin(180° - 132°) = \sin 48° = 0{,}7431$
b) $\cos 263{,}5° = -\cos(263{,}5° - 180°) = -\cos 83{,}5° = -0{,}1132$
c) $\tan 315° = -\tan(360° - 315°) = -\tan 45° = -1$

Beachte: Nach der Definition von S. 296 gilt auch für $\alpha > 90°$:
$\sin^2\alpha + \cos^2\alpha = 1$ und (für $\alpha \neq 90°; 270°$) $\tan\alpha = \frac{\sin\alpha}{\cos\alpha}$.

② Bestimme: a) $\sin 157°$ b) $\cos 308{,}5°$ c) $\tan 254{,}5°$.

3 Bestimme: a) $\sin 160°$ b) $\sin 134{,}5°$ c) $\cos 110{,}5°$
d) $\cos 126{,}5°$ e) $\cos 284°$ f) $\cos 308{,}5°$ g) $\sin 304°$
h) $\tan 118°$ i) $\tan 171{,}5°$ j) $\tan 200°$ k) $\tan 342{,}5°$.

4 a) $\sin 211°$ b) $\sin 246{,}5°$ c) $\sin 311°$ d) $\cos 224°$
e) $\tan 314{,}5°$ f) $\tan 196°$ g) $\tan 112{,}5°$ h) $\sin 205{,}5°$
i) $\cos 281°$ j) $\cos 243{,}5°$ k) $\tan 298°$ l) $\tan 185{,}5°$

5 Entnimm Fig. 296.2: a) $\sin 0°$; $\sin 90°$; $\sin 180°$; $\sin 270°$
b) $\cos 0°$; $\cos 90°$; $\cos 180°$; $\cos 270°$ c) $\tan 0°$; $\tan 180°$.

6 Für welche Winkel α ist
a) $\sin\alpha$ positiv, $\cos\alpha$ negativ b) $\sin\alpha$ negativ, $\cos\alpha$ positiv
c) $\sin\alpha$ positiv, $\tan\alpha$ negativ d) $\cos\alpha$ negativ, $\tan\alpha$ positiv?

7 Suche die beiden zwischen 0° und 360° liegenden Winkel α_1 und α_2, für welche gilt:
a) $\sin\alpha = +0{,}2588$ b) $\tan\alpha = +0{,}5581$ c) $\cos\alpha = +0{,}9112$
d) $\sin\alpha = -0{,}9580$ e) $\cos\alpha = -0{,}9909$ f) $\tan\alpha = -1{,}120$
g) $\sin\alpha = -0{,}4782$ h) $\cos\alpha = -0{,}0857$ i) $\tan\alpha = +1{,}976$.

8 Für welche Winkel α mit $0° \leqq \alpha < 360°$ gilt
a) $\cos\alpha = 1$ $(0; -1)$ b) $\sin\alpha = 1$ $(0; -1)$ c) $\sin\alpha = \frac{1}{2}\sqrt{2}$ d) $\cos\alpha = -\frac{1}{2}\sqrt{2}$?

9 a) Zeichne für $0° \leqq \alpha < 360°$ im gleichen Koordinatensystem ein Schaubild von $\alpha \mapsto \sin\alpha$ und von $\alpha \mapsto \cos\alpha$. (Anleitung: Wähle 1 cm für 30° und 2 cm für sin 90°.)
b) Für welche Winkel ist $\sin\alpha = \cos\alpha$ $(\sin\alpha = -\cos\alpha)$?

10 a) Zeichne für $0° \leqq \alpha < 360°$ ein Schaubild der Funktion $\alpha \mapsto \tan\alpha$. (Anleitung: Wähle 1 cm für 30° und 1 cm für tan 45°.)
b) Für welche Winkel α ist $\tan\alpha = 1$ $(\tan\alpha = -1)$?

11 Bestimme den Winkel α zwischen 0° und 360°, für den gilt:
a) $\tan\alpha = 0{,}5392$ und $\cos\alpha < 0$ b) $\tan\alpha = -1{,}9697$ und $\sin\alpha > 0$
c) $\sin\alpha = 0{,}3852$ und $\cos\alpha < 0$ d) $\cos\alpha = -0{,}6584$ und $\tan\alpha < 0$.

12 Beweise: $\sin(90° + \alpha) = \cos\alpha$; $\cos(90° + \alpha) = -\sin\alpha$ für $0° \leqq \alpha \leqq 90°$.

130 Der Sinussatz

1 In jedem Dreieck liegt der größeren Seite der größere Winkel gegenüber. Prüfe zeichnerisch anhand verschiedener Dreiecke, ob darüberhinaus gilt: Wenn b doppelt so groß ist wie a, dann ist auch β doppelt so groß wie α (Fig. 298.1).

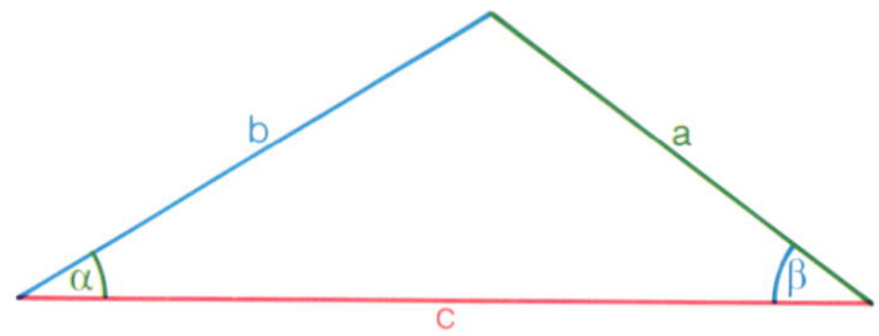

298.1

Um spitzwinklige Dreiecke zu berechnen, zerlegen wir diese zunächst durch eine Höhe in zwei rechtwinklige Dreiecke. Danach gilt in Fig. 298.2:

$h_c = a \cdot \sin\beta$ und $h_c = b \cdot \sin\alpha$, also

$a \cdot \sin\beta = b \cdot \sin\alpha$ oder

$$\frac{a}{b} = \frac{\sin\alpha}{\sin\beta}.$$

Dies gilt auch, wenn z.B. α ein stumpfer Winkel ist. In Fig. 298.3 ist nämlich

$$\sin\alpha' = \sin(180° - \alpha) = \sin\alpha.$$

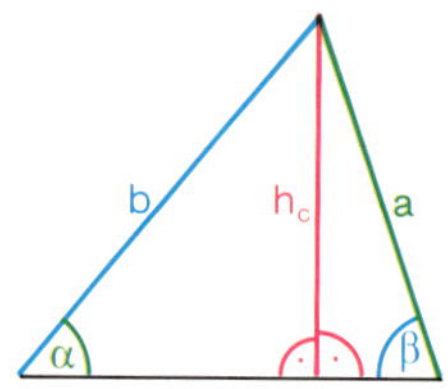

298.2

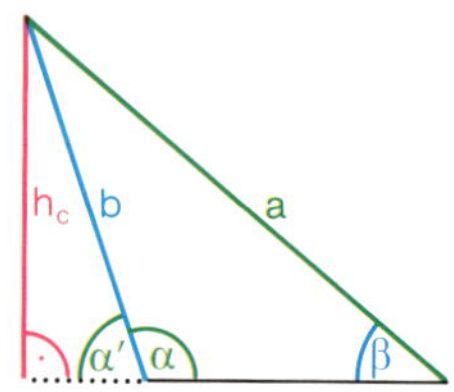

298.3

Verwendet man anstelle der Höhe h_c die Höhe h_a oder h_b, so ergibt sich entsprechend

$$\frac{b}{c} = \frac{\sin\beta}{\sin\gamma} \quad \text{und} \quad \frac{a}{c} = \frac{\sin\alpha}{\sin\gamma}.$$

Die drei Gleichungen besagen:

Sinussatz: In einem Dreieck verhalten sich die Seiten wie die Sinuswerte ihrer Gegenwinkel.

$$\mathbf{a : b : c = \sin\alpha : \sin\beta : \sin\gamma}$$

Der Sinussatz ermöglicht die Berechnung eines beliebigen Dreiecks, wenn zwei Seiten und ein Gegenwinkel (zwei Winkel und eine Seite) gegeben sind.

Beispiel:

Gegeben: a = 6 cm; b = 4,5 cm; α = 62°

Gesucht: c, β, γ

Allgemein:

$$\frac{a}{b} = \frac{\sin\alpha}{\sin\beta}$$

$$\alpha + \beta + \gamma = 180°$$

$$\frac{c}{a} = \frac{\sin\gamma}{\sin\alpha}$$

$$\sin\beta = \frac{b \cdot \sin\alpha}{a}$$

$$\gamma = 180° - (\alpha + \beta)$$

$$c = \frac{a \cdot \sin\gamma}{\sin\alpha}$$

Zahlenrechnung:

$$\sin\beta = \frac{4{,}5 \cdot \sin 62°}{6}$$

$$\gamma = 180° - (62° + 41{,}5°)$$

$$c = \frac{6 \cdot \sin 76{,}5°}{\sin 62°}\ \text{cm}$$

$$\beta = 41{,}5°$$

$$\gamma = 76{,}5°$$

$$c = 6{,}61\ \text{cm}$$

Bemerkung: Bei der Berechnung von β ergeben sich zunächst zwei Werte $\beta_1 = 41{,}5°$ und $\beta_2 = 180° - 41{,}5° = 138{,}5°$. β_2 kommt jedoch wegen $\alpha + \beta_2 > 180°$ nicht in Frage (vgl. Aufgabe 6 und Aufgabe 7).

2 a) Konstruiere das im obigen Beispiel gesuchte Dreieck. Miß c, β, γ; vergleiche mit dem Ergebnis der Rechnung.

b) Berechne c, β, γ für ein Dreieck mit a = 12,4 cm; b = 8,6 cm; α = 51,5°.

3 In Fig. 299.1 ist w_α Winkelhalbierende und s_c Seitenhalbierende. Notiere mit Hilfe der bezeichneten Strecken und Winkel den Sinussatz für
a) Δ ABC b) Δ ADC c) Δ DBC
d) Δ ABE e) Δ AEC.

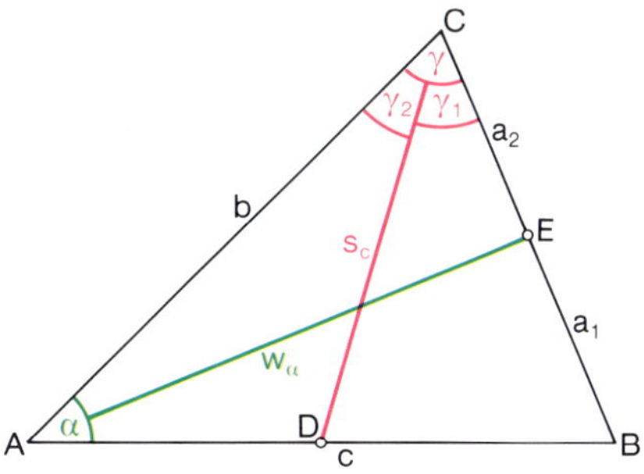

299.1

4 Berechne x und y aus
a) $4:3:x=5:y:2$
b) $x:5:3=2:4:y$
c) $x:3:y=4:5:2$
d) $4:7:8=x:y:3$.

5 Konstruiere das Dreieck ABC. Berechne die fehlenden Seiten und Winkel des Dreiecks; vergleiche mit dem Ergebnis der Konstruktion.
a) $a=4{,}5$ cm; $b=5{,}7$ cm; $\beta=70°$ b) $a=4$ cm; $c=5$ cm; $\gamma=25°$
c) $b=6{,}8$ cm; $c=6{,}2$ cm; $\beta=80°$ d) $a=7{,}5$ cm; $b=5$ cm; $\alpha=110°$
e) $b=9$ cm; $c=5{,}8$ cm; $\beta=141{,}5°$ f) $b=3{,}6$ cm; $c=8$ cm; $\gamma=99°$

6 Im folgenden gibt es zwei Dreiecke mit den gegebenen Stücken. Bestimme die restlichen Seiten und Winkel beider Dreiecke rechnerisch und zeichnerisch.
a) $a=3{,}3$ cm; $b=5{,}2$ cm; $\alpha=35°$ b) $b=4{,}2$ cm; $c=8{,}3$ cm; $\beta=30°$
c) $a=8{,}5$ cm; $c=6$ cm; $\gamma=33{,}5°$ d) $b=7$ cm; $c=5{,}6$ cm; $\gamma=50°$
e) $a=6{,}7$ cm; $b=5{,}6$ cm; $\beta=54°$ f) $b=6$ cm; $c=5$ cm; $\gamma=49°$

7 Untersuche rechnerisch, ob es zwei, eine oder keine Lösung gibt. Berechne gegebenenfalls die fehlenden Stücke.
a) $a=3$ cm; $b=6$ cm; $\alpha=30°$ b) $a=3$ cm; $b=5$ cm; $\alpha=45°$
c) $a=4{,}5$ cm; $c=5{,}5$ cm; $\alpha=40°$ d) $b=5{,}8$ cm; $c=6{,}8$ cm; $\beta=60°$

8 a) $b=6158$ m; $c=4853$ m; $\gamma=33{,}5°$ b) $a=1{,}6$ km; $b=2{,}1$ km; $\alpha=36{,}5°$
c) $a=3{,}4$ cm; $\alpha=40°$; $\beta=65°$ d) $b=8{,}4$ cm; $\beta=74°$; $\gamma=40°$

9 a) Welche Gleichungen ergeben sich, wenn man den Sinussatz auf ein rechtwinkliges Dreieck anwendet?
b) Zeige mit Hilfe des Sinussatzes: In einem gleichschenkligen Dreieck ABC mit der Grundseite c gilt:
$$\frac{a}{c}=\frac{\sin\alpha}{\sin 2\alpha}.$$

10 a) Zeige anhand von Fig. 299.2:
$$\frac{a}{\sin\alpha}=\frac{b}{\sin\beta}=\frac{c}{\sin\gamma}=2r.$$
b) Bestimme zeichnerisch und rechnerisch ein Dreieck ABC mit $b=4$ cm; $c=5$ cm und $r=3$ cm (mit $a=3{,}5$ m; $r=3{,}8$ m; $\beta=102°$).

11 Zeichne ein Dreieck ABC sowie die Winkelhalbierende AD des Winkels α. Welche Beziehung zwischen $\overline{BD}$, $\overline{DC}$, b, c ergibt sich, wenn man den Sinussatz auf Δ ABD und Δ ADC anwendet? (Vgl. S. 205)

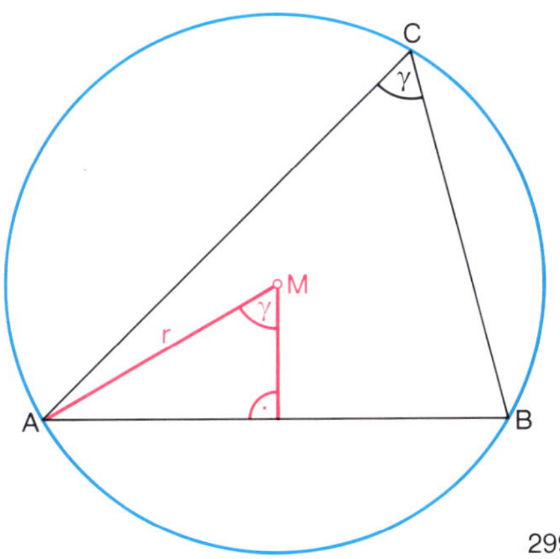

299.2

131 Der Kosinussatz

1 Versuche ein Dreieck zu berechnen, von dem zwei Seiten und der eingeschlossene Winkel gegeben sind. Gibt es einen Sonderfall, in dem die Berechnung gelingt?

Die Verwendung des Sinussatzes zur Berechnung eines Dreiecks setzt voraus, daß unter den gegebenen Stücken mindestens ein Winkel vorkommt. Sind z. B. drei Seiten gegeben, so lassen sich die Winkel bislang nicht berechnen. Wir benötigen für diesen Fall noch einen Zusammenhang zwischen den drei Seiten und einem Winkel.

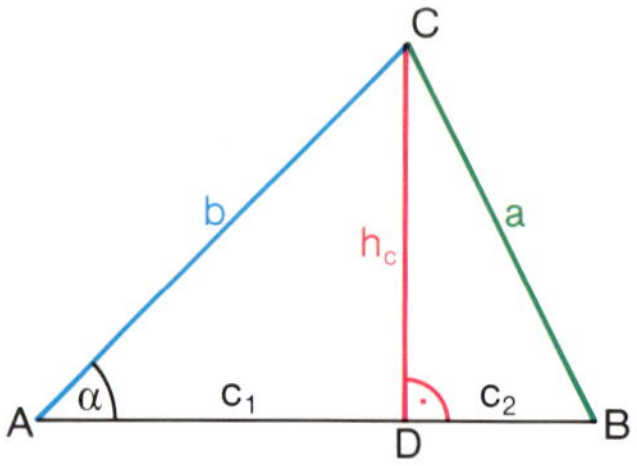

300.1

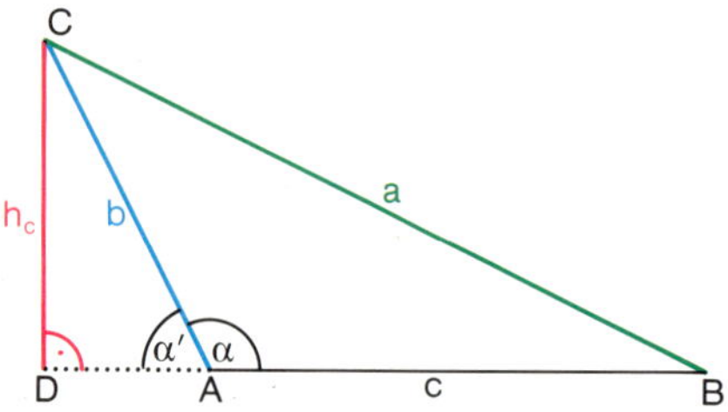

300.2

In Fig. 300.1 (α spitz) gilt

$h_c = b \cdot \sin\alpha$ und $c_1 = b \cdot \cos\alpha$.

Nach dem Satz des Pythagoras gilt für Dreieck DBC

$a^2 = (b \cdot \sin\alpha)^2 + (c - b \cdot \cos\alpha)^2$

$a^2 = b^2(\sin^2\alpha + \cos^2\alpha) + c^2 - 2bc\cos\alpha$

$a^2 = b^2 + c^2 - 2bc\cos\alpha$.

In Fig. 300.2 (α stumpf) gilt

$h_c = b \cdot \sin\alpha'$ und $\overline{DA} = b \cdot \cos\alpha'$.

Nach dem Satz des Pythagoras gilt für Dreieck DBC

$a^2 = (b \cdot \sin\alpha')^2 + (c + b \cdot \cos\alpha')^2$

$a^2 = b^2 + c^2 + 2bc\cos(180° - \alpha)$

$a^2 = b^2 + c^2 - 2bc\cos\alpha$.

Entsprechende Gleichungen ergeben sich, wenn man β oder γ anstelle von α verwendet.

Kosinussatz: In jedem Dreieck ABC gilt

$$a^2 = b^2 + c^2 - 2bc\cos\alpha$$
$$b^2 = c^2 + a^2 - 2ca\cos\beta$$
$$c^2 = a^2 + b^2 - 2ab\cos\gamma.$$

Bemerkung: Im Sonderfall $\gamma = 90°$ folgt aus der letzten Gleichung: $c^2 = a^2 + b^2$. Man nennt deshalb den Kosinussatz auch den „verallgemeinerten Satz des Pythagoras" (vgl. S. 179).

Beispiel 1:

Gegeben: a = 5 cm; b = 6 cm; c = 8 cm

Gesucht: α, β, γ

Allgemein:		Zahlenrechnung:	
	$\cos\alpha = \frac{b^2 + c^2 - a^2}{2bc}$	$\cos\alpha = \frac{36 + 64 - 25}{96}$	$\alpha = 38{,}6°$
	$\cos\beta = \frac{c^2 + a^2 - b^2}{2ca}$	$\cos\beta = \frac{64 + 25 - 36}{80}$	$\beta = 48{,}5°$
$\alpha + \beta + \gamma = 180°$	$\gamma = 180° - (\alpha + \beta)$	$\gamma = 180° - (38{,}6° + 48{,}5°)$	$\gamma = 92{,}9°$

Beachte: Der Kosinussatz liefert Winkel **eindeutig** (im Unterschied zum Sinussatz).

Beispiel 2:

Gegeben: $b=4$ cm; $c=7$ cm; $\alpha=64°$ Gesucht: a, β, γ

Allgemein:

$a^2=b^2+c^2-2bc\cos\alpha$

$\cos\beta=\frac{c^2+a^2-b^2}{2ca}$

$\alpha+\beta+\gamma=180°$ $\gamma=180°-(\alpha+\beta)$

Zahlenrechnung:

$a^2=16+49-56\cos 64°\ \text{cm}^2$

$\cos\beta=\frac{49+6{,}4^2-16}{2\cdot 7\cdot 6{,}4}$

$\gamma=180°-(64°+34{,}4°)$

$a=6{,}4$ cm

$\beta=34{,}4°$

$\gamma=81{,}6°$

② Berechne die fehlenden Seiten und Winkel eines Dreiecks ABC mit
a) $a=5{,}3$ cm; $c=5{,}8$ cm; $\beta=74°$ b) $a=4{,}3$ cm; $b=8{,}3$ cm; $c=5{,}8$ cm.

3 Notiere die drei Gleichungen des Kosinussatzes für das Dreieck in Fig. 301.1.

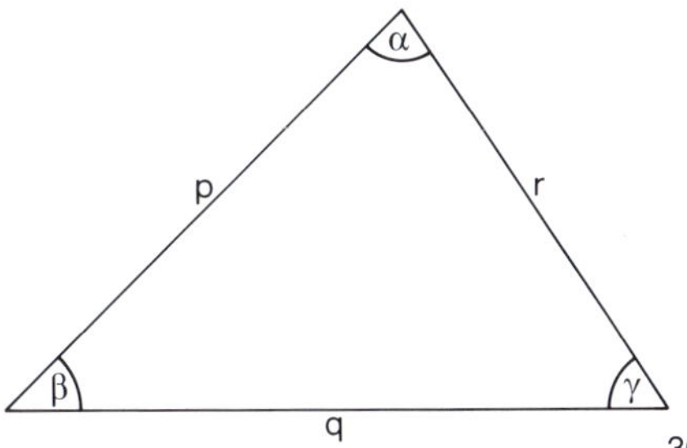

301.1

4 Bestimme zeichnerisch und rechnerisch die Winkel des Dreiecks ABC.
a) $a=4$ cm; $b=5$ cm; $c=6$ cm
b) $a=3$ cm; $b=6$ cm; $c=4$ cm
c) $a=334$ m; $b=178$ m; $c=247$ m
d) $a=50{,}8$ m; $b=53{,}6$ m; $c=39{,}4$ m

5 Bestimme zeichnerisch und rechnerisch die fehlenden Seiten und Winkel.
a) $a=5$ cm; $c=4$ cm; $\beta=60°$ b) $b=7$ cm, $c=3{,}5$ cm; $\alpha=120°$
c) $a=45{,}65$ m; $b=67{,}8$ m; $\gamma=77{,}5°$ d) $a=226{,}3$ m; $c=314{,}9$ m; $\beta=103°$

6 a) Welche Beziehungen zwischen der Grundseite g und der Schenkellänge l eines gleichschenkligen Dreiecks ergeben sich, wenn man den Kosinussatz auf das Dreieck anwendet?
b) Berechne l für $g=6$ cm; $\alpha=54°$. c) Berechne g für $l=10{,}5$ m; $\alpha=38°$.

7 Berechne den Flächeninhalt des Dreiecks ABC. (Anleitung: Berechne zuerst einen Winkel des Dreiecks.)
a) $a=15$ cm; $b=9$ cm; $c=12$ cm b) $a=84$ m; $b=112$ m; $c=154$ m

8 Für die Seiten eines Dreiecks ABC gilt $a:b:c=3:5:6$ $(a:b:c=4:7:10)$. Wie groß sind die Winkel des Dreiecks?

9 In einem Dreieck ABC ist $a=7$ cm; $c=12$ cm; $\beta=57°$. Um wieviel sind die Flächeninhalte der Quadrate über den Seiten a und b zusammen größer als der Flächeninhalt des Quadrates über der Seite c?

10 Ein Parallelogramm hat die Diagonalen $e=8$ cm und $f=14$ cm; sie bilden einen Winkel von 48°. Wie lang sind die Seiten des Parallelogramms?

11 Berechne im Dreieck ABC die fehlenden Seiten und Winkel.
a) $b=4{,}5$ cm; $c=5$ cm; $h_c=3$ cm b) $a=55{,}6$ m; $c=66$ m; $s_c=32{,}7$ m
c) $b=6{,}25$ m; $h_b=5{,}12$ m; $s_b=5{,}57$ m d) $c=160$ m; $h_a=91$ m; $w_\beta=97$ m

12 Ein Quader hat die Kanten $a=8$ cm; $b=6$ cm; $c=3$ cm.
a) Zeichne ein Schrägbild des Quaders ($\alpha=45°$; $k=\frac{1}{2}$).
b) Berechne die Winkel, unter denen sich je zwei (zur gleichen Quaderkante gehörige) Raumdiagonalen schneiden.

132 Berechnung beliebiger Dreiecke

1 Wie viele Stücke (Seiten; Winkel) des dreieckigen Grundstücks in Fig. 302.1 muß man mindestens messen, um das Grundstück maßstabsgetreu zeichnen zu können? Warum ist es nicht gleichgültig, welche Stücke man mißt? Nenne drei Stücke, durch die das Grundstück eindeutig (nicht eindeutig) bestimmt ist.

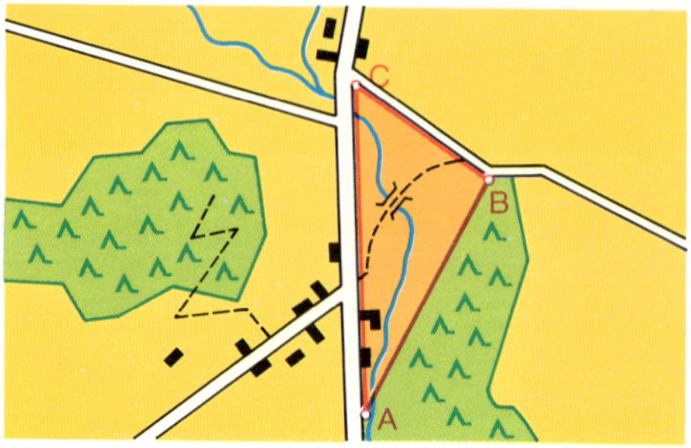

302.1

Sind von den Seiten und Winkeln eines Dreiecks drei unabhängige Stücke gegeben, so können wir die drei anderen mit Hilfe des Sinus- oder Kosinussatzes **berechnen**. Dabei ist zu beachten: Das Lösungsdreieck ist **eindeutig** bestimmt, falls gegeben sind

a) die drei Seiten (Kongruenzsatz sss)
b) zwei Seiten und der eingeschlossene Winkel (Kongruenzsatz sws)
c) eine Seite und zwei Winkel (Kongruenzsatz wsw bzw. sww)
d) zwei Seiten und der Gegenwinkel der größeren Seite (Kongruenzsatz Ssw).

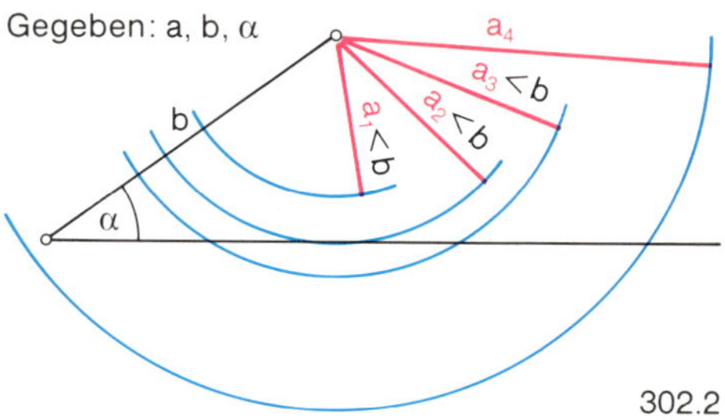

302.2

Dagegen ist das Lösungsdreieck i. allg. **nicht eindeutig** bestimmt, wenn zwei Seiten und der Gegenwinkel der kleineren Seite gegeben sind (Fig. 302.2).
Im folgenden setzen wir voraus, daß es ein Dreieck mit den gegebenen Stücken gibt. Es handelt sich dann um die folgenden **Aufgabentypen**.

Gegeben:	Lösung nach dem	Lösungsdreiecke
Drei Seiten	Kosinussatz	1
Zwei Seiten und der eingeschlossene Winkel	Kosinussatz	1
Zwei Seiten und der Gegenwinkel der größeren Seite	Sinussatz	1
Zwei Seiten und der Gegenwinkel der kleineren Seite	Sinussatz	1 oder 2
Eine Seite und zwei Winkel	Sinussatz	1

Beispiel 1:
Gegeben: $a = 12{,}4$ m; $b = 9{,}8$ m; $\beta = 47°$ Gesucht: c; α; γ
β ist Gegenwinkel der kleineren Seite; es kann also 1 oder 2 Lösungsdreiecke geben.
Aus $a:b = \sin\alpha : \sin\beta$ folgt $\alpha_1 = 67{,}7°$ und $\alpha_2 = 112{,}3°$. Da sowohl $\alpha_1 + \beta < 180°$ als auch $\alpha_2 + \beta < 180°$ ist, gibt es zwei Lösungsdreiecke:
1. Lösungsdreieck: $\alpha = 67{,}7°$; $\gamma = 65{,}3°$; $c = 12{,}2$ cm
2. Lösungsdreieck: $\alpha = 112{,}3°$; $\gamma = 20{,}7°$; $c = 4{,}7$ cm.

Beispiel 2:
Gegeben: $b=4{,}8$ cm; $c=7{,}2$ cm; $\beta=45°$ Gesucht: a; α; γ
β ist Gegenwinkel der kleineren Seite; es sind also 1 oder 2 Lösungsdreiecke möglich (falls die Aufgabe lösbar ist). Aus $b:c=\sin\beta:\sin\gamma$ folgt $\sin\gamma=1{,}0607$. Da es keinen Winkel gibt mit einem Sinuswert größer als 1, ist die Aufgabe unlösbar; es gibt kein Dreieck mit $b=4{,}8$ cm; $c=7{,}2$ cm und $\beta=45°$.

② Berechne ein Dreieck aus
a) $b=7{,}5$ m; $a=10{,}2$ m; $\beta=40°$
b) $b=9{,}4$ cm; $c=7{,}8$ cm; $\gamma=57°$
c) $a=6{,}4$ cm; $c=12{,}8$ cm; $\alpha=30°$.

3 Berechne die fehlenden Seiten und Winkel des Dreiecks ABC.
a) $a=24$ m; $b=31$ m; $c=50$ m
b) $a=67{,}4$ m; $b=49{,}8$ m; $c=77{,}6$ m
c) $c=187$ m; $\alpha=63°$; $\beta=41°$
d) $a=18{,}6$ m; $\beta=34°$; $\gamma=62{,}5°$
e) $c=28{,}5$ km; $\alpha=41°$; $\gamma=62{,}5°$
f) $b=12{,}7$ cm; $\beta=28°$; $\gamma=76°$

4 a) $a=30{,}5$ m; $b=37{,}5$ m; $\gamma=104°$
b) $a=334$ m; $c=178$ m; $\beta=56{,}5°$
c) $b=254$ m; $c=373$ m; $\gamma=74{,}9°$
d) $b=2316$ m; $c=3666$ m; $\beta=36{,}5°$
e) $a=6{,}3$ cm; $b=3{,}4$ cm; $\beta=32°$
f) $b=8{,}5$ m; $c=6$ m; $\gamma=38°$

5 Berechne die fehlenden Seiten und Winkel des Vierecks ABCD (Fig. 303.1).
a) $a=12$ cm; $b=8$ cm; $c=6$ cm; $d=7$ cm; $\beta=65°$
b) $a=3{,}5$ cm; $b=4{,}2$ cm; $c=5$ cm; $d=3{,}6$ cm; $\alpha=120°$
c) $a=6{,}3$ m; $b=4{,}5$ m; $c=3{,}6$ m; $d=2{,}2$ m; $f=6$ m
d) $a=5{,}8$ m; $b=4$ m; $\alpha=87°$; $\beta=49°$; $\gamma=112°$

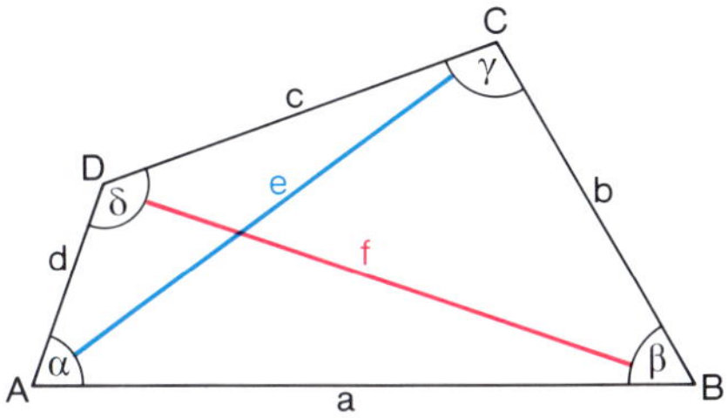

303.1

6 Berechne die fehlenden Seiten und Winkel des Dreiecks ABC. Konstruiere das Dreieck.
a) $h_c=5{,}3$ cm; $s_c=5{,}5$ cm; $\alpha=53°$
b) $h_c=5$ cm; $w_\gamma=6{,}4$ cm; $\beta=110°$

Aus der Raumgeometrie

7 Ein Quader hat die Länge $\overline{AB}=8$ cm, die Breite $\overline{BC}=5$ cm und die Höhe $\overline{BD}=3$ cm. S sei der Schnittpunkt der Raumdiagonalen des Quaders. Berechne ∢ ASB und ∢ BSC.

8 Unter welchem Winkel sind bei einem Tetraeder die Seitenkanten (die Seitenflächen) gegen die Grundfläche geneigt?

9 Eine schiefe Pyramide (Fig. 303.2) hat eine quadratische Grundfläche ABCD mit $\overline{AB}=4$ cm und die Seitenkanten $\overline{AS}=\overline{DS}=8$ cm, $\overline{BS}=\overline{CS}=6$ cm.
Berechne
a) ∢ CBS, ∢ SBA, ∢ BAS, ∢ SAD
b) die Höhen der Seitenflächen
c) die Oberfläche
d) die Höhe und den Rauminhalt.

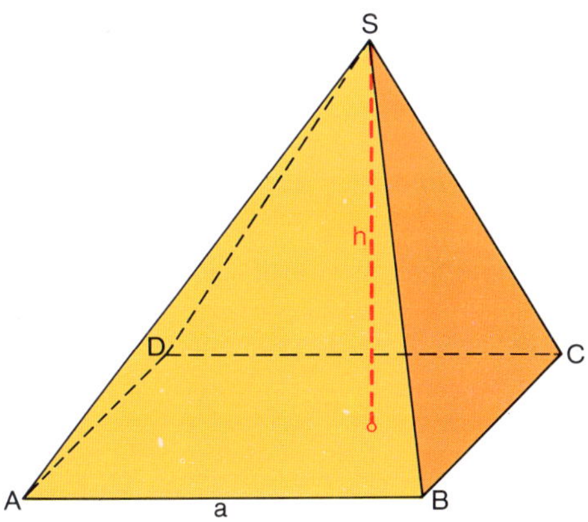

303.2

Entfernungen. Höhen

10 Um die Entfernung zweier Punkte P und Q zu bestimmen, zwischen denen ein Hindernis liegt, wählt man einen geeigneten Hilfspunkt A und mißt AP, AQ und ∢ PAQ. Berechne $\overline{PQ}$ für $\overline{AP} = 168$ m; $\overline{AQ} = 214$ m; $\alpha = 81{,}5°$.

11 Zwei waagrechte Stollen in einem Bergwerk gehen von einem Punkt A unter dem Winkel $\alpha = 75°$ aus und haben die Längen $\overline{AB} = 325$ m und $\overline{AC} = 275$ m. Wie lang wird ein Verbindungsstollen von B nach C? Unter welchen Winkeln gegen BA bzw. CA muß man ihn von B und C aus vortreiben?

12 Stuttgart (S), Mainz (M) und Freiburg (F) bilden ein Dreieck mit den Seiten $\overline{SM} = 150$ km; $\overline{MF} = 225$ km; $\overline{FS} = 130$ km. Mainz liegt von Stuttgart aus in der Richtung N 25° W. In welcher Richtung liegt Freiburg von Stuttgart (Mainz) aus?

13 Um die Entfernungen zweier Punkte A, B von einem unzugänglichen Punkt P zu ermitteln („Vorwärtseinschneiden"), mißt man $\overline{AB} = 265{,}7$ m (1645,3 m) sowie ∢ PAB zu $\alpha = 56{,}3°$ ($\alpha = 35{,}1°$) und ∢ PBA zu $\beta = 72{,}7°$ ($\beta = 106{,}5°$).

14 Um die Entfernung $\overline{PQ}$ zweier unzugänglicher Punkte P und Q zu bestimmen, hat man eine Standlinie $\overline{AB} = 364{,}7$ m (234,5 m) abgesteckt und ∢ PAB zu $\alpha = 68{,}2°$ (111,8°), ∢ QAB zu $\beta = 34{,}9°$ (41,4°), ∢ PBA zu $\gamma = 29{,}9°$ (32,2°), ∢ QBA zu $\delta = 80{,}6°$ (106,1°) gemessen. (Vorwärtseinschneiden nach zwei Punkten.)

15 Beim „Rückwärtseinschneiden" soll (wie in Aufgabe 14) die Entfernung zweier Punkte P und Q (Fig. 304.1) ermittelt werden, zwischen denen ein Hindernis liegt. Gemessen werden die Standlinie AB sowie von P bzw. Q aus die Winkel α, β, γ, δ. Berechne $\overline{PQ}$ für $\overline{AB} = 1{,}8$ km; $\alpha = 68°$; $\beta = 42°$; $\gamma = 85°$; $\delta = 36°$ ($\overline{AB} = 2{,}8$ km; $\alpha = 110°$; $\beta = 41°$; $\gamma = 102°$; $\delta = 28°$). (Anleitung: Nimm an, die Entfernung der Punkte P, Q betrage 1 km. Welche Länge ergibt sich dann für die Standlinie? Berechne $\overline{PQ}$ aus $a : \overline{AB} = 1 : \overline{PQ}$.)

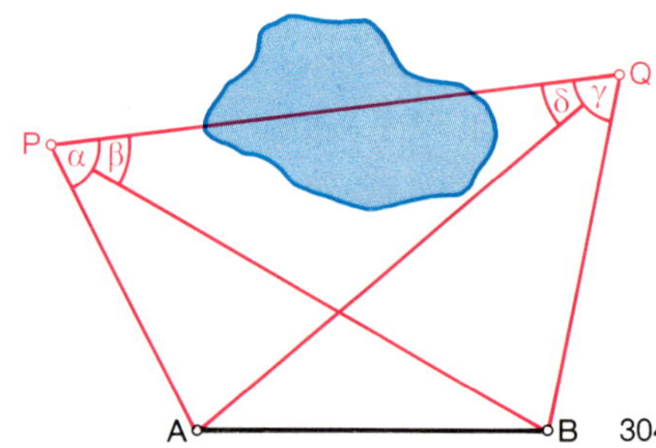

304.1

16 Um die Höhe eines Berggipfels G zu bestimmen, mißt man in den Endpunkten einer horizontalen Standlinie AB mit $\overline{AB} = 326{,}7$ m (Fig. 304.2) die Horizontalwinkel $\alpha = 83{,}1°$ und $\beta = 64{,}5°$, ferner den Höhenwinkel $\gamma = 26°$ und (zur Kontrolle) $\delta = 24°$. Wie hoch liegt G über A? Vergleiche die beiden Werte für $\overline{CG}$, die sich aus γ bzw. δ ergeben.

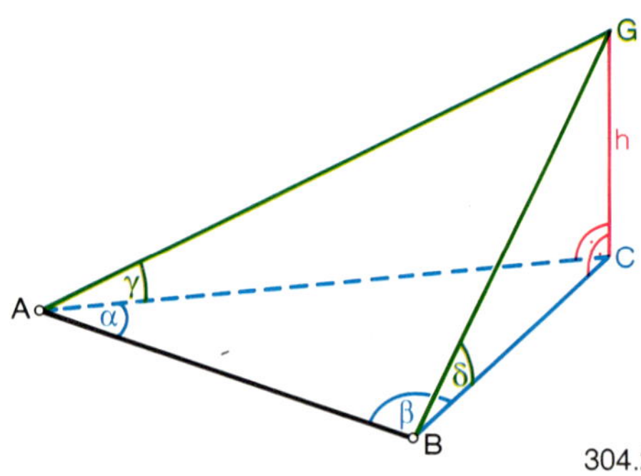

304.2

17 Zwei gegenüberliegende Punkte A und B an den Ufern eines Flusses erblickt man von einem Aussichtspunkt C aus unter den Tiefenwinkeln $\alpha = 18{,}5°$ und $\beta = 25{,}8°$. Die Strecke AB erscheint unter dem Horizontalwinkel $\gamma = 31{,}3°$.

a) Wie breit ist der Fluß, wenn C um $h = 186{,}5$ m über A und B liegt?
b) Unter welchem Sehwinkel erscheint AB?

133 Die trigonometrischen Funktionen auf $[0;2\pi[$

1 Ein Punkt P bewegt sich auf einer Kreisbahn um den Ursprung O (Fig. 305.1). Er startet in A(1|0). Welche Koordinaten hat der Punkt P, wenn er die Hälfte ($\frac{3}{4}$; $\frac{5}{8}$; $\frac{7}{10}$) eines Umlaufs zurückgelegt hat?

Die trigonometrischen Funktionen finden eine wichtige Anwendung bei der mathematischen Beschreibung von Kreisbewegungen. Wir nehmen an, daß ein Punkt P in A(1|0) startet und den Nullpunkt wie in Fig. 305.1 auf dem Einheitskreis umläuft. Welche Koordinaten hat der Punkt P, nachdem er einen Weg von x LE zurückgelegt hat?

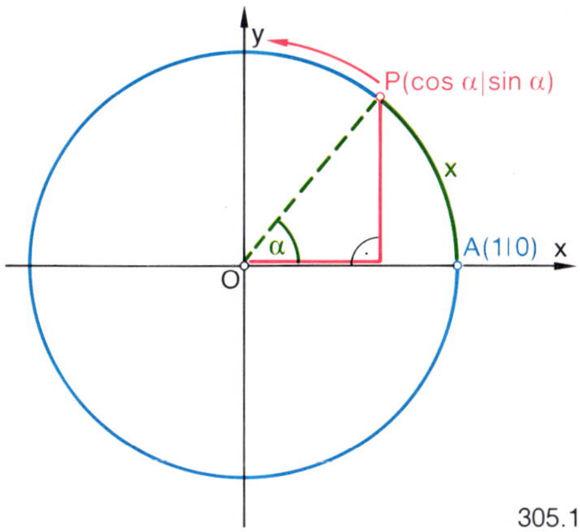

305.1

Um die Koordinaten von P zu bestimmen, ermitteln wir zuerst den zu x gehörenden Winkel α, dann die zu α gehörenden Werte $\cos\alpha$ und $\sin\alpha$.

Aus $x:2\pi=\alpha:360°$ folgt $\alpha=\frac{x\cdot 180°}{\pi}$ und hieraus $P\left(\cos\frac{x\cdot 180°}{\pi}\,\middle|\,\sin\frac{x\cdot 180°}{\pi}\right)$.

Beispiel 1:
Welche Koordinaten hat der Punkt P, nachdem er 0,8 LE zurückgelegt hat?

$$x \longmapsto \alpha \longmapsto \cos\alpha \text{ (bzw. } \sin\alpha)$$
$$0{,}8 \longmapsto 45{,}84° \longmapsto 0{,}6967 \text{ (bzw. } 0{,}7174)$$

Also befindet sich der Punkt in P(0,6967|0,7174).

Auf diese Weise wird jeder reellen Zahl x mit $0 \leqq x < 2\pi$ ein Sinuswert und ein Kosinuswert zugeordnet. Die Funktionen

$$x \mapsto \sin x \quad \text{und} \quad x \mapsto \cos x$$

sind damit für reelle Zahlen aus dem (links „abgeschlossenen", rechts „offenen") Intervall $[0;2\pi[$ erklärt. Hat im Einheitskreis der zum Mittelpunktswinkel α gehörige Bogen die Länge x LE, so nennt man die reelle Zahl x das Bogenmaß von α (vgl. S. 247). Wir können daher feststellen:

Gibt man Winkel im **Bogenmaß x** an, dann sind die Funktionen
$x \mapsto \sin x$ und **$x \mapsto \cos x$**
für **reelle Zahlen $x \in [0;2\pi[$** definiert.

In der Tabelle für die trigonometrischen Funktionen auf S. 322/323 sind die Winkel sowohl im Gradmaß (α) als auch im Bogenmaß (x) angegeben. Bei Verwendung eines Taschenrechners muß vor der Eingabe des Bogenmaßes die Bezeichnung RAD[1] mittels einer besonderen Taste in die Anzeige gebracht werden.

1. von RADIUS (verwendete Längeneinheit beim Messen der Bogenlänge).

Beispiel 2:

a) Tabelle (S. 322/323): $\sin 1{,}37 = 0{,}9799$; $\cos 1{,}44 = 0{,}1304$; $\tan 0{,}89 = 1{,}235$.
Um sin 2,45 zu bestimmen, beachten wir, daß $\sin\alpha = \sin(180° - \alpha)$ ist, also im Bogenmaß $\sin 2{,}45 = \sin(\pi - 2{,}45) = \sin 0{,}69 = 0{,}6378$.

b) Um mit dem Taschenrechner cos 2,45 zu bestimmen, bringen wir RAD und danach 2,45 in die Anzeige. Nun liefert die COS-Taste $\cos 2{,}45 = -0{,}7702$.

② Bestimme mit der Tabelle (S. 322/323) und mit dem Taschenrechner:
a) sin 1,38 b) cos 1,41 c) sin 3,64 d) cos 6,00.

3 In Fig. 306.1 ist im Einheitskreis zum Winkel 30° das Bogenmaß $\frac{\pi}{6}$ angegeben. Trage im Heft für die Winkel 60°; 90°; ...; 330°; 0° die Bogenmaße ein.

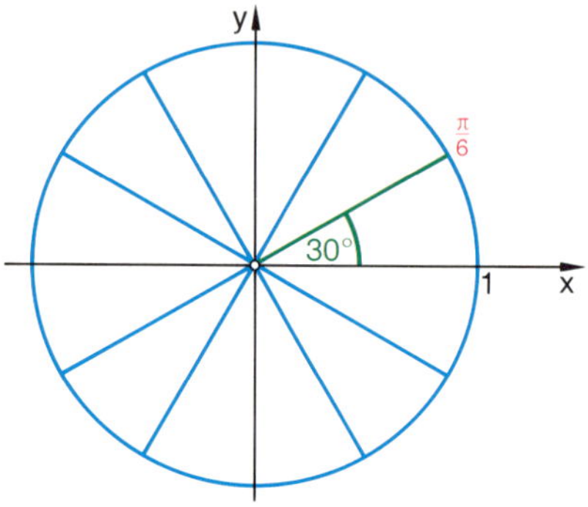

306.1

4 Gib die folgenden Winkel im Bogenmaß an (als Vielfache von π und mit Komma auf 2 Dezimalen).
a) 180°; 90°; 270°; 45°; 135°; 225°; 315°
b) 60°; 120°; 30°; 15°; 75°; 150°; 7,5°
c) 36°; 18°; 9°; 72°; 144°; 54°; 108°
d) 1°; 7°; 23°; 68°; 112°; 137°; 318°

5 Gib folgende Winkel im Gradmaß an.
a) $\pi; \frac{\pi}{2}; \frac{\pi}{4}; \frac{3\pi}{4}; \frac{5\pi}{4}; \frac{\pi}{3}; \frac{2\pi}{3}; \frac{\pi}{6}; \frac{5\pi}{6}; \frac{11\pi}{6}$
b) $\frac{\pi}{10}; \frac{3\pi}{10}; \frac{7\pi}{10}; \frac{\pi}{18}; \frac{5\pi}{18}; \frac{\pi}{180}; \frac{7\pi}{180}; \frac{7\pi}{18}; \frac{\pi}{36}$

6 Bestimme mit Hilfe der Tabelle (näherungsweise) und mit dem Taschenrechner:
a) sin 0,52 b) cos 0,84 c) tan 0,63 d) cos 1,31
e) sin 1,50 f) cos 1,21 g) tan 1,49 h) sin 1,05.

7 a) sin 1,65 b) cos 3,00 c) sin 2,14 d) cos 1,86
e) tan 2,93 f) tan 2,08 g) sin 3,05 h) cos 2,74

8 a) sin 3,68 b) cos 4,35 c) sin 3,81 d) cos 4,00
e) tan 4,20 f) tan 3,82 g) cos 4,60 h) sin 3,98

9 a) sin 5,21 b) cos 4,92 c) sin 6,15 d) cos 5,93
e) tan 6,07 f) tan 4,91 g) cos 5,26 h) sin 5,75

10 Bestimme die beiden x-Werte (im Bogenmaß und im Gradmaß), für welche gilt:
a) $\sin x = 0{,}5$ b) $\cos x = 0{,}5$ c) $\tan x = 1$ d) $\sin x = -0{,}5$
e) $\cos x = -0{,}5$ f) $\tan x = -1$ g) $\sin x = 0$ h) $\cos x = 0$.

11 a) $\sin x = 0{,}9396$ b) $\sin x = 0{,}8192$ c) $\cos x = 0{,}6294$ d) $\cos x = -0{,}8870$
e) $\sin x = -0{,}5519$ f) $\sin x = -0{,}6947$ g) $\cos x = 0{,}7071$ h) $\cos x = -0{,}1736$
i) $\tan x = 0{,}4245$ j) $\tan x = -0{,}4557$ k) $\tan x = 0{,}6249$ l) $\tan x = -1{,}6003$

12 a) $\sin x = -0{,}8500$ b) $\cos x = -0{,}7314$ c) $\tan x = 2{,}35$ d) $\sin x = 0{,}4512$
e) $\cos x = -0{,}1827$ f) $\sin x = 0{,}8905$ g) $\cos x = 0{,}7510$ h) $\tan x = -1{,}85$
i) $\sin x = 0{,}2500$ j) $\cos x = 0{,}3896$ k) $\tan x = 1{,}6890$ l) $\cos x = -0{,}9090$

13 Zeichne die Schaubilder der Funktionen $x \mapsto \sin x$ und $x \mapsto \cos x$ ($x \mapsto \tan x$) für $0 \leqq x < 2\pi$. (Anleitung: Wähle auf beiden Koordinatenachsen 2 cm als LE.)

134 Fortsetzung der trigonometrischen Funktionen auf $\mathbb{R}$

① Eine Uhr zeigt 15.00 Uhr an. Wo befindet sich der Minutenzeiger nach 85 (nach 135) Minuten? Wo befand er sich vor 80 (vor 150) Minuten?

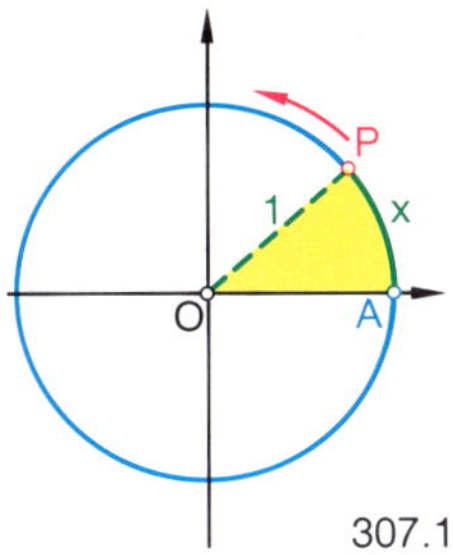

307.1

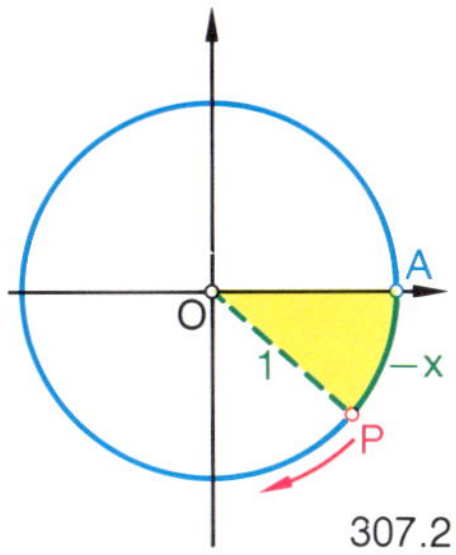

307.2

Wir betrachten wieder die Bewegung eines in A(1|0) startenden Punktes P auf dem Einheitskreis (Fig. 307.1). Bei seinem Umlauf gilt: Nachdem P einen Weg von x LE zurückgelegt hat, befindet er sich in

$P(\cos x|\sin x)$.

Nach einem weiteren vollen Umlauf hat P wieder dieselben Koordinaten, inzwischen jedoch einen Weg von $(x+2\pi)$ LE zurückgelegt. Ebenso hat der Punkt wieder dieselben Koordinaten, nachdem er einen vollen Umlauf mit negativem Umlaufsinn ausgeführt hat (Fig. 307.2). Setzt man bei negativem Umlaufsinn zurückgelegte Wege negativ an, dann befindet sich der Punkt also auch nach einem Weg von $(x-2\pi)$ LE wieder in $P(\cos x|\sin x)$.
Dies legt nahe, die trigonometrischen Funktionen über $[0; 2\pi[$ hinaus fortzusetzen.

Definition 1: Für alle $x \in [0; 2\pi[$ und alle $k \in \mathbb{Z}$ soll gelten:

$$\sin(x + k \cdot 2\pi) = \sin x$$
$$\cos(x + k \cdot 2\pi) = \cos x.$$

Danach ändert sich der Sinus- und Kosinuswert einer reellen Zahl x nicht, wenn man zu x ein ganzzahliges Vielfaches von 2π addiert oder subtrahiert. Man sagt: Die Sinusfunktion und die Kosinusfunktion sind **periodisch** mit der **Periode 2π** (Fig. 307.3).

Beispiel 1:
a) $\sin 7{,}28 = \sin(7{,}28 - 2\pi) = \sin 1{,}00 = 0{,}84$. (Da $7{,}28 - 2\pi$ auf 2 Dezimalen gerundet wurde, ist auch der Sinuswert mit nur 2 Dezimalen angegeben.)
b) $\cos 8{,}19 = \cos(8{,}19 - 2\pi) = \cos 1{,}91 = -0{,}33$
c) $\sin(-11{,}67) = \sin(-11{,}67 + 2 \cdot 2\pi) = \sin 0{,}90 = 0{,}78$
d) $\cos(-26{,}92) = \cos(-26{,}92 + 5 \cdot 2\pi) = \cos 4{,}50 = -0{,}21$.
Der Taschenrechner liefert auch für $x \notin [0; 2\pi[$ die Funktionswerte $\sin x$, $\cos x$.

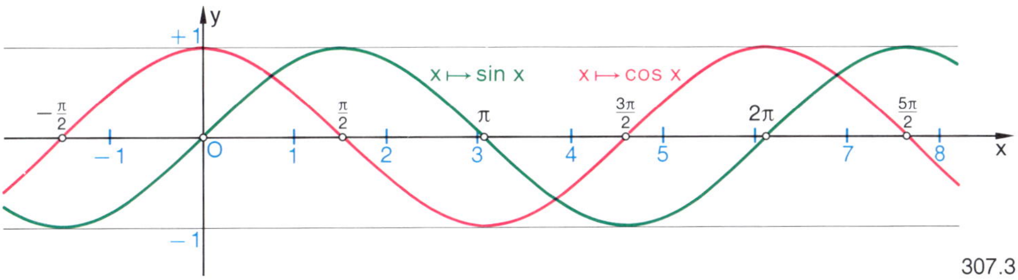

307.3

Ebenso wird auch die Funktion $x \mapsto \tan x$ über das Intervall $[0; 2\pi[$ hinaus fortgesetzt. Da es für $x = \frac{1}{2}\pi$ und $x = \frac{3}{2}\pi$ keinen Tangenswert gibt, sind dabei alle ungeradzahligen Vielfachen von $\frac{1}{2}\pi$ auszuschließen.

Definition 2: Für $x \in [0; 2\pi[;\ x \neq \frac{1}{2}\pi; \frac{3}{2}\pi$ und alle $k \in \mathbb{Z}$ soll gelten:

$$\tan(x + k \cdot 2\pi) = \tan x.$$

Fig. 308.1 zeigt das Schaubild der Tangensfunktion. Da $\tan(\pi + x) = \tan x$ ist, ändert sich $\tan x$ nicht, wenn man zu x ein ganzzahliges Vielfaches von π addiert oder subtrahiert. Die Tangensfunktion ist also **periodisch** mit der **Periode π**.

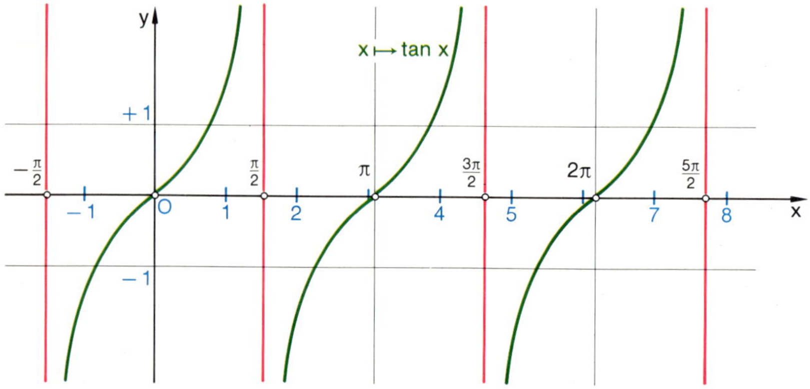

308.1

Beispiel 2:

a) $\tan 7{,}52 = \tan(7{,}52 - 2\pi) = \tan 1{,}24 = 2{,}88$ (vgl. Fig. 308.1)

b) $\tan(-16{,}25) = \tan(-16{,}25 + 3 \cdot 2\pi) = \tan 2{,}60 = -0{,}60$

c) $\tan(-0{,}82) = \tan(-0{,}82 + \pi) = \tan 2{,}32 = -1{,}07$ (vgl. Fig. 308.1).

Beispiel 3:

Ein Massenpunkt P umkreist mit gleichbleibender Geschwindigkeit den Nullpunkt auf einem Kreis mit dem Radius r (in cm). Ein Umlauf dauert T Sekunden. Welche Koordinaten hat der Punkt P t Sekunden nach seinem Durchgang durch $A(r|0)$ (Fig. 308.2)?

P legt in 1 s den Weg $\frac{2\pi r}{T}$ (in cm), in t s den Weg $\frac{2\pi r}{T} \cdot t$ zurück. Mit r cm als Längeneinheit (d.h.: dem gegebenen Kreis als Einheitskreis) ist dies der Weg $\frac{2\pi}{T} \cdot t$ (in Radien). Also befindet sich der Punkt in

$$P\left(r \cdot \cos \frac{2\pi}{T} \cdot t \,\middle|\, r \cdot \sin \frac{2\pi}{T} \cdot t\right).$$

Mit $r = 5$; $T = 3$; $t = 8{,}4$ ergibt sich $P(1{,}55|-4{,}76)$ (Fig. 308.2).

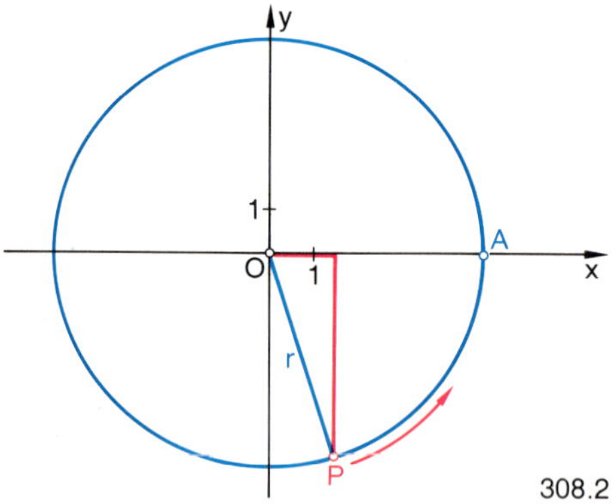

308.2

② Wo befindet sich der Punkt P 4,6 (13,8) Sekunden vor dem Durchgang durch A?

3 a) Zeichne die Schaubilder der Sinusfunktion $x \mapsto \sin x$ und der Kosinusfunktion $x \mapsto \cos x$ für $-\pi \leqq x \leqq 3\pi$ in dasselbe Koordinatensystem. (LE 1 cm)
b) Zeichne (in ein neues Koordinatensystem (LE 1 cm)) das Schaubild der Tangensfunktion $x \mapsto \tan x$ für $-\pi \leqq x \leqq 3\pi$.
c) Entnimm den Schaubildern Näherungswerte für $\sin \frac{1}{4}\pi$; $\sin \frac{11}{4}\pi$; $\cos \frac{2}{3}\pi$; $\cos \frac{5}{4}\pi$; $\tan \frac{8}{3}\pi$; $\sin 2{,}8$; $\sin(-2{,}5)$; $\cos(-1{,}9)$; $\sin 7{,}4$; $\cos 8{,}7$; $\tan 3{,}7$; $\tan 5{,}2$.

4 Das Schaubild der Tangensfunktion ist punktsymmetrisch zum Punkt $P(\pi|0)$; darin zeigt sich, daß $\tan(\pi - x) = -\tan(\pi + x)$ gilt.
Drücke ebenso durch eine Gleichung aus, daß das Schaubild der
a) Sinusfunktion zu $O(0|0)$ punktsymmetrisch ist
b) Kosinusfunktion zur y-Achse achsensymmetrisch ist
c) Sinusfunktion zur Geraden mit der Gleichung $x = \frac{1}{2}\pi$ achsensymmetrisch ist
d) Kosinusfunktion zum Punkt $Q(\frac{1}{2}\pi|0)$ punktsymmetrisch ist
e) Tangensfunktion zu $O(0|0)$ punktsymmetrisch ist.

5 Gib die folgenden Funktionswerte (ohne Tabelle oder Rechner) an.

a) $\sin 3\pi$	b) $\sin 8\pi$	c) $\sin(-9\pi)$	d) $\sin \frac{5}{2}\pi$
e) $\sin \frac{7}{2}\pi$	f) $\sin(-\frac{3}{2}\pi)$	g) $\sin(-\frac{5}{2}\pi)$	h) $\sin \frac{11}{2}\pi$
i) $\cos \frac{5}{2}\pi$	j) $\cos 7\pi$	k) $\cos 14\pi$	l) $\cos \frac{11}{2}\pi$
m) $\cos(-\frac{1}{2}\pi)$	n) $\cos(-4\pi)$	o) $\cos(-7\pi)$	p) $\cos(-\frac{9}{2}\pi)$
q) $\tan 5\pi$	r) $\tan(-7\pi)$	s) $\tan \frac{9}{4}\pi$	t) $\tan(-\frac{11}{4}\pi)$

6 Bestimme die folgenden Funktionswerte.

a) $\sin 7{,}45$	b) $\sin 12{,}26$	c) $\sin(-8{,}50)$	d) $\sin(-14{,}32)$
e) $\cos 7{,}94$	f) $\cos 18{,}40$	g) $\cos(-6{,}89)$	h) $\cos(-8{,}36)$
i) $\tan 11{,}24$	j) $\tan 15{,}00$	k) $\tan(-9{,}31)$	l) $\tan(-16{,}25)$
m) $\sin 6{,}84$	n) $\cos 8{,}23$	o) $\cos(-0{,}42)$	p) $\sin(-1{,}38)$

7

a) $\sin \frac{20}{3}$	b) $\cos(-\frac{3}{4})$	c) $\sin(-\frac{4}{5})$	d) $\tan(-\frac{7}{8})$
e) $\sin 5\sqrt{2}$	f) $\cos 3\sqrt{5}$	g) $\sin(-\sqrt{3})$	h) $\cos(-\frac{1}{2}\sqrt{2})$
i) $\cos \frac{1}{2}\sqrt{3}$	j) $\cos(-\frac{1}{3}\sqrt{3})$	k) $\sin(-0{,}8 \cdot \sqrt{7})$	l) $\tan \frac{5}{8}\sqrt{5}$

8 Berechne die Funktionswerte der folgenden Funktionen für $x = 2$ $(1;\ 5{,}4;\ -\frac{3}{2};\ \frac{1}{3}\pi)$.

a) $x \mapsto 3 \sin x$	b) $x \mapsto -\frac{1}{2}\cos x$	c) $x \mapsto -\tan x$
d) $x \mapsto \sin \frac{1}{2}x$	e) $x \mapsto \cos 3x$	f) $x \mapsto \tan \frac{2}{3}x$
g) $x \mapsto \sin(-3x)$	h) $x \mapsto \cos(-\frac{1}{2}x)$	i) $x \mapsto \tan(-\frac{2}{3}x)$
j) $x \mapsto \frac{1}{2}\sin \frac{2}{3}x$	k) $x \mapsto 2\cos \frac{1}{2}\pi x$	l) $x \mapsto -\frac{1}{2}\tan(-3x)$

9 Zeichne für $0 \leqq x \leqq 2\pi$ (jeweils in einem neuen Koordinatensystem mit der Längeneinheit 1 cm) Schaubilder der folgenden Funktionen.
a) $x \mapsto 2{,}5 \sin x$ b) $x \mapsto -2 \sin x$ c) $x \mapsto -3 \cos x$
Wie gehen die Schaubilder aus dem Schaubild von $x \mapsto \sin x$ bzw. $x \mapsto \cos x$ hervor?

10 Zeichne für $0 \leqq x \leqq 2\pi$ in dasselbe Koordinatensystem (LE 1 cm) die Schaubilder der Funktionen $x \mapsto \sin x$; $x \mapsto \sin 2x$ und $x \mapsto \sin \frac{1}{2}x$. Wie gehen die Schaubilder von $x \mapsto \sin 2x$ und $x \mapsto \sin \frac{1}{2}x$ aus dem Schaubild von $x \mapsto \sin x$ hervor? Welche Periode haben die drei Funktionen?

11 Zeichne für $0 \leqq x \leqq 2\pi$ (in dasselbe Koordinatensystem (LE 2 cm)) die Schaubilder der Funktionen $x \mapsto \sin x$ und $x \mapsto \sin(x - \frac{1}{2}\pi)$. Wie gehen die Schaubilder auseinander hervor?

135 Trigonometrische Gleichungen

1 Fig. 310.1 zeigt den Verlauf der Sinuskurve für $0 \leqq x \leqq \frac{\pi}{2}$. Entnimm der Zeichnung einen Näherungswert für sin 0,75 sowie für den x-Wert mit $\sin x = 0{,}75$. Bestimme mit dem Taschenrechner diesen x-Wert und sin 0,75 auf 4 Dezimalen.

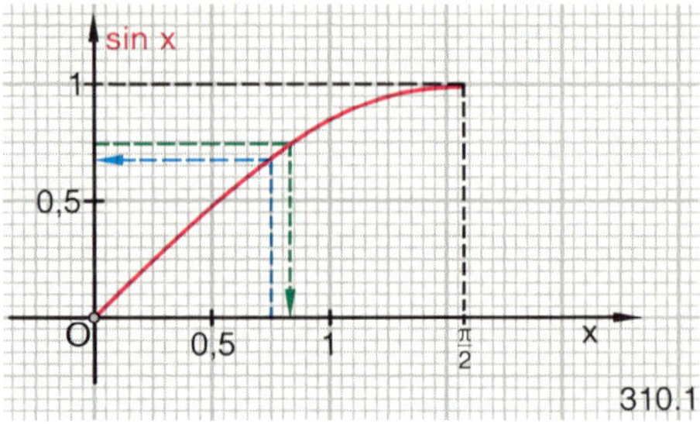

310.1

Gleichungen wie $\sin x = 0{,}5$; $2 \cdot \cos x = -0{,}3$; $2 \cdot \sin^2 x - \sin x = 1$ oder $\sin^2 x + \cos^2 x = 1$ nennt man **trigonometrische Gleichungen**. – Im folgenden zeigen wir anhand typischer Beispiele, wie solche Gleichungen gelöst werden.

Beispiel 1: $\sin x = 0{,}6442$
Mit Hilfe der Tabelle (S. 322/323) oder des Taschenrechners finden wir näherungsweise $x_1 = 0{,}70$. Wegen $\sin(\pi - x) = \sin x$ ist $x_2 = \pi - x_1 = 2{,}44$ ebenfalls eine Lösung. Da die Sinusfunktion periodisch ist mit der Periode 2π, sind auch alle x-Werte $0{,}70 + k \cdot 2\pi$ $(k \in \mathbb{Z})$ und alle x-Werte $2{,}44 + k \cdot 2\pi$ $(k \in \mathbb{Z})$ Lösungen. Die Gleichung hat also unendlich viele Lösungen. Ihre Lösungsmenge ist

$$L = \{x \mid x = 0{,}70 + k \cdot 2\pi \text{ oder } x = 2{,}44 + k \cdot 2\pi;\ k \in \mathbb{Z}\}$$

Bemerkung: Meist begnügt man sich (vgl. Beispiele), die im Intervall $[0; 2\pi[$ (bzw. einem Intervall mit der Länge der Periode) gelegenen Lösungen anzugeben.

2 Bestimme die Lösungsmenge der Gleichung $2 \cdot \cos x = -0{,}3$.

Beispiel 2: $2 \cdot \sin^2 x - \sin x = 1$
Wir setzen $\sin x = u$ und erhalten die quadratische Gleichung

$$2u^2 - u = 1.$$

Sie hat die Lösungen $u_1 = 1$; $u_2 = -0{,}5$. Somit verbleiben die Gleichungen

$$\sin x = 1 \quad \text{und} \quad \sin x = -0{,}5.$$

Von den (unendlich vielen) Lösungen dieser Gleichungen liegen im Intervall $[0; 2\pi[$

$$x_1 = \tfrac{1}{2}\pi \qquad x_2 = \tfrac{7}{6}\pi;\ x_3 = \tfrac{11}{6}\pi.$$

3 Ermittle die Lösungen der Gleichung $8 \cdot \cos^2 x + 2 \cdot \cos x - 3 = 0$ im Intervall $[0; 2\pi[$.

Beispiel 3: $3 \sin x - 2 \cos x + 3 = 0$
Mit $\cos x = (\pm)\sqrt{1 - \sin^2 x}$ ergibt sich $3 \sin x + 3 = (\pm)\, 2 \cdot \sqrt{1 - \sin^2 x}$ und hieraus

$$\sin x = -\tfrac{5}{13} \quad \text{oder} \quad \sin x = -1, \text{ also in } [0; 2\pi[$$

$$x_1 = 3{,}5364;\ x_2 = 5{,}8884 \qquad x_3 = \tfrac{3}{2}\pi.$$

Probe für x_1: $3 \cdot (-\tfrac{5}{13}) - 2(-\tfrac{12}{13}) + 3 > 0$ Probe für x_3: $3 \cdot (-1) - 2 \cdot 0 + 3 = 0$
Probe für x_2: $3 \cdot (-\tfrac{5}{13}) - 2(\tfrac{12}{13}) + 3 = 0$.
Also sind $x_2 = 5{,}8884$ und $x_3 = \tfrac{3}{2}\pi$ die gesuchten Lösungen in $[0; 2\pi[$.
Beachte: Aus $\sin x = -\tfrac{5}{13}$ ergeben sich zwei Werte für cos x. Deshalb: Probe!

4 Ermittle die Lösungen der Gleichung $6 \sin^2 x - \cos x - 5 = 0$ in $[0; 2\pi[$.

Kommt in einer trigonometrischen Gleichung nur **eine** der trigonometrischen Funktionen vor (Beispiel 1/2), so bringen wir sie auf die Form

$\sin x = a$ bzw. $\cos x = a$ bzw. $\tan x = a$.

Treten **verschiedene** trigonometrische Funktionen auf (Beispiel 3), dann versuchen wir so umzuformen, daß nur noch eine von ihnen vorkommt.

Bestimme in Aufgabe 5 bis 12 die im Intervall $[0; 2\pi[$ gelegenen Lösungen.

5 a) $5\sin x = 3$ b) $4\cos x = -1$ c) $3\sin x - 2 = 0$ d) $\frac{2}{3} - \frac{4}{5}\cos x = 0$
e) $1{,}5\sin x = -0{,}8$ f) $\frac{1}{2}\cos x = -0{,}2$ g) $3\cos x = \sqrt{2}$ h) $\sqrt{3}\sin x = -1$

6 a) $3\sin x - \sin x = 1{,}2$ b) $4\cos x = 1 - 2\cos x$ c) $\frac{1}{2}\sin x + 1 = 3\sin x$
d) $5\tan x = 12$ e) $3\tan x = 4 - \tan x$ f) $5\tan x + 3 = \tan x$

7 a) $\sin^2 x = \frac{1}{4}$ b) $\cos^2 x = 0{,}8$ c) $3\sin^2 x = \frac{1}{3}$ d) $5\cos^2 x = 1$
e) $\sin x = \frac{1}{9\sin x}$ f) $4\cos x = \frac{1}{\cos x}$ g) $\tan x = \frac{3}{\tan x}$ h) $2\sin x = \frac{1}{8\sin x}$

8 a) $\sin^2 x - 3\sin x + 1 = 0$ b) $2\cos^2 x + 3\cos x + 1 = 0$
c) $9\sin^2 x + 3\sin x = 2$ d) $3 + \cos x = \cos^2 x$

9 a) $\sin^2 x + \sin x = 0$ b) $\cos^2 x - \cos x = 0$ c) $2\sin^2 x - \sin x = 0$
d) $3\cos^2 x - 2\cos x = 0$ e) $\frac{1}{2}\sin^2 x + \frac{1}{3}\sin x = 0$ f) $4\sin^2 x = -3\sin x$

10 a) $\sin x + \sin x\cos x = 0$ b) $2\cos x - 3\sin x\cos x = 0$ c) $\sin x + \tan x = 0$

11 a) $\cos^2 x - 3\sin^2 x = 1$ b) $3\sin^2 x + 7\cos^2 x = 9$ c) $4\cos^2 x = 1 + 3\sin^2 x$

12 a) $\sin x = \cos x$ b) $\sin x - 2\cos x = 0$ c) $4\cos x = 3\sin x$
d) $3\sin x - 4\cos x = 5$ e) $5\sin x + 2\cos x = 4$ f) $3\cos x - 2\sin x = 1$

13 Gib die Lösungsmenge der folgenden Gleichungen an (Grundmenge $\mathbb{R}$).
a) $\sin x = 1$ b) $\sin x = -1$ c) $\sin x = 0$ d) $\cos x = -1$
e) $\cos x = 0$ f) $\cos x = \frac{1}{2}$ g) $\sin x = \frac{1}{2}$ h) $\sin x = -\frac{1}{2}$
i) $4\cos x = 1$ j) $5\sin x = -2$ k) $\tan x = 1$ l) $5\tan x = -2$

14 Untersuche, ob die folgenden Gleichungen lösbar sind. Gib gegebenenfalls die in $[0; 2\pi[$ gelegenen Lösungen an.
a) $4\sin x = 5$ b) $4\tan x = 5$ c) $0{,}2\sin x + 0{,}3 = 0$ d) $3\cos^2 x + 1 = 0$

15 Für welche Zahl $x \in [0; 2\pi[$ gilt:
a) $\sin x = 0{,}5$ und $\cos x < 0$ b) $3\cos x = -2$ und $\tan x > 0$?

16 Bestimme die Lösungen im Intervall $[0; \pi[$. (Anleitung: Setze $2x = u$.)
a) $\sin 2x = 1$ b) $\sin 2x = -1$ c) $\cos 2x = 0$ d) $\cos 2x = -1$
e) $3\sin 2x = 1$ f) $2\cos 2x = -\frac{1}{2}$ g) $4\sin 2x + 1 = 0$ h) $5\cos 2x = -1$

17 a) $\sin(2x - 1) = 0$ b) $\cos(2x + \frac{1}{2}\pi) = 0$ c) $\sin(3x - \frac{1}{2}) = -1$ d) $\cos(1 - 4x) = 0$

18 Für welche x-Werte ($x \in [0; 2\pi[$) nimmt die Funktion $x \mapsto 2\sin x - 1$ den Funktionswert 0,5 (0; −0,5; −1; −2) an?

19 Berechne die Koordinaten der Punkte, in denen sich die Schaubilder der Funktionen $x \mapsto 2\sin x$ und $x \mapsto \cos x$ im Bereich $0 \leqq x < 2\pi$ schneiden.

136 Additionstheoreme[1] der trigonometrischen Funktionen

1 Vergleiche:
$\sin(60° + 30°)$ und $\sin 60° + \sin 30°$.
Wie zeigt sich
$\sin(\alpha+\beta) \neq \sin\alpha + \sin\beta$
am Schaubild der Sinusfunktion?

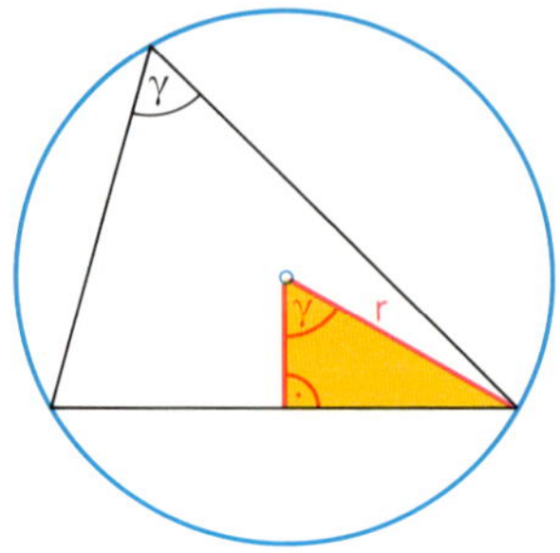

312.1

Ist z. B. der Sinus eines Winkels bekannt, so können wir den Kosinus und den Tangens dieses Winkels berechnen (S. 294). Dagegen sind wir noch nicht in der Lage, z. B. von $\sin\alpha$ (oder $\sin\alpha$ und $\sin\beta$) auf die Sinuswerte anderer Winkel (z. B. 2α oder $\alpha+\beta$) zu schließen.

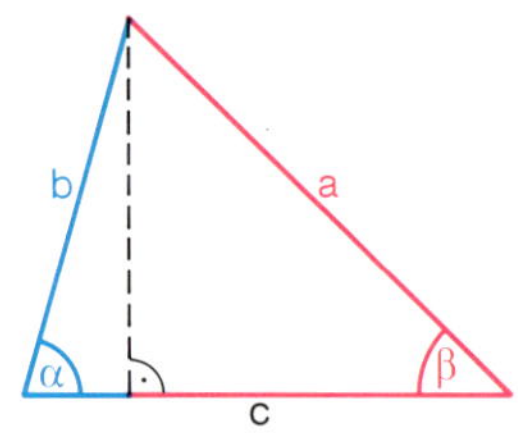

312.2

In jedem Dreieck ist $\sin\gamma = \frac{1}{2}c : r$
(Fig. 312.1), also $c = 2r\sin\gamma$
und ebenso $a = 2r\sin\alpha$
$b = 2r\sin\beta$ (vgl. S. 299).
Wegen $\gamma = 180° - (\alpha+\beta)$ gilt
$c = 2r\sin(\alpha+\beta)$. Fig. 312.2 zeigt:
$c = a\cdot\cos\beta + b\cdot\cos\alpha$. Damit folgt:
$2r\sin(\alpha+\beta) = 2r\sin\alpha\cos\beta + 2r\cos\alpha\sin\beta$
$\sin(\alpha+\beta) = \sin\alpha\cos\beta + \cos\alpha\sin\beta$.

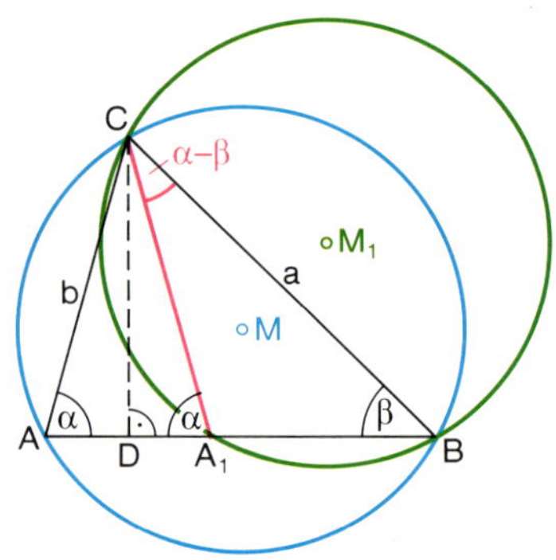

312.3

Um eine Beziehung für $\sin(\alpha-\beta)$ herzuleiten, betrachten wir Fig. 312.3. Wegen $\overline{A_1C} = \overline{AC} = 2r\sin\beta$ haben $\Delta\, ABC$ und $\Delta\, A_1BC$ denselben Umkreisradius r. Da $\overline{A_1B} = a\cos\beta - b\cos\alpha$, folgt
$2r\sin(\alpha-\beta) = 2r\sin\alpha\cos\beta - 2r\sin\beta\cos\alpha$
$\sin(\alpha-\beta) = \sin\alpha\cos\beta - \cos\alpha\sin\beta$.

Wir haben bisher spitze Winkel α und β mit $\alpha > \beta$ vorausgesetzt. Man kann jedoch zeigen, daß die hergeleiteten Gleichungen allgemeingültig sind.
Die gefundenen Gleichungen kann man verwenden, um auch für die Kosinus- und Tangensfunktion entsprechende Additionssätze herzuleiten (vgl. Aufgabe 13).

Satz: (Additionstheoreme der Sinus- und Kosinusfunktion)

$$\sin(\alpha+\beta) = \sin\alpha\cos\beta + \cos\alpha\sin\beta$$
$$\sin(\alpha-\beta) = \sin\alpha\cos\beta - \cos\alpha\sin\beta$$
$$\cos(\alpha+\beta) = \cos\alpha\cos\beta - \sin\alpha\sin\beta$$
$$\cos(\alpha-\beta) = \cos\alpha\cos\beta + \sin\alpha\sin\beta$$

---

1. Theorema (griech.): Lehrsatz

Beispiel:

Aus $\sin 45° = \frac{1}{2}\sqrt{2}$, $\cos 45° = \frac{1}{2}\sqrt{2}$, $\sin 30° = \frac{1}{2}$, $\cos 30° = \frac{1}{2}\sqrt{3}$ ergibt sich

a) $\sin 75° = \frac{1}{2}\sqrt{2}\cdot\frac{1}{2}\sqrt{3} + \frac{1}{2}\sqrt{2}\cdot\frac{1}{2} = \frac{1}{4}(\sqrt{6}+\sqrt{2})$ b) $\sin 15° = \frac{1}{4}(\sqrt{6}-\sqrt{2})$

c) $\cos 75° = \frac{1}{2}\sqrt{2}\cdot\frac{1}{2}\sqrt{3} - \frac{1}{2}\sqrt{2}\cdot\frac{1}{2} = \frac{1}{4}(\sqrt{6}-\sqrt{2})$ d) $\cos 15° = \frac{1}{4}(\sqrt{6}+\sqrt{2})$.

② $\sin\alpha = 0{,}60$; $\sin\beta = 0{,}28$. Berechne $\sin(\alpha+\beta)$; $\sin(\alpha-\beta)$; $\cos(\alpha+\beta)$; $\cos(\alpha-\beta)$. Beachte, daß es für α und β verschiedene Möglichkeiten gibt.

3 a) Welche Formeln für $\sin 2\alpha$ und $\cos 2\alpha$ ergeben sich aus den Additionstheoremen?
b) Berechne $\sin 2\alpha$ für $\sin\alpha = 0{,}96$. c) Berechne $\cos 2\alpha$ für $\cos\alpha = \frac{5}{13}$.
d) Drücke (mit Hilfe der Additionstheoreme) $\cos 3\alpha$ durch $\cos\alpha$ aus.

4 Berechne für $\sin\alpha = \frac{2}{3}\sqrt{2}$ und $\cos\beta = \frac{1}{2}\sqrt{3}$ mit Hilfe der Additionstheoreme
a) $\sin(\alpha+\beta)$ b) $\sin(\alpha-\beta)$ c) $\cos(\alpha+\beta)$ d) $\cos(\alpha-\beta)$
e) $\sin 2\alpha$ f) $\sin 2\beta$ g) $\cos 2\alpha$ h) $\cos 2\beta$.

5 Zeige: a) $\sin(\alpha+60°) + \sin(\alpha-60°) = \sin\alpha$ b) $\cos(30°+\alpha) - \cos(30°-\alpha) = -\sin\alpha$.

6 Vereinfache die folgenden Terme.
a) $\cos(45°+\alpha) + \cos(45°-\alpha)$ b) $\sin(\alpha+60°) - \sin(\alpha-60°)$
c) $\cos(60°+\alpha) - \cos(60°-\alpha)$ d) $\cos(\alpha-\beta) - \sin\alpha\sin\beta$

7 Beweise: $\cos 2\alpha = 1 - 2\sin^2\alpha$.

8 a) Beweise, daß für die Tangensfunktion die Additionstheoreme

$$\tan(\alpha+\beta) = \frac{\tan\alpha + \tan\beta}{1 - \tan\alpha\tan\beta} \quad \text{und} \quad \tan(\alpha-\beta) = \frac{\tan\alpha - \tan\beta}{1 + \tan\alpha\tan\beta}$$

gelten. (Anleitung: Drücke $\tan(\alpha+\beta)$ durch $\sin(\alpha+\beta)$ und $\cos(\alpha+\beta)$ aus; dividiere Zähler und Nenner durch $\cos\alpha\cos\beta$.)
b) Es ist $\tan 30° = \frac{1}{3}\sqrt{3}$. Berechne $\tan 75°$ und $\tan 15°$.

9 Für zwei Winkel α und β sei $\sin\alpha = \frac{12}{13}$ und $\cos\beta = \frac{4}{5}$. Berechne
a) $\tan\alpha$ b) $\tan\beta$ c) $\tan(\alpha+\beta)$ d) $\tan(\alpha-\beta)$.

10 Welche Formel für $\tan 2\alpha$ ($\tan 3\alpha$) ergibt sich aus dem Additionstheorem der Tangensfunktion?

11 Vereinfache die folgenden Terme.
a) $\tan(45°+\alpha)\cdot\tan(45°-\alpha)$ b) $\tan(\alpha+45°)\cdot(1-\tan\alpha)$

12 a) Zeige: Haben zwei Geraden g, h die Steigungswinkel α bzw. β (Fig. 313.1), so gilt für den Schnittwinkel δ von g und h: $\delta = \alpha - \beta$.
b) Berechne zunächst $\tan\delta$ und danach δ für g: $y = 2x$ und h: $y = \frac{1}{2}x + 4$ (für g: $y = -\frac{1}{3}x + 1$ und h: $y = -x - 1$). Zeichne die Geraden.

13 Zeige (für spitze Winkel α, β), daß aus dem Additionstheorem der Sinusfunktion das der Kosinusfunktion folgt.
(Anleitung: $\cos(\alpha+\beta) = \sin[90° + (\alpha+\beta)]$
$= \sin[(90°+\alpha)+\beta]$)

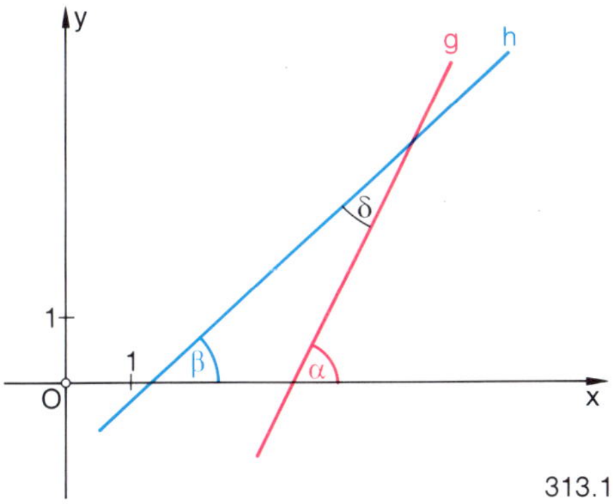

313.1

Dreiecke und Vierecke

1 Berechne die fehlenden Seiten und Winkel des Dreiecks ABC.
a) $b=6{,}4$ m; $c=5{,}5$ m; $\alpha=40°$ b) $a=6{,}8$ cm; $b=3{,}6$ cm; $c=9$ cm
c) $a=4{,}3$ dm; $b=5{,}7$ dm; $\alpha=30°$ d) $b=9$ km; $\alpha=84°$; $\beta=65°$

2 Ein gleichschenkliges Dreieck ist 6 cm hoch und hat 8 cm lange Schenkel. Berechne die Grundseite, die Winkel und den Flächeninhalt des Dreiecks.

3 Ein Dreieck hat die Seiten $a=7$ cm; $b=5$ cm; $c=6$ cm ($a=9{,}2$ m; $b=12{,}8$ m; $c=6{,}8$ m). Wie groß ist der Flächeninhalt des Dreiecks?

4 Berechne den Flächeninhalt eines Parallelogramms mit
a) $a=8$ cm; $b=3$ cm; $\alpha=54°$ b) $c=14{,}5$ cm; $d=7{,}5$ cm; $\beta=114{,}5°$.

5 Bestimme die fehlenden Seiten und Winkel sowie den Flächeninhalt eines Trapezes ABCD (Fig. 314.1) mit den folgenden Stücken.
a) $a=7$ cm; $b=4$ cm; $c=3{,}2$ cm; $\alpha=72°$
b) $a=4{,}2$ m; $b=1{,}8$ m; $\alpha=40°$; $\beta=105°$
c) $a=2{,}4$ m; $b=3{,}5$ m; $c=7{,}6$ m; $d=4$ m
d) $a=748{,}2$ m; $b=532{,}4$ m; $c=306{,}5$ m; $d=452{,}7$ m

6 Berechne die fehlenden Seiten und Winkel eines Sehnenvierecks ABCD (Fig. 314.2).
a) $a=5$ cm; $b=4{,}5$ cm; $f=5{,}5$ cm; $\delta=120°$
b) $a=55$ cm; $r=33$ cm; $\beta=68°$; $\gamma=97°$

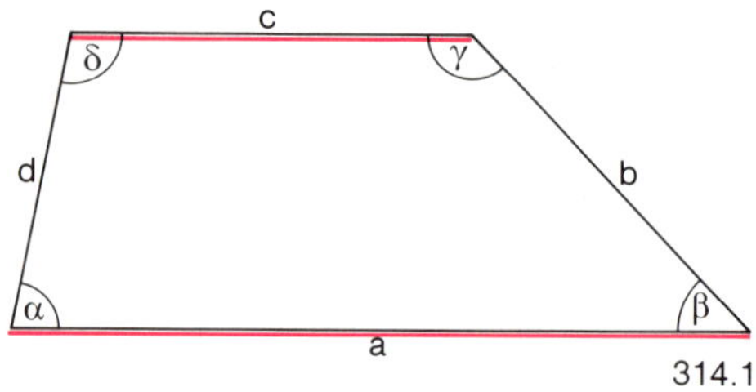

314.1

7 Wie lang sind die Diagonalen einer Raute mit $a=4{,}3$ cm und $\alpha=74°$?

8 Bestimme die Winkel und Diagonalen eines Drachens mit $a=3{,}7$ cm; $b=5{,}8$ cm; $\alpha=112°$.

9 Welchen Flächeninhalt hat ein regelmäßiges Fünfeck mit der Seitenlänge $a=1$ m (mit dem Umkreisradius $r=5$ cm)?

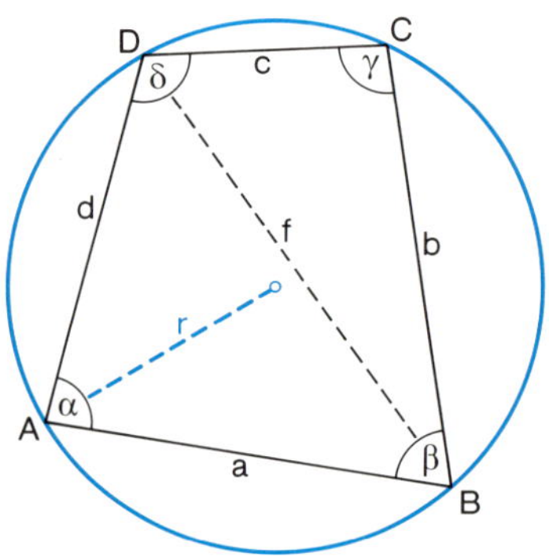

314.2

Berechnungen am Kreis

10 Wie groß ist in einem Kreis mit $r=6$ cm
a) eine Sehne zum Mittelpunktswinkel $\alpha=70°$
b) ein Mittelpunktswinkel zur Sehne $s=9{,}5$ cm
c) eine Seite des einbeschriebenen regelmäßigen Dreiecks?

11 Zwei Kreise haben die Radien $r_1=4$ cm, $r_2=10$ cm und den Mittelpunktsabstand $d=9$ cm. Wie groß ist die gemeinsame Fläche beider Kreise?

12 Zwei gerade Eisenbahnstrecken schließen den Winkel $\alpha=115°$ ein. Sie sollen durch einen Kreisbogen verbunden werden, der in A und B berührend in die Geraden übergeht. Wie groß ist sein Radius, wenn $\overline{AB}=480$ m beträgt?

Aus der Raumgeometrie

13 Ein Walmdach (Fig. 256.2/3) ist $a = 12{,}4$ m lang und $b = 8{,}3$ m breit. Die trapezförmigen Dachflächen sind unter $\alpha = 35°$, die dreieckigen unter $\beta = 50°$ geneigt. Bestimme
a) die Höhe des Daches
b) die Firstlänge
c) die Länge der Grate
d) den Neigungswinkel der Grate
e) die Größe der Dachfläche.

14 Bei einer regelmäßigen vierseitigen Pyramide mit der Grundkante $a = 5$ cm sind die Seitenflächen unter $\alpha = 64°$ geneigt.
a) Zeichne die Pyramide in Grund- und Aufriß sowie im Schrägbild.
b) Berechne den Rauminhalt und die Oberfläche der Pyramide.
c) Wie groß ist der Winkel, den zwei benachbarte (zwei gegenüberliegende) Seitenkanten der Pyramide einschließen?

15 Ein Haus (wie in Fig. 261.2) ist 12 m lang und 8 m breit; die Höhe bis zum Dachtrauf beträgt 3 m. Die Dachflächen sind unter 30° bzw. 55° geneigt.
a) Wie hoch ist das Haus?
b) Berechne den Dachraum und den „umbauten Raum" des Hauses.
c) Wie groß ist die Dachfläche, wenn für den Kamin 0,8 m^2 ausgespart werden?

16 Ein Quader hat die Kanten $a = 5$ cm; $b = 4$ cm; $c = 3$ cm.
a) Berechne die Winkel α, β, γ, welche die Raumdiagonale mit den Kanten a, b, c des Quaders bildet.
b) Zeige allgemein, daß $\cos^2\alpha + \cos^2\beta + \cos^2\gamma = 1$ ist.

17 Ein Oktaeder (Fig. 281.4) hat die Kantenlänge 1 m. Welchen Abstand haben
a) zwei nicht benachbarte Ecken
b) zwei gegenüberliegende (also parallele) Seitenflächen?

18 Wie groß ist der Radius r des Breitenkreises der Erde, welcher zur geographischen Breite φ gehört, wenn der Erdradius $R = 6370$ km mißt?
a) $\varphi = 49{,}4°$ (Heidelberg)
b) $\varphi = 30{,}1°$ (Kairo)
c) $\varphi = 64{,}2°$ (Reykjavik)

19 a) Wie groß ist der Umfang der Breitenkreise von Freiburg ($\varphi_1 = 48°$) und von Hamburg ($\varphi_2 = 53{,}5°$), wenn der Äquator 40000 km lang ist?
b) Welche Bahngeschwindigkeit haben diese Orte bei der Erddrehung?

Messungen im Freien

20 Zwei Punkte P und Q sind durch einen Fluß getrennt. Um ihre Entfernung zu bestimmen, wählt man einen Punkt A (der nicht auf PQ liegt) und mißt $\overline{AP} = 86{,}4$ m sowie $\sphericalangle$ APQ mit $\alpha = 47{,}6°$ und $\sphericalangle$ PAQ mit $\beta = 97{,}2°$.

21 Um die Entfernung zweier unzugänglicher Punkte P und Q zu bestimmen, wählt man auf der Verlängerung von PQ einen Punkt A, legt eine Standlinie $\overline{AB} = 182{,}3$ m fest und mißt $\sphericalangle$ PAB mit $\alpha = 53{,}5°$, $\sphericalangle$ PBA mit $\beta = 87{,}2°$ und $\sphericalangle$ QBA mit $\gamma = 23{,}3°$.

22 Auf einem Berg steht ein 18 m hoher Turm. Von einem Punkt P des Tales aus erblickt man den Fußpunkt und die Spitze des Turmes unter den Erhebungswinkeln $\alpha = 38{,}5°$ bzw. $\beta = 39{,}8°$. Wie hoch über der Talsohle liegt der Berggipfel?

23 Von den Enden einer horizontalen Standlinie AB mit $\overline{AB} = 52$ m aus erscheint die Spitze eines Turmes, der in der Verlängerung von AB steht, unter den Erhebungswinkeln $\alpha = 16{,}2°$ bzw. $\beta = 34{,}6°$.
Wie hoch ist der Turm (Augenhöhe 1,60 m)?

24 In Fig. 316.1 sind P und Q zwei unzugängliche Punkte, deren Entfernung bestimmt werden soll. Eine Messung ergibt $\overline{AB} = 483$ m; $\alpha_1 = 108{,}7°$; $\alpha_2 = 41{,}5°$; $\beta_1 = 97°$; $\beta_2 = 27{,}8°$.

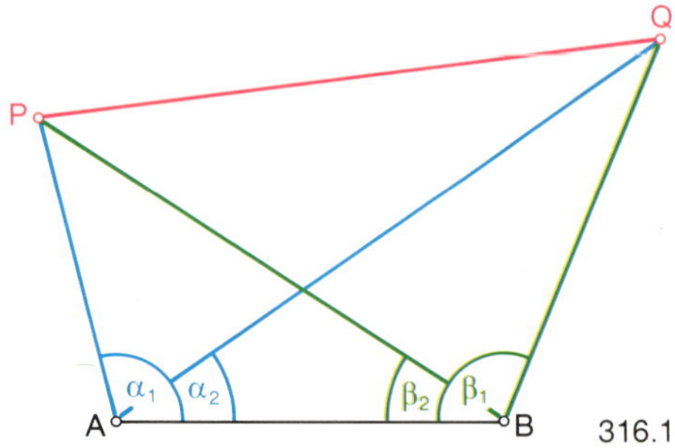

316.1

Aus der Physik

25 Zwei Kräfte $\vec{F}_1$ und $\vec{F}_2$ mit den Beträgen $F_1 = 345$ N und $F_2 = 572$ N, die miteinander den Winkel $\alpha = 68{,}5°$ bilden, sollen durch eine einzige Kraft $\vec{F}$ ersetzt werden. Bestimme zeichnerisch und rechnerisch den Betrag und die Richtung von $\vec{F}$.

26 Eine Kraft $\vec{F}$ vom Betrag 2350 N ist in die Teilkräfte $\vec{F}_1$ und $\vec{F}_2$ mit den Beträgen $F_1 = 1600$ N und $F_2 = 1350$ N zu zerlegen. Berechne die Winkel, welche $\vec{F}_1$ und $\vec{F}_2$ mit $\vec{F}$ bilden.

27 Eine Kraft $\vec{F}$ von $F = 1200$ N ist in zwei Teilkräfte (Komponenten) zu zerlegen, die mit $\vec{F}$ Winkel von $\alpha = 25°$ bzw. $\beta = 45°$ bilden. Welche Beträge haben die Komponenten?

28 In Fig. 316.2 liegt eine Kugel mit dem Gewicht 700 N in einer Rinne. Welche Kräfte übt sie auf die Wände aus?

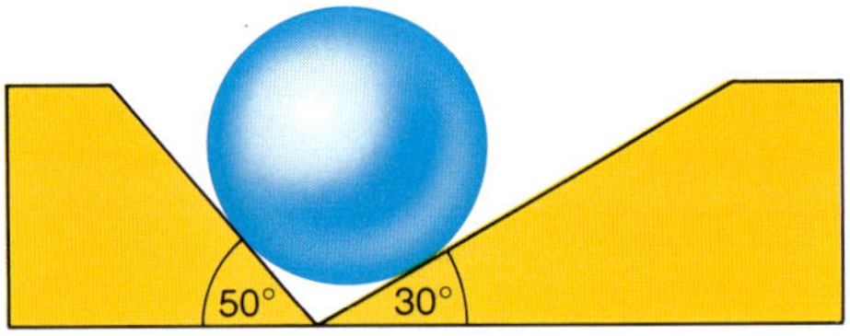

316.2

29 Welchen Kurs muß ein Flugzeug steuern, das eine Eigengeschwindigkeit vom Betrag $v = 320\ \frac{\text{km}}{\text{h}}$ besitzt und das genau nach Osten fliegen soll, wenn Südwestwind von der Stärke $9\ \frac{\text{m}}{\text{s}}$ weht?

30 Ein Massenpunkt P rotiert mit 10 Umdrehungen/min auf einer Kreisbahn ($r = 0{,}8$ m) um den Ursprung O eines Koordinatensystems.
a) Welchen Weg legt P in 1 Sekunde zurück?
b) Seit einem bestimmten Durchgang durch die positive x-Achse seien t Sekunden verstrichen. Gib die Funktion $t \mapsto x(t)$ (die Funktion $t \mapsto y(t)$) an, welche die Abweichung des Punktes P von der y-Achse (von der x-Achse) in Abhängigkeit von der Zeit t (in Sekunden) beschreibt.
c) Welche Koordinaten hat P für $t = 5$ (10; 18)?

Terme. Gleichungen

Vereinfache die Terme in Aufgabe 31 bis 35.

31 a) $\sin^2\alpha \cdot \cos\alpha + \cos^3\alpha$ b) $\cos^2\alpha + \cos^2\alpha \cdot \tan^2\alpha$

32 a) $\sin\alpha - \sin\alpha \cdot \cos^2\alpha$ b) $(\sin\alpha + \cos\alpha)^2 + (\sin\alpha - \cos\alpha)^2$

33 a) $\cos\alpha \cdot \sqrt{1 + \tan^2\alpha}$ b) $\sqrt{1 + \tan^2\alpha} \cdot \sin\alpha$

34 a) $\dfrac{\tan\alpha}{1 + \tan^2\alpha}$ b) $1 - \dfrac{1}{\sin^2\alpha}$ c) $\dfrac{1 - \cos^2\alpha}{\sin\alpha \cdot \cos\alpha}$

35 a) $\dfrac{\sin^2\alpha - \sin^4\alpha}{\cos^2\alpha - \cos^4\alpha}$ b) $\dfrac{\sin^4\alpha - \cos^4\alpha}{\sin^2\alpha - \cos^2\alpha}$ c) $\dfrac{1}{1 + \sin\alpha} + \dfrac{1}{1 - \sin\alpha}$

36 Bestimme die Lösungen der Gleichungen im Intervall $[0; 2\pi[$.
a) $\sin x = 0{,}4$ b) $\cos x = -0{,}9$ c) $\tan x = 2{,}3$ d) $3\sin x = 2{,}5$
e) $4\cos x + 3 = \cos x$ f) $\sin 2x = 0{,}3$ g) $\cos^3 x = 0{,}25$ h) $\cos \frac{1}{3}x = 1$

37 a) $\cos 5x = \frac{1}{2}\sqrt{2}$ b) $\sin 3x = \frac{1}{2}\sqrt{3}$ c) $5\tan 2x = \sqrt{3}$ d) $\frac{1}{2}\cos \frac{1}{3}x = -0{,}3$

38 a) $\sin (x - \frac{\pi}{2}) = 1$ b) $\cos (x - \frac{\pi}{4}) = 0$ c) $\tan (x - \frac{2\pi}{3}) = 1$ d) $\sin (x - 2) = -1$

39 a) $\sin (2x - 1) = 0$ b) $\cos (\frac{1}{2}x + 1) = 0$ c) $\tan (3x - 2) = 0$ d) $\sin (1 - x) = 1$

40 a) $\sin x(1 - \cos x) = 0$ b) $\cos x(1 + \sin x) = 0$ c) $\tan x(\cos x + 1) = 0$

41 a) $\sin x + \frac{1}{2}\sin 2x = 0$ b) $\frac{1}{2}\sin 2x = 2\cos x$ c) $\sin 2x = \tan x$

42 a) $2\sin^2 x - \cos x = 1$ b) $\sin^2 x + 2\cos x = 2$ c) $\cos x + \cos 2x = 0$

Schaubilder

43 Zeichne Schaubilder der folgenden Funktionen für $0 \leqq x \leqq 2\pi$.
a) $x \mapsto \sin x + 1$ b) $x \mapsto \cos x - 2$ c) $x \mapsto -\sin x$ d) $x \mapsto 1 - \cos x$

44 a) $x \mapsto 2\sin x$ b) $x \mapsto -2\cos x$ c) $x \mapsto \frac{1}{2}\sin x$ d) $x \mapsto \frac{1}{5}\tan x$

45 a) $x \mapsto \sin 3x$ b) $x \mapsto \cos \frac{1}{3}x$ c) $x \mapsto \sin \frac{2}{3}x$ d) $x \mapsto \cos \frac{\pi}{2}x$

Gib jeweils die Periode der Funktion an.

46 a) $x \mapsto \sin (x - \frac{\pi}{2})$ b) $x \mapsto \cos (x - \frac{\pi}{4})$ c) $x \mapsto \sin (x - 1)$ d) $x \mapsto \cos (2x - \frac{\pi}{2})$

47 Gegeben ist die Funktion $x \mapsto 2\sin x - 1$.
a) Berechne die Funktionswerte für $\frac{\pi}{2}$ ($\frac{\pi}{4}$; $\frac{3}{2}\pi$; 2).
b) Für welche x-Werte ($0 \leqq x < 2\pi$) nimmt die Funktion den Funktionswert 0 (1; $\frac{1}{2}\sqrt{2}$) an?
c) Welches ist der größte (der kleinste) Funktionswert, den die Funktion annimmt?

48 a) Zeichne ein Schaubild von $x \mapsto \sin x + \cos x$ für $0 \leqq x \leqq 2\pi$ (Wertetabelle).
b) Gib die Koordinaten der Punkte an, in denen das Schaubild die x-Achse schneidet.
c) Trage in das vorhandene Koordinatensystem die Schaubilder von $x \mapsto \sin x$ und $x \mapsto \cos x$ ein. Wie entsteht daraus das Schaubild von $x \mapsto \sin x + \cos x$?
d) Zeichne in ein (neues) Koordinatensystem die Schaubilder der Funktionen $x \mapsto 2\sin x$ und $x \mapsto \sin 2x$. Ermittle daraus das Schaubild von $x \mapsto 2\sin x + \sin 2x$.

49 a) Bestimme mit dem Taschenrechner sin x und tan x für x = 0,01; 0,02; . . .; 0,1; 0,2; 0,3; 0,4; 0,5. Lege eine Tabelle an (1. Zeile: x-Werte; 2. Zeile: sin-Werte; 3. Zeile: tan-Werte).
Vergleiche die Sinus-, Tangens- und x-Werte miteinander.
b) Wie zeigt sich an den Schaubildern der Sinusfunktion (Fig. 307.3) und der Tangensfunktion (Fig. 308.1), daß für „kleine x-Werte" gilt:
$\mathbf{\sin x \approx x}$ und $\mathbf{\tan x \approx x}$?
c) Ermittle mit Hilfe der angegebenen Näherungen einen Näherungswert für cos 1,60. (Anleitung: $\cos 1{,}60 \approx \cos (\frac{\pi}{2} + 0{,}03)$; wende das Additionstheorem der Kosinusfunktion an.)
Vergleiche den gefundenen Wert mit dem entsprechenden Taschenrechnerwert.

Geschichtliches

Geometrie als „Erdmessung"[1]

Die ältesten Urkunden (aus der Zeit um 2000 v. Chr.) über geometrische Kenntnisse alter Völker stammen aus Ägypten und dem Zweistromland zwischen Euphrat und Tigris (Mesopotamien; Fig. 318.1). So erzählt der griechische Geschichtsschreiber Herodot, daß der ägyptische Pharao Sesostris (1887–1850 v. Chr.) sein Land in lauter „viereckige" Stücke aufteilen ließ, und daß diese Vermessung des Landes nach jeder Nilüberschwemmung erneut vorgenommen wurde. Anlaß für das Sammeln geometrischer Regeln und Anleitungen waren die Bedürfnisse der Feldmesser, Buchhalter und Bauleute.

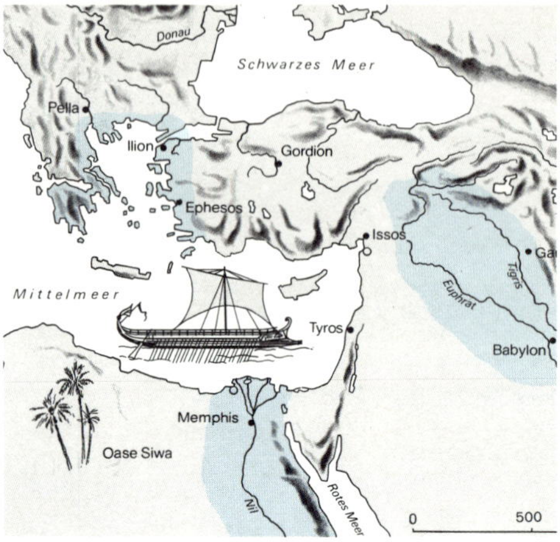

318.1

Geometrie als Wissenschaft

Die geometrischen Kenntnisse der Ägypter und der (im Zweistromland ansässigen) Babylonier wurden durch ihre Verwendbarkeit im Alltag gerechtfertigt. Demgegenüber entstand bei den Griechen zwischen etwa 800 v. Chr. und 300 n. Chr. eine ganz neue Art von Geometrie. Die Griechen versuchten zunehmend, geometrische Feststellungen nicht durch Nachmessen, sondern durch Nachdenken zu begründen. Ihr Ziel war es, von jedem geometrischen Ergebnis zu zeigen, daß es eine logische Folge von bereits bekannten, einfacheren Ergebnissen ist. Indem sie mit diesen ebenso verfuhren, gelangten sie schließlich zu letzten, nicht weiter begründbaren, aber unmittelbar einsichtigen Grundsätzen (Axiomen). In dem so entstehenden „Gebäude" der Geometrie stehen die geometrischen Ergebnisse nicht unabhängig nebeneinander als bloße Feststellungen, sondern stehen miteinander in einem logisch geordneten Zusammenhang.

Euklid (365–310 v. Chr.), Lehrer in Alexandria, hat in 13 Büchern (den sogenannten „Elementen") erstmals ein solches System der Geometrie dargestellt. Die Elemente des Euklid wurden zum Vorbild für die heutige wissenschaftliche Geometrie und für wissenschaftliches Vorgehen überhaupt. Sie sind das nach der Bibel am weitesten verbreitete Buch der Erde.

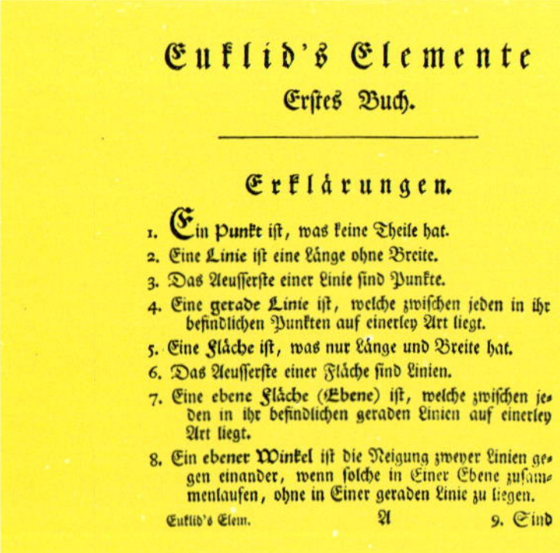

Euklid's Elemente

Erstes Buch.

Erklärungen.

1. Ein **Punkt** ist, was keine Theile hat.
2. Eine **Linie** ist eine Länge ohne Breite.
3. Das Aeusserste einer Linie sind Punkte.
4. Eine **gerade Linie** ist, welche zwischen jeden in ihr befindlichen Punkten auf einerley Art liegt.
5. Eine **Fläche** ist, was nur Länge und Breite hat.
6. Das Aeusserste einer Fläche sind Linien.
7. Eine ebene **Fläche** (**Ebene**) ist, welche zwischen jeden in ihr befindlichen geraden Linien auf einerley Art liegt.
8. Ein **ebener Winkel** ist die Neigung zweyer Linien gegen einander, wenn solche in Einer Ebene zusammenlaufen, ohne in Einer geraden Linie zu liegen.

Euklid's Elem. A 9. Sind

318.2

Strecken und Winkel

Das Bedürfnis, vorhandene geometrische Kenntnisse zu beweisen, trat erstmals zutage bei Thales von Milet (um 600 v. Chr.), einem der sieben Weltweisen. Als Philosoph und Großkaufmann hatte Thales weite Reisen unternommen und aus Ägypten, wo er die Höhe der Pyramiden aus ihrem

1. geo (griech.): die Erde; metron (griech.): das Maß

Schatten bestimmt haben soll, und Babylonien geometrische und astronomische Kenntnisse mitgebracht. Für die Zeitgenossen besonders eindrucksvoll war seine Voraussage der Sonnenfinsternis vom 28.5.585 v. Chr. THALES führte den Winkelbegriff, über den weder die Ägypter noch die Babylonier verfügten, in die Geometrie ein. Er zeigte die Gleichheit von Scheitelwinkeln und die Gleichheit der Basiswinkel in einem gleichschenkligen Dreieck. Mittels der Kongruenz von Dreiecken, die in einer Seite und den anliegenden Winkeln übereinstimmen (Kongruenzsatz wsw), konnte er die Entfernung von Schiffen auf hoher See bestimmen. THALES kannte auch den Satz von der Winkelsumme im Sonderfall gleichschenkliger Dreiecke; wahrscheinlich wurde er durch Halbieren von Rechtecken zu dieser Einsicht geführt. Dagegen läßt sich nicht mit letzter Sicherheit sagen, ob der heute nach ihm benannte Satz tatsächlich von ihm gefunden wurde. Der Sage nach soll er für diese Erkenntnis den Göttern einen Stier geopfert haben.

Der Satz des Pythagoras

Dieser Satz war lange vor den Griechen bekannt; er wurde in Ägypten und Babylonien z. B. beim Bauen verwendet (vgl. S. 162). Der erste Beweis des Satzes wird dem Philosophen PYTHAGORAS von Samos (etwa 580–496 v. Chr.) zugeschrieben, der ihn auf seinen Reisen kennengelernt hatte. PYTHAGORAS gründete in Unteritalien eine religiöse Bruderschaft, die ihren Jüngern strenge Regeln in der Lebensführung vorschrieb. Er lehrte die Trennung von Leib und Seele (Seelenwanderung) und hat damit das abendländische Denken nachhaltig beeinflußt. Die Pythagoreer waren überzeugt, daß alles Erkennbare den Charakter eines „wieviel" (also Zahlcharakter) habe. Sie hielten die Zahlen für den Schlüssel zum Verständnis der Gesetze, nach denen die Welt aufgebaut ist. Als bekanntestes Beispiel führten sie die Harmonie der Töne auf die Zahlenverhältnisse der entsprechenden Saitenlängen bei Musikinstrumenten zurück.

Ähnlichkeit. Die Entdeckung des Irrationalen

Wieder führen früheste Spuren nach Ägypten und Babylonien. Dort wurden schon um 2000 v. Chr. Dreiecke ähnlich vergrößert. Die dabei auftretenden Gesetzmäßigkeiten waren offenbar bekannt und wurden bei der Bearbeitung z. B. von Felderplänen verwendet. Eine sehr viel grundsätzlichere Bedeutung gewann die Lehre von den Verhältnissen ganzer Zahlen (Proportionenlehre) bei den Griechen. Hier galt zunächst die pythagoreische These, daß alles Erkennbare im Verhältnis ganzer Zahlen stehe, daß es (im Unterschied zum nicht erkennbaren Unendlichen) „aufgehört habe, fortzuschreiten". Der Begriff der Proportion hing daher unmittelbar mit der Frage zusammen, was überhaupt erkennbar ist. In mathematischer Hinsicht waren Proportionen vor allem deshalb wichtig, weil sie bei gewissen Umformungen unverändert bleiben und diese Umformungen die einzigen formalen Operationen waren, über welche die Griechen verfügten. Ein Rechnen mit Formeln im heutigen Sinne war den Griechen unbekannt.
Im 5. Jh. v. Chr. entdeckte (wahrscheinlich) HIPPASOS von Metapont, daß es Strecken gibt, die nachweislich nicht im Verhältnis ganzer Zahlen stehen (z. B. die Seite und die Diagonale eines Quadrates; vgl. S. 181 und Algebra Zwei, S. 225). Die Folge war eine Art Grundlagenkrise. Die Entdeckung zeigte, daß viele der bisherigen Beweisführungen hinfällig waren und – philosophisch – offenbar die Zahlen doch nicht alles erkennbar machen.
Als Reaktion versuchten die Griechen zunächst, Proportionen überhaupt zu vermeiden, indem sie von der Verhältnisgleichheit $a:b=c:d$ zu der Produktgleichheit $a \cdot d=b \cdot c$ übergingen und diese als Flächengleichheit deuteten. Ein charakteristisches Beispiel ist der Flächenbeweis des Satzes von Pythagoras (vgl. S. 161), der ursprünglich mittels

Proportionen an Dreiecken geführt wurde (vgl. S. 202). Daneben bemühte sich Eudoxos von Knidos (etwa 408–355 v. Chr.) um den Aufbau einer Proportionenlehre, die auch irrationale Verhältnisse einbezieht.
Die Entdeckung des Irrationalen, des über das anschaulich Nachvollziehbare und „Ausdrückbare" (vgl. Algebra Zwei, S. 362) Hinausgehenden, hat den griechischen Trend zu einer rein logischen, widerspruchsfreien Beweisführung zweifellos verstärkt.

Flächenmessung

Flächenberechnungen bei Rechtecken, Dreiecken und Trapezen waren sowohl in Ägypten als auch in Babylonien bekannt. Bei Kreisberechnungen wurde als ältester Näherungswert für die Kreiszahl die Zahl 3 verwendet (vgl. S. 245, Aufg. 15), sie wurde wohl experimentell gefunden. Der Grieche Archimedes (287–212 v. Chr.) gab ein im Grunde heute noch verwendetes Verfahren an, um die Kreiszahl systematisch zu bestimmen. Er benutzte die Folge der ein- und umbeschriebenen regelmäßigen Vielecke bis zum 96-Eck und ermittelte damit die Schranken $3\frac{1}{7} < \pi < 3\frac{10}{71}$. Für weitere Näherungswerte vgl. S. 250, Aufg. 3. Das Zeichen π (von Peripherie, Kreisumfang) für die Kreiszahl wurde von L. Euler (1707–1783) eingeführt. H. Lambert (1728–1777) zeigte, daß π eine irrationale Zahl ist. 1882 gelang F. Lindemann (1852–1939) der Nachweis, daß die Rektifikation und die Quadratur des Kreises mit Zirkel und Lineal unmöglich ist (vgl. S. 250).

Darstellung und Berechnung von Körpern

Daß sich bereits Ägypter und Babylonier mit Projektionen beschäftigten, zeigen erhaltene Bau- und Felderpläne (Fig. 320.1). Meist handelt es sich dabei um Grundrisse, doch sind auch seltsam ineinandergeschobene Darstellungen in Grund- und Aufriß bekannt. Um die Neigung von Seitenflächen festzuhalten, wurden sogar Seitenrisse hergestellt.

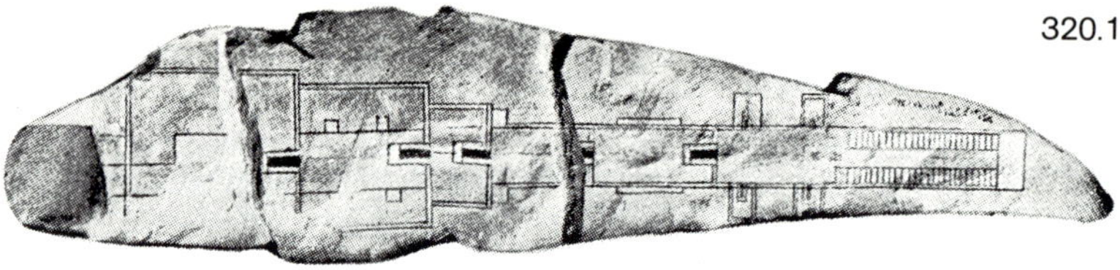

320.1

Bei Euklid kommen Spiegelungen und Verschiebungen vor sowie Ansätze von Schrägbilddarstellungen.
Die Anfänge einer wissenschaftlichen Behandlung der Darstellenden Geometrie gehen auf den Franzosen G. Monge (1746–1818) zurück, der zur Zeit der französischen Revolution Marineminister war. Er baute insbesondere das Zweitafelverfahren aus. Die Schrägbilddarstellung wurde vor allem durch Lambert gefördert und weiterentwickelt.
Schon den Ägyptern und Babyloniern gelang die Berechnung von Würfel, Quader und Prisma, näherungsweise sogar der Pyramide, des Kegels und der Kugel. Eudoxos von Knidos bewies als erster den Satz, daß der Pyramideninhalt ein Drittel des zugehörigen Prismeninhaltes ausmacht. Die Berechnung des Rauminhaltes und der Oberfläche der Kugel hat Archimedes geleistet. An diese herausragende Leistung mahnt eine Figur auf seinem Grabstein (Fig. 321.1); sie erinnert daran, daß sich die Rauminhalte von Kegel, Kugel und Zylinder gleicher Grundfläche und Höhe wie 1 : 2 : 3 verhalten. An diesem Zeichen erkannte der Römer Cicero eineinhalb Jahrhunderte nach dem Tode von Archimedes dessen Grab.

Trigonometrie

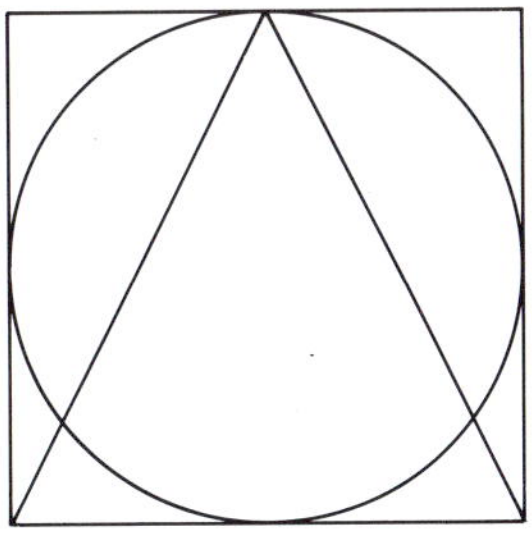

321.1

Erste Anstöße kamen wahrscheinlich von der Astronomie. Die Babylonier konnten bereits Sonnen- und Mondfinsternisse vorausberechnen, dazu waren trigonometrische Kenntnisse notwendig. Ägypter und Babylonier gaben die Neigungen schräger Flächen durch das Längenverhältnis zweier Strecken an.
Erst die Griechen jedoch begannen, die Trigonometrie wissenschaftlich zu behandeln. Auch hier kamen die wichtigsten Arbeiten von den Astronomen. ARISTARCH von Samos (um 270 v. Chr.) bestimmte aus den Winkeln rechtwinkliger Dreiecke die gegenseitigen Abstände von Sonne, Mond und Erde. Der größte Astronom des Altertums, HIPPARCH von Nikäa (um 150 v. Chr.), knüpfte an babylonische Vorarbeiten an. Er untersuchte, da inzwischen seit THALES der Winkelbegriff zur Verfügung stand, den Zusammenhang zwischen dem Mittelpunktswinkel und der zugehörigen Sehnenlänge und stellte eine sogenannte Sehnentafel auf.
In dem astronomischen Hauptwerk der Griechen, dem „Almagest“[1] des CLAUDIUS PTOLEMÄUS (85–165 n. Chr.) sind die gesamten damaligen trigonometrischen Kenntnisse zusammengefaßt. Dieses Werk, das Sehnentafeln mit einer 5 Dezimalen entsprechenden Genauigkeit enthält, wurde bis zum Beginn der Neuzeit im ganzen Abendland von den Astronomen verwendet. Im 4. Jh. n. Chr. drückten die Inder die Halbsehnen durch den halben Mittelpunktswinkel aus und gelangten so zur Sinusfunktion. Die neuen Ansätze wurden von den Arabern übernommen und weiterentwickelt. ABU NASR (um 1000 n. Chr.) bewies als erster den Sinussatz, ALBIRUNI (um 1036) den Kosinussatz.
Über die spanischen Mauren gelangten die arabischen Kenntnisse ins Abendland, wo vor allem der deutsche Mathematiker REGIOMONTANUS (JOHANN MÜLLER aus Königsberg in Franken, 1436–1476) an sie anknüpfte. Er gab neue, verbesserte Sinus- und Tangenstafeln heraus (die z. B. COLUMBUS (1446–1506) bei der Entdeckung Amerikas benützte). Von den zahlreichen Mathematikern, die in der Folgezeit bei der Entwicklung der Trigonometrie mitgewirkt haben, sind insbesondere F. VIETA (1540–1603) zu erwähnen und L. EULER, der die vorhandenen Ergebnisse in einen vereinfachenden Zusammenhang brachte, die Zeichen sin, cos und tan einführte und die trigonometrischen Funktionen auf beliebige Winkel verallgemeinerte.

Vektoren

Die Vektorrechnung wurde erst in der Neuzeit entwickelt. Nachdem P. FERMAT (1601–1665) und R. DESCARTES (1596–1650) durch Einführung von Koordinatensystemen die Möglichkeit geschaffen hatten, geometrische Gebilde durch Gleichungen zu beschreiben und danach geometrische Probleme rechnerisch zu lösen (Analytische Geometrie), gaben der deutsche Mathematiker H. GRASSMANN (1809–1877) und der irische Mathematiker W. R. HAMILTON (1805–1877) den Anstoß zu einer neuen Entwicklung. Sie versuchten, die Vorteile der Algebra in der Geometrie zu nutzen, indem sie (nicht mit Gleichungen anstelle der geometrischen Figuren, sondern) mit geometrischen Objekten selbst rechneten. Solche „geometrischen Objekte“ sind z. B. die Pfeilklassen (Verschiebungen). Dadurch gelang es, viele Ergebnisse der Geometrie in einfacher Weise rechnerisch herzuleiten. Der Name „Vektor“ wurde 1846 von HAMILTON eingeführt.

---

1. Das verstümmelte griech.-arab. Wort bedeutet „große Zusammenstellung“

Tabellen der trigonometrischen Funktionen

x	α	sin	cos	tan	x	α	sin	cos	tan
0,00	0°	0,0000	1,0000	0,0000	0,40	23°	0,3907	0,9205	0,4245
0,01	0,5	0,0087	1,0000	0,0087	0,41	23,5	0,3987	0,9171	0,4348
0,02	1	0,0175	0,9998	0,0175	0,42	24	0,4067	0,9135	0,4452
0,03	1,5	0,0262	0,9997	0,0262	0,43	24,5	0,4147	0,9100	0,4557
0,03	2	0,0349	0,9994	0,0349	0,44	25	0,4226	0,9063	0,4663
0,04	2,5	0,0436	0,9990	0,0437	0,45	25,5	0,4305	0,9026	0,4770
0,05	3	0,0523	0,9986	0,0524	0,45	26	0,4384	0,8988	0,4877
0,06	3,5	0,0610	0,9981	0,0612	0,46	26,5	0,4462	0,8949	0,4986
0,07	4	0,0698	0,9976	0,0699	0,47	27	0,4540	0,8910	0,5095
0,08	4,5	0,0785	0,9969	0,0787	0,48	27,5	0,4617	0,8870	0,5206
0,09	5	0,0872	0,9962	0,0875	0,49	28	0,4695	0,8829	0,5317
0,10	5,5	0,0958	0,9954	0,0963	0,50	28,5	0,4772	0,8788	0,5430
0,10	6	0,1045	0,9945	0,1051	0,51	29	0,4848	0,8746	0,5543
0,11	6,5	0,1132	0,9936	0,1139	0,51	29,5	0,4924	0,8704	0,5658
0,12	7	0,1219	0,9925	0,1228	0,52	30	0,5000	0,8660	0,5774
0,13	7,5	0,1305	0,9914	0,1317	0,53	30,5	0,5075	0,8616	0,5890
0,14	8	0,1392	0,9903	0,1405	0,54	31	0,5150	0,8572	0,6009
0,15	8,5	0,1478	0,9890	0,1495	0,55	31,5	0,5225	0,8526	0,6128
0,16	9	0,1564	0,9877	0,1584	0,56	32	0,5299	0,8480	0,6249
0,17	9,5	0,1650	0,9863	0,1673	0,57	32,5	0,5373	0,8434	0,6371
0,17	10	0,1736	0,9848	0,1763	0,58	33	0,5446	0,8387	0,6494
0,18	10,5	0,1822	0,9833	0,1853	0,58	33,5	0,5519	0,8339	0,6619
0,19	11	0,1908	0,9816	0,1944	0,59	34	0,5592	0,8290	0,6745
0,20	11,5	0,1994	0,9799	0,2035	0,60	34,5	0,5664	0,8241	0,6873
0,21	12	0,2079	0,9781	0,2126	0,61	35	0,5736	0,8192	0,7002
0,22	12,5	0,2164	0,9763	0,2217	0,62	35,5	0,5807	0,8141	0,7133
0,23	13	0,2250	0,9744	0,2309	0,63	36	0,5878	0,8090	0,7265
0,24	13,5	0,2334	0,9724	0,2401	0,64	36,5	0,5948	0,8039	0,7400
0,24	14	0,2419	0,9703	0,2493	0,65	37	0,6018	0,7986	0,7536
0,25	14,5	0,2504	0,9681	0,2586	0,65	37,5	0,6088	0,7934	0,7673
0,26	15	0,2588	0,9659	0,2679	0,66	38	0,6157	0,7880	0,7813
0,27	15,5	0,2672	0,9636	0,2773	0,67	38,5	0,6225	0,7826	0,7954
0,28	16	0,2756	0,9613	0,2867	0,68	39	0,6293	0,7771	0,8098
0,29	16,5	0,2840	0,9588	0,2962	0,69	39,5	0,6361	0,7716	0,8243
0,30	17	0,2924	0,9563	0,3057	0,70	40	0,6428	0,7660	0,8391
0,31	17,5	0,3007	0,9537	0,3153	0,71	40,5	0,6494	0,7604	0,8541
0,31	18	0,3090	0,9511	0,3249	0,72	41	0,6561	0,7547	0,8693
0,32	18,5	0,3173	0,9483	0,3346	0,72	41,5	0,6626	0,7490	0,8847
0,33	19	0,3256	0,9455	0,3443	0,73	42	0,6691	0,7431	0,9004
0,34	19,5	0,3338	0,9426	0,3541	0,74	42,5	0,6756	0,7373	0,9163
0,35	20	0,3420	0,9397	0,3640	0,75	43	0,6820	0,7314	0,9325
0,36	20,5	0,3502	0,9367	0,3739	0,76	43,5	0,6884	0,7254	0,9490
0,37	21	0,3584	0,9336	0,3839	0,77	44	0,6947	0,7193	0,9657
0,38	21,5	0,3665	0,9304	0,3939	0,78	44,5	0,7009	0,7133	0,9827
0,38	22	0,3746	0,9272	0,4040	0,79	45	0,7071	0,7071	1,0000
0,39	22,5	0,3827	0,9239	0,4142	0,79	45,5	0,7133	0,7009	1,0176

x	α	sin	cos	tan	x	α	sin	cos	tan
0,80	46°	0,7193	0,6947	1,0355	1,20	68,5°	0,9304	0,3665	2,5386
0,81	46,5	0,7254	0,6884	1,0538	1,20	69	0,9336	0,3584	2,6051
0,82	47	0,7314	0,6820	1,0724	1,21	69,5	0,9367	0,3502	2,6746
0,83	47,5	0,7373	0,6756	1,0913	1,22	70	0,9397	0,3420	2,7475
0,84	48	0,7431	0,6691	1,1106	1,23	70,5	0,9426	0,3338	2,8239
0,85	48,5	0,7490	0,6626	1,1303	1,24	71	0,9455	0,3256	2,9042
0,86	49	0,7547	0,6561	1,1504	1,25	71,5	0,9483	0,3173	2,9887
0,86	49,5	0,7604	0,6494	1,1708	1,26	72	0,9511	0,3090	3,0777
0,87	50	0,7660	0,6428	1,1918	1,27	72,5	0,9537	0,3007	3,1716
0,88	50,5	0,7716	0,6361	1,2131	1,27	73	0,9563	0,2924	3,2709
0,89	51	0,7771	0,6293	1,2349	1,28	73,5	0,9588	0,2840	3,3759
0,90	51,5	0,7826	0,6225	1,2572	1,29	74	0,9613	0,2756	3,4874
0,91	52	0,7880	0,6157	1,2799	1,30	74,5	0,9636	0,2672	3,6059
0,92	52,5	0,7934	0,6088	1,3032	1,31	75	0,9659	0,2588	3,7321
0,93	53	0,7986	0,6018	1,3270	1,32	75,5	0,9681	0,2504	3,8667
0,93	53,5	0,8039	0,5948	1,3514	1,33	76	0,9703	0,2419	4,0108
0,94	54	0,8090	0,5878	1,3764	1,34	76,5	0,9724	0,2334	4,1653
0,95	54,5	0,8141	0,5807	1,4019	1,34	77	0,9744	0,2250	4,3315
0,96	55	0,8192	0,5736	1,4281	1,35	77,5	0,9763	0,2164	4,5107
0,97	55,5	0,8241	0,5664	1,4550	1,36	78	0,9781	0,2079	4,7046
0,98	56	0,8290	0,5592	1,4826	1,37	78,5	0,9799	0,1994	4,9152
0,99	56,5	0,8339	0,5519	1,5108	1,38	79	0,9816	0,1908	5,1446
0,99	57	0,8387	0,5446	1,5399	1,39	79,5	0,9833	0,1822	5,3955
1,00	57,5	0,8434	0,5373	1,5697	1,39	80	0,9848	0,1736	5,6713
1,01	58	0,8480	0,5299	1,6003	1,40	80,5	0,9863	0,1650	5,9758
1,02	58,5	0,8526	0,5225	1,6319	1,41	81	0,9877	0,1564	6,3138
1,03	59	0,8572	0,5150	1,6643	1,42	81,5	0,9890	0,1478	6,6912
1,04	59,5	0,8616	0,5075	1,6977	1,43	82	0,9903	0,1392	7,115
1,05	60	0,8660	0,5000	1,7321	1,44	82,5	0,9914	0,1305	7,596
1,06	60,5	0,8704	0,4924	1,7675	1,45	83	0,9925	0,1219	8,144
1,06	61	0,8746	0,4848	1,8040	1,46	83,5	0,9936	0,1132	8,777
1,07	61,5	0,8788	0,4772	1,8418	1,47	84	0,9945	0,1045	9,514
1,08	62	0,8829	0,4695	1,8807	1,47	84,5	0,9954	0,0958	10,385
1,09	62,5	0,8870	0,4617	1,9210	1,48	85	0,9962	0,0872	11,430
1,10	63	0,8910	0,4540	1,9626	1,49	85,5	0,9969	0,0785	12,706
1,11	63,5	0,8949	0,4462	2,0057	1,50	86	0,9976	0,0698	14,301
1,12	64	0,8988	0,4384	2,0503	1,51	86,5	0,9981	0,0610	16,350
1,13	64,5	0,9026	0,4305	2,0965	1,52	87	0,9986	0,0523	19,081
1,13	65	0,9063	0,4226	2,1445	1,53	87,5	0,9990	0,0436	22,904
1,14	65,5	0,9100	0,4147	2,1943	1,54	88	0,9994	0,0349	28,64
1,15	66	0,9135	0,4067	2,2460	1,54	88,5	0,9997	0,0262	38,19
1,16	66,5	0,9171	0,3987	2,2998	1,55	89	0,9998	0,0174	57 29
1,17	67	0,9205	0,3907	2,3559	1,56	89,5	1,0000	0,0087	114,59
1,18	67,5	0,9239	0,3827	2,4142	1,57	90	1,0000	0,0000	–
1,19	68	0,9272	0,3746	2,4751					

Register